中国巨型城市区与巨型区

于涛方 著

科学出版社

北京

内 容 简 介

本书对全球化和快速城镇化背景下中国巨型城市区与巨型区的发展与演化做了系统总结。从巨型城市区研究所侧重的高端服务业、流动性和功能性城市区等核心视角出发,立足于中国城镇化人口、资源、环境现实基础,突出研究了中国巨型城市区与巨型区的一般性和特殊性等科学问题。

本书可供地理学、城乡规划学、城市与区域经济以及社会学等领域的研究人员和相关专业教师阅读参考。

审图号:GS(2020)5603号

图书在版编目(CIP)数据

中国巨型城市区与巨型区 / 于涛方著. —北京:科学出版社,2022.6
ISBN 978-7-03-066427-3

Ⅰ.①中… Ⅱ.①于… Ⅲ.①城市规划–研究–中国 Ⅳ.①TU984.2

中国版本图书馆CIP数据核字(2020)第200575号

责任编辑:金 蓉 文 杨 / 责任校对:樊雅琼
责任印制:肖 兴 / 封面设计:赫 健

科学出版社出版

北京东黄城根北街16号
邮政编码:100717
http://www.sciencep.com

北京九天鸿程印刷有限责任公司 印刷

科学出版社发行 各地新华书店经销

*

2022年6月第 一 版 开本:787×1092 1/16
2022年6月第一次印刷 印张:21
字数:490 000

定价:225.00元

(如有印装质量问题,我社负责调换)

前　言

在全球化、后福特制转型的经济发展背景下，越来越多的学者认为"巨型城市区"与"巨型区"很有可能替代国家而成为最重要的地理单元。1990年后，欧盟的 POLYNET 项目和"美国 2050"都开始高度关注这一空间单元。

长期以来，中国城市发展方针对"大城市"发展有所"控制"。但 20世纪 90 年代后，伴随市场化、全球化的加速发展，上海、北京、广州、深圳等特大城市迅速崛起，以其为中心的城市地区也"乱中有序""雨后春笋"般地快速发展和转型。巨型城市和城市地区由于其巨大的规模经济和集聚经济效应，在经济效率、可持续性、社会融合等方面为国家发展做出巨大贡献。虽然不健全的市场经济、政府失灵等诸多深层次因素及外部性、公共品等诱发因素造成的"城市病""区域病"层出不穷，但学术界和政府机关还是开始前所未有地关注这些城市和城市地区的发展，并在国家"十二五""十三五"规划纲要以及其他重要的文件中，将巨型城市区（基本类似于中国的"都市圈"概念，不过为规模巨大、经济发展水平高的都市圈）和巨型区（基本等同于中国的"城市群"概念，不过其中心城市规模相对放大）纳入国家战略。在"十四五"规划中，"都市区"更是高频率出现 9 次，"城市群"出现 16 次，分别比"十三五"规划增长了 7 次和 2 次。

2008 年全球金融危机和经济危机爆发以后，中国经济和城市发展面临"三期叠加"的重大挑战。国家提出的"一带一路"倡议、长江经济带发展、京津冀协同发展均与巨型城市区和巨型区有直接关系。

我们应不断反思：1978 年改革开放以后，经过四十多年的发展，中国的巨型城市区到底发育和发展到怎样的阶段和水平？同北美的大纽约地区、大洛杉矶地区，欧洲的大伦敦地区、荷兰（尼德兰）兰斯塔德地区，亚洲的日本首都圈和东南亚巨型城市走廊等地区相比，中国的巨型城市区与巨型区有怎样的独特性？其机制和影响因素有哪些？其未来的可能发展趋势是什么？我们应该做好怎样的预警和政府干预？

我对巨型城市区与巨型区的研究可回溯到2002年。那一年，我参与了《大都市伸展区：全球化时代中国大都市地区发展新特征》（顾朝林等，2002）的写作。同时，在香港中文大学地理系访学过程中，对香港和珠三角的发展有了"田野调查"的亲身体验，对香港和澳门的全球化过程和空间有了更深理解。2003~2005年，我在同济大学建筑与城市规划学院跟随吴志强教授从事博士后研究，亲历了快速全球化的上海的高端服务业的规模扩张及新空间形成，感受到了长三角功能区的市场力量和政府角色。吴志强教授在其"全球化扩展模型"假说基础上，将我的博士后研究方向定在了"全球区域（global region）"边界界定上。随着研究的顺利开展，我将研究内容从"长三角global region边界界定"拓展到了"珠三角global region边界界定"和"京津冀global region边界界定"，从"边界界定"拓展到了"global region结构模型和演变""整合机制"等方面，这些为本书奠定了重要的学术基础。2005年我进入清华大学建筑学院任教，开启了对首都地区和大"北京"的学术关注和研究。其间，国家自然科学基金重点项目"中国城市化研究：格局·过程·机理"（主持人为顾朝林教授）提供的平台使我的研究范围从三大地区转向了国家层面，并对"成渝地区"等做了拓展研究。同时我成为吴良镛院士领衔的《京津冀地区城乡空间发展规划研究二期报告》《京津冀地区城乡空间发展规划研究三期报告》编写组骨干，参与了北京2049、京津冀协同发展规划、《北京城市总体规划》修编、雄安新区规划、中央政务区选址和规划、冬奥会规划等课题。先后主持了国家社会科学基金等国家、北京市科研课题。在2008~2009年的伦敦政治经济学院访学让我直接感受到了"大伦敦地区"的多中心特征、流动空间意义、东南部功能性城市区发展、高端服务业发展及不同尺度的政治动力；后有机会到圣保罗-里约走廊、大纽约地区、大芝加哥地区、大洛杉矶地区、大多伦多地区以及东亚、澳大利亚、非洲的巨型城市区交流，都直接对本书的形成和成熟提供了全球化样本和多元视角。

总体上，本书主要以城市地理学为理论和方法指导，兼顾经济学、城乡规划学等跨学科研究视野。全书共分九章。第一章对巨型城市区与巨型区概念、假说的核心内容等进行了梳理和归纳。第二章回顾中国城镇化方针中的巨型城市的曲折发展道路，着重探讨2000年以来中国巨型城市的崛起，对空间性、高端服务业和制造业专门化特性、经济–社会–环境绩效、经济社会分异、巨型化的影响因素等做了定量描述和剖析。第三章是本书的核心内容。从"功能性城市区"和"中心流"视角，通过"高端服务业""多中心特性""流动空间"等维度对中国巨型城市区与巨型区进行界定和识别分析，揭示了全球化背景下这些地区的特殊性及其空间形态。第四至七章，分别就"中国东部地区""中国中部地区""中国东北地区""中国西部地区"的巨型城市区与巨型区做专门分析。重点关注不同地区的特点、机制，对"京津走廊""长三角""粤港澳""台北福厦""成渝""辽中南"及以武汉、太原等省会城市为中心的城市区域做了重点实证分析。第八章归纳和提炼"经济增长与结构变迁""高端服务业和制造业专门化发展""流动性与流动空间发展""投资–创新与经济发展""全球化和地方化""经济发展中的政府角色""社会分异和变迁""人居分异"等议题。第九章从不同维度，包括近期全球经济危机背景下的关键问题应对、远期城镇化和空间优化的"美丽中国"目标实现等，对巨型城市区与巨型区做了战略判断和研究展望。

本书是笔者近20年长期努力开展"巨型城市区"理论调查和实证研究的成果总结，其间得到许多学术界大家和同仁的大力协助和指导，值此书稿付梓之际，特向有关各方致以诚挚谢意。首先，尤其感谢同济大学建筑与城市规划学院的吴志强院士。吴老师在"global region"等领域研究及城市规划设计等方面给予我受益一生的悉心指导。还要特别感谢清华大学建筑学院的所有同仁们。自 2005 年以来，建筑学院的吴良镛先生及城市规划系的顾朝林教授、吴唯佳教授、左川教授、毛其智教授、武廷海教授等在我教学科研各方面给予了宝贵的帮助和扶持；非常感谢建筑学院庄惟敏、朱文一、张利、边兰春、张悦等学院领导给予的帮助和肯定。另外，感谢加拿大女王大学梁鹤年教授、伦敦政治经济学院 Andy Thornley 教授、伦敦大学学院 Peter Hall 爵士、墨尔本大学韩笋生教授、香港中文大学沈建法教授、伊利诺伊大学张庭伟教授、香港大学何深静教授、悉尼大学卢端芳教授等在巨型城市区与巨型区研究方面的帮助；感谢同济大学董鉴泓教授、唐子来教授、王德教授，北京大学柴彦威教授、曹广忠教授，华东师范大学宁越敏教授等，南京大学甄峰教授，中山大学周春山教授和李郇教授，北京联合大学刘贵利研究员，南京体育学院吴泓教授，以及中国城市规划设计研究员王凯院长等的帮助；感谢我的研究生杨烁同学在部分图表绘制方面的帮助。

不言而喻，巨型区和巨型城市区是中国乃至全球可持续发展的战略性城市化形态。对其的研究越来越深入，知识更新迭代的速度越来越快，体现在理论范式、流派方法、多学科交叉等不同方面。自知本书有太多的不足、纰漏乃至谬误，然而，我还是坚定了在这一漫漫议题上"上下求索"的信念，虽其修远兮。

感谢国家哲学社会科学基金课题、国家自然科学基金课题、北京哲学社会科学课题、清华大学自主科研课题、博士后基金课题等的支持。

衷心的感谢科学出版社的领导、编辑老师和朋友们的大力支持、鼓励和无微不至的专业斧正、提升。

最后要特别感谢父母的默默支持及妻子李娜的长期支持及其对家庭的奉献。

作 者

2022 年 6 月 3 日端午节于北京学清苑

目　　录

第一章　巨型城市区与巨型区
研究进展概述

第一节　从城市区域到巨型城市区与巨型区

一、城市区域

如果从《进化中的城市》（Patrick Geddes，1915；中文版：帕特里克·格迪斯，2012）一书出版算起，人类对城市的认识和研究开始转向区域视野至今已有100多年。随后刘易斯·芒福德提出"区域整体发展理论"。20世纪50年代，佩鲁的增长极理论、缪尔达尔的累积循环因果关系理论等均促进了城市区域的研究（李郇等，2018）。1973年弗里德曼提出了城市区域空间演化模式——"核心-边缘模式"，进一步拓展了城市研究的区域范围。城市区域的研究开始拓展到世界范围，以1966年彼得·霍尔的《世界城市》为里程碑，1986年弗里德曼发表了《世界城市假说》。

20世纪90年代以来，城市区域再次成为欧美等国家和地区政策制定的重要空间尺度（Storper，1995）。城市区域被定义为在更广泛区域内有紧密联系、有相互依赖关系的一个城市或一组城市（Davoudi，2008；Rodriguez-Pose，2008）。不同的地方有不同的互补功能，因此，它们通过通勤、贸易、信息或其他方式相互作用。描述这一功能地理或市场区域的一个重要术语是城市的经济"足迹"。人们普遍认为，如果将空间规划、基础设施和服务提供的政策转移到城市区域一级，并在相关地方政府机构之间进行协调，这些政策可通过加强公共关系提高劳动力和住房市场效率，简化交通系统，并促进经济生产性、知识溢出和创新（Scott，2001；Treasury，2006）。换言之，城市区域被认为能够为功能上更为连贯的地方提供综合发展的巨大潜力。

城市区域概念再次兴起的一个直接原因主要是限制大城市发展的理念出现。由于交通成本下降、流动性增加以及家庭和商业活动区位选址的分散化，核心城市的空间范围或影响范围不断扩大，政策制定不得不重新反映日益增长的跨境流动和相互作用的现实。人们认识到分散的机构对地方和区域环境的反应更为迅速，更适合根据地方需求和发展潜力制定优先权。城市区域对协调和整合土地利用、运输和其他大型基础设施决策尤为重要（Wheeler，2009）。欧盟"多中心城市区域"概念应运而生（Faludi，2006；Hall and Pain，2006）。

有一些城市政治学者认为，城市区域政策可以弥补欧美等国家和地区政府权力下放遗留的漏洞（Parr，2005）。城市区域可以灵活地覆盖多种外部边界可变的地方（Harding et al.，2006）。原则上，它符合城市及周边城乡的整体利益，鼓励投资改善交通联系，使其能够利用邻近地区的增长，通过整合资源来"借用"聚集的优势。强调选择性和功能专业化，意味着地方必须思考研判其独特的品质、经济作用及与其他城镇和城市的关系。这符合解决地区不平等问题的现行方法，即注重本土增长和自力更生，而不是将投资和其他形式的资源从繁荣地区转移过来。因此，对城市区域的重新关注与人们普遍认为的"新地区主义"（Keating，1998；Pike et al.，2006）是一致的。

然而，更多经济学家认为城市区域再兴起的重要原因是，它能有效利用集聚经济优势，包括企业接近于"劳动力池"、多样化的供应商、专业服务和良好的外部联系（Rice et al.，2006）。企业可以根据不断变化的技术和业务需求"混合和匹配"其投入，并能更容易地改变劳动力。这种灵活性降低了成本，提高了生产率，并提高了经济弹性。知识密集型产业可能得益于与大学的邻近及信息和思想的更多流通和交流，从而促进了行业从业者学习和创新能力的提高（Braczyk et al.，1998；Audretsch and Feldman，2004）。城市区域一级的政策比地方政策能够更充分地吸收有利于竞争力的战略经济资产，并能更好地促进机构合作、资源共享和劳动力市场匹配（Treasury，2006）。许多证据表明，城市区域本身更高水平的内部连通性对各方都有好处，并且城市区域越大越好，尤其在经济竞争力方面。

二、"巨型"城市区域的相关概念

在集聚经济视野下，城市区域术语出现了与之相匹配的"超级""巨型"等定语，如超级地区（Hall and Pain，2006）、超级聚集（super-agglomerations）（Scott and Storper，2003）、城市超级有机体（urban super-organisms）（弗里德曼，2014）及多中心巨型城市区等（表1.1）。本书重点比较全球城市区（global city region）（Scott，2001）或全球区域（global region）（吴志强，2002；李红卫等，2006）、巨型城市区（mega-city region，MCR）、巨型都会区（mega-urban region）（Douglass，2000）及巨型区（mega region）（America 2050）等概念。

第一，狭义上看，全球化背景下巨型城市区被视为是一个全新的现象，在当今世界上高度城市化的地区出现。由形态上分离但功能上相互联系的10~50个城镇，集聚在一个或多个较大的中心城市周围，通过新的劳动分工激发出巨大的经济力量。这些城镇既作为独立的实体存在，即大多数居民在本地工作且大多数工人是本地居民，也是广阔的功能性城市区域（functional urban region，FUR）的一部分，每个功能性城市区域围绕一个城市或城镇，在实体空间上彼此分离但在功能上形成网络，且围绕一个或多个更

表 1.1　巨型城市区与巨型区相关概念比较

概念	关注视角	关注要素	空间尺度	中心城市规模	代表人物	典型区域
巨型城市区	多中心的功能性城市区	高端服务业、流动空间、多中心	尺度跨度较大，10~50 个城镇集聚在一个或多个较大的中心城市周围	没有明显的规模"门槛"	Peter H	亚太地区，如珠三角地区、日本东海道走廊带、大雅加达地区等；西欧 8 个巨型城市区
巨型都会区	扩展性都市互动区	全球化贸易、生产和金融、城市化	尺度跨度较大	中心城市人口超过 300 万人	Douglass M	大东京地区等
巨型区	问题解决和愿景规划	基础设施建设、人口和经济活动	尺度跨度巨大	规模较大的大城市作为区域核心	Florida	美国东北部地区、五大湖区等 10 个巨型区
全球城市区	以全球城市为核心的区域	高端服务业、专门化分工	尺度较一致，但边界相对模糊	纽约、伦敦、东京等不同层级全球城市	Scott A J，Sassen S	美国东北部地区、英格兰东南部地区、大东京地区
全球区域	全球化、一体化发育较好的地区	经济、文化、基础设施、制度	尺度较大，边界模糊	有规模和影响力较大的全球级城市作为核心	吴志强等	长三角、珠三角、京津冀等地区

大的中心城市集聚，通过一种新的功能性劳动分工拉动经济增长。一方面，这些地方以独立的实体存在，多数居民留在本地工作，而劳动力中的大部分也都是当地居民；另一方面，由于人口密集流动、信息高速公路发展及高速铁路、通信电缆（即"流动空间"）的遍布带来的相互联系，这些地方又成为更大范围功能性城市区域的一部分。巨型城市区强调"多中心网络化""流动空间""高端服务业"。从形态、功能和治理三个方面对多中心进行理解。功能多中心是本质特征，与着重描述不同规模的城镇地理分布特征的形态多中心不同，功能多中心更关注人流和信息流，功能性联系主要建立在以公司内部连接为基础的精细的城市间高端生产者服务业连接上。由于功能多中心更多地强调信息流动和公司组织的多中心，因此一般出现在经济高度一体化的城市区域，同时多中心的概念又是高度尺度依赖的，即某一尺度上的多中心可能是另一尺度上的单中心（Duhr and Nadin，2005）。

　　第二，巨型城市区在概念上很清晰，但在实证和政策分析中有很多模棱两可的地方。最明显的就是，在 POLYNET[①] 的研究中，8 个实证地区可谓五花八门。从内部结构来看，有 6 个巨型城市区分别以这些单个功能性城市区为中心，如大伦敦地区、布鲁塞尔地区、法兰克福地区、瑞士北部地区、大巴黎地区、大都柏林地区等，而兰斯塔德地区、莱茵 - 鲁尔地区是严格意义的多中心，没有绝对主导的城市。从内部动因看，这 8 个巨型城市区普遍呈现分散化趋势，大伦敦地区还在增长，兰斯塔德地区的 4 个大城市的功能性城市区呈衰退趋势。从就业来看，基本上呈现从制造业向服务

---

① POLYNET 全称为 Sustainable Management of European Polycentric Mega-City Regions（欧洲多中心巨型城市区可持续发展管理），是由欧盟区域发展基金委托完成的国际合作项目，POLY 即"多中心"含义，而 NET 指的是"网络化"趋势。

业尤其是高端服务业转型发展的趋势。从通勤方式看，越来越多的通勤活动数量和出行距离不断增长，并且越来越多地集中在外围地区，而不是首位城市，但也有特殊之处：兰斯塔德地区不同城市之间并不存在太多的通勤，伦敦的单中心通勤模式主导之外，外围城市之间也有较高的通勤。另外，不同的国家，由于文化和规划体制的不同，巨型城市的具体空间形式也有所差异。在美国，考虑私人汽车的普及，在大城市的绿带地区建设低密度、低调控性的"边缘城市"或"新中心城区"；在欧洲，在绿带和其他形式进行约束的地区建设中等规模的农村市场城镇或规划新城（Scott，2001），见表1.1。

第三，无论是巨型城市区还是巨型区都是现实的问题解决、目标达成和规划政策导向，只不过西欧强调整合和融合，美国强调高效率和集聚导向下的基础设施区域统筹。

鉴于上述巨型城市区的内容，本书在研究视角上主要以巨型城市区的基本假设为前提，即强调高端服务业、流动性和功能性城市区，在研究范围上，借鉴巨型区的动态规划意义。

三、"全球城市区"和"全球区域"假说

"世界城市"或"全球城市"的出现，世界城市体系的重组，以及"全球城市区"的发展，已经在大量文献中得到了很好的讨论（Knox and Taylor，1995；Scott，2001）。

在《世界城市》一书中，霍尔认为高端服务功能的角色越来越重要，除了国家和国际政治权力的中心外，世界城市往往是国际贸易中心，是金融服务中心，是医学、法律、高等教育以及科学知识的技术转化等各种高端专业性活动中心，是出版社和大众媒体进行信息收集和传播信息的中心。20世纪80年代，约翰·弗里德曼提出全球化正导致一个全球等级体系（Friedmann and Wolff，1982；Friedmann，1986），其显著的进展是高端生产者服务业生产地点与产品生产地点正日益分离。

1991年萨森在《全球城市》中指出：生产的国际化，有助于为这些新空间经济的经营管理提供服务的集中性服务节点的成长……相当程度上，过去15年中经济活动的重心开始从底特律、曼彻斯特这类生产地转向金融中心和高度专门化的服务中心（Sassen，2001）。拉乌利·戴维斯（Llewelyn-Davies，1996）的四个世界城市比较研究中识别了四个关键族群的高端服务活动：金融和商业服务、权力和影响（或控制与命令）、创意和文化产业、旅游，它们都是以不同方式处理信息的服务产业，都要求高效和面对面信息交换从而发挥集聚效用。

随着全球化和区域化的深入发展，2000年以来，全球城市区进入学者视野，西蒙德斯·哈克的《全球城市区》（Roger and Gary，2000）、斯科特的《全球城市区：趋势、理论和政策》、泰勒的《世界城市网络》陆续出版。制造业从大西洋核心区向亚太地区的"全球转移"不仅加强了新型城市间的经济联系，还催生了新型城市形式。

基于对城市全球化和制造业快速发展的拓展研究，吴志强（2002）构建了全球区域（global region）等理论和假说。一定意义上，"世界城市""全球城市""全球城市区""世界城市网络"的研究很大程度上都是基于"竞争"思维和方法论认识的，都已成为各个国家和地区经济增长的引擎，并在全球竞争中发挥越来越重要的作用。在经济全球化和新自由主义政策转变驱动下，以及美国长期形成的地方政府自治和近年来西欧国家中央政府的分权化趋势相结合，形成了碎片化的政治格局，出现一系列的社会经济和生态环境等问题，于是与全球化相对应的"区域化"作用再次得到高度关注，区域主义、新区域主义等成为西欧、美国乃至亚洲很多地区政策制定和学术研究的重要趋向。

总之，全球城市区既不同于普通意义上的城市范畴，又不同于仅仅因地域联系形成的城市群或城市辐射区，而是在全球化高度发展的前提下，以经济联系为基础，由全球城市及其腹地内经济实力较为雄厚的二级大中城市扩展联合而形成的一种独特空间现象。全球城市区是以全球城市（或具有全球城市功能的城市）为核心的城市区域，而不是以一般的中心城市为核心的城市区。全球城市区是多核心的城市扩展联合的空间结构，而非单一核心的城市区域。多个中心之间形成基于专业化的内在联系，各自承担着不同的角色，既相互合作，又相互竞争，在空间上形成极具特色的城市区域。虽说这一新现象的出现，并不限于发达国家的大都市及其区域发展的过程，但这种发展还是相对高度集中在全球范围经济较发达的地区，当然也包括亚太地区。

四、巨型都会区

巨型都会区（Douglass，2000）在定义上与扩展性都市互动区（extended metropolitan fields of interaction）相当，只不过更加注重全球化过程及世界城市发展语境（McGee and Robinson，1995）。贸易、生产和金融全球化加速了城市转型，尤其在那些少数的巨型都会区，争夺世界城市地位的城市间竞争日益加剧。各国政府将更多的公共资源用于创造一个包容性的全球投资环境。这些地区政府比较关注包容性治理和更宜居城市建设、新形式的城市贫困。面对日益加剧的全球经济动荡和全球经济增长的空间不平衡，经济恢复力低下、公民社会的崛起，城市不仅是经济集聚区或消费者群体的集聚区，还成为政治舞台。

与巨型城市区的关注点不同，巨型都会区除了关注金融业（银行、股票、房地产、保险）、跨国公司总部职能（商品生产/分销）、全球服务业（教育、高科技生产者服务业）、运输（世界枢纽机场、快速列车、超级集装箱港口）、信息（创建、处理、筛选、传播）等高端服务业外，还特别强调政治/意识形态（状态－经济社会关系）及文化影响（文化图标、实践、活动的制作/商品化/传播）乃至大事件（如奥运会、世博会、会议、音乐会）等（McGee and Robinson，1995；Short et al.，1996）。

五、巨型城市区

（一）巨型城市区渊源

巨型城市区概念源自 20 世纪 90 年代的东亚，它被用来描述中国珠三角和长三角地区、日本东海道走廊带（Tokaido corridor）及印度尼西亚大雅加达地区（Lin and Ma，1994；Thong et al.，1995；Hall，1999；Un-Habitat，2004）。基于协调、均衡空间发展的目的，欧盟于 1999 年通过了《欧洲空间发展展望》（*European Spatial Development Perspective*，ESDP）（European Commission，1999）。对于 ESDP 来讲，巨型城市是全球经济中心的竞争单元，是欧洲空间发展规划的核心部分之一。ESDP 通过发展平衡的多中心城市体系、倡导一体化的交通和通信观念、合理管理自然和文化遗产来导向均衡、平等及多样化的空间，促进欧盟一体化和可持续发展，使区域竞争力更加均衡。其主要内容是城市体系与城乡合作、基础设施建设和信息共享网络[①]、自然与文化遗产管理，并以此作为空间发展方针。在此基础上，欧盟的欧洲空间规划观察网络（European Spatial Planning Observatony Network，ESPON）和 POLYNET 两个项目对巨型城市区的研究进行了拓展。

（二）POLYNET 的欧洲多中心巨型城市区研究

1. 基本假设

第一，POLYNET 首要与中心假设是，超越全球城市网络范围的高端生产者服务业的知识流在城市区域尺度的扩展，创造了西北欧城镇间的内部联系，从而导致了一种新的空间现象：全球性"巨型城市区"的出现。但是，研究中采用的 GaWC 全球化与世界城市研究机构（Globalization and World Cities Study Group and Network，GaWC）方法，不关心地理上的或者行政管理上的边界。全球城市被概念化为"过程"（Castells，1996），并且作为正在全球化的高端生产者服务业的网络服务战略的中心和节点。公司和它们的网络因此成为调查的主体，全球城市内部及其之间的联系通过它们在全球城市网络内的商务联系来检验。因此，POLYNET 的第一个至关重要的问题是如何定义研究的区域——巨型城市区。

第二，欧洲八大巨型城市区是多中心的并且越来越多中心，这是 POLYNET 的核心目标。随着时间积累，越来越多的居住和就业将分布于最大的中心城市以外，同时其他较小的城市和城镇将变得日益网络化，甚至绕开中心城市直接交换信息，从而使得这些区域表现出更为明显的多中心特征。项目主要分析比较了各巨型城市区节点之间的联系，从而以"流"为起点，定量描述和解释了八大地区多中心的程度和内涵。

[①]这些网络包括基于流动空间的电信网络、高端服务业网络、通勤网络，以及泛欧盟地区交通网络等战略部署。基础设施的投资将使得这些区域在全球市场中获得更强的竞争力。

项目组希望证实这个假设的真实性，从而为欧洲空间政策提出建议。最终 POLYNET 试图以三种方法测量它们多中心的程度，这三种方法是，对构成巨型城市区的功能性城市区域进行等级—规模分析；测量它们自立性（self-containment）的程度；通过分析通勤流来测量它们日常的联系程度。

2. 功能性城市区人口与就业

POLYNET 项目将功能性城市地区（FUR）看作基本的构成单元，认为正是它们构成了巨型城市区。ESPON 项目采用了相似的理念，但定义方式迥然不同（Hall，2007）。欧盟选出 6 个国家，加上瑞士，共有 135 个 FUR，识别划定了 8 个巨型城市区：英格兰东南地区、比利时中部地区、兰斯塔德地区、莱茵–鲁尔地区、莱茵–美茵地区、瑞士北部地区、大巴黎地区和大都柏林地区。实际这些所谓的巨型城市区尺度跨度较大，面积 7800~43000km^2 不等，人口 160 万（大都柏林地区）~1856 万不等。

第一，人口与就业。这 8 个巨型城市区的就业空间分布与人口分布相一致。然而，就业比人口分布更加集聚于较大的 FUR 内。在英格兰东南地区，2001 年的所有就业人口为 904 万人，而伦敦本身就有 433 万人。第二大就业中心是牛津，有 31 万人。在兰斯塔德地区 400 万就业人口中，鹿特丹有 61 万人，阿姆斯特丹有 58 万人，海牙有 42 万人，乌特勒支有 39 万人。在比利时中部地区，布鲁塞尔有 125 万就业人口，远远领先于安特卫普（51 万人）。在莱茵–鲁尔区，虽然科隆领先于其他几个功能城市区，但其就业分布比比利时地区更加多中心。莱茵–美茵区相反，主要集中在法兰克福市，有 49 万就业人口，约占整个区域就业人口的 28%。

第二，人口变化。英格兰东南地区在经历了 20 世纪 80 年代缓慢人口增长后，90 年代所有 51 个功能城市人口都有所增长。不同寻常的是，伦敦功能城市区人口经历了显著的高增长（15%）过程。在兰斯塔德地区，4 个大城市衰落，外围城市开始出现了一些增长态势，环绕城市的郊区地区有所增长。莱茵–美茵地区显现出更加复杂的态势：90 年代法兰克福功能城市区表现出最快的人口增长，小的功能城市区的人口则明显减少。大巴黎地区，中心巴黎功能城市区和一些更外围的中等规模的功能城市区（如 Orleans、Caen 等）表现出强有力的增长特点，其他地区则相对平稳。规模和增长之间没有明显的相关关系，相反，其相关关系在于地理邻近特征，巴黎北部和西部邻近的 FUR 人口增长快。

第三，就业结构。1970 年以来，欧洲的就业结构开始稳步从制造业和货物运输业等转向服务业特别是高级服务业等经济活动。英格兰东南地区向服务业部门的转向非常迅速，特别是贸易服务业部门。差不多 80% 的就业人员从事服务业，其中，银行和金融领域超过 22%。金融服务业在南部沿海的 FUR 中非常典型，同时在伦敦西南部和西部的 FUR 集群中也很具有代表性。公共服务业在大学城，如牛津和剑桥等，以及一些沿海度假城很有代表性，在一些主要的乡村城镇也很普遍。制造业在所有的行业中依然保持着超过 15% 的就业比例，在一些 FUR 其占比开始有所上升，特别是伦敦北部和西部的边缘地域。在兰斯塔德地区，1996~2002 年，贸易服务业工作岗位上升了至少 41%。在比利时中部地区，金融服务、保险、物流业扮演了突出角色。与其他的 MCRs 相比较，莱茵－鲁尔地区的高级服务业并不很典型，原因是其依然强劲的产业基地。大巴黎地区制造业也在下降，服务业逐步上升，特别是个人服务和家庭服务。贸易业、服务业更加不均衡，银行业和保险业在减少，而法律业、会计业和设计咨询行业比重在增加。一些服务业，如研发等开始一定程度上从巴黎向较小的外围 FUR 分散，或者至少是到达更加边缘化的郊区等。

六、巨型区

国家曾是经济发展过程中劳动力和资本资源再配置的重要载体空间。全球化使得国家开始逐步丧失其在经济增长分析中的基本逻辑单元的重要性。美国 Florida 等（2007）呼吁巨型区应当被视为相平行的宏观结构单元，在巨型区内，劳动力和资本可以通过非常低的成本进行配置和交易。

巨型区研究可追溯到美国东北沿海大都市带概念，1990 年以来，巨型区的研究代表性工作是"美国 2050"。最初宾夕法尼亚大学和弗吉尼亚理工大学付出了巨大的努力，它们开始通过建立界定准则识别东北区域外的巨型区，并试图确定边界位置。2004 年，宾夕法尼亚大学开始对美国的巨型区展开新一轮研究。在 ESDP 的基础上，宾夕法尼亚大学尝试建立某种类似的城市尺度，从而认知美国城市聚集的现象。其终点在于人口增长、美国郊区外的建设、非均衡的增长模式以及受限的基础设施，这是识别巨型区域的基础。该研究起初界定了 8 个巨型区，这些区域得益于持续增长的经济和政治合作。虽然对于历史发展和人口增长问题的研究是严谨的，但是这些区域的界定并没有遵循一种系统性的过程。人口增长趋势在一张图上被绘制出来，因人口增长融合在一起的区域就被认为是巨型城市。在此基础上，弗吉尼亚理工大学继续基于空间连接的方法开展巨型区的研究，试图通过观测"场所与流"（place and flow）来界定地理单元，这种空间连接的方法类似于 20 世纪 50 年代屈特（Chute）所使用的步骤。佛罗里达等（Florida 等，2007）通过夜间灯光影像资料、人口密度、专利生产及明星科学家等指标辨识出了 40 个巨型区，其经济规模都在 1000 亿美元以上。

另外，美国区域规划协会（Regional Plan Association，2011）识别巨型区的流程则从评分系统开始，根据人口和就业规模、人口和就业增长及连接度来为各个县级单元进行综合排序，据此判断其是否被包含在巨型区中。然后，通过专家打分法和定性等方法界定巨型区边界。美国所定义的 10 个巨型区有 1.97 亿人，占美国人口总数的 68%。

研究结果表明，巨型区是全球范围内相当大的经济力量。世界 40 个超过 1000 亿美元的巨型区，只覆盖地球面积的一小部分，占世界人口仅为 18%，然而，它们贡献了 66% 的全球经济活动和 85% 的科技创新。巨型区不仅见证了发达国家的经济历程和模式，还在新兴经济体中扮演着核心角色。不同于发达国家和地区的全球城市，新兴经济体和发展中国家，虽然许多地区人口规模巨大，但由于经济总量低于 1000 亿美元，并没有被 Florida 等（2007）纳入名列。中国有三个重要的巨型区，其中香港 - 深圳地区发展以香港的制造业优势为基础，扩散到深圳和广州等经济增长快速的地区，总人口为 4490 万，GDP 在 2200 亿美元左右；大上海地区总人口为 6600 万，位居全球第 31 位；大北京地区总人口 4300 万左右，GDP 在 1100 亿美元左右。印度有一个巨型区，即新德里 - 拉合尔地区。此外，还有两个正在快速扩张的地区，一个是班加罗尔和马德拉斯地区，另一个是 6200 万人的孟买 - 浦那地区。世界其他新兴经济体正在崛起的巨型区也扮演着重要的角色。大墨西哥城（全球第 20 位）总人口 4550 万，GDP 为 2900 亿美元；巴西的巨型区从圣保罗延伸到里约热内卢（全球第 22 位），GDP 为 2300 亿美元，总人口 4300 万；中东的巨型区从特拉维夫延伸到安曼和贝鲁特，总人口 3100 万，GDP 为 1600 亿美元。

第二节 巨型城市区研究关键议题概述

一、巨型城市区与高端服务业

巨型城市区空间现象和空间过程背后是两个基本的、并行的转型，相互独立又密切复杂地联系着，即世界经济的全球化和信息化，高端经济由制造、加工转向服务生产，尤其是转向知识密集、信息主导的高端服务业领域。工业生产的"全球转移"产生了大量关于灵活专业化和服务经济的文献（Daniels，1985；Beyers and Lindahl，1996；Coffey，2000；Bryson et al.，2004；Illeris，2005）。作为在企业层面上战胜福特主义危机的拥护者、灵活生产和分销系统的创造者及新技术和商业战略挑战的调解者（Moulaert et al.，1995），为了响应生产模式从大规模流水线生产向柔性专业化生产的转变，生产者服务业为代表的高端服务业经历了戏剧性的扩张。一系列相关文献强调生产者服务业是"区域差异的一个新因素"（Moyart，2005）。高端生产者服务业的出现，为其他服务部门提供专业化服务的一系列活动，如提供了专业知识和处理专门信息，等等。这种由专家顾问提供的知识密集型服务，是后工业化经济的一个核心特征，反映了科技变革的加速，尤其是基于微电子、信息与计算机技术、新材料和生物科技的技术变革。伍德（Wood，2002）这样描述它们：它们由新的、类型不断增多的服务组成，推动新的做事方式产生。它们包括电视制作公司、新型金融中介机构、合约清理公司及专门代理低价机票的旅行社等。一旦提供有关变化的知识成为它们的目的时，这些活动通常可以描述为"知识密集型服务"。它们在广泛的领域提供专家服务：经营和管理、生产、科研人力资源、信息和通信，以及营销等。重要的咨询公司和网络正日趋国际化。Wood 和他的同事在法国、德国、荷兰、英国、意大利、希腊、葡萄牙和西班牙 8 个欧盟国家分析了其具体的结构和区位。高端生产者服务业是

"POLYNET"研究的焦点①。

西北欧的巨型城市区在功能联系方面日益紧密，与亚太地区的巨型城市区制造业主导的情况截然不同。同 Scott（2001）的全球城市区域概念一致，西北欧的巨型城市区以全球性的城市为核心，在后工业经济功能的发展时期，在不同的空间尺度都有显著的联系。但在 POLYNET 项目中，这种巨型城市区指的是高附加值、知识型功能主导的高端生产者服务业所界定的区域，将 Castells 于 2000 年提出的流动空间和全球城市的场所空间联系在了一起。

Hall 和 Pain（2006）通过高端服务业的分析，认为伦敦在所在巨型城市区的重要性高度体现在本身的标准化城市审计过程（urban audit process）。在英格兰东南巨型城市区中，伦敦在面积、人口和经济规模上一直遥遥领先。大伦敦地区（Greater London Authority，GLA）的经济活动在过去的十多年里创造的就业机会要远远超过英格兰的其他 10 个大城市。然而，通过分析发现在英格兰东南地区，剑桥、雷丁、牛津和米尔顿·凯恩斯等城市之间也有显著的流动性联系，间接反映了该巨型城市区并非纯粹的等级体系单中心结构。实际上，伦敦外围的这些较小的城市高端服务业就业规模还是很高的，其高端服务业的发展紧跟伦敦，某些行业门类增长速度甚至超过伦敦。

在 POLYNET 项目进行的最初阶段，荷兰阿姆斯特丹大学等 8 所院校分别就各自负责的巨型城市区展开分析并建立了基本数据库。"通勤客流"被当作一项重要指标来衡量各巨型城市区功能性多中心程度的高低，结果出乎意料。如果以通勤客流来定义功能性多中心程度的话，8 大巨型城市区的多中心程度都很低。即使在地理结构上呈现多中心的巨型城市区，其功能性多中心的程度也很低。在随后的研究阶段，各小组将注意力转移到另外一个分析功能性多中心的指标，即围绕高端生产者服务业的知识密集型"商业流"。最初的定量分析采用了 GaWC 网络的分析方法，用商业性质和办公选址来衡量城市之间的潜在关联性，并通过对各巨型城市区高级商业管理人员的访谈进一步证实了关联性的存在。这种定量分析的结果显示，就办公地点分布而言，莱茵-鲁尔地区和兰斯塔德地区是多中心程度最高的巨型城市区；大巴黎地区、莱茵-美茵地区、大都柏林地区多中心程度次之；英格兰东南地区多中心程度最低。而比利时中部地区与瑞士北部地区的多中心程度不能得出明显结论。对瑞士北部企业关联度的进一步分析显示，该区实际上呈现双核结构，苏黎世与巴塞尔是两大主导功能性城市。

在所有 8 大城市区中，高端生产者服务业都集中于主要城市的经济核心区。这些核心区相互关联，共同构成西北欧的一个功能性网络。有些巨型城市区内部确实存在一定程度的功能性分工，如莱茵-鲁尔地区与莱茵-美茵地区。最意外的是，在英格

①高端服务业属于现代服务业中的高端部分，它没有一个准确的定义，其统计口径也大相径庭。但高端服务业通常指智力化、资本化、专业化、效率化的服务业，其研究领域包括以下 17 类：科技、教育、总部经济、金融、第三方物流、休闲旅游业、医疗保健、文化娱乐、咨询信息、创意设计、节庆、展会、IT 资讯、订单采购、商务活动、企业服务业（智力资本、商务活动）、专业中介等。

兰东南地区这个地理结构上最为单中心的地区，巨型城市区内部出现了一定程度的功能互动。苏黎世地区也是如此。但是，在兰斯塔德这个看起来多中心程度最高的地区，其内部并没有形成关键的功能性关联。这些结论对各个层次的空间政策制定都具有重大意义（表 1.2）。

表 1.2 国外典型巨型城市区研究对高端生产者服务业的关注点

部门	Pain和 Hall	Taylor 和 Walker	Derudder 等
会计	有	有	有
广告	有	有	有
金融	有	有	有
保险	有	有	有（包含在金融部门）
法律	有	有	有
管理咨询	有	有	有

二、巨型城市区与流动空间和多中心性

城市区域研究往往被纳入"中心地理论""核心 – 边缘"等场所空间范式框架下，最近在全球化、信息技术快速发展的背景下，"流动空间"学说引发了国际城市和区域研究的重大转向，Meijers E.（2007）等认为这促进了城市与区域研究范式的转换，原有城市和区域发展的地方空间 / 场所空间的逻辑受到冲击。在特大城市地区的多中心发展过程中，不仅传统上的"生态 – 交通 – 文化 – 城镇'地方 / 场所空间'"特质发挥重要的作用，如密度、距离、分割等理论建构及文化嵌入根植、生态品质等，还随着信息化、市场化、全球化 – 区域化的不断深入发展，全球范围的城市和区域发展日益受到"生产要素""流动空间"的深刻重塑。"流动空间"范式下，城市与区域的多中心结构化的研究受到高度关注。各种尺度（尤其是全球尺度）下的城市与区域间的网络结构、功能和关系研究成为城市研究的热点。其视野由原来的更多关注区域和城市与腹地的关系开始转向分析经由信息流、人员流、金融流、货物流等所建构的全球城市网络的结构、功能和关系，即全球城市的外部关系方面。泰勒主张在研究当今世界的城市与区域空间时要用"中心流理论"（central flow theory）来补充原有"中心地理论"。

Castells M.（1996）认为，流动空间包括如下内容：①所有的技术性基础设施网络，如信息系统、交通运输线路等；②各种节点和枢纽构成的网络，如金融街、大学、通信中心、机场、港口、车站等，人、商品、信息、知识、资本等在其中循环流动；③处于支配地位的管理精英工作、居住、休闲、生活的网络；④网站等电子空间。城市研究中，"流动空间"载体功能被泛化和具象化，不仅包括可以瞬间到达的电子信息流，还包括依托先进通信和网络传输技术即可以导致"时空压缩"的一系列流，如航空流、高速铁路流、第三方物流等。在"流动空间"范式下，国际"多中心"的城市区域结构

研究主要体现在相对宏观的尺度上：①全球尺度上，GaWC 研究团队致力于全球城市网络和多中心性的定量划分；②全球城市区尺度上，在 GaWC 研究基础上，POLYNET 项目研究强调巨型城市区的"多中心"结构和网络议题，其核心是探讨巨型城市区系统中各独立成员间的相互依赖关系。他们采用定量和定性相结合的方法展开研究。一方面，通过商务旅行、电话、会议和电子邮件等途径来直接测量实际流；另一方面，通过对区域内高端生产者服务业的执行者和高管进行深入访谈的方式获得定性数据。

在过去的 30 年中，全球化进程研究方向不断转移：从 Sassen（2001）的"全球城市"到 Scott（2001）的"全球城市区"，再到 Hall 的"多中心巨型城市区"。巨型城市区已被定义为"一个通过虚拟通信和出行将不同地理空间的城镇和城市在功能上互连在一起的区域"（Halbert et al.，2006）。然而，联系城市区域的信息网络在空间上不能清晰地辨识，增加了巨型城市区的研究难度。电子通信剧烈地重塑了企业组织产业活动的方式。但此技术及其所促成的互动多半是不可见的，因此，整体的"流动空间"制图仍相当贫乏。英格兰东南地区详细的雇用与电信使用数据，用以在巨型城市区尺度上建构一个各类别的全球化图谱。上述两类数据集的交汇，使产业地理与区域结构的崭新经验视角得以被建构。与 ESDP 理论相反，POLYNET 项目关于 MCR 定量和定性"关联"研究采用了全球化背景下城市间关系网络的概念。具体来说，Sassen（2001）和 Castells（2000）认为"全球城市"是发达商务服务业空间聚集的场所载体，在新的"信息社会"中，流动空间越来越明确地成为场所空间界定的因素。POLYNET 项目认为，在区域层次上，应该通过加强核心地区的知识密集型流动与扩散，来提高整个欧洲的多中心程度。

正如霍尔与佩因指出的那样，多中心是一个尺度敏感的概念。在不同空间尺度上（如欧盟、国家、区域、城市），多中心有不同的表现形式与政策解读。欧盟的空间规划强调每个层次上空间的均衡发展，有意识地将区域多中心发展成欧盟多中心。其规划思想比较看重边缘区发展与地域凝聚（territorial cohesion）政策，这种思想与 POLYNET 项目研究结论有潜在冲突。佩因对传统的中心地范畴的"形态多中心"（morphological polycentricity）和基于中心流视角的"功能多中心"（functional polycentricity）做了比较。认为"功能多中心"是与基于知识的人流和信息流相关的，与着重描述不同规模的城镇地理分布特征的"形态多中心"有所不同。但是，这两种类型的多中心对环境的可持续发展都具有影响。高端服务业中虚拟现实的通信技术的大量使用并不能取代商务旅行的需求；由形态多中心引发的实质通勤缺乏有效的公共交通工具支持，主要还是依靠小汽车交通来完成跨界的旅行。不充分的区域交通基础设施被认为是位于巨型城市区中心的公司提升竞争力的主要障碍。尽管两种多中心模式都对环境的可持续发展造成有害的影响，但形态多中心还缺乏与高端服务业的联系。这个发现说明，简单的形态多中心不能解决空间发展不平等的问题。

多中心化是 ESDP 的一个重要概念和政策主张，欧洲城市体系中进一步促进了多中心化。ESDP 中的多中心化意味着在由伯明翰、巴黎、米兰、汉堡和阿姆斯特丹构成的西北欧五边形以外的地方培育更多的新"门户"型中心城市，它们之中有很多是国家政治中心或商业中心，服务于广阔而人口稀疏的区域，如伊比利亚半岛、斯堪的纳维亚半岛及东中欧。但在更细微的区域层面，多中心指的是在巨型城市区内部，从主要城市向较小城市的扩散，从而重构城市等级体系中的不同层级：较低层次的服务功能从等级较高的中心城市向等级较低的城市扩散（Llewelyn-Davies，1996），因此，不但改变了"地方空间"，而且改变了"流动空间"。最近的研究（Kloosterman and Musterd，2001）表明，西北欧多中心城市区域可能表现出与 ESDP 提出的可持续目标相冲突的特征，而且这种现象可能与欧盟发展中的外围区域内增强的单中心性同时发生（尤其是 2004 年 5 月加入的国家），随着资本和劳动力逐渐向少数首位城市迁移，各国中心和外围地区间的区域不平衡由此产生。

Taylor 等（2008）采用"互锁型网络模型"进行巨型城市区的多中心性等研究。其中网络创造者为高端服务业，公司网络被用于测量城市在相互关联网络中所处的位置。该研究团队采用了 8 个巨型城市区内 200 座城市中近 2000 家公司的网络数据。根据这些网络数据对城市相关性进行了四组测评，并根据测评结果对不同地理尺度内多中心性进行了比较。但越来越多的学者认识到，基于要素流的"关系取向"（relational approach）的城市与区域和多中心网络结构研究也存在一些明显的不足，如片面强调流空间的支配控制功能，忽视地方/场所空间在经济社会发展中的作用。最近有学者开始提出相应的修正方案。Halbert 和 Rutherford 主张超越"关系取向"，代之以"流－场所取向"（flow-place approach），即将城市作为动态的、不稳定的"流－场所"。城市地区和多中心趋向是流与场所交流的场所和产生的结果，这些研究视角的改变对城市和区域规划有重要的指导作用。

三、巨型城市区与可持续性

巨型城市区被视为环境管理的更有效尺度。人们可能会认为，人口和经济活动集聚的巨型城市区会严重危及环境，并影响自身的生存和发展。随着城市人口的集聚，一些城市区域更具创新性和财富创造性，其人均经济绩效会显著高于规模小的城市区域。虽然巨型城市区概念似乎更专注于经济增长，然而它也能够从改善居民福利水平的经济发展、能耗降低、生态系统质量保护等方面被加以界定和认识（Wheeler，2009）。因此，巨型城市区在城市增长和人口管理、环境质量改善、交通基础设施和机动性发展、温室气体排放减少，以及治理和社会公平等方面会发挥更大的作用。巨型城市区的方法视角已被视为环境管理的有效尺度（Wheeler，2009）。巨型城市区能够更好地实现保护大规模的区域生态系统（如流域自然生境等）的目的，也能使这些系统在一个统一的空间规划体系中加以集成管理。这隐含着，巨型城市区在作为全球经济新的竞争单元的同时可以间接带来环境效益。

然而，多中心巨型城市区是否更具有可持续性？许多学者对 POLYNET 项目所研究的巨型城市区提出疑问：这种新型城市区域是否呈现更明显的多中心性？而这种多中心性是否更可持续？POLYNET 项目中，在选定的 8 个区域中，荷兰的兰斯塔德地区和德国的莱茵 – 鲁尔地区在空间形态上呈现多中心，但在 ESDP 中，伦敦和巴黎被视为是单中心结构。在跨国巨型城市区研究中，Hall 和 Pain（2006）认为空间形态上的多中心性并不能同功能上的多中心性相一致，尤其是知识密集型的商务服务业，在《里斯本战略》一书中，其被认定为对欧洲经济发展至关重要。此外，多中心城市区在空间规划政策中往往与环境可持续性和均衡的区域发展相联系（Kloosterman and Musterd，2001），POLYNET 项目研究结果发现多中心发展诱发了交叉性的小汽车交通出行，这抵消了因空间多中心性而可能提升的环境可持续性。在欧洲的 8 个案例研究中，知识密集型的经济活动和全球企业高度集聚在首位城市中，经济功能空间不均衡显著。更具有讽刺意义的是，虽然在空间形态上英国东南地区更具有单中心的特质，但在研究中发现其功能多中心性更加典型（Halbert，2008）。ESDP 的核心——"多中心"，已应用在三个尺度的欧洲政策上：城市内部、区域内部和区域间。在区域内部尺度上，城市多中心一直被视为是经济活动"分散式集中"在一些类似规模的城镇和城市，而不是集中在一个中心，如兰斯塔德地区、莱茵 – 鲁尔地区等。这种城市发展形式被认为是促进区域平衡和可持续发展的相对理想模式。欧洲范围内的跨区域尺度、多中心性主义是为了促进发达地区和欠发达地区之间更加平衡和可持续的发展，发达的"核心"是所谓的"五边形区域"（由伦敦、巴黎、汉堡、慕尼黑和米兰等围合而成），而欠发达的"边缘"地区主要是欧盟扩大后的相关国家和地区。五边形区域内的伦敦和巴黎等全球城市都被视为城市的核心，而"外围"指的是城市经济下滑的地区及落后的农村地区。因此，ESDP 中的多中心主义被视为应对跨地区尺度、跨城市的核心 – 边缘空间尺度经济发展不平衡的处方。但是，2000 年的《里斯本战略》目标是使欧洲在 2010 年成为世界最有竞争力的地区，其重要的出发点是基于 Castells 的新兴经济和流动空间理念。与之相比，POLYNET 项目认为 ESDP 更加注重传统的空间地域的理解。首先，空间政策中需要充分考虑城市形态和功能关系，以解决《里斯本战略》的经济可持续发展问题。其次，注意区域多中心（形态和功能）和环境可持续之间的紧张关系的衔接。最后，促进区域多中心来缓解社会不公平问题的政策失败需要被重视。

四、巨型城市区与集聚经济

从国际研究来看，无论是高端服务业，还是流动空间和多中心都与巨型城市区因规模报酬递增而呈现的集聚效应直接关联，在集聚效应下，整个区域的可持续发展得到促进，尤其在能源资源消耗等方面。

可持续性一方面表现为环境管理和资源消耗等，另一方面表现为其产出的高效率。因此，特大城市地区的发展在各个领域均得到高度关注（爱德华·格莱泽，2012）。

东京首都圈占日本总面积不足 4%，却集聚了全日本总人口（3500 万人口）的 25%，科技创新、文化教育也都在全球占有重要地位，2013 年世界 500 强企业有 47 家集中在东京。随着交通技术、信息技术的发展，曾有学者提出"距离的消失"和特大城市地区的逐步解体假说，但客观上，纽约、伦敦、东京等典型的特大型世界城市仍在集聚人口和经济活动，其中枢地位仍在强化，在创新和思想生产、控制和命令等方面尤为明显，"距离即死亡""密度、距离、分割"等成为各界等更为坚持的理念（世界银行，2009）。

研究表明，地理和区位对于经济发展的影响不可忽视。虽然运输和通信技术的进步已使世界"越来越平"，制造业不断分散，但经济高端生产和服务活动及创新仍继续聚集和集中在巨型城市区中。许多学者认为这是源于 Jacobs 所确定的人力资本外部性效应。

在克鲁格曼"核心－边缘"假说阐释基础上（Krugman，1991a，1991b；Fujita et al.，1999），ESDP 中关于"核心－边缘"二元空间结构的运用引发了争议，引发了其政策背离的问题。关于地域二元论的"核心－边缘"隐喻体现在多中心主义概念和相对应的单中心概念上。这一理论涉及 Castells 的场所空间概念。它不能反映巨型城市区经济、环境和社会发展过程中的多尺度相互依赖性特点。克鲁格曼新经济地理的核心－边缘模型的发展在欧洲的影响深远。克鲁格曼认为："从建议性的小模型跨到实证基础上建立起来的模型来评估具体的政策，难度巨大。"然而，克鲁格曼的许多成果已经广泛应用到实际投资计划中。

关于克鲁格曼模型的局限性，无论是经济学还是地理学都有争论（Martin，2003）。其关于"核心"与"边缘"的概念复制了冯·杜能所使用的术语。核心代表城市，边缘代表农业地区。随后"核心－边缘"理论松散地扩展到发展经济学等研究领域，如"北－南"和"发达－欠发达"世界差异。为此，克鲁格曼一直主张回归到原先更严谨的模型，以用来解释当代经济地理学不完全竞争条件下的理性经济行为的空间过程结果。

克鲁格曼借鉴了新古典理论。缪尔达尔于 1957 年和弗里德曼于 1966 年分析了城市体系核心－边缘视角的扩大和缩小问题，借鉴马歇尔等的研究成果分析了产业集聚的原因，试图通过模型反映集聚和扩散的新经济互动，并反映当今经济主体的区位决策。他认为，规模经济、运输成本的下降和"自由"的生产产生的向心力为企业和劳动力减少了集聚的不稳定性和风险，这对金融服务尤为重要，反驳了信息和通信技术条件下的距离之死假说。他的模型试图解释导致经济活动向低成本地区离心分散的原因，同时试图解释新的经济活动不断集聚和区域差异不断拉大的机制。他一再声称对于模型作为政策制定中的角色一定要谨慎对待，并认为区域支持主义（regional boosterism）可能有助于触发经济欠发达地区自我维持的增长（或者触发当前集聚体的衰落），从而促进更均衡的区域经济发展。

"核心－边缘"模型可能在 POLYNET 项目巨型城市区第一层级城市的集聚上

比较有效，但其解释力大为受限。不同于马歇尔的"工业区"概念，工业区概念承认"地方工业的气氛""知识共享""共同商业行为""社会和制度环境"在集群中的重要性（Martin，2003），而克鲁格曼的模型高度抽象。它高度聚焦于地方因素的测量，没有考虑人与人之间（外部性）的关系和知识流动，这些已被证明在 POLYNET 项目的定量分析测量遇到巨大挑战。此外，该模型被认为普遍适用于不同尺度，但从 POLYNET 项目的多中心结果来看，MCR 的过程在不同区域有显著的差异性，反映了国家的差异和地方历史过程。

相反，最近经济地理学的很多方法都开始强调集聚关系、社会和语境因素。这些包括不可编码和测量的知识的隐形扩散、各种"不能贸易的相互依赖性"（Pryke，1991；Amin and Thrift，1992，1994；Thrift and Leyshon，1994；Pryke and Lee，1995；Markusen，1996）。制度、文化和所谓的"演化"视角等都不同程度地承认历史"路径依赖"对区域锁定的重要影响（Porteous，1999；Boschma and Frenken，2005），重视在流动空间中的黏性地方场所尺度依赖的关系网络流动（Markusen，1996）。相关研究表明，区域经济和生活质量运行绩效不能被"核心 – 边缘"模型所完全解释。

五、巨型城市区多尺度治理

越来越多的学者开始从政治学角度关注多尺度治理、规划的模式和效应等。罗纳德等（Ronald 等，2010 年）在 *Progress in Planning* 杂志上发表的文章"治理全球城市区：中西比较"可谓集大成。该文章认为，当前世界的巨型城市区在多中心和单中心的不同模式下有四种重构方式，分别是统一辖区、多层级区域、功能联系、跳跃边界。不同城市对四种重构模式的选择基于其独有的历史文化社会观念。统一辖区治理模式的代表城市是多伦多、上海等。其模式特点是消除了原来的行政边界，形成一个大政府来管理。该模式的优点在于可有效控制城市蔓延；有更高的债券评级。而劣势包括效率较低，垂直结构的政府不利于竞争；居民的满意度和投票权会被稀释；无法管理大城市周边新兴出现的城市地区。多层级区域治理模式包括东京和伦敦等巨型城市区。该模式的特点是，多个独立的政府通过一个更高级别的政府或机构进行统一的协调，形成一个分层的行政体系、伞状的政府结构；分层不是为了划分权力的大小，而是区分解决问题的宽窄、层次的高低。其优势在于能够达到民众的满意度，保证居民的投票权力。劣势包括在地方推行上会遇到阻力；功能组织协调会有较大的问题；不利于政策长期实施。基于功能联系的区域治理模式代表区域包括大纽约地区和中国的珠三角地区等。模式特点是，城市之间通过双边合作、经济发展、区域规划等方式形成联系；主要建立在城市现有的机构之上，不附加机构或政府。模式优势包括差异化的服务，有利于提高效率；达到了民意的满意度，保证了居民的投票权力；有利于经济机遇的再分配；行政机构灵活，便于功能的协调。模式的劣势主要是政治脆弱性明显，缺少机制来推动合作。跳跃边界的治理模式代表地区是中国的粤港澳大湾区等。模式特点包括城市之间通过文化交流、资源共享等合作形成非相邻领土之间的联盟。模式的优势是，非常适合解决全球化的挑战；可以在一个大尺度内重新进行资源分配；可以与跨国公司相抗衡。劣势主要是，尚处于起步阶段，缺少更多的实例论证。但总的而言，巨型城市区的治理是它独特的历史、文化、政治、地理的结果，没有固定的范式。

六、世界巨型城市区空间形态原型

胡序威认为，大都市作为一定区域经济社会发展的核心，其空间演化存在着以下几种布局形态：一为大都市中心区不断摊大饼式向外扩张，形成单一的特大城市、超大城市；二为在大都市周围发展卫星城和相对独立的中小城市，形成众星拱月的都市圈；三为与邻近较大的都市和众多不同规模的城市组成相互紧密联系的城市群。

（1）欧洲语境原型：单中心与多中心视角。相对而言，欧洲的巨型城市区中，大伦敦地区、大巴黎地区被视为典型的"单中心"空间形态。而莱茵－鲁尔地区、兰斯塔德地区被视为经典的"分散"多中心结构形态。

（2）美国语境原型：从芝加哥学派到洛杉矶学派。在过去几十年里，经济全球化和积累体制的变化导致了显著的城市变化。"世界城市"、"全球城市"、世界城市体系重构、全球城市区域、巨型城市区等概念不断出现，积累了大量的研究成果。制造业从大西洋核心区向亚太地区的全球转移不仅促进了城市形态的改变，还使城市间经济联系的新方式不断涌现。跨国公司和高等级服务业成为再组织城市间联系的重要因素。工业生产的全球转移引发了大量关于柔性专门化和服务经济的文献出现（Daniels，1985；Beyers and Lindahl，1996；Coffey，2000；Bryson et al.，2004；Illeris，2005）。生产者服务业已经经历了从大规模生产模式向柔性专门化生产模式的剧烈转变（Moulaert et al.，1995）。生产者服务业显然已经成为影响区域分化的新因素（Moyart，2005）。在工业化和后工业化视角下，美国语境下的巨型城市区有如下两个空间原型：①工业组织和福特制下的"芝加哥学派"模式主导；②后工业化和后福特制下的"洛杉矶学派"模式主导。最具代表性的是美国西海岸紧密联系的"大三角构成区"：圣弗朗西斯科湾的核心、奥克兰和圣何塞；萨克拉门托州府及其在萨克拉门托河谷迅速扩大的郊区地域；以斯托克顿和莫德斯托为核心的北圣华金河谷城市和镇。

（3）亚洲语境原型：亚洲半城市化（Desakota）等。现在的西方发达国家普遍于19世纪末、20世纪初进入了城市化高速发展阶段，而发展中国家直到20世纪50年代以后，城市化进程才明显加快。这种滞后性使得原有的根据西方社会的历史经验总结出来的城市化理论显得不再完备，因为这一理论建立的前提是认为城市和乡村之间存在着明显的差别，而且这种差别将不会随着城市化进程的发展而消失。50年代以来，世界上许多国家特别是发展中国家的工业化和城市化进程明显加快，出现了以大城市和周围地区的高速增长为基本特征的经济、技术和社会发展模式。中心城市的空间范围迅速扩张，在城市边缘出现了规模庞大的城乡交接地带。同时交通基础设施的发展，不但使过去独立发展的城市之间产生了密切的联系，而且沿城市之间的交通通道形成了新的发展走廊。在经济增长速度较快、人口密集的亚洲，特别是东亚和东南亚地区，这些特征表现尤为突出。城乡交接带和发展走廊的形成是城乡之间经济要素流动和重新配置的结果。这种特殊的空间形态既非城市，又非农村，但又同时表现出城乡两方面的特点，因此被学者称为灰色区域。灰色区域的出现，淡化、模糊了城乡之间的界线，用建立在西方经验基础上的传统城市化理论很难对此做出充分解释。在此背景下，许多学者致力于探求新的理论模式。加拿大学者麦吉（McGee）提出的 Desakota 便是其中较有影响的一种。亚洲各国的 Desakota 类型包括：①邻近大城市的乡村地区由于人口大量流入城市或转入非农产业部门而形成的 Desakota，这种过程与通常意义上的城市化过程一致，以日本和韩国较为典型。②由于两个或多个大城市相互向对方扩散（而不是主要向各自的周围地区扩张）而形成的新的发展区域。交通的发展特别是铁路和高速公路的发展最终使这些大城市相互连接起来，从而在这些城市间形成狭长的发展地带。比较典型的是沪宁杭地区、台北－高雄地区、泰国中部平原和印度加尔各答地区。③邻近国家的次级中心城市（如省会），以传统农业为主，人口密集但非农产业发展与经济增长均较为缓慢的内陆地区。引起这类地区空间结构转换的主要原因在于高密度的人口压力。比较典型的是中国的四川盆地、孟加拉国、印度尼西亚南部的喀拉拉邦和爪哇岛的部分地区。

1988 年在美国召开了以麦吉论文为主题的国际讨论会，各国学者根据在亚洲不同国家的研究实践，对麦吉的 Desakota 模式进行了讨论，在提交的论文中，许多学者提出了一些与超级大都市区基本类似的概念，如扩展大都市区（extended metropolitan area）（顾朝林等，2002）、分散大都市（dispersed metropolis）等。我国学者史育龙和周一星（1997）根据对沿海几个城市密集地区的研究，提出了都市连绵区概念和界定标准。

第三节　中国巨型城市区与巨型区研究概述

一、中国巨型城市区与巨型区发展阶段回顾

中国巨型城市区与巨型区的发展是镶嵌在国家生产力布局大框架中的。中华人民共和国成立后，我国生产力布局经历过几次重大调整。"一五"时期，苏联援建的156 项重点工程，有 70% 以上布局在北方，其中东北占了 54 项。20 世纪 60 年代中期开展"三线"建设。改革开放以后，实施了设立经济特区、开放沿海城市等一系列重大举措。90 年代中后期以来，国家在继续鼓励东部地区率先发展的同时，相继做出实施西部大开发、振兴东北老工业基地、促进中部地区崛起等重大战略决策。党的十八

大以来，党中央提出了京津冀协同发展、长江经济带发展、共建"一带一路"、粤港澳大湾区建设、长三角一体化发展等新的区域发展战略。

同时，中国巨型城市区与巨型区的发展与城市发展方针密不可分。20世纪50年代末开始，"控制大城市规模，发展小城镇"成为我国城市发展指导思想。改革开放后，"严格控制大城市规模，合理发展中等城市，积极发展小城市"成为影响深远的城市发展方针。1990年，我国以法律形式确定了城市发展方针，即"严格控制大城市规模，合理发展中等城市和小城市"。2000年以后，全球化和市场经济深入发展，"十五"计划提出：完善区域性中心城市功能，发挥大城市的辐射带动作用；在着重发展小城镇的同时，积极发展中小城市，完善区域性中心城市功能，发挥大城市的辐射带动作用，提高各类城市的规划、建设和综合管理水平，走出一条符合我国国情、大中小城市和小城镇协调发展的城镇化道路。到2005年，长三角、珠三角、环渤海地区等成为国家发展战略的焦点议题。国家"十一五"规划提出，促进城镇化健康发展。坚持大中小城市和小城镇协调发展，提高城镇综合承载能力……珠三角、长三角、环渤海地区，要继续发挥对内地经济发展的带动和辐射作用，加强区内城市的分工协作和优势互补，增强城市群的整体竞争力。继续发挥经济特区、上海浦东新区的作用，推进天津滨海新区等条件较好地区的开发开放，带动区域经济发展。有条件的区域，以特大城市和大城市为龙头，通过统筹规划，形成若干用地少、就业多、要素集聚能力强、人口分布合理的新城市群。2007年，胡锦涛在党的十七大报告中指出，以特大城市为依托，形成辐射作用大的城市群，培育新的经济增长极。2010年，国家"十二五"规划提出要构建城市化战略格局，按照统筹规划、合理布局、完善功能、以大带小的原则，遵循城市发展客观规律，以大城市为依托，以中小城市为重点，逐步形成辐射作用大的城市群，促进大中小城市和小城镇协调发展。构建以陆桥通道、沿长江通道为两条横轴，以沿海、京哈京广、包昆通道为三条纵轴，以轴线上若干城市群为依托、其他城市化地区和城市为重要组成部分的城市化战略格局，促进经济增长和市场空间由东向西、由南向北拓展。在东部地区逐步打造更具国际竞争力的城市群，在中西部有条件的地区培育壮大若干城市群。强化中小城市产业功能，增强小城镇公共服务和居住功能。2012年，胡锦涛指出科学规划城市群规模和布局，增强中小城市和小城镇产业发展、公共服务、吸纳就业、人口集聚功能。

2015年，"十三五"规划建议指出，以区域发展总体战略为基础，以"一带一路"建设、京津冀协同发展、长江经济带发展为引领，形成沿海沿江沿线经济带为主的纵向横向经济轴带……优化提升东部地区城市群，建设京津冀、长三角、珠三角世界级城市群，提升山东半岛、海峡西岸城市群开放竞争水平。培育中西部地区城市群，发展壮大东北地区、中原地区、长江中游、成渝地区、关中平原城市群，规划引导北部湾、山西中部、呼包鄂榆、黔中、滇中、兰州–西宁、宁夏沿黄、天山北坡城市群发展，形成更多支撑区域发展的增长极。促进以拉萨为中心、以喀什为中心的城市圈发展。建立健全城市群发展协调机制，推动跨区域城市间产业分工、基础设施、生态保护、环境治理等协调联动，实现城市群一体化高效发展。

2017年，习近平在党的十九大报告中指出，以城市群为主体构建大中小城市和小城镇协调发展的城镇格局，加快农业转移人口市民化。以疏解北京非首都功能为"牛鼻子"，推动京津冀协同发展，高起点规划、高标准建设雄安新区。以共抓大保护、不搞大开发为导向推动长江经济带发展。习近平依据世界发展的新趋势，基于实现中华民族伟大复兴的新使命，创新性地提出了"一带一路"倡议、京津冀协同发展战略、长江经济带战略。这些都深刻地影响着巨型城市区的发展，推进着东部发达地区巨型城市和巨型城市区的高质量发展转型，同时，长江流域、黄河流域、东北振兴等战略也在整体谋划我国发展空间布局的新战略。

综上，1978年以来中国巨型城市区与巨型区的发展可分为如下几个阶段。

（1）1978~1990年：改革开放与中国巨型城市区的萌芽。其标志包括14个沿海开放港口城市和深圳、珠海、厦门、汕头、海南等经济特区的设立，这些为此后沿海地区巨型城市区的崛起提供了制度和空间抓手、原始资本积累、模式探索等各个方面的积极准备。

（2）1991~2000年：市场化深化中的巨型城市区发展阶段。其间包括国企改革、土地制度改革、住房改革等。此阶段，浦东开放开发推动了上海的崛起，成为中国沿海和沿江T形战略的重要龙头，在乡镇集体企业的原始积累下，周边的苏州、无锡等城市迅速和上海产生了日益增强的交通、技术、经济等联系。

（3）2001~2008年："三驾马车"驱动下的巨型城市区崛起。其标志是2000年后中国加入世界贸易组织（World Trade Organization，WTO），这加速了经济全球化的进程，外商直接投资（FDI）等涌入中国，国外市场成为中国城市制造业和服务业的重要目标方向，"三驾马车"中投资和出口的拉动发挥了至关重要的作用。开发区建设、保税区建设及此后的房地产开发、新城建设成为巨型城市区空间蔓延的重要空间抓手和形态要素。

（4）2009~2012年：全球经济危机背景下中国的巨型城市区战略。此阶段，国家新区、自主示范区战略、自由贸易区、开发区、高新区等高度集中在巨型城市和城市地区，机场、轨道交通、高速铁路及世界博览会、奥林匹克运动会等大事件吸引人口和经济活动不断涌入这些地区。

（5）2013年以来："中国梦"理念下的巨型区区域战略谋划。党的十八大以来，以习近平同志为核心的党中央确立的京津冀协同发展、长江经济带发展、粤港澳大湾区建设、长三角一体化发展、黄河流域生态保护和高质量发展等重大战略，推动区域协调发展取得一系列历史性成就。强调打造增强区域内生发展动力、塑造要素有序自由流动、主体功能约束有效、基本公共服务均等、资源环境可承载的区域协调发展新格局。

二、中国巨型城市区与巨型区研究进展

中国巨型城市区与巨型区的研究由来已久，从国家城镇体系、城市经济区、城镇

密集区、都市连绵区（Zhou，1991）、城市群一直到巨型城市区、全球区，顾朝林和庞海峰（2008，2009）、方创琳（2018）、闫小培等（2006）、张晓明（2006）、李红卫等（2006）及于涛方（2006，2015）都进行了相关理论和实证研究。

（1）从城镇体系、城市经济区、城镇密集区到都市连绵区。早期与巨型城市区相关的研究主要是中国城镇体系、城市经济区等方面，此后胡序威领衔的课题组对东部沿海地区城镇密集区展开了系统和里程碑式的研究（胡序威等，2000）。孙一飞（1995）提出了界定城镇密集区指标选取的原则和相应指标，周一星等勾画了都市连绵区形成的 5 个必要条件（Zhou，1991）。顾朝林等（2002）分析了大都市伸展区的标准：第一，必须含有至少两个大的核心城市和至少一个大都市地区，其中每个大城市的人口在 100 万以上，具有较高程度的对外开放能力，具备国际都市区的一些主要特征。第二，应该具有一个大的港口或者航空港，拥有较大规模的国际航线和先进的技术水平。第三，区域内的综合交通走廊应该具备多方位的现代交通方式。不同层次的增长极都能够与交通走廊有便利的可达性，组成大都市伸展区的城市之间应该有着较为紧密的社会联系和经济联系。第四，内部的总人口应该至少达到 2500 万，平均人口密度达到 2000 人 $/km^2$。第五，城市边缘区域由区域的非农产业化界定。其中，内部边缘城市区域的划分遵循以下几个条件：①非农业产值比重应该达到 75%，大于县级单位的平均 GDP 水平；② 60% 以上的县级单位的劳动力从事非农产业；③所有这些县级单位濒临或接近中心城市，并且有条件包含在大都市伸展区内。将大都市伸展区其他不符合上述标准的地段归结为外围边缘城市区域。

（2）城市群从学术研究进入国家战略。代合治（1998）提出了从特大城市群到小型城市群的划分标准，从而界定了我国 17 个不同规模的城市群。姚士谋等（2006）对中国城市群进行了全面系统的研究。其中，姚士谋教授也针对城市群提出若干原则：他认为关于城市群区域范围的界定是相对的，局部性地域不可能有明确的、绝对的界线。首先应探讨其界定的原则，然后是界定的方法等。第一，客观性及可识别性原则。城市群实体客观存在于地表空间，城市的各项社会活动、经济活动占据着一定的地表空间，形成相应的城市功能分区的实体。城市活动与周围各地区的城市活动、区域活动有一定的距离，形成城市场空间作用的强弱。这种城市场作用的大小，实际上就是城市群内部联系强弱的表现，是客观存在的，也是具有可以识别的原则。第二，城市辐射的阶段性和模糊性原则。第三，统一性及其空间相互联系的原则。城市群实体地域空间不是孤立存在的，它与周围地域每一个城市发生着空间相互联系的作用。城市吸引着周围地域人口、资源分配与城镇建立联系，也为周围地域和各个中小城市提供城市服务、市场、就业机会，等等。这一城市的互动机制是城市实际地域以现状用地的方式再扩展的动因。此后，顾朝林团队和方创琳等也先后结合区域规划等需求，做了一系列的定量研究和规划展望工作。在国家"十二五"规划、"十三五"规划中，城市群进一步升级为国家发展战略重点。

虽然巨型城市区与城市群同为强调有机联系的城市区域概念，但城市群概念更为广泛，尺度空间上囊括了大中小不同规模的城市群体（许学强等，2009；陈美玲，2011；李仙德和宁越敏，2012），强调高密度连绵的实体形态和交通网联系；而巨型城市区则强调功能网络联系，空间形态上不一定是连绵的状态（顾朝林，2009）。李郇等（2018）认为一定程度上，巨型城市区是城市群概念的深化和发展。在当下高度信息化的全球经济中，无形的信息网络对城市区域影响巨大，城市区域呈现出更复杂的网络联系和空间形态。在此背景下，巨型城市区的概念为学者提供了更好地理解城市区域的理论视角，更具现实意义。在经济全球化的背景下，资本、劳动力、技术等生产要素的流通加快，在地理空间上不断地集聚和分散，形成空间流，引发大量跨界经济活动，加速产业集聚形成，承载空间流的区域基础设施呈现互联互通的一体化态势。生产要素集聚和分散的过程是城市区域空间结构形成和演变的过程，空间流促使城市区域的空间结构进行再组织，最终形成巨型城市区。

（3）全球区域和巨型区等研究。在全球化深入发展的背景下，前人在对珠三角研究的基础上，考虑全球城市体系由"树枝纵向结构"向"网络状横向结构"转变，吴志强（2002）在我国首先提出了全球区域"global regions"（GRs）的概念，认为GRs从区域协调的角度较好地解决了大都市带的一些城市社会经济问题，这是一种城市要素集聚的新形态。2003年后，在吴志强的组织下，于涛方、李红卫、王雷等开展了一系列关于中国global regions的研究。吴志强等认为GRs应该具备如下条件：第一，区域规模、作用方面的条件。这决定了区域是否在全球有一定的地位。第二，区域文化、制度方面的条件，这是区域的个性，关乎区域长远的发展。其中，表现区域规模、作用方面的条件主要包括：① GRs是城市密集区；② GRs是全球枢纽。表现区域文化、制度方面的条件包括：① GRs是城市联盟地区；② GRs是扁平化网络（李红卫等，2006）。

在巨型城市区方面，顾朝林（2009）、闫小培等（2006）首先展开了巨型城市区规划、土地利用强度的研究。此后，于涛方（2006，2015）、罗震东（2010）、赵渺希和朵朵（2013）分别就长三角、京津冀等地区进行了巨型城市区方面的网络和功能变迁研究。叶嘉安等（Yeh等，2015）则从生产者服务业企业内部和企业间的生产服务联系及城市连接等方面分析了珠三角巨型城市区。研究表明，近20年来，生产者服务业的快速增长已成为区域网络形成的一个关键因素，该网络以前主要由制造业活动形成。要更好地理解大城市区域的机制，不仅要考虑企业内部的办公联系，还要考虑不同企业和经济部门之间生产性服务的联系。在珠三角三个主要城市1020家生产性服务企业的问卷调查中，发现通过企业内部和企业间的生产性服务联系，可以将城市绑定到一个分层化和本地化的区域系统中。可见，中国巨型城市区的研究也开始更加注重高端服务业的角色、网络关系等。在区域尺度流动空间和多中心结构等方面，清华大学课题组对京津冀地区进行了连续的、系统的研究，其中在京津冀三期报告中，提出了"城镇网络、交通网络、文化网络、生态网络"四网融合的主旨观点，为区域层面的"场所空间"研究提供了一个全新的视野，甄峰、王德等则通过微博信息流、高速铁路流、企业联系模拟了一些巨型城市区，如长三角的多中心结构区域结构和变迁。最近陆陆续续一些机构采用"大数据"的方法，如交通流、手机流等进行了都市区和巨型城市区尺度的模拟研究。

三、研究中国巨型城市区与巨型区的意义和作用

（一）当前问题的解决和长远目标的实现需要巨型城市区与巨型区

当前研究中国巨型城市区与巨型区具有如下意义：①全球的竞争性战略和区域的协作性需求；巨型城市区与巨型区被视为能够替代国家成为全球竞争的重要地理单元。②中国"三期"叠加和全球经济危机背景下的经济社会发展的重要依托。③人口、资源、环境的挑战和巨型城市区与巨型区的贡献。④集聚、自主创新、跨越中等收入陷阱离不开巨型城市区与巨型区的集聚经济和规模经济。

在中国，无论是从近期关键问题应对还是从民族复兴等目标实现，都需要审慎城市化政策，建议三个回归，即回归"东部地区"、回归"城市中心区"、回归"巨型城市和巨型城市区"（于涛方，2016）。

（1）回归"东部地区"。中国的东部地区是自然条件、社会经济条件最佳的地区，聚集了最成熟的巨型城市区，拥有最便利的交通条件。从中国城市统计年鉴数据来看，2008~2016年，固定资产投资的边际收益率整体轨迹波动明显，但东部地区的投资投入产出最稳定，见表1.3和表1.4。2008年后，以4万亿为代表的固定资产投资在全国层面相对布局均质，高铁建设等基础设施投资在东中西和东北地区都相对快速发展，但由于集聚经济和规模经济的作用，实际上持续的投资边际收益率在东部等地区高而稳定。融资难、去库存等需要投资等进一步向东部地区倾斜，适度加强非均衡区域政策。

表 1.3　中国固定资产投资和 GDP 增长的弹性系数变化（2008~2016 年）

地区	2008 年	2009 年	2010 年	2011 年	2012 年	2013 年	2014 年	2015 年	2016 年
全国	1.57	0.72	1.31	3.85	0.99	0.87	0.77	0.82	1.33
东部地区	2.04	0.94	1.65	5.90	1.20	1.12	1.07	0.92	1.74
中部地区	1.34	0.56	1.04	3.96	0.86	0.58	0.58	0.46	1.02
西部地区	1.33	0.67	1.13	2.05	0.98	0.91	0.58	0.89	0.66
东北地区	1.21	0.54	1.20	4.88	0.69	0.81	0.70	0.09	0.59

资料来源：中国城市统计年鉴。

表 1.4 中国不同规模城市固定资产投资和 GDP 增长的弹性系数变化（2008~2016 年）

城镇人口规模/人	2008 年	2009 年	2010 年	2011年	2012年	2013年	2014 年	2015 年	2016年
>1000 万	3.71	1.43	2.90	6.95	3.18	2.21	2.57	2.11	9.24
500 万~1000 万	1.68	0.93	1.50	2.53	0.98	0.93	1.23	1.52	4.22
300 万~500 万	1.58	0.79	1.15	4.66	1.16	0.76	0.69	0.77	1.36
100 万~300 万	1.48	0.60	1.24	3.80	0.87	0.76	0.62	0.54	0.76
50 万~100 万	1.21	0.43	1.02	2.19	0.78	0.67	0.60	0.44	0.71
<50 万	1.72	0.12	1.44	1.05	0.58	0.70	0.44	−0.09	0.59

资料来源：中国城市统计年鉴。

（2）回归"城市中心区"。在经济危机发生之后，由于固定资产投资的全国层面和市域层面相对"撒芝麻"的分布，加上小城市、小城镇的房地产等政策取向，2007~2011 年，中国地级城市市辖区合计 GDP 占地级城市 GDP 的比重呈现显著的下降趋势。同样，随着集聚经济和规模经济等效应的发挥，2011 年以来这一比重开始显著上升。城市化经济主导的中心城区在应对外在冲击、促进经济增长的创新驱动转型等方面，比地方化经济相对突出的外围县市、小城镇更具优势。在经济危机后，伦敦等国际城市更加注重中央活力区的塑造。另外，面对低经济成长、高失业率与高社会安全支出的困境，荷兰逐渐转向新自由主义，政府更多引入市场友好的政策，更加强调市场的自由竞争，其中阿姆斯特丹在 2011 年制定的《2040 年结构性远景规划》中将发展的希望寄托到投入产出率高的地域（所谓的"特权城市空间"）：内城核心区、河岸区、南翼 – 机场区，并注重大都市景观的打造。

（3）回归"巨型城市和巨型城市区"。巨型城市和巨型城市区无论经济绩效还是要素吸引、经济控制等方面，都是绝对主导，而且这种地位在中国还在不断强化。2008 年以来，从不同规模城市的投资边际收益分析来看，城市的规模越大，其投资回报率越高，在未来促创新等方面，特大城市和以其为中心的巨型城市区具有明显优势。新自由主义的实现，特大城市和城市地区在其中扮演了重要的角色，未来非生产性资本的积累、高端服务业的发展、创新经济的推动也必然更依赖这些城市的巨大市场潜力。在这种情况下，北京、上海、广州、深圳等城市可能面临更严峻的人口规模增长、经济活动集聚及相应带来的区域差异、收入差异和其他外部性引发的交通、环境、生态等负面问题。因此，一方面，需要培育其他的经济中心城市成为新的增长极（如重庆、武汉、南京等沿江城市，天津、青岛、宁波、大连等沿海城市，西安、郑州、哈尔滨、沈阳、济南、乌鲁木齐等省会城市）；另一方面，需要以巨型城市为中心构建系统性的、体系性的巨型城市区。

（二）以巨型城市区与巨型区研究推动中国城市地理学发展

一方面，巨型城市区与巨型区是全球经济和政治发展的基本单元，涉及诸多领域的发展，无论欧美等发达国家，还是发展中国家，都将巨型城市区与巨型区的发展作为至关重要的战略。另一方面，中国的城市地理学与国家战略一直高度吻合和紧密联系。因此，无论从前沿性还是从实践性来看，城市地理学的发展都应高度重视巨型城市区领域的理论和方法突破。

巨型城市区与巨型区是一个复杂的研究系统。从政治、经济、生态环境、人文、交通、信息技术等视角的研究，将促进中国城市地理学进一步跨学科交叉，促进城市地理学方法论和技术的突破。

第二章　崛起中的中国巨型城市

　　2000 年以来，中国经济发展的空间结构发生深刻变化，产业转移和要素流动不断重塑着经济空间格局。最突出的特征是，中心城市和城市群正成为承载发展要素的主要空间载体。这与改革开放初期东部沿海地区"遍地开花""村村点火""户户冒烟"的农村工业化相比，呈现的是不一样的空间经济发展图景。目前，东部沿海地区已经形成了在巨型城市和巨型城市区驱动下的三大城市地区——以北京为中心的京津冀，以上海为中心的长三角，以香港和广州等为中心的粤港澳大湾区，全国最顶尖的科技创新技术、研发人才、金融资本等高端服务和高端生产要素几乎都向这三个地区集聚。中西部地区的国家中心城市、区域中心城市和人口规模大的省会城市，也进入了突飞猛进的增长轨道，不断带动所在省份的快速崛起。武汉之于湖北、成都之于四川、郑州之于河南、长沙之于湖南、西安之于陕西、合肥之于安徽，都呈现出巨大的拉动和辐射作用（许德友，2019）。

　　总之，中国城市区域发展陆续出现了都市区化、都市区连绵化（邹德慈，2008）、连绵区巨型化的趋势。据第六次全国人口普查数据，至 2010 年，已经形成了上海、北京、深圳等人口规模超过 1000 万的超大城市及广州、天津、武汉、东莞、重庆、南京、沈阳和成都等人口规模在 500 万以上的特大城市。

第一节　中国巨型城市格局

一、空间格局

　　根据《国务院关于调整城市规模划分标准的通知》①，本书对城市规模的划分主

---

① 2014 年 11 月，《国务院关于调整城市规模划分标准的通知》明确，城市规模划分标准调整为：以城区常住人口为统计口径，将城市划分为五类七档。城区常住人口 50 万以下的城市为小城市，其中 20 万以上 50 万以下的城市为Ⅰ型小城市，20 万以下的城市为Ⅱ型小城市；城区常住人口 50 万以上 100 万以下的城市为中等城市；城区常住人口 100 万以上 500 万以下的城市为大城市，其中 300 万以上 500 万以下的城市为Ⅰ型大城市，100 万以上 300 万以下的城市为Ⅱ型大城市；城区常住人口 500 万以上 1000 万以下的城市为特大城市；城区常住人口 1000 万以上的城市为超大城市。

要是根据城镇人口规模口径，并且行政区划的口径为 2000 年标准。根据 2010 年第六次全国人口普查分区县统计资料中的城镇人口数据，进行中国巨型城市空间分布的研究。本书将中国的城市规模体系划分为如下几类，见图 2.1。

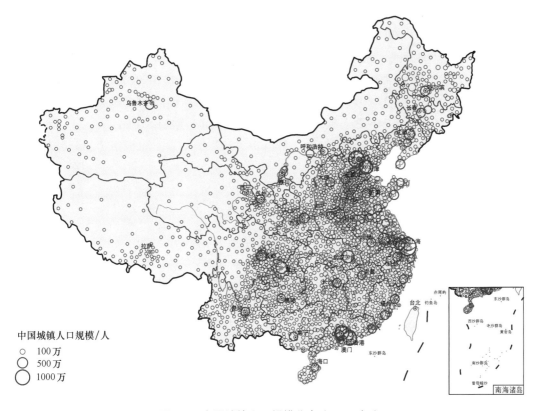

中国城镇人口规模/人
○　100 万
○　500 万
○　1000 万

图 2.1　中国城镇人口规模分布（2010 年）
资料来源：2010 年第六次全国分区县（市、区）人口普查数据①，港澳台数据暂缺。

（1）城镇人口 1000 万以上的城市（超大城市）包括上海市（直辖市、地级城市除特殊情况外均为市辖区范围，城镇人口为 1958 万人，不包括奉贤区和崇明区等）、北京市（1501 万人，不包括大兴区、平谷区、延庆区、怀柔区和密云区）和深圳市（1036 万人）。根据 Florida 的定义，这三个城市本身就符合了巨型城市区的人口规模标准。

（2）城镇人口 500 万~1000 万（特大城市）的城市包括广州市（970 万人）、天津市（929 万人）、武汉市（754 万人）、东莞市（727 万人）、重庆市（650 万人，包括渝中区、大渡口区、江北区、沙坪坝区、九龙坡区、南岸区、渝北区、北碚区、綦江区、巴南区等区县，万州区、涪陵区、黔江区、合川区、江津区等不包括在本统计范围内）、南京市（583 万人）、沈阳市（572 万人）、成都市（561 万人）。

①除特殊标注，本书图表数据来源主要包括中国分区县人口普查数据（1982 年第三次，1990 年第四次，2000 年第五次及 2010 年第六次）、历年中国城市统计年鉴、中国经济普查数据年鉴（2004 年第一次，2008 年第二次，2013 年第三次）。

（3）城镇人口 300 万~500 万的城市（Ⅰ型大城市）包括西安市（465 万人）、哈尔滨市（414 万人）、大连市（390 万人）、郑州市（368 万人）、青岛市（352 万人）、杭州市（345 万人）、长春市（341 万人）、苏州市（330 万人）、济南市（326 万人）、太原市（315 万人）、昆明市（314 万人）、厦门市（312 万人）、合肥市（310 万人）。

（4）城镇人口 100 万~300 万的城市（Ⅱ型大城市）共有 59 个，除地级城市外，此等级中还包括南海区、顺德区、晋江市、昆山市等县级城市。其中 200 万~300 万的城市包括长沙市（296 万人）、福州市（282 万人）、石家庄市（277 万人）、无锡市（276 万人）、中山市（274 万人）、温州市（269 万人）、南宁市（259 万人）、贵阳市（252 万人）、南海区（246 万人）、兰州市（244 万人）、顺德区（241 万人）、淄博市（226 万人）、常州市（226 万人）、南昌市（222 万人）、汕头市（214 万人）、唐山市（213 万人）。

二、专门化特征

（一）中国城市化进程中的专门化发展

回顾 1950 年以来中国的经济发展（图 2.2），伴随着城市化进程，中国的功能专门化也在经历着同样的变化。其中，1992 年之前，公共服务业的就业增长领先于其他行业，制造业在快速地发展；1992 年后，制造业开始取代公共服务业成为年度增长规

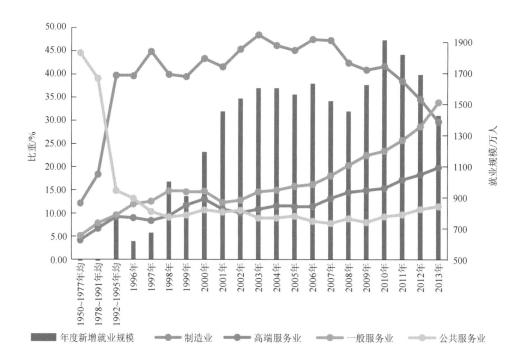

图 2.2　1950 年以来中国主要行业门类新增就业及占全部新增就业的比重变化

资料来源：第三次全国经济普查主要数据公报。

模最大的行业，公共服务业及高端服务业和一般服务业经历了一段相对稳定并驾齐驱的发展阶段；2000 年后，中国加入 WTO，全球化进程加速，除制造业继续相对持续地增长外，一般服务业和高端服务业也开始呈现持续增长的态势。到 2013 年，一般服务业的年度增长规模开始超越制造业。

从制造业内部构成来看，初级要素驱动型发展的"原材料加工业"相对持续走低，而劳动力密集型和技术知识密集型的轻工业和装备制造业保持相对稳定的发展。高端服务业年度增量显著。科学研究和技术，文化、体育和娱乐，租赁和商务等服务业所占比重在 2000 年后增高，而信息传输、软件和信息技术服务业及房地产业等相对降低（图 2.3）。当然，中国高端服务业与发达国家还有很大差距。

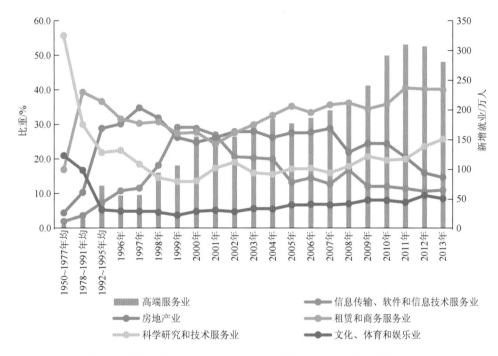

图 2.3　1950 年以来中国高端服务业主要门类新增就业及占全部新增就业的比重变化

资料来源：第三次全国经济普查主要数据公报。

（二）巨型城市的专门化过程

在新经济地理理论中，由于规模经济、集聚经济等理论发展，城市规模和城市职能专门化之间的关系被进一步关联起来分析。一般而言，城市规模越大，其规模经济和集聚经济越明显，而城市化经济职能特征就越发突出；城市规模越小，规模经济和集聚经济越受限，地方化经济特征越明显。受此新经济地理理论影响，《中华人民共和国国民经济和社会发展第十二个五年规划纲要》中指出，要推动特大城市形成以服务经济为主的产业结构，强化中小城市产业功能，增强小城镇公共服务和居住功能。

当前的中国城市规模和城市专门化之间的关系也基本符合上述理论,见表 2.1 和表 2.2,图 2.4 和图 2.5。①城市规模越大,高端服务业等就业比重越高。在 1000 万人以上的三个超大城市中,高端服务业的比重高达 16.25%,远远高于 6.90% 的全国平均水平,其区位商高达 2.36,远远超过 1.0;在 500 万~1000 万人的城市中,高端服务业的就业比重高达 10.10%,区位商 1.47;300 万~500 万人的城市中,高端服务业的就业比重高达 12.38%,区位商高达 1.80;100 万~300 万人的城市高端服务业比重为 7.91%,区位商为 1.15,也远远超过 1.0,但比 1000 万以上的城市落后不少。100 万人以下的城市,规模越小,高端服务业就业比重越小,区位商越小。②一般服务业在不同规模等级的城市就业比重和就业区位商相差不大。③公共部门服务业和采掘业的比重及区位商与城市规模基本呈现负相关。城市规模越大,公共部门服务业和采掘业的比重越小,区位商越小;城市规模越小,公共部门服务业和采掘业的就业比重和区位商越大,说明了小城镇在公共服务方面的专门化特征。④制造业比较例外。"强化中小城市产业功能,增强小城镇公共服务和居住功能"有其现实意义。在全球化、工业化的背景下,中国城市发展中制造业角色尤为突出。在北京、上海和深圳三个超大城市中,其制造业的就业比重接近 35% 的水平,区位商大于 1.0,远远超过发达国家巨型城市的制造业比重水平,500 万~1000 万人的城市中也是如此。总体而言,城市规模越大,制造业的比重和就业区位商越大。这反映了当前中国巨型城市发展的阶段性和特殊性,见表 2.3~表 2.10。

表 2.1　不同等级城市就业结构比较[①]　　　　（单位：%）

规模类型	高端服务业	一般服务业	公共部门服务业	采掘业	制造业
1000 万人以上	16.25	33.14	8.63	0.13	34.63
500 万~1000 万人	10.10	33.68	9.55	0.62	37.68
300 万~500 万人	12.38	37.60	12.36	0.54	27.44
100 万~300 万人	7.91	32.36	10.22	1.71	38.08
50 万~100 万人	5.92	32.34	10.33	2.71	36.07
20 万~50 万人	4.34	34.11	11.51	2.36	32.53
20 万人以下	4.10	35.43	15.96	3.79	24.63
全国	6.90	33.94	11.70	2.19	32.60

资料来源：第六次全国人口普查数据，下同。

[①]本书中高端服务业包括信息传输、软件和信息技术服务业,金融业,房地产业,租赁和商务服务业,科学研究技术服务和地质勘查业,文化、体育和娱乐业,国际组织七个行业门类;一般服务业包括交通运输仓储和邮政业,批发零售、住宿和餐饮业,居民服务和其他服务业四个行业门类;公共部门服务业包括教育、卫生社会保障和社会福利业、公共管理和社会组织三个行业门类。

表 2.2　不同等级城市功能专门化比较（区位商）

规模类型	高端服务业	一般服务业	公共部门服务业	采掘业	制造业
1000 万人以上	2.36	0.98	0.74	0.06	1.06
500 万~1000 万人	1.47	0.99	0.82	0.28	1.16
300 万~500 万人	1.80	1.11	1.06	0.25	0.84
100 万~300 万人	1.15	0.95	0.87	0.78	1.17
50 万~100 万人	0.86	0.95	0.88	1.24	1.11
20 万~50 万人	0.63	1.00	0.98	1.08	1.00
20 万人以下	0.59	1.04	1.36	1.73	0.76

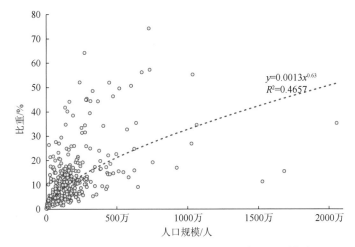

图 2.4　中国所有地级城市制造业就业比重与城镇人口规模的回归关系

资料来源：第六次全国人口普查数据。

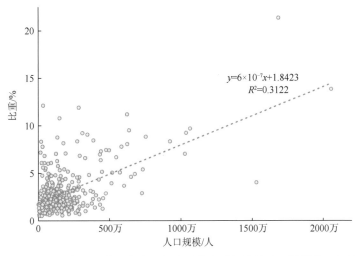

图 2.5　中国所有地级城市高端服务业就业比重与城镇人口规模的回归关系

资料来源：第六次全国人口普查数据。

表 2.3　全球主要城市高端服务业发展比较

地区	占 GDP 比重	主要表现行业	主要活动
纽约	66% 以上	金融、文娱、总部经济	金融、节庆、会展、高端物流
伦敦	70% 左右	金融、总部经济、工业设计	金融、高端物流、旅游展会
东京	60% 左右	—	—
苏黎世	70% 以上	金融、工业设计	金融、工业设计
法兰克福	70% 左右	金融、高端物流	金融、高端物流、展会
首尔	62% 左右	金融、动漫、现代服务业	金融、动漫、物流等
新加坡	60% 左右	金融、现代物流	金融、现代物流
北京	40% 左右	金融、文化、信息	金融、文化、信息、展会、高端物流
上海	35% 左右	金融、设计、文化、创意等	金融、高端物流、展会信息、创意
广州	30% 左右	展会、金融、设计、咨询	展会、高端物流、展会信息、创意
成都	20% 左右	文化、现代服务业	文化、现代物流

表 2.4　市辖区金融业就业规模和区位商（>1.5）比较领先的城市（2010 年）

地区	就业规模 / 万人	区位商	地区	就业规模 / 万人	区位商
上海市	26.9	1.5	福州市	4.2	2.1
北京市	25.0	2.0	长春市	4.1	1.8
成都市	8.9	2.0	太原市	3.9	1.8
沈阳市	7.7	1.8	石家庄市	3.9	2.0
西安市	5.5	1.6	昆明市	3.7	1.8
杭州市	5.2	1.8	乌鲁木齐市	3.3	1.5
郑州市	5.2	1.8	合肥市	3.3	1.5
大连市	5.2	1.9	兰州市	3.1	1.8
哈尔滨市	4.9	2.0	南宁市	3.1	1.6
济南市	4.6	2.0	南昌市	3.0	2.0
长沙市	4.6	2.3	呼和浩特市	2.2	1.8
青岛市	4.5	1.6	银川 – 石嘴山	2.1	1.7

表 2.5　市辖区科学研究和技术服务业和地质勘查业就业规模和区位商比较领先的城市

地区	就业规模 / 万人	区位商	地区	就业规模 / 万人	区位商
北京市	29.4	5.9	郑州市	2.8	2.4
上海市	16.7	2.4	石家庄市	2.7	3.6
南京市	5.5	2.8	昆明市	2.7	3.4
武汉市	5.4	2.4	乌鲁木齐市	2.5	3.0
成都市	5.2	2.9	济南市	2.4	2.7

续表

地区	就业规模/万人	区位商	地区	就业规模/万人	区位商
杭州市	5.0	4.4	哈尔滨市	2.4	2.4
天津市	4.5	2.0	长春市	2.3	2.6
西安市	4.3	3.1	太原市	2.3	2.7
沈阳市	3.7	2.2	合肥市	2.3	2.6
重庆市	2.9	1.5	长沙市	2.2	2.7

表 2.6 市辖区文化、体育和娱乐业就业规模和区位商比较领先的城市

地区	就业规模/万人	区位商	地区	就业规模/万人	区位商
北京市	26.0	3.71	福州市	3.0	2.64
成都市	5.6	2.18	昆明市	2.8	2.53
武汉市	4.9	1.55	南宁市	2.4	2.27
南京市	4.4	1.60	太原市	2.3	1.95
重庆市	4.0	1.50	合肥市	2.3	1.93
沈阳市	3.6	1.53	长春市	2.3	1.85
西安市	3.6	1.87	乌鲁木齐市	2.3	1.92
长沙市	3.5	3.16	哈尔滨市	2.2	1.63
郑州市	3.4	2.11	济南市	2.2	1.78
杭州市	3.3	2.07	石家庄市	2.1	1.94

表 2.7 市辖区信息传输、软件和信息技术服务业就业规模和区位商比较领先的城市

地区	就业规模/万人	区位商	地区	就业规模/万人	区位商
北京市	38.2	4.0	长沙市	3.9	2.5
上海市	27.4	2.0	济南市	3.8	2.2
广州市	12.0	1.6	哈尔滨市	3.1	1.6
南京市	8.2	2.2	合肥市	3.0	1.8
成都市	8.0	2.3	石家庄市	2.8	1.9
杭州市	7.1	3.2	长春市	2.7	1.6
武汉市	6.7	1.6	南昌市	2.7	2.3
沈阳市	5.8	1.8	乌鲁木齐市	2.6	1.6
大连市	5.3	2.5	昆明市	2.6	1.7
西安市	5.2	2.0	南宁市	2.4	1.7
郑州市	4.1	1.9	兰州市	2.1	1.6
福州市	3.9	2.6			

表 2.8　市辖区租赁和商务服务业就业规模和区位商比较领先的城市

地区	就业规模 / 万人	区位商	地区	就业规模 / 万人	区位商
北京市	45.758	4.31	昆明市	3.676	2.17
上海市	45.531	3.03	济南市	3.536	1.86
广州市	13.945	1.69	合肥市	3.189	1.74
南京市	8.471	2.02	乌鲁木齐市	3.132	1.72
成都市	8.163	2.12	兰州市	2.81	1.91
杭州市	7.827	3.21	南宁市	2.755	1.74
重庆市	6.432	1.58	长沙市	2.709	1.59
郑州市	4.488	1.85	石家庄市	2.585	1.59
厦门市	4.052	1.59	海口市	2.201	2.37
青岛市	4.019	1.70	本溪市	2.012	3.57
大连市	3.678	1.56			

表 2.9　市辖区房地产业就业规模和区位商比较领先的城市

地区	就业规模 / 万人	区位商	地区	就业规模 / 万人	区位商
上海市	37.5	2.6	青岛市	4.1	1.8
北京市	32.5	3.1	南宁市	3.9	2.5
深圳市	18.2	1.9	长沙市	3.7	2.2
广州市	15.5	1.9	昆明市	3.6	2.2
重庆市	10.4	2.6	乌鲁木齐市	3.5	2.0
成都市	9.8	2.6	哈尔滨市	3.4	1.6
南京市	9.2	2.2	济南市	3.3	1.8
天津市	8.1	1.7	石家庄市	3.1	2.0
武汉市	8.0	1.7	福州市	3.1	1.8
沈阳市	7.3	2.1	大庆市	3.1	3.4
大连市	5.8	2.5	宁波市	3.1	1.8
西安市	5.7	2.0	贵阳市	2.8	2.0
合肥市	5.6	3.1	海口市	2.8	3.1
郑州市	4.9	2.1	珠海市	2.7	2.3
杭州市	4.9	2.1	鄂尔多斯 (东胜区)	2.5	6.4
苏州市	4.8	1.6	银川 - 石嘴山	2.4	2.2
厦门市	4.7	1.9	南昌市	2.3	1.8

表 2.10　市辖区国际组织就业规模和区位商比较领先的城市

地区	就业规模 / 万人	区位商
北京市	0.23	15.93
上海市	0.10	4.77
广州市	0.03	2.97
乌鲁木齐市	0.02	6.97
成都市	0.02	2.91
沈阳市	0.01	2.90
天津市	0.01	1.67

三、地域分布

由于自然条件、历史过程和经济发展动力、政策环境等存在差异，中国的城市规模等级具有典型的地域复杂性和多元性特征（表 2.11）。在四大地带中，东部地区分布了更多的大中城市（100 万人以上的城市数量有 48 个）。北京、上海、深圳等人口超过 1000 万的超大城市均分布于此。而 500 万 ~1000 万人的城市占全国的一半（共 4 个）、300 万 ~500 万人的城市占全国 1/3 以上、100 万 ~300 万人的城市超过全国的 60%。中部地区城镇人口超过 100 万人的城市有 12 个，20 万 ~100 万人的城市有 237 个，在全国有一定的优势。西部地区 100 万人以上的城市有 13 个，高于中部地区。东北地区比较特殊，在 121 个统计城市中，100 万 ~1000 万人的城市优势较为明显，其中 500 万 ~1000 万人的城市为沈阳市，300 万 ~500 万人的城市有哈尔滨市、大连市和长春市 3 个，100 万 ~300 万人的城市有 6 个，50 万 ~100 万人的有 16 个，但 20 万人以下的城镇发育相对落后。

表 2.11　中国城镇体系空间分布（2010 年）　　　　（单位：个）

地区	1000 万人以上	500 万 ~1000 万人	300 万 ~500 万人	100 万 ~300 万人	50 万 ~100 万人	20 万 ~50 万人	20 万人以下
东部	3	4	5	36	67	221	252
中部	0	1	3	8	40	197	332
西部	0	2	2	9	31	132	788
东北	0	1	3	6	16	42	121
全国合计	3	8	13	59	154	592	1493

第二节　巨型城市的环境－经济－社会绩效

一、环境可持续绩效

中国虽然地大物博，但适合人类居住的区域主要集中在有限的几个区域，如东部的几个三角洲和山前冲积扇地区，中部的长江中游地区、黄河中游地区、西部的成渝地区、北部湾地区、关中地区、河套地区，东北三省等。长期的"积极发展小城镇"虽然为城市化和工业化提供了原始积累，但也造成了生态环境面源污染、生态脆弱地区生态灾难频发等问题。

20世纪90年代，在全球化和市场化的推动下，大城市得以快速发展，使得大量人口开始向少数几个巨型城市快速集聚。2010年，北京、上海和深圳三个超大城市土地面积仅占全国土地面积的0.15%，却容纳了全国人口的3.63%；300万~1000万人的城市土地面积占全国土地面积的0.69%，却聚集了全国8.87%的人口，见表2.12。人口的高度聚集不仅带来了生产成本的降低、积极的外部性溢出和共享，还带来了环境基础设施的高效利用。从废气、废水排放水平和城市规模的回归分析可以看出，城市规模越大，废气和废水的排放水平越低；城市规模越小，排放水平越高，见图2.6~图2.9。与城市经济发展水平（人均GDP）相比，城市规模对于环境和生态的意义更显著。工业废气排放水平与城市规模之间的回归拟合系数（$R^2=0.1758$）高于与城市经济发展水平之间的拟合系数（$R^2=0.1303$）。

表2.12 不同等级城市的人居特征

规模类型	土地面积占全国的比重/%	常住人口占全国的比重/%
1000万人以上	0.15	3.63
500万~1000万人	0.43	5.03
300万~500万人	0.26	3.84
100万~300万人	1.17	9.08
50万~100万人	2.62	12.64
20万~50万人	14.82	32.83
20万人以下	80.55	32.95
全国合计	100.00	100.00

资料来源：第六次全国分县（市、区）人口普查数据。

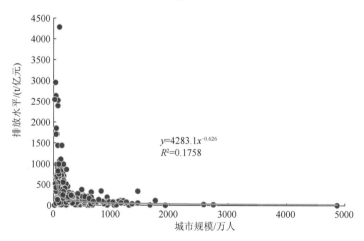

图2.6 工业废气排放水平与城市规模之间的回归分析

资料来源：中国城市统计年鉴，下同。

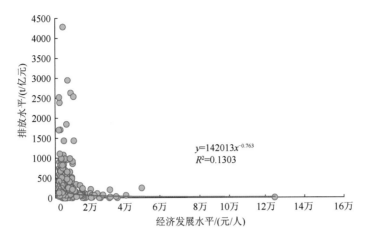

图 2.7　工业废气排放水平与城市经济发展水平之间的回归分析

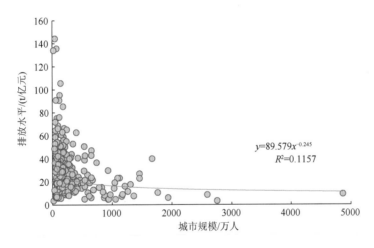

图 2.8　废水排放水平和城市规模之间的回归分析

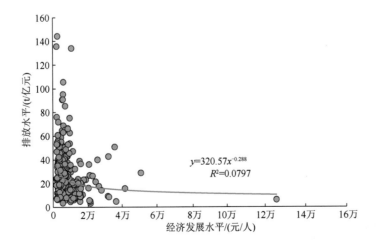

图 2.9　废水排放水平和城市经济发展水平之间的回归分析

二、经济运行绩效

地区生产总值（地区 GDP）高的城市在空间上有"连绵"特征，主要集中在长三角、京津冀、珠三角、辽中南、山东半岛、长春 – 哈尔滨走廊以及成渝地区、中原城市群和厦漳泉地区、长江中游地区。尤其是经济规模前列的城市（表 2.13），占地少，产出大。GDP 前 24 位城市土地面积仅占全国陆地面积的 1.77%，但地区生产总值占比却高达 32.97%，常住人口占 16.3%，单位土地面积的 GDP 产出是全国平均水平的 18 倍，人口密度是全国平均水平的 9 倍多。

表 2.13　中国城市市辖区 GDP 前 24 位（2018 年）

城市	市辖区 GDP/ 元	市辖区行政区域土地面积 /km²	常住人口 / 万人	占全国 GDP 比重 /%	占全国陆地面积比重 /%	常住人口占全国比重 /%	人口密度 /（人 /km²）	单位土地面积的 GDP 产出 /（元 /km²）
上海	326798700	6341	2421	3.63	0.07	1.7	3818	51537
北京	303199787	16406	2162	3.37	0.17	1.6	1318	18481
深圳	242219771	1997	1278	2.69	0.02	0.9	6400	121292
广州	228593471	7434	1470	2.54	0.08	1.1	1977	30750
天津	188096400	11760	1558	2.09	0.12	1.1	1325	15995
重庆	177826000	43263	2430	1.98	0.45	1.7	562	4110
武汉	148472900	8569	1099	1.65	0.09	0.8	1283	17327
南京	128204000	6587	839	1.42	0.07	0.6	1274	19463
杭州	125060795	8292	841	1.39	0.09	0.6	1014	15082
成都	123006301	3677	1081	1.37	0.04	0.8	2940	33453
佛山	99358845	3798	778	1.10	0.04	0.6	2048	26161
青岛	93029800	5225	630	1.03	0.05	0.5	1206	17805
苏州	87795900	4653	555	0.98	0.05	0.4	1193	18869
西安	80146000	6007	768	0.89	0.06	0.6	1279	13342
济南	72705875	6121	646	0.81	0.06	0.5	1055	11878
长沙	70708962	2151	434	0.79	0.02	0.3	2018	32873
宁波	67680658	3730	427	0.75	0.04	0.3	1145	18145
常州	61239300	2838	396	0.68	0.03	0.3	1395	21578
郑州	60129272	1010	586	0.67	0.01	0.4	5802	59534
大连	59367665	5244	494	0.66	0.05	0.4	942	11321
无锡	59191600	1644	366	0.66	0.02	0.3	2226	36005
长春	57082209	6991	426	0.63	0.07	0.3	609	8165
沈阳	56174840	5116	693	0.62	0.05	0.5	1355	10980
合肥	52655781	1337	390	0.58	0.01	0.3	2917	39384
合计	2968744832	170191	22765	32.97	1.77	16.3	1338	17444

资料来源：2019 年中国城市统计年鉴。

三、区域间社会公平和融合

（一）促进人口跨区域流动和要素配置

从表2.14可见，巨型城市从人口吸引、人口流动活跃性及影响的空间范围来讲，具有全方位的优势。在1000万人以上的超大城市中，净流入人口（常住流入人口与常住流出人口的差值，也是常住人口与户籍人口之差）占总人口的比重接近50%，人口来源不仅在省内层次广泛分布，还吸引来自全国的省外人口迁入，迁入率占常住人口的近42%；在500万~1000万人的特大城市中，净流入人口和人口来源虽然远远落后超大城市，但远远高于其他规模较小的城市群。随着城市规模的缩小，净流入人口由正流入转向了正流出，而且净流出越来越大。其对各个层级的人口吸引力度也显著减弱。

表 2.14　不同等级城市人口流动性　　　　　（单位：%）

规模类型	净流入人口比重	本地人口迁移率	省内人口迁入率	省外人口迁入率
1000 万人以上	46.05	6.36	12.80	41.93
500 万 ~1000 万人	31.70	7.68	19.03	20.57
300 万 ~500 万人	27.54	8.20	23.82	12.09
100 万 ~300 万人	22.08	8.00	15.75	13.73
50 万 ~100 万人	4.29	8.34	7.91	6.98
20 万 ~50 万人	−10.24	6.67	2.86	2.54
20 万人以下	−11.64	5.72	2.00	1.38
全国合计	0.00	6.79	6.36	6.44

资料来源：第六次全国人口普查数据。

（二）促进人居条件改善

不同聚落的人居条件除了与气候、地形地貌等自然条件相关外，还与聚落等级、密度、职能等关联。超大城市住房类型中租赁住房来源和购买住房来源占总住房类型的86.98%，遥遥领先于其他规模类型城市，500万~1000万人城市此类住房的比例为75.21%，300万~500万人的比例为79.21%，100万~300万人的比例为65.31%，等等。自建住房类型在巨型城市中比重甚低。另外，从人居环境水平来看，一般而言，巨型城市的居住设施更为先进，在无厨房、无厕所、无水电等"设施四无"方面比例更低，而规模较小的城市比例较高，见表2.15。

表 2.15　不同等级城市的人居特征

规模类型	城市化水平 /%	人口密度 /（人/km²）	租赁住房来源 /%	自建住房来源 /%	购买住房来源 /%	人居环境（四无设施户数比重）/%
1000 万人以上	93.13	3269	45.94	8.88	41.04	14.76
500 万 ~1000 万人	86.17	1613	30.48	19.13	44.73	9.00

续表

规模类型	城市化水平/%	人口密度/（人/km²）	租赁住房来源/%	自建住房来源/%	购买住房来源/%	人居环境（四无设施户数比重）/%
300万~500万人	89.63	2058	29.11	16.12	50.10	14.27
100万~300万人	80.70	1074	22.88	30.28	42.43	15.18
50万~100万人	63.73	669	12.75	52.81	31.50	22.50
20万~50万人	41.80	307	5.94	76.19	16.02	34.08
20万人以下	30.47	57	4.93	81.13	12.02	43.59
全国合计	50.30	138	11.95	62.29	23.10	30.98

资料来源：第六次全国人口普查数据。

第三节 巨型城市就业分异和掌控力强化

根据北京市社会科学院和社会科学文献出版社共同发布的《北京社会发展报告（2015~2016年）》等，对中国当前不同等级的城市就业分化特征进行分析归纳，见表2.16。可以看出，巨型城市在国家机关党群组织企事业负责人、专业技术人员、办事人员和有关人员等方面优势显著，在商业服务业人员、生产运输设备操作人员等也有一定的优势。这也验证了上述关于功能专门化特征方面的结果发现。

表 2.16　不同等级城市功能专门化（区位商）比较

城市等级类型	国家机关党群组织企事业单位负责人	专业技术人员	办事人员和有关人员	商业服务业人员	农林牧渔水利业生产人员	生产运输设备操作人员
1000万人以上	2.39	2.36	3.24	1.90	0.03	1.47
500万~1000万人	2.28	1.91	2.22	1.78	0.19	1.57
300万~500万人	2.62	2.47	2.33	1.95	0.19	1.23
100万~300万人	1.86	1.72	1.86	1.65	0.27	1.65
50万~100万人	1.28	1.19	1.18	1.29	0.66	1.40
20万~50万人	0.69	0.72	0.64	0.84	1.17	0.93
20万人以下	0.48	0.60	0.52	0.58	1.44	0.60

资料来源：第六次全国人口普查数据。

就业分异反映了城市的竞争力和掌控力，而且这种"掌控"地位还在不断强化。2010年，北京、天津、上海、广州和深圳5个中心城市土地面积占全国陆地面积不足0.5%，总人口占比却高达6.68%，总人口高达8970万，而外来净流入人口高达3578万，且集聚力仍然居高不下。2000~2010年，这5个城市的常住人口增长了50%，即3300万人左右，净流入人口也增长了2000万左右，翻了一番。"掌控力"方面，北京和上海等不但是"全球 500 强"企业、"中国 500 强"企业所青睐的总部基地，而且在高端人力资本及高端服务业方面的地位也尤为突出。2010 年，北京和上海总人口占全国总人口的 3%，但大学本科以上学历人员总计近 662 万人，占全国大学本科以上学历人员的 13%。金融业与科学研究技术服务和地质勘查业两类就业占全国的 12.3%，再加上其各自周边的天津、南京、杭州等城市，这些区域的"掌控"地位仍然突出。2000~2010 年，北京和上海的本科以上学历增长了 450 万人，增长率（分别为 202.8%、227.9%）远远高于全国水平，见表 2.17，金融业与科学研究技术服务和地质勘查业的增长率也翻了一番。

表 2.17　不同规模城市大学本科及以上学历所占总人口的比重及其变化　（单位：%）

规模类型	2010 年大学本科及以上	小学总人口比重的增长率	初中总人口比重的增长率	高中总人口比重的增长率	大学专科总人口比重的增长率	大学本科及以上总人口比重的增长率
1000 万人以上	14.84	−5.27	−3.21	−1.73	4.29	8.03
其中：北京与上海	15.54	−2.38	9.06	4.84	6.17	
500 万~1000 万人	10.97	−7.46	−1.59	1.58	4.41	6.22
300 万~500 万人	13.61	−6.17	−2.27	−0.54	5.07	6.76
100 万~300 万人	7.17	−5.87	0.62	0.86	3.89	4.14
50 万~100 万人	4.08	−8.78	3.84	3.00	3.12	2.76
20 万~50 万人	1.72	−9.36	6.11	3.38	2.10	1.32
20 万人以下	1.19	−7.43	7.47	2.33	1.83	0.93
全国合计	3.74	−8.73	4.88	2.88	2.82	2.52

资料来源：第六次全国人口普查数据。

巨型城市除了在城市化进程中的重要贡献外，实际上还有很多独特的特点。例如，规模越大的城市，家庭户均人数越低，核心家庭的比例越突出；规模越大的城市，老龄化水平越低，对年轻人的吸引力度越大，这些都符合国际上一般的城市发展规律，符合空间资源配置的帕累托优化等假说，见表 2.18。

表 2.18　不同等级城市社会特征比重

规模类型	家庭户均人数 / 人	老龄化水平 /%	15~64 岁人口占总人口比重 /%
1000 万人以上	2.40	7.82	83.44
500 万~1000 万人	2.61	7.79	82.60
300 万~500 万人	2.63	7.92	80.97
100 万~300 万人	2.83	7.99	78.85
50 万~100 万人	2.99	9.24	75.70
20 万~50 万人	3.19	9.59	72.21
20 万人以下	3.31	8.81	72.05
全国合计	3.08	8.92	74.47

资料来源：第六次全国人口普查数据。

第四节 中国城市巨型化和功能专门化趋势

一、持续巨型化

在集聚经济和规模报酬递增等的作用下，当前中国巨型城市仍然保持着快速的人口增长态势。2000~2010 年，北京、上海和深圳 3 个城市的总人口由 3365 万急速增长到 4826 万人，增长率超过 40%，500 万~1000 万人的特大城市、100 万~500 万人的大城市人口规模增长率也显著高于规模较小的城市，20 万~50 万人的城市人口规模仅仅增长了 0.77%，20 万人以下的城镇则呈现出明显的总人口减少趋势。巨型城市的巨型化趋势依然强劲，净流入人口增长进一步反映了这一趋势（表 2.19 和表 2.20）。

表 2.19 不同规模城市的人口增长情况（2000~2010 年）

规模类型	2000 年总人口 / 万人	2010 年总人口 / 万人	2000~2010 年人口增长率 /%
1000 万人以上	3365	4826	43.42
500 万~1000 万人	5313	6696	26.03
300 万~500 万人	3670	5112	39.29
100 万~300 万人	9310	12080	29.75
50 万~100 万人	14902	16818	12.86
20 万~50 万人	43365	43701	0.77
20 万人以下	44227	43868	−0.81

资料来源：第五次全国人口普查数据、第六次全国人口普查数据。

表 2.20 不同规模城市的人口迁入情况（2000~2010 年）　　（单位：%）

规模类型	净流入人口增长占 2010 年总人口的比重	2000~2010 年本县（市、区）迁入人口占总人口比重变化	2010 年本省其他县迁入人口占总人口比重变化	2000~2010 年外省迁入人口占总人口比重变化
1000 万人以上	23.20	−2.76	3.68	14.30
500 万~1000 万人	13.41	−4.52	10.43	5.22
300 万~500 万人	14.75	−5.07	13.87	4.75
100 万~300 万人	9.83	−2.26	6.90	5.00
50 万~100 万人	2.96	1.07	4.33	3.85
20 万~50 万人	−6.20	2.77	1.48	1.28
20 万人以下	−6.88	2.59	0.77	0.49
全国合计	−0.95	1.51	3.44	3.03

资料来源：第五次全国人口普查数据、第六次全国人口普查数据。

二、功能专门化

2000 年以来，国际上关于城市功能的研究聚焦于城市功能从部门专门化（sectoral specialization）向功能专门化（functional specialization）转变的探讨，认为空间交易成本的下降能够影响城市专门化特征。一个重要的假设是即使在信息化时代，需要面对面交流的货物和服务业的生产区位仍将继续在大的城市群的核心城市进一步集聚，相反，那些提供标准化生产的活动区位将选择向更为边远的地区扩散。遥控管理的成本降低导致了城市和产业结构均衡性的转变。城市越来越从部门专业化——总部和公司的集成转向功能专业化，即总部和生产者服务业集聚在大的城市，而企业工厂向小城市集中（于涛方和顾朝林，2008）。

从表 2.21 可见，北京、上海和深圳 3 大城市就业增长率显著高于全国平均水平，10 年就业增长了 57.16%。从功能专门化来看，城市规模越大，高端服务业中金融业和房地产业增长越快，10 年高端服务业就业增长率为 152.03%。100 万 ~1000 万人规模的大城市高端服务业就业增长率也均超过 100%，而 50 万人以下的城市高端服务业增长率低于全国平均水平。同时，制造业在中小城市的增长开始加速，但与纽约、伦敦、东京等世界城市相比，北京、上海和深圳的制造业就业增长率虽然比全国平均水平低，但 26.10% 的增长率仍然反映了全球劳动地域分工中中国城市是全球制造业中心的重要角色。表 2.22 则反映了 2000~2010 年不同等级城市不同职业的变化情况。

表 2.21　行业就业增长率（2000~2010 年）　　　　（单位：%）

规模类型	采掘业	批发零售餐饮贸易	高端服务业	制造业	就业增长率
1000 万人以上	−39.65	107.95	152.03	26.10	57.16
500 万 ~1000 万人	27.60	87.55	143.92	20.86	45.36
300 万 ~500 万人	15.20	109.14	136.94	18.21	52.86
100 万 ~300 万人	2.24	90.07	107.28	34.74	49.09
50 万 ~100 万人	19.65	87.03	94.08	42.64	52.23
20 万 ~50 万人	20.63	100.18	65.15	71.05	66.13
20 万人以下	17.17	80.79	26.65	59.31	52.60
全国平均	16.44	92.54	93.36	44.64	55.22

资料来源：第五次全国人口普查数据、第六次全国人口普查数据。

表 2.22　职业部门增长率（2000~2010 年）　　　　（单位：%）

规模类型	国家机关党群组织企业事业单位负责人	专业技术人员	办事人员和有关人员	商业服务业人员	生产运输设备操作人员
1000 万人以上	0.505	2.583	2.373	5.334	1.820
500 万 ~1000 万人	0.473	1.683	1.250	4.744	2.131

规模类型	国家机关党群组织企业事业单位负责人	专业技术人员	办事人员和有关人员	商业服务业人员	生产运输设备操作人员
300 万~500 万人	0.443	2.001	1.056	4.814	1.446
100 万~300 万人	0.181	1.417	1.079	4.365	3.195
50 万~100 万人	0.193	1.055	0.812	4.993	5.226
20 万~50 万人	0.052	0.515	0.675	5.777	7.967
20 万人以下	−0.168	0.008	0.532	4.091	5.704
全国平均	0.138	0.967	0.918	4.877	4.935

资料来源：第五次全国人口普查数据、第六次全国人口普查数据。

第五节　新时期中国城市巨型化增长的影响因素

　　城市与区域增长的新经济学把传统城市经济学和新经济增长理论结合起来。新经济增长理论认为，城市应该被视为思想创造与传播的中心。按照这种说法，当城市在不断产生新的思想或者作为知识中心的重要性增加时，城市将会增多。传统上，对城市增长的因素研究往往更多从土地、资本和劳动力、技术进步、制度变迁等要素投入角度展开。随后，城市经济输出模型等认为城市经济增长源于城市外部的需求变化。20 世纪 80 年代以来，新经济增长理论认识到长期而持续的经济增长的关键是报酬递增，如内生增长理论等，而新经济地理学也在陆续利用集聚经济理论解释城市增长。Beeson 等（2001）利用 1840~1990 年的长周期县级普查数据，分析了美国人口的增长和区位。结果表明：交通网络的可达性是该阶段人口增长的重要动力。此外，产业结构、教育设施及气候条件也是影响人口增长的重要因素。Au 和 Henderson（2006）模拟和估算了中国城市的净城市集聚经济，发现城市的集聚效益因产业结构而不同。较高的集聚效益是那些以服务业为主导的城市，而较低的往往是制造业密集型的城市。同时，国内市场潜力和人均累计外商直接投资对城市生产力具有显著和利好的效果。Mata 等（2007）将标准的城市经济学和新经济地理相关理论结合起来，通过模型构建分析了 1970~2000 年巴西城市增长的决定因子。

　　20 世纪 90 年代以来，中国城市人口和城市增长迅猛。2000 年以来，中国经济社会发生了深刻变化，传统城市经济学中研究城市增长所设定的诸多假设条件都发生了变化，中国城市增长问题变得更为复杂，中国城市增长的基本过程、格局和微观机理分析对中国的城市化进程、区域经济发展乃至国家竞争力的全球提升具有重要意义。

　　城市增长的实证分析往往注重人口增长和收入增长（人均增加值）。Glaeser 等认为，描述城市增长最好的指标是人口增长。但对于国家而言，人口增长不能反映国家的经济增长，原因很简单，一国之内人口增长往往是非流动的，国家之间的人口增长主要反映的是自然增长情况。但城市之间，人口增长能够捕捉到那些城市对居民和劳动力有重要吸引力等的信息。在一个国家内部，人口迁移反映的是迁入地和迁出地之间的增长机会。相比较人口增长而言，收入增长并不是一个很能直接反映城市绩效的指标。据此，他在研究美国城市增长问题时首次提出了一个城市增长模型的分析框架，模型主要以城市人口增长表征城市增长，其简化形式为

$$\lg\left(\frac{N_{i+1}}{N_i}\right) = \alpha_0 + \alpha_1 X_i + \varepsilon \qquad (2.1)$$

本书中的城市人口增长和经济增长变化用 2010 年度和 2000 年度数据比值的对数函数运算表示。兼顾中国不同地区的发展条件和发展水平的差异，本书进一步将全国划分为传统东、中、西三大地带，进行城市人口增长的不同地带内部相关因素分析。同时将全国城市根据其人均 GDP 水平，等值划分为发达城市、中等水平城市、落后城市三大类别，具体指标代码和意义见表 2.23。

表 2.23 本书指标代码和意义

代码	意义
$\lg GDPG_{261}$	261 个样本地级城市 2000~2010 年人均 GDP 增长 lg 对数
$\lg PG_{261}$	261 个样本地级城市 2000~2010 年总人口增长 lg 对数
$\lg PGE_{99}$	99 个东部样本地级城市 2000~2010 年总人口增长 lg 对数
$\lg PGM_{100}$	100 个中部样本地级城市 2000~2010 年总人口增长 lg 对数
$\lg PGW_{62}$	62 个西部样本地级城市 2000~2010 年总人口增长 lg 对数
$\lg PGD_{87}$	87 个发达城市 2000~2010 年总人口增长 lg 对数
$\lg PGA_{87}$	87 个中等水平城市 2000~2010 年总人口增长 lg 对数
$\lg PGL_{87}$	87 个落后城市 2000~2010 年总人口增长 lg 对数

一、城市规模与经济因素分析

从 261 个样本地级城市整体来看，初始年份（2000 年）的流动人口比重、城市化水平对 2000~2010 年人均 GDP 的增长正向作用较大，同时工资水平、经济发展水平较高的地区，经济增长相对缓慢，符合区域经济均衡化发展的收敛规律。从人口增长角度来看，2000~2010 年城市人口增长与初始年份的人口密度、城市化水平都呈显著正相关，反映了人口的城市集聚过程的显著性，遵循新经济增长理论的"规模报酬递增"论点；但人口增长与初始年份的流动人口比重正相关性不是很显著，说明 2000 年以前人口快速增长的城市，在 2000 年以后人口增长减缓，同时在工资水平较高、经济发展水平较高的城市，人口的增长也相应显著，这是造成区域经济收敛的重要原因之一。

从东、中、西三大地带来看，东部地区城市增长呈显著集聚性，其初始人口密度、城市化水平、工资水平和经济发展水平对人口增长正向作用大，遵循新经济地理的"规

模报酬递增"论点，以北京、上海、广州、深圳、天津及苏州等为代表的大规模、高密度、高经济水平的城市在人口增长率方面居高不下。中部地区则是平均受教育年限较长、平均工资较高、人口密度较大的城市人口迅速增长，武汉、郑州、太原、长沙、合肥等省会城市，人口增长格外突出，而这些高首位度城市相对而言高校云集，人口密度大。西部地区城市人口增长则在城市化水平高、少数民族地区、人口稀少地区比较显著，外来流动人口一直是人口增长的重要来源。发达城市人口增长与城市化水平、平均受教育年限及职工收入水平显著正相关，中等水平城市有类似表现。而落后城市中人口增长较快的往往工资水平较高、经济发展水平较高、人口密度较低。

二、投资、消费和出口与城市增长

2000 年以来，初始年份投资（全社会人均固定资产投资指标）与城市人均 GDP 增长呈显著正相关，消费（人均批发零售和贸易指标）和出口（由于外商直接投资与出口具有高度相关性，本书采用人均外商直接投资指标反映城市的出口经济属性）呈负相关，但对于人口增长，外商直接投资、消费和投资都发挥着重要意义，尤其是初始年份外商实际投资较高的地区，人口增长更为显著。对比三大地带城市增长，东部地区外商直接投资对人口吸引力更大，中部地区的消费拉动显著，西部地区则是固定资产投资拉动显著（西部大开发中基础设施投资等投入的重要意义）；对比不同的经济发展水平，经济发达城市出口、消费和投资对人口增长都有显著正相关性，外商直接投资对落后地区和中等发达城市人口增长正相关作用更为显著，消费相对较弱。

三、功能专门化与城市增长

从整体上看，在 261 个样本地级城市中，影响人均 GDP 增长的正向因素是第一产业（农林牧渔业）、第二产业（采掘业、制造业、水电生产和制造业、建筑业）及交通运输、社会服务业等专门化程度较高的行业门类，这些都属于经济相对落后地区的主导产业门类，可以认为，2000 年以来，人均 GDP 的增长速度呈现一定的区域收敛特性。但人口增长较明显的城市，批发零售餐饮贸易业、金融保险业、房地产业、科学研究和综合技术服务等服务业行业门类专门化程度较高，第一产业、第二产业及一般服务业（如社会服务业）专门化程度较低。就东部地区而言，除了房地产业，批发零售餐饮贸易业，教育、文化艺术及广播电影电视业，科学研究和综合技术服务业等高等级服务业对人口增长具有显著正相关作用外，制造业发达的城市对人口增长仍然具有较高的吸引力，但一般服务业作用不大。中部地带在农林牧渔业、采掘业、制造业、政府职能类服务业和一般服务业专门化程度高的地区人口增长相对较快，西部地带在交通运输仓储及邮电通信、社会服务业、政府职能相对突出的城市人口增长较快。在经济发达城市中，科研、金融业等生产者服务业专门化程度与人口增长率成正比；经济中等城市人口增长与第二产业、一般服务业专门化水平呈正相关；落后城市人口增长则主要与政府职能（包括国家机关等）呈正相关，见表 2.24。

表 2.24　城市增长"功能专门化"影响因素的回归方程

初始年（2000 年）变量	lgGDPG$_{261}$	lgPG$_{261}$	lgPGE$_{99}$	lgPGM$_{100}$	lgPGW$_{62}$	lgPGD$_{87}$	lgPGA$_{87}$	lgPGL$_{87}$
农林牧渔业	9.74	−1.33	−	14.41	−0.12	−3.40	10.78	−4.19
采掘业	1.35	−0.13	−0.03	3.92	−0.16	−0.42	3.43	−0.73
制造业	5.41	−0.43	0.50	4.38	0.12	−1.81	6.17	−1.09
电气水生产和供应业	0.42	−0.11	−0.18	0.81	−0.32	−0.49	0.37	0.14
建筑业	0.96	−0.10	−0.06	1.36	−0.25	−0.37	0.60	−0.39
地质勘查、水利管理业	0.09	0.03	0.06	0.14	0.27	0.03	0.19	−0.12
交通运输仓储及邮电通信业	1.03	−0.05	0.04	1.63	0.82	0.07	0.59	−0.78
批发零售餐饮贸易业	0.89	0.18	0.43	2.58	−0.13	−0.43	2.77	−0.65
金融保险业	0.35	0.10	0.00	0.53	0.11	0.06	0.36	−0.10
房地产业	−0.06	0.23	0.64	0.13	−0.46	0.19	0.31	0.11
社会服务业	1.32	−0.46	−0.74	0.75	0.64	−0.77	0.77	−0.69
卫生、体育和社会福利业	0.17	−0.40	−0.23	−0.44	−0.23	−0.50	−0.08	−0.71
教育、文化艺术及广播电影电视业	0.56	0.00	0.27	0.99	0.11	−0.15	0.61	−0.07
科学研究和综合技术服务业	0.15	0.26	0.17	0.99	−0.08	0.29	0.16	0.25
国家机关、党政机关和社会团体	0.57	0.08	0.08	0.97	0.23	−0.01	1.22	0.18
城市个数 / 个	261	261	99	100	62	87	87	87
调整后的 R^2	0.103	0.545	0.647	0.411	0.681	0.568	0.199	0.238

四、城市增长与流动性、人力资本等新经济因素

（1）交通与通信技术条件。从表 2.25 看出，城市人口增长的正相关要素中，民用航空客运量、公路货运量、电信业务总量、国际互联网用户比例和铁路旅客运量比较显著，可见便捷的交通和通信技术已成为城市增长的关键因素，成为保障新经济时代"面对面交流"、区域互动的重要支撑条件。东部地区航空和通信条件更是影响城市增长的关键要素，中部地区铁路系统和货运系统发挥关键作用，西部地区公路和航空等的作用突出。对三类城市来讲，航空都至关重要，但通信条件对发达城市的影响更为显著。

表 2.25　城市增长中交通与通信技术影响因素的回归方程

初始年（2000 年）变量	lgGDPG$_{261}$	lgPG$_{261}$	lgPGE$_{99}$	lgPGM$_{100}$	lgPGW$_{62}$	lgPGD$_{87}$	lgPGA$_{87}$	lgPGL$_{87}$
铁路旅客运量	−0.19	0.13	0.01	0.36	0.15	−0.31	0.40	−0.28
公路客运量	−0.10	0.03	0.25	−0.11	−0.16	−0.08	−0.01	−0.54

续表

初始年（2000年）变量	lgGDPG$_{261}$	lgPG$_{261}$	lgPGE$_{99}$	lgPGM$_{100}$	lgPGW$_{62}$	lgPGD$_{87}$	lgPGA$_{87}$	lgPGL$_{87}$
民用航空客运量	0.01	0.54	0.86	0.08	0.57	1.01	1.00	1.01
铁路货物运量	0.17	−0.07	0.00	0.00	−0.32	0.15	0.09	0.14
公路货运量	0.31	0.24	−0.12	0.09	0.65	0.28	−0.08	0.03
民用航空货邮运量	−0.08	−0.23	−0.46	0.37	−0.11	−0.53	−0.48	−0.17
邮政业务总量	−0.14	−0.01	−0.16	−0.08	−0.07	−0.18	−0.21	−0.11
电信业务总量	0.21	0.29	0.34	0.04	0.27	0.59	0.35	−0.03
国际互联网用户比例	−0.22	0.18	0.20	−0.19	0.04	0.07	−0.09	0.10
城市个数	116	116	47	33	36	35	35	36
调整后的 R^2	0.19	0.52	0.49	0.15	0.63	0.39	0.67	0.42

（2）人力资本。关于经济增长与初始年份人力资本的关系，研究发现其正相关性主要源于受教育水平的生产外部性效应。Glaeser 研究发现，受教育水平对都市区的人口增长、城市就业和城市收入增长等方面都有积极的推进作用。城市人均 GDP 增长与人力资本之间正相关性较弱，经济发展速度越快的城市，其平均受教育年限越少，与初中、高中等低学历相关性较高；但从影响城市人口增长的正相关因素看，平均受教育年限比较突出；东部城市研究生、平均受教育年限与城市人口增长呈正相关，和东部城市类似，中部城市人口增长与人力资本也呈正相关，但西部地区呈弱相关。对于经济发达城市来讲，人口增长的正相关要素一方面与平均受教育年限显著正相关，但同时也与高中等文化水平呈正相关。在中等收入城市行列中，经济增长速度与人力资本显著正相关，而经济落后城市的经济增长与高中学历的比例呈正相关，见表 2.26。

表 2.26　城市增长中人力资本影响因素的回归方程

初始年（2000年）变量	lgGDPG$_{261}$	lgPG$_{261}$	lgPGE$_{99}$	lgPGM$_{100}$	lgPGW$_{62}$	lgPGD$_{87}$	lgPGA$_{87}$	lgPGL$_{87}$
初中	0.36	−0.06	−0.45	−0.12	−0.24	−0.07	−0.17	−0.21
高中	0.50	0.29	0.04	−0.84	0.71	0.29	−0.26	0.60
大学	0.46	0.09	−1.10	0.72	0.18	−0.11	−0.33	−0.24
研究生	−0.17	0.15	0.55	−0.16	−0.16	0.16	0.50	0.08
平均教育年限	−0.95	0.16	1.28	0.82	0.12	0.27	0.61	0.02
城市个数 / 个	261	261	99	100	62	87	87	87
调整后的 R^2	0.04	0.37	0.35	0.37	0.61	0.27	0.15	0.10

五、城市增长的政府作用

关于不同国家经济增长的研究，最近开始注重考虑政治和社会等相关因素，而不仅仅局限于经济因子。在城市研究的文化和制度转向中，城市增长的分析也不再将制度等作为外在因素考虑，而是将其与技术一道作为与资本、劳动力、土地等同等重要的因素。本书选择人均支出与收入相关指标和公共产品投入等作为政府和制度因素的重要指标，进行城市增长制度层面的相关性分析，结果见表2.27。在中国当前的情况下，除了东部城市人均支出与收入差指标呈一定正相关（回归系数为0.03，显著性并不高）外，其他类型的城市增长都与该指标呈负相关，反映了当前中国城市，尤其是东部地区和发达地区的城市在发展中，地方政府的企业家运作与城市经营的空间生产促进和资本循环促进的基本逻辑。从261个样本地级城市来看，人口增长与人均教育支出显著正相关，发达地区城市和东部地区城市的人均科学支出与人口增长之间更是显著正相关，反映了政府的研发创新投入及教育投入等对人口吸引有重要意义。此外，经济水平增长与社会保障补助财政支出呈现一定的正相关，但抚恤和社会福利救济支出与经济和人口增长之间呈现相对一致的负相关，对于东部地区城市和发达城市而言，更是如此。实际上，国家的城镇化政策和开发区等新空间政策也能进一步反映城市政府作用在城市增长中的积极作用。

表2.27　城市增长与政府因素的回归方程

初始年（2000年）变量	lgGDPG$_{261}$	lgPG$_{261}$	lgPGE$_{99}$	lgPGM$_{100}$	lgPGW$_{62}$	lgPGD$_{87}$	lgPGA$_{87}$	lgPGL$_{87}$
人均支出与收入差	−0.072	−0.249	0.030	−0.556	−0.533	−0.049	−0.585	−0.153
人均科学支出	−0.044	0.062	0.081	0.033	0.041	0.130	−0.180	−0.160
人均教育支出	−0.071	0.429	0.448	0.458	0.296	0.240	0.446	0.620
抚恤和社会福利救济支出	−0.070	−0.172	−0.245	0.016	−0.010	−0.404	0.136	−0.109
人均社会保障支出	0.186	0.015	−0.121	0.255	−0.104	−0.016	0.094	0.026
人均环境治理投资	−0.082	−0.037	−0.162	0.045	0.024	−0.130	−0.064	0.039
人均图书馆藏书增长	0.149	−0.107	−0.028	−0.268	−0.149	−0.205	−0.060	−0.225
城市个数/个	261	261	99	100	62	87	87	87
调整后的R^2	0.038	0.436	0.421	0.454	0.495	0.369	0.230	0.383

总之，中国城市巨型化增长过程较复杂。基于以上分析提出如下建议：第一，针对人口进一步集聚在特大城市和城市地区的趋势，城市化对策和区域政策等需要加强系统研究，需要从产业政策、交通政策、社会政策乃至制度保障等方面进行"革命性"的新范式突破。在追求发展机会、高工资收入等驱动下，人口将进一步向人口密度高、经济发展水平高的城市集聚，这是规模报酬递增效应的必然体现。对于长三角、珠三角、京津走廊及山东半岛、闽东南等地区，其未来的人口增长压力将更加严峻，对于其核

心城市，如上海、广州、深圳、北京、天津等，更是如此。第二，城市政府需高度重视在人力资本等方面的投资，以促进城市竞争力提升和发展模式的转型。虽在整体层面，经济发展的驱动力仍然非常粗放，但东部城市和发达城市已经开始从初级要素驱动乃至投资驱动向创新驱动甚至是消费驱动转向。人力资本和知识外部性溢出效应对新时代的城市竞争优势塑造越发重要，同时对高新技术的依赖等越发提升。城市已经从普通商品交易、注重实物生产的集聚地向思想生产、创意生产的集聚地悄然变化。城市政府应引导甚至是主导人力资本设施和高技术基础设施等方面公共产品领域的投资，以促进城市经济拓展新领域。

第三章 中国巨型城市区与巨型区界定和特殊性[①]

巨型城市区识别和界定是本书最基础内容之一。在国外相关研究中，早些年有戈特曼关于城市群的 5 个划分标准的提议、日本大都市圈的划分标准（Fujita et al.，2005）。最近，还包括"美国 2050"巨型区划定等。国内相关研究主要包括都市区、都市连绵区界定及城市群识别等方面，在国家"十二五"规划、"十三五"规划中，提及 20 个左右呈"两横三纵"空间格局的"城市化战略地区"等的相关研究成果。在划分和界定指标体系和方法方面，传统上的城市群界定是基于非农化、非农产值、人口密度等相对单一的都市区的界定方法（宁越敏，1998；顾朝林等，1999；胡序威等，2000；姚士谋等，2006），现在逐渐向土地利用遥感判读、夜间灯光影像判断、空间 – 经济 – 社会综合指标判断、基于功能专门化与功能密度（于涛方和吴志强，2005）等方向进行创新和改进。

大量的跨界经济活动打破了传统的行政空间边界，使得巨型城市区具备边界模糊性特征。巨型城市区重视用空间流来定义。空间流是日常交流、购物和阅读资讯形成的人流、信息流或物流。空间流的测定标准和方法多样，对城市区域的边界界定难以形成共识（Davoudi，2008）。

巨型城市区的关注点从传统的城市物质结构和城市形态本身，转向超越空间感知的社会网络与城市功能的动态联系（Davoudi，2008）。社会网络和功能联系具有弹性，从而构成各种边界模糊重叠的空间，因此没有单一的边界可以定义巨型城市区。

关于边界，我国大多数经济地理学家认为经济地理区的界线是比较模糊的，于是曾提出过弹性经济区的概念，认为经济区不必有明确的界线。巨型城市区是一种典型的地理系统单元，其"边界"一方面指的是巨型城市区的整体空间范围边界，另一方面，还包括其内部结构边界。通过对整体空间范围边界和内部结构边界的分析，可以揭示巨型城市区的发展发育过程及内部结构演变过程。因此，其边界特性包括：①动态性。城市和区域处于不断的发展过程中，具有阶段性特征。巨型城市区同样如此，

[①] 本书中，巨型区可被视为是由一个和多个巨型城市区构成的更大的区域单元，同时，我国巨型区概念本身具有前瞻性和规划政策意义。因此，本书巨型城市区和巨型区在很大程度上是通用的，只不过，在特定的区域，如长三角地区、珠三角地区、京津冀地区、成渝地区等更多是巨型区的概念，内含若干个巨型城市区。一定意义上，巨型区类似于中国的城市群概念，巨型城市区类似于我国的规模较大的都市圈概念。只不过，本书中的巨型城市区和巨型区更强调高端服务业、流动性等地理属性。

其发展发育决定了整体空间范围边界的动态性；内部结构的演变和整体空间边界的动态性也决定了其内部边界的动态特性。②层次性。巨型城市区具有若干个子系统单元，如长三角地区包括上海巨型城市区、南京巨型城市区等次单元；与都市区稍有不同的是，不同层次的巨型城市区范围界定结果差异会很大，如大珠三角（巨型区）与珠三角（巨型城市区）的层次差异。同时，其动态特征也决定了其层次性的特点。本书中边界界定等的研究兼顾了巨型城市区的层次性特征。

基于中心地理论和中心流理论及功能性城市区域等国内外研究的理论和方法，本书对中国巨型城市区的识别和界定采用理论法（包括属性法和功能性城市区法）、中心流经验方法等进行研究。

第一节　基于功能性城市区视角的界定

Peter Hall 领衔的"POLYNET 项目组"将巨型城市区的分析单元定为功能性城市地区（FUR）。在此基础上，本部分有关中国巨型城市区界定的研究方法：①分析城市高端服务业的就业规模和份额，从而初步确定可能的核心城市；②功能性区域的定量判断。根据全国县、市、区层级的行政单元中不同行业门类的就业人口密度指标和劳动地域单元分工假说，进行不同区县单元功能等级和地位的水平定量分析；进而归纳出在全国层面上，哪些县市区是具有"核心"地位的功能单元，哪些地区是具有"外围"或者"边缘"地位的功能单元，以此作为判断巨型城市区的基本构成单元。

一、中国城市高端服务业发展

服务业在经济发展中占主导地位是现代产业结构形成最重要的标志。从全球看，纽约、东京、巴黎等现代化大都市，都是服务业占主导。服务业对消费、投资、出口都有巨大拉动作用，是最大的就业"容纳器"，其单位产值创造的就业岗位是工业的5倍左右；资源消耗少、环境影响小、产出效益高，能耗仅为工业的1/5，排放不到制造业的1/10。

根据第六次全国人口普查数据，从就业规模来看，高端服务业发达的城市主要集中在长三角、珠三角、京津冀，除此以外，闽东南、山东半岛、成渝、大武汉及郑州－西安走廊、哈大走廊也都有高端服务业较为发达的城市群。其他地区，如昆明、贵阳、南宁、乌鲁木齐、兰州也有一定的规模，见图3.1。

从就业比重来看，相对而言，在一定规模（高端服务业就业规模超过1万人）以上的城市中，高端服务业就业比重较高的城市基本上都是省会城市的中心城区，其次是一些中西部和东北部的地级城市，东部沿海地区的地级城市高端服务业比重较低。从具体城市来看，高端服务业就业规模前30位的城市中（表3.1），北京和上海的就业规模遥遥领先。第二层级（高端服务业就业规模超过40万人）城市包括深圳、广州、成都和南京，除了深圳就业比重低于10%外，其他三个城市的就业比重都超过10%。

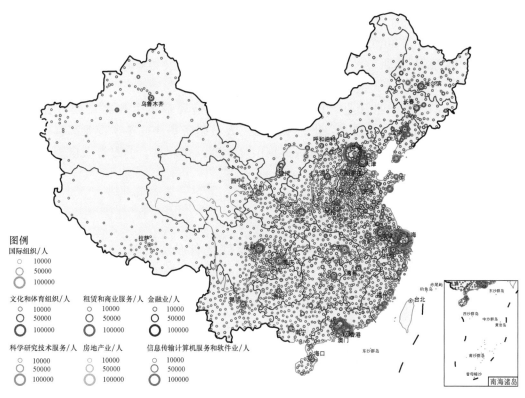

图 3.1 中国城市高端服务业规模以上空间分布

资料来源：第六次全国人口普查数据，港澳台数据暂缺。

表 3.1 中国高端服务业就业规模前 30 位城市（2010 年）

城市	就业规模 / 万人	就业比重 /%	城市	就业规模 / 万人	就业比重 /%
北京市	197	24.7	济南市	20	13.9
上海市	169	14.9	合肥市	20	14.2
深圳市	70	9.3	昆明市	19	14.9
广州市	65	10.9	厦门市	19	9.9
成都市	46	15.8	青岛市	19	10.6
南京市	43	13.7	哈尔滨市	18	11.7
武汉市	39	10.9	苏州市	18	7.7
天津市	36	9.8	福州市	18	14.1
重庆市	36	11.6	东莞市	18	2.9
杭州市	33	18.2	乌鲁木齐市	17	12.7
沈阳市	33	12.1	石家庄市	17	14.1
西安市	28	12.8	长春市	16	11.3
郑州市	25	13.6	南宁市	16	13.8
大连市	24	13.4	太原市	15	11.2
长沙市	21	16.1	兰州市	15	12.6

资料来源：第六次全国人口普查数据。

处于第三层级（就业规模超过 30 万人）的城市包括武汉、天津、重庆、杭州、沈阳。同时，在这 30 个城市中，属于省会城市和直辖市的有 24 个，占了 80% 的比重，其余是深圳、大连、青岛、苏州、厦门和东莞，这 6 个基本是滨海城市。

从 7 个高端服务业行业的构成来看，其分布格局基本上和高端服务业相一致，即以北京、上海、深圳 – 广州为中心的三大城镇密集地区各个行业都有较大规模。相对而言，科学研究、国际组织等集中度更高，在北京、上海等城市更具优势（图 3.1）。

二、功能性区域的定量判断

（一）基于不同行业就业密度的功能性区评价

区域的就业人口密度和就业结构是功能性城市区的基本特征。一般而言，经济越不发达的地区，农林牧渔业的功能专门化越显著，就业人口的空间密度越低；经济次发达的城市地区，就业人口空间密度较大，制造业、建筑业等第二产业以及一般服务行业所占比重高；经济最发达的地区，就业人口的空间密度最大，高级服务业或者生产性服务行业专门化程度最高。据此可以划分区域的核心地域、外围地域及边缘地域，并可根据就业人口的结构，判断出各区域的经济类型，如服务业主导、制造业主导、采掘业主导，甚至是中央商务区（central business district，CBD）、物流区、旅游区、教育区等（于涛方和吴志强，2005）。

一般地，功能性城市区呈同心圆式的圈层空间结构。从生产角度来看，理想模式下，中心城为核心圈层，集中布局以金融、商贸、文化信息等为主的第三产业；中心城外围邻近各城镇为第二圈层，主要布局科技中心，大专院校，旅游景区和高科技、低物耗、少污染的工业；第三圈层为第二圈层之外的市域范围，主要发展城郊型农业、旅游业和大型工业区等；第四层则是农业圈层。

本书从均质型区域角度入手，将全国按照市、县、县级市进行地理单元划分，并将这些地理单元视为均质区域；然后根据每个地理单元各行业门类人口的就业结构比重和就业人数空间分布密度，借助于主成分分析方法，进行上述各地理单元空间结构类型的分析和归类，进而确定中国巨型城市区地理单元的空间结构类型和经济结构类型。

县级行政区划单位是中国地方三级行政区，是地方政权的基础。县级行政单位包括县、市（地级市的区）、绝大多数县级市（不设区的市）、自治县、旗、自治旗、特区、工农垦区、林区等。截至 2011 年年底，中国（不包括港澳台地区）县级行政区划单元共 2853 个，其中有 857 个市、369 个县级市、1456 个县、117 自治县、49 个旗、3 个自治旗、1 个特区、1 个林区。鉴于 2000~2010 年行政区划调整等诸多因素，本书将一些行政单元进行了合并等调整，在 2000 年行政区划标准的基础上，分析县级行政单元的数量共计 2327 个。与其他大多数的关于巨型城市区或者城市群空间界定和结构变迁的研究成果不同，本书相关指标绝大多数来源于人口普查分县资料，由于行政区划的调整，相应地对人口普查资料进行了调整修正。涉及各个单元的所辖土地面积主要取自中华人民共和国民政部行政区划代码网站。①将全国层面（不包括港澳台地区）按照区、县、县级市进行地理单元详细划分，其研究假设是这些区、县、县级市单元的就业等是均质分布的；②根据每个地理单元 19 个行业的就业人数空间分布密度，采用主成分分析法、聚类方法，对各地理单元空间结构类型进行归类；③在此基础上，判断相应巨型城市区关键的枢纽区单元——都市区的核心区和外围区，归纳其空间结构类型和经济结构类型。

第一步构建用于主成分分析法的 2327×38 数据矩阵，包括各个非农行业就业密度和就业比重，用来探索中国县级行政单元的功能区等级、功能区专门化类别，从而判断其区域空间类型和经济发展类型。通过主成分分析，前 5 个主成分的累计总方差高达 77.29，拟合度较高，5 个主成分及其与 38 个关于就业空间密度指标的关系见表 3.2。第 1 主成分反映了各个功能区的非农经济就业密度和高端服务业属性，除了采掘业指标外，其他主要的工业和服务业就业行业门类，如制造业、金融业、房地产业、科学研究技术服务和地质勘查业等与第 1 主成分的相关性都很高。第 2 主成分反映了区域的服务业属性。第 3 主成分反映的是区域的制造业和一般服务业属性。制造业密度的相关性高达 0.42，制造业比重高达 0.75，而一般服务业（如居民服务和其他服务业、批发和零售业）等的显著系数也大于 0.50。第 4 主成分反映了区域的采掘业和资源型城市的属性。第 5 主成分则反映了区域国际组织属性，见表 3.2。

表 3.2　巨型城市区发展主成分分析

项目	第 1 主成分	第 2 主成分	第 3 主成分	第 4 主成分	第 5 主成分
采掘业密度	0.27	0.03	−0.03	0.82	0.10
制造业密度	0.73	−0.03	0.42	−0.11	−0.04
电力、燃气及水的生产和供应业密度	0.82	0.28	0.00	0.38	−0.06
建筑业密度	0.79	0.13	0.38	−0.01	−0.01
交通运输仓储和邮政业密度	0.89	0.28	0.16	0.11	0.00
信息传输、计算机服务和软件业密度	0.92	0.24	0.03	−0.04	0.22
批发和零售业密度	0.94	0.20	0.20	−0.02	0.04
住宿和餐饮密度	0.91	0.23	0.22	0.01	0.09
金融业密度	0.94	0.26	0.03	0.07	0.07
房地产业密度	0.88	0.23	0.10	−0.10	0.24

项目	第 1 主成分	第 2 主成分	第 3 主成分	第 4 主成分	第 5 主成分
租赁和商务服务业密度	0.86	0.21	0.11	−0.05	0.28
科学研究技术服务和地质勘查业密度	0.83	0.28	−0.05	−0.04	0.29
水利环境和公共设施管理业密度	0.90	0.27	0.05	0.13	0.04
居民服务和其他服务业密度	0.88	0.18	0.28	0.13	0.08
教育密度	0.93	0.25	0.05	0.12	0.00
卫生社会保障和社会福利业密度	0.93	0.26	0.02	0.15	−0.01
文化体育和娱乐业密度	0.90	0.27	0.06	−0.08	0.17
公共管理和社会组织密度	0.89	0.29	0.02	0.15	−0.06
国际组织密度	0.44	0.13	−0.05	0.08	0.70
采掘业比重	−0.07	0.24	0.01	0.76	0.06
制造业比重	0.34	0.06	0.75	−0.09	−0.07
电力、燃气及水的生产和供应业比重	0.10	0.67	0.07	0.40	−0.07
建筑业比重	0.06	0.25	0.66	0.02	0.01
交通运输仓储和邮政业比重	0.09	0.73	0.31	0.20	−0.04
信息传输、计算机服务和软件业比重	0.42	0.77	0.14	−0.05	0.22
批发和零售业比重	0.38	0.62	0.51	−0.02	0.04
住宿和餐饮比重	0.10	0.64	0.41	0.03	0.09
金融业比重	0.43	0.81	0.15	0.07	0.05
房地产业比重	0.43	0.58	0.30	−0.08	0.26
租赁和商务服务业比重	0.34	0.60	0.28	−0.04	0.30
科学研究技术服务和地质勘查业比重	0.39	0.64	0.04	−0.06	0.32
水利环境和公共设施管理业比重	0.18	0.66	0.06	0.05	0.02
居民服务和其他服务业比重	0.09	0.57	0.51	0.20	0.04
教育比重	0.21	0.81	−0.04	0.12	−0.01
卫生社会保障和社会福利业比重	0.29	0.85	0.04	0.16	−0.01
文化体育和娱乐业比重	0.33	0.78	0.16	−0.07	0.18
公共管理和社会组织比重	0.04	0.59	−0.27	0.01	−0.15
国际组织比重	0.01	0.03	0.01	0.07	0.69
累计贡献率 /%	39.05	60.90	67.86	72.79	77.29

（二）功能性城市区的核心外围空间聚类

从全国县市区主成分分析的最终得分来看，得分最高的城市基本都是直辖市或者地级城市的县（市、区），如北京市辖区、上海市辖区及浦东新区等，县市单元中，石狮市、顺德区、南海区、昆山市、大兴区得分也很高。将各县市区主成分分析的最终得分和第六次全国人口普查数据中各县市区的城市化水平数据进行回归模拟。结果表明，两者之间呈现较为明显正向相关，但拟合系数并不是很高。究其原因，一方面，主成分分析的最终得分反映了各个行政单元的经济活动密度，在广大的西部和山区，如内蒙古、新疆等，一个县市区的城市化水平可能很高，但总体而言，由于就业人口规模的绝对量较小，导致最终得分不高；另一方面，基于就业结构的主成分分析总得分很大程度上反映了各个县市区的劳动地域分工地位和城市化质量属性。

从整体上看，得分较高的县市区单元呈现如下的空间连绵特征，见图3.2：第一，除了辽东半岛、广西、粤西等地区外，沿海的县市区得分相对较高，如天津、烟台－威海、青岛－日照－连云港、南通－上海－嘉兴－杭州－绍兴－宁波－舟山、台州－温州、福州－莆田－泉州－厦门、汕尾－深圳－珠海等；第二，沿交通走廊和沿江（河）地区的县级单元得分较高，如京津走廊、沪宁走廊、广深走廊及长江中下游沿江地区、珠江两岸、西部的黄河河套地区等；第三，各地区的省会城市得分较高，尤其在中西部和东北地区，省会城市的得分较其他地区高。从东中西三大地带来看，东部得分较高的县市区呈现沿海化趋势，沿海城市走廊和城镇集群基本形成，多中心特征显著；

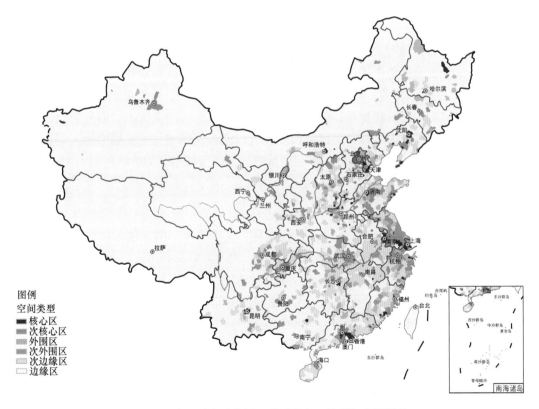

图3.2　中国城市功能性区的"核心－边缘"空间聚类

注：港澳台数据暂缺

中部地区，围绕一些区域性中心城市，如武汉、郑州、哈尔滨、长沙、太原也开始显现相对单中心导向的核心 – 边缘格局的城镇密集区；而广大的西部地区，除了成渝、关中及滇中等个别城市区域外，得分较高的县市区空间分布比较零散。

第二节 基于中心流视角的界定

流（人流、资金流、交通流、文化流等）视角的研究被认为是区域地理经验法的一个重要部分，在都市区识别、巨型城市区界定中发挥着越来越重要的作用。随着大数据和计算机、信息科学的进步，流研究越来越受到重视。另外，在全球化、后工业化、后福特制化的背景下，城市与城市之间的组织被不断重组，传统基于中心地原则的理论和方法地位有所削弱，中心流视角或者中心地 – 中心流结合的方法受到关注。在巨型城市区的界定和识别中，用得比较多的包括企业流、交通流、资金流、人口流动、通勤流动。本书关于中心流视角的中国巨型城市区界定主要是从人口流动和航空流视角等进行研究。其中，人口流反映了全国范围内高端人力资本到农民工等的全方位信息，而航空流反映了高端经济活动和人口地域的关系。

一、人口流视角

在人口方面，随着人口流动分隔因素的不断弱化，密度和距离发挥了促进巨型城市区发育和发展的重要作用。因此，本书对中国巨型城市区识别和界定的一个重要标准是人口流。关于人口流，第一个方面是构成巨型城市区的县市区单元的人口集聚力，如外来人口的流入规模和比重；第二个方面是这些县市区的流入人口的来源地，如哪些是地方性的人口流入，哪些是区域尺度的人口流入，哪些是国家层面的人口流入。前者构成了人口流入的绝对规模，而后者反映的是巨型城市区的影响范围。

（一）中国城市净流入人口格局

根据 2010 年第六次全国人口普查数据分县（市、区）的常住人口数据和户籍人口数据，可以计算出每个县市区的净流入人口（流入人口和流出人口之差），见图 3.3。总体特征是，珠三角、长三角、京津等东部发达城市地区及中西部重要的区域经济中心城市有极强的外来人口集聚能力，人口密集的中部和成渝等地区人口流出严重。

人口净流入最多的是上海市，为 827 万人，占常住人口的 39%。其次是深圳市、东莞市、北京市和广州市。深圳市和东莞市净流入人口占常住人口超过 75%。前 10 位中除了成都市（人口净流入 207 万人，占常住人口的 1/3）外，其他均位于东部沿海地区。在前 50 位中，东部地区有 31 个（广东省 9 个，江浙沪 13 个，京津冀 3 个，其他是福州、厦门、泉州、青岛、济南和海口）；西部地区有 10 个，中部地区仅 5 个，且均为省会城市，东北地区有 4 个。

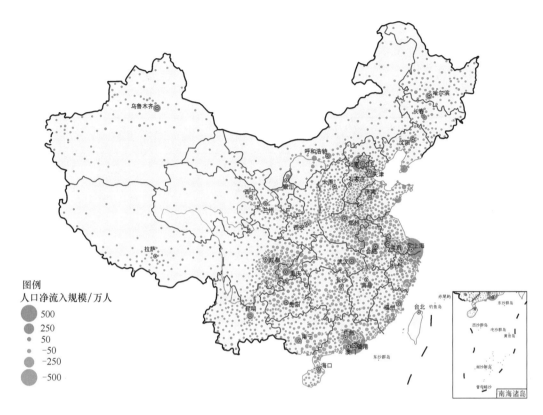

图 3.3 中国城市人口净流入规模（2010 年）

资料来源：第六次全国分县（市、区）人口普查数据，港澳台数据暂缺。

人口净流出量超过 100 万人（共 22 个）的地级层次城市依次是，郑州市（100 万人）、宿州市（107 万人）、贵港市（112 万人）、徐州市（115 万人）、亳州市（116 万人）、南充市（124 万人）、玉林市（126 万人）、黄冈市（126 万人）、菏泽市（130 万人）、资阳市（135 万人）、达州市（139 万人）、六安市（144 万人）、广安市（146 万人）、南阳市（160 万人）、驻马店市（163 万人）、茂名市（165 万人）、遵义市（171 万人）、商丘市（182 万人）、阜阳市（252 万人）、信阳市（259 万人）、周口市（329 万人）、重庆市（419 万人）。这 22 个城市的净流出人口高达 3720 万人，绝大多数位于成渝、河南、皖苏鲁豫交界及广西等地区。

（二）中国城市人口流的源分析

1. 省际人口迁入的空间特征

省外人口的迁入情况反映了城市在国家层面的影响力和竞争力，也反映了相关巨型城市区在国家层面的影响力和集聚力。从分析结果可以看出，跨省份尺度上的人口流动主要集中在广东省、江浙沪、京津冀，高度不均衡。其中省、自治区、直辖市外人口流入超过 100 万人的城市除了厦门（102 万人）外，全部集中在上述三大地区。

上海市外省迁入人口高达 830 万人，占常住人口的 39.09%，北京市高达 614 万人，深圳市和东莞市都超过 500 万人，前 10 位城市的省外人口迁入量占全国跨省人口迁移流动的 42.3%，见表 3.3。

表 3.3 省、自治区、直辖市外迁入人口规模超过 50 万人的城市（区）

地区	省外迁入人口/万人	省外迁入人口占总人口比重/%	地区	省外迁入人口/万人	省外迁入人口占总人口比重/%
上海市	830	39.09	晋江市	84	42.33
北京市	614	36.83	南京市	83	11.59
深圳市	580	55.96	无锡市	79	22.39
东莞市	533	64.87	昆山市	73	44.61
广州市	279	25.18	大连市	69	16.89
天津市	275	26.74	重庆市	66	8.53
温州市	141	46.38	大兴区	64	47.18
中山市	132	42.40	宁波市	64	29.87
苏州市	115	28.28	乌鲁木齐市	61	22.52
厦门市	102	28.99	奉贤区	53	48.66
顺德区	99	40.13	武汉市	53	5.38
南海区	95	36.76	义乌市	51	41.30
杭州市	88	24.75			

资料来源：第六次全国分县（市、区）人口普查数据。

在前 50 位中，江浙沪有 24 个城市，其跨省人口迁移流动量占全国的 25%，广东省有 9 个，占 21.1%，京津冀有 3 个，占 11.2%，福建省有 4 个，占 3.1%；另外，在东部地区山东有 2 个（青岛和济南），海南有 1 个（海口）；西部地区有 4 个（成都市、重庆市、乌鲁木齐市和昆明市）、东北地区有 2 个（沈阳市和大连市）、中部地区只有 1 个（武汉市）。

2. 省、自治区、直辖市内人口迁入的空间特征

省、自治区、直辖市内人口的迁入情况反映了城市在地方和区域层面的影响力和竞争力。与省际层面的人口迁移流动不同，省、自治区、直辖市内人口迁移流动空间分布相对均质。除北京市、上海市等人口迁移活跃度比较高的东部地区的巨型城市外，中西部和东北地区的许多特大城市都表现出明显的省内层面的人口集聚度，如沈阳市、武汉市、重庆市、成都市、郑州市等。除此之外，一些非省会城市也有较明显的集聚力，如包头市、淄博市、大同市、烟台市、柳州市等。在省、自治区、直辖市内人口迁入流动的前 10 位城市中，人口迁移总量为 2597 万人，占全国省内流动的比例仅为 15%，而且这 10 个城市中只有 5 个城市位于东部沿海地区，且武汉市、成都市、重庆市、郑州市、沈阳市都位列其中，见表 3.4。

表 3.4 省、自治区、直辖市内迁入人口规模超过 100 万人的城市

城市	省内迁入人口规模/万人	省内迁入人口占总人口比重/%	城市	省内迁入人口规模/万人	省内迁入人口占总人口比重/%
上海市	351	16.54	长春市	127	30.29
武汉市	331	33.82	东莞市	125	15.22
北京市	302	18.09	南宁市	121	38.16
广州市	290	26.19	长沙市	120	38.84
深圳市	272	26.25	昆明市	120	36.63
成都市	260	42.05	济南市	119	31.57
重庆市	238	30.68	大连市	115	28.13
郑州市	191	44.96	太原市	114	33.28
沈阳市	182	29.11	厦门市	113	31.93
南京市	180	25.18	贵阳市	108	35.63
天津市	179	17.41	呼和浩特市	105	53.18
合肥市	139	42.02	杭州市	101.6715	28.56
哈尔滨市	136	30.19	福州市	100.6285	34.44
青岛市	128	34.50			

资料来源：第六次全国分县（市、区）人口普查数据。

二、全球资金流

2018 年，中国地级城市、直辖市中，北京、上海、成都、武汉和重庆实际吸引使用外资额规模最高，都超过 100 亿美元。对比 2008 年和 2018 年，外商直接投资在中国城市的分布发生了剧烈变化。虽然整体上仍然在东部沿海地区的城市大规模集聚，但中西部地区的一些巨型城市，如西部地区的成都、重庆、西安，中部地区的武汉、长沙、郑州、南昌、合肥乃至东北地区的哈尔滨等城市外商直接投资快速增长。在东部地区，北京、上海等区域首位城市外商直接投资保持强劲势头，而苏州、天津、东莞等第二层级城市外商直接投资势头减弱，见表 3.5。

表 3.5 2008 年和 2018 年中国外商直接投资规模前 30 位城市

2008 年排序	城市	2008 年实际使用外资金额/万美元	2018 年排序	城市	2018 年实际使用外资金额/万美元
1	上海市	1008427	1	北京市	1731089
2	苏州市	813262	2	上海市	1730009
3	天津市	741978	3	成都市	1227500
4	北京市	608172	4	武汉市	1092684
5	沈阳市	600138	5	重庆市	1027344
6	大连市	500678	6	深圳市	820301

续表

2008 年排序	城市	2008 年实际使用外资金额 / 万美元	2018 年排序	城市	2018 年实际使用外资金额 / 万美元
7	深圳市	403018	7	新乡市	755317
8	广州市	362277	8	杭州市	682658
9	杭州市	331154	9	广州市	661108
10	东莞市	322570	10	西安市	635370
11	无锡市	316651	11	惠州市	634865
12	南通市	293710	12	青岛市	580374
13	重庆市	272913	13	长沙市	577997
14	青岛市	264295	14	天津市	485104
15	武汉市	257338	15	苏州市	452498
16	宁波市	253789	16	宁波市	432017
17	南京市	237203	17	郑州市	421080
18	成都市	224521	18	南京市	385339
19	厦门市	204243	19	无锡市	369133
20	常州市	204002	20	哈尔滨市	365309
21	长春市	203556	21	南昌市	348899
22	佛山市	180650	22	合肥市	323000
23	长沙市	180092	23	嘉兴市	313980
24	扬州市	172003	24	洛阳市	294089
25	泉州市	169990	25	芜湖市	291642
26	南昌市	141052	26	济南市	269218
27	郑州市	140078	27	大连市	267846
28	嘉兴市	135975	28	烟台市	266368
29	惠州市	135249	29	南通市	258140
30	西安市	125038	30	马鞍山市	248490
小计		9804022	小计		17948768
所有地级城市		15757614	所有地级城市		27962184

资料来源：2009 年、2019 年中国城市统计年鉴。

三、航空流及空港视角

我国现有民用机场二百多个，2017 年吞吐量 3000 万人次级机场 10 个，比 2014 年增加 3 个，机场所在城市分别是北京、上海（浦东）、广州、成都、深圳、昆明、上海（虹桥）、西安、重庆、杭州；2000 万 ~3000 万人次的有 9 个，分别是南京、厦门、郑州、长沙、青岛、武汉、海口、乌鲁木齐、天津；1000 万 ~2000 万人次的有 13 个。京津冀、长三角、珠三角等世界级机场群已经基本形成。华北、东北、华东、中南、西南和西北 6 大机场群快速发展，见表 3.6。

表 3.6　2010~2017 年中国民航机场吞吐量变化

机场	旅客吞吐量 / 万人次		货物吞吐量 / 万 t	
	2017 年	2010 年	2017 年	2010 年
北京 / 首都	9578.6	7394.8	203.0	155.1
上海 / 浦东	7000.0	4057.9	382.4	322.8
广州 / 白云	6580.7	4097.6	178.0	114.4
成都 / 双流	4980.2	2580.6	64.3	43.2
深圳 / 宝安	4561.1	2671.4	116.0	80.9
昆明 / 长水	4472.8	2019.2	41.8	27.4
上海 / 虹桥	4188.4	3129.9	40.1	48.0
西安 / 咸阳	4185.7	1801.0	26.0	15.8
重庆 / 江北	3871.5	1580.2	36.6	19.6
杭州 / 萧山	3557.0	1706.9	58.9	28.3
南京 / 禄口	2582.3	1253.1	37.4	23.4
厦门 / 高崎	2448.5	1320.6	33.9	24.6
郑州 / 新郑	2430.0	870.8	50.2	8.6
长沙 / 黄花	2376.5	1262.1	13.9	10.9
青岛 / 流亭	2321.1	1110.1	23.2	16.4
武汉 / 天河	2313.0	1164.7	18.5	11.0
海口 / 美兰	2258.5	877.4	15.4	9.2
乌鲁木齐 / 地窝堡	2150.0	914.8	15.7	9.5
天津 / 滨海	2100.5	727.7	26.8	20.2
全国合计	114786.7	56431.2	1617.7	1129.0

资料来源：中国民用航空局发展计划司，2011；2018。

第三节　中国巨型城市区识别

一、巨型城市区识别标准设定

借鉴国外关于巨型城市区的研究成果，兼顾中国城镇化的特殊阶段和复杂性，本书关于巨型城市区的划分标准包括三大方面：①中心地理论出发的规模和密度指标；②功能性城市区假说出发的高端服务业和多中心性等相关指标；③中心流理论出发的流动性等指标体系。由于中国城镇化速度快，不确定性比较大，因此本书中巨型城市区相应地分成若干层级，即成熟型巨型城市区、准巨型城市区、雏形巨型城市区和潜在型巨型城市区 4 个层级，见表 3.7。

表 3.7　中国巨型城市区识别及划分依据

分级	中心地/都市区：规模与密度、水平	功能性城市区：高端服务业与多中心性	中心流：流动空间和流动性
成熟型巨型城市区	至少具有一个核心（一级）都市区；区域总人口 1000 万以上；城镇化水平 70% 以上；人均 GDP 高	1. 至少有一个高端服务业发达的区域核心。高端服务业就业 100 万人以上；核心城市高端服务业 50 万人以上，比重 10% 以上 2. 次核心以上单元（包括核心单元）至少有 2 个 3. 核心、次核心和外围单元至少 3 个	1. 核心机场复合吞吐量 2000 万人次以上 2. 属于人口净流入区域，核心城市人口净流入规模 200 万人以上 3. 核心城市 FDI 规模大
准巨型城市区	总人口 1000 万以上；城镇化水平 65% 以上	1. 一个巨型城市区的次核心以上地理单元（包括核心单元）至少有 2 个 2. 区域高端服务业就业 60 万人以上或者核心城市 30 万人以上	1. 核心机场复合吞吐量 1000 万人次以上 2. 核心都市区或城市人口净流入，核心城市净流入人口 100 万人以上
雏形巨型城市区	总人口 1000 万以上或常住人口 600 万以上，且核心城市人口大于 300 万；城镇化水平 65% 以上	1. 核心、次核心和外围单元至少 3 个 2. 区域高端服务业就业 25 万人以上	1. 核心都市区或城市人口净流入 2. 核心机场复合吞吐量 500 万人次以上 3. 核心机场复合吞吐量 500 万人次以上
潜在型巨型城市区	常住人口 600 万以上或者核心城市常住人口 200 万以上；城镇化水平 60% 以上	区域高端服务业就业 15 万人以上	1. 核心城市人口净流入 2. 有机场

潜在型巨型城市区也从这几个方面进行标准的界定。

二、中国巨型城市区识别结果

基于上面基本标准，对中国巨型城市区进行识别和界定（图 3.4）。成熟型巨型城市区有 3 个，分别是以北京为中心的京津走廊、以上海为中心的长三角地区、以广州和深圳等为中心的珠三角地区；准巨型城市区有 5 个，分别是成德绵地区、大重庆地区、辽中地区、闽东南地区和大武汉地区；雏形巨型城市区有 7 个，分别是关中地区、大济南地区、郑汴洛走廊、石家庄 – 太原走廊、温州 – 台州走廊、大青岛地区、长株潭地区；潜在型巨型城市区有 11 个，分别是兰州 – 西宁走廊、徐州 – 济宁走廊、黔中地区、大乌鲁木齐地区、呼和浩特 – 包头走廊、北部湾地区、大哈尔滨地区、大长春地区、滇中地区、大合肥地区和大大连地区。各类巨型城市区合计 26 个，见表 3.8。

从各类巨型城市区经济等指标来看，三大成熟型巨型城市区总面积占全国比重为 1.5%，然而承载的人口却高达 13.7%，非农就业比重占 25.9%，高端服务业和制造业就业比重更是超过 1/3，大学本科及以上人力资本比例超过 30%；5 个准巨型城市区的经济绩效显著落后于三大成熟型巨型城市区，以占全国 0.7% 的土地面积承载了 5.6% 的人口、8.0% 的非农就业、10.8% 的高端服务业、7.6% 的制造业就业及 11.6% 的高端人力资本；7 个雏形巨型城市区的发展绩效和准巨型城市区相差无几；而 11 个潜在型巨型城市区的经济绩效明显落后于发展水平较高的巨型城市区。

图 3.4　中国巨型城市区层级和空间格局

注：港澳台数据暂缺。

表 3.8　各类巨型城市区在中国的地位比较　　　　　　　（单位：%）

城市地区	土地面积占比	常住人口占比	非农就业占比	制造业就业占比	高端服务业占比	大学本科及以上占比
3 个成熟型巨型城市区	1.5	13.7	25.9	36.3	34.8	31.1
5 个准巨型城市区	0.7	5.6	8.0	7.6	10.8	11.6
7 个雏形巨型城市区	0.7	5.6	8.0	8.4	9.2	11.4
11 个潜在型巨型城市区	1.0	4.6	5.6	3.6	8.5	11.1
所有巨型城市区	4.0	29.5	47.5	55.9	63.3	65.2

资料来源：第六次全国分县（市、区）人口普查统计资料。

　　整体看，巨型城市区已经成为中国经济和城镇化发展的重要载体，成为中国要素集聚的重要目的地。根据上述界定结果，各类巨型城市区土地面积总计仅占全国土地面积的 4.0%，然而在各方面都贡献巨大。

（一）成熟型巨型城市区

　　中国的三大成熟型巨型城市区代表了三种空间模式：以北京、天津为双核心的巨型城市区属于走廊型地区；以上海、南京、杭州等为中心的区域则代表了典型的多中心网络式巨型区模式；以香港、广州、深圳等为中心的粤港澳地区则代表了紧凑的都市区组合式模式。

从三大成熟型巨型城市区的城镇体系来看（表 3.9~ 表 3.12），珠三角和长三角大中小城镇相对符合传统关于区域城镇体系合理度判断的标准，而京津走廊中北京、天津两极独大。从三大成熟型巨型城市区的规模等属性来看，有相同之处，也各有特点。相同之处为：①总体上，三大地区的经济发展水平都很高，2018 年人均 GDP 超过 12 万元。②三大地区都具有规模巨大的流动性：外来净流入人口规模和比重大，京津走廊、长三角和珠三角的净流入人口规模（2010 年）分别高达 1032.8 万人、2327.5 万人和 2611.0 万人，占常住人口的比重分别为 29.4%、23.7% 和 53.3%。③机场复合吞吐量[1]和外资流入均在全国遥遥领先。从差异化来看，①长三角地区面积和人口规模都远远地超过京津走廊和珠三角，京津走廊的高端服务业比重远远高于珠三角和长三角，珠三角和长三角的制造业专门化程度非常高，制造业比重高达 56.56% 和 45.88%，远远高于京津走廊 23.01% 的水平。②长三角的构成单元更为复杂，更为多中心化。③珠三角的人口外来规模和比重更高。

表 3.9　三大成熟型巨型城市区规模和密度、水平指标比较

巨型城市区	土地面积 /km²	总人口 /万人	非农就业 /万人	人口密度 /（人 /km²）	非农就业密度 /（人 /km²）	人均 GDP/（万元 /人）	城镇化水平 /%
京津走廊	31172	3516	1458	1128	468	12.4	81.28
珠三角	32697	4895	2955	1497	904	13.0	88.65
长三角	82166	9816	5160	1195	628	13.6	71.82

资料来源：第六次全国人口普查数据；2019 年中国城市统计年鉴，下同。

表 3.10　三大成熟型巨型城市区功能和多中心比较

巨型城市区	高端服务业规模 /万人	高端服务业占非农就业比重 /%	制造业规模 /万人	制造业占非农就业比重 /%	"核心"市区县数量 /个	"外围"市区县数量 /个
京津走廊	255	17.48	335	23.01	6	10
珠三角	208	7.02	1672	56.56	10	9
长三角	423	8.21	2367	45.88	24	44

表 3.11　成熟型巨型城市区多中心构成

	核心区 / 次核心区	外围区 / 次外围区
京津走廊	北京：北京市、大兴区、延庆区 天津：天津市 河北：廊坊市、三河市	北京：怀柔区、密云区、平谷区 天津：静海区、蓟州区；宝坻区、宁河区 河北：香河县、大厂回族自治县、霸州市

①机场复合吞吐量按照旅客吞吐量和货物吞吐量（t）×10 的和来表征。

	核心区/次核心区	外围区/次外围区
珠三角	广州市、深圳市、佛山市、顺德区、东莞市、江门市、珠海市、南海区、中山市、肇庆市	惠州市、三水区、从化区、高明区、新会区、鹤山市、惠阳区、四会市、高要区
长三角	上海：上海市、奉贤区 江苏：南京市、无锡市、苏州市、南通市、镇江市、泰州市、常州市、扬州市、江阴市、常熟市、张家港市、昆山市、太仓市 浙江：杭州市、宁波市、绍兴市、嘉兴市、舟山市、嵊泗县、萧山区、余杭区 安徽：马鞍山市	上海：崇明区 江苏：宜兴市、吴江区、海门区、仪征市、江都区、丹阳市、扬中市、靖江市、溧水区、高淳区、溧阳市、金坛区、通州区、海安、如东县、启东市、如皋市、高邮市、丹徒区、句容市、泰兴市、姜堰区 浙江：湖州市、富阳区、鄞州区、余姚市、慈溪市、嘉善县、海盐县、海宁市、平湖市、桐乡市、绍兴市、岱山县、象山县、宁海县、奉化区、德清县、长兴县、安吉县、诸暨市、上虞区 安徽：滁州市

表 3.12　三大成熟型巨型城市区流动性比较

巨型城市区	净流入人口规模/万人	净流入人口比重/%	省、自治区、直辖市外迁入人口比重/%	省、自治区、直辖市内迁入人口比重/%	机场复合吞吐量/万单位	FDI/亿美元
京津走廊	1032.8	29.4	29.3	16.2	12431.9	232
珠三角	2611.0	53.3	40.1	21.3	18564.2	270
长三角	2327.5	23.7	22.6	16.3	11952.9	553

注：FDI，外国直接投资。

（二）准巨型城市区

在 5 个准巨型城市区中，1 个位于东部沿海地区，1 个位于东北地区，2 个位于西部地区，1 个位于中部地区。无论从人口规模还是从经济运行效率、专门化程度、经济发展水平、多中心化结构、流动性等方面来看，准巨型城市区和三大成熟型巨型城市区均有显著的差异性。从这 5 个巨型城市区差异性来看，位于东部沿海地区的闽东南地区制造业的专门化水平更高，其就业比重超过 40%，而其余 4 个均在 30% 以下，见表 3.13~ 表 3.16。

表 3.13　准巨型城市区规模和密度、水平指标比较

巨型城市区	土地面积/km²	总人口/万人	非农就业/万人	人口密度/（人/km²）	非农就业密度/（人/km²）	人均GDP/（万元/人）	城镇化水平/%
大重庆地区	9979	1014	369	1016	370	7.3	76.23
成德绵地区	9441	1411	569	1495	603	8.1	72.02
大武汉地区	16886	1523	517	902	306	9.4	71.61
闽东南地区	17806	1988	920	1116	517	9.6	67.69
辽中地区	13029	1464	586	1124	450	7.7	84.27

表 3.14　准巨型城市区功能和多中心比较

巨型城市区	高端服务业规模/万人	高端服务业比重/%	制造业规模/万人	制造业比重/%	核心市区县数量/个	外围市区县数量/个
大重庆地区	39	10.58	100	27.20	1	3
成德绵地区	68	11.95	136	23.95	6	6
大武汉地区	48	9.35	125	24.23	3	6
闽东南地区	61	6.63	404	43.91	6	10
辽中地区	59	10.02	148	25.20	6	3

表 3.15　准巨型城市区多中心构成

巨型城市区	核心区/次核心区	外围区/次外围区
大重庆地区	重庆中心市区	长寿区、璧山区、永川区
成德绵地区	成都市、温江区、双流区、郫都区、德阳市、绵阳市	新都区、新津区、都江堰市、广汉市、崇州市、罗江区
大武汉地区	武汉市、黄冈市、黄石市	孝感市、咸宁市、大冶市、鄂州市、云梦县、赤壁市
闽东南地区	福州市、厦门市、石狮市、漳州市、泉州市、晋江市	连江县、平潭县、长乐区、莆田市、惠安县、宁德市、罗源县、福清市、南安市、龙海区
辽中地区	沈阳市、鞍山市、抚顺市、营口市、辽阳市、本溪市	海城市、大石桥市、灯塔市

注：重庆中心市区，包括渝中区、大渡口区、江北区、沙坪坝区、九龙坡区、南岸区、北碚区、万盛区、双桥区、渝北区、巴南区，下同。

表 3.16　准巨型城市区流动性比较

巨型城市区	净流入人口规模/万人	净流入人口占常住人口比重/%	省、自治区、直辖市外迁入人口占总人口比重/%	省、自治区、直辖市内迁入人口占总人口比重/%	机场复合吞吐量/万单位	FDI/亿美元
大重庆地区	107	10.6	7.3	26.5	3266	103
成德绵地区	311	22.0	4.6	32.4	4426	127
大武汉地区	110	7.2	4.0	27.5	1871	115
闽东南地区	409	20.6	18.8	21.0	3449	40
辽中地区	158	10.8	4.6	23.0	1418	17

（三）雏形巨型城市区

在 7 个雏形巨型城市区中，有 5 个是以内陆省会为中心的区域，有 2 个是东部沿海延伸的区域。同样地，沿海的大青岛地区和温州–台州走廊制造业比重更高，而以省会为中心的地区高端服务业比重稍高，制造业发展相对滞后，见表 3.17~ 表 3.20。

表 3.17 雏形巨型城市区规模和密度、水平指标比较

巨型城市区	土地面积 / km²	总人口 / 万人	非农就业 / 万人	人口密度 / （人 /km²）	非农就业密度 / （人 /km²）	人均 GDP/ （万元 / 人）	城镇化 水平 /%
关中地区	9597	1096	365	1142	380	7.5	69.12
大济南地区	14728	1338	477	908	324	9.3	67.21
郑汴洛走廊	9556	1212	403	1268	422	7.8	66.76
石家庄 – 太原走廊	10870	1007	381	926	351	6.0	78.20
温州 – 台州走廊	13425	1334	703	994	524	7.1	63.18
大青岛地区	9526	868	380	911	399	11.6	71.56
长株潭地区	3368	609	233	1808	692	10.6	87.93

表 3.18 雏形巨型城市区功能和多中心比较

巨型城市区	高端服务业 规模 / 万人	高端服务业 比重 /%	制造业规 模 / 万人	制造业比重 /%	"核心"市区 县数量 / 个	"外围"市区 县数量 / 个
关中地区	37	10.17	69	18.97	2	5
大济南地区	38	8.02	143	29.95	2	5
郑汴洛走廊	37	9.08	100	24.75	3	7
石家庄 – 太原走廊	39	10.34	85	22.22	3	8
温州 – 台州走廊	27	3.82	405	57.54	1	11
大青岛地区	27	7.04	154	40.45	1	5
长株潭地区	29	12.29	52	22.25	3	1

表 3.19 雏形巨型城市区多中心构成

巨型城市区	核心区 / 次核心区	外围区 / 次外围区
关中地区	西安市、咸阳市	长安区、高陵区、渭南市、武功县、兴平市
大济南地区	济南市、淄博市	泰安市、莱芜区、桓台县、长清区、章丘区
郑汴洛走廊	郑州市、洛阳市、开封市	巩义市、新密市、荥阳市、新郑市、登封市、偃师区、中牟县
石家庄 – 太原走廊	石家庄市、太原市、阳泉市	鹿泉区、栾城区、晋中市、正定县、平定县、清徐县、井陉县、寿阳县
温州 – 台州走廊	温州市	洞头区、平阳县、苍南县、瑞安市、乐清市、台州市、玉环市、温岭市、文成县、三门县、临海市
大青岛地区	青岛市	日照市、胶州市、即墨区、黄岛区、莱西市
长株潭地区	长沙市、株洲市、湘潭市	长沙县

表 3.20　雏形巨型城市区流动性比较

巨型城市区	净流入人口规模 / 万人	净流入人口占常住人口比重 /%	省外迁入人口占总人口比重 /%	省内迁入人口占总人口比重 /%	机场复合吞吐量 / 万单位	FDI/亿美元
关中地区	86	7.8	5.9	18.9	3112	64
大济南地区	133	9.9	2.7	20.3	951	43
郑汴洛走廊	154	12.7	2.5	26.3	2011	79
石家庄 – 太原走廊	117	11.6	5.2	25.9	1444	18
温州 – 台州走廊	203	15.2	27.9	13.8	823	8
大青岛地区	117	13.5	7.3	23.6	1846	96
长株潭地区	129	21.2	4.8	34.3	1927	85

（四）潜在型巨型城市区

11 个潜在型巨型城市区中，多样化更为显著，但一个共同的特点是，制造业规模和比重偏低，高端服务业比重偏高，另外其多中心程度也并不显著，除了上述 11 个潜在型巨型城市区外，以银川为中心的宁夏沿黄地区，以南昌、海口为中心的地区都有可能成为地区性或者专门性的潜在型巨型城市区，见表 3.21~ 表 3.24。

表 3.21　潜在型巨型城市区规模和密度、水平指标比较

巨型城市区	土地面积 /km²	总人口 / 万人	非农就业 / 万人	人口密度 / （人 /km²）	非农就业密度 / （人 /km²）	人均 GDP/ （万元 / 人）	城镇化水平 /%
兰州 – 西宁走廊	5644	419	169	742	299	6.6	89
徐州 – 济宁走廊	13296	1154	344	868	259	6.7	57
黔中地区	5121	410	130	801	254	6.5	73
大乌鲁木齐地区	14216	311	137	219	96	8.7	92
呼和浩特 – 包头走廊	10076	467	177	463	176	9.8	77
北部湾地区	17958	683	191	380	106	5.7	62
大哈尔滨地区	2451	452	157	1844	641	7.0	92
大长春地区	10072	656	210	651	208	8.1	76
滇中地区	6501	470	170	723	261	7.3	84
大合肥地区	7371	581	194	788	263	9.4	71
大大连地区	6078	503	199	828	327	11.0	86

表 3.22　潜在型巨型城市区功能和多中心比较

巨型城市区	高端服务业规模 / 万人	高端服务业比重 /%	制造业规模 / 万人	制造业比重 /%	"核心"市区县数量 / 个	"外围"市区县数量 / 个
兰州 – 西宁走廊	20	12.06	24	14.45	2	2
徐州 – 济宁走廊	18	5.09	92	26.77	2	7
黔中地区	14	10.56	23	18.02	2	1
大乌鲁木齐地区	25	18.59	18	13.44	1	0

续表

巨型城市区	高端服务业规模/万人	高端服务业比重/%	制造业规模/万人	制造业比重/%	"核心"市区县数量/个	"外围"市区县数量/个
呼和浩特-包头走廊	17	9.45	28	15.92	2	2
北部湾地区	21	11.14	26	13.42	1	6
大哈尔滨地区	18	11.66	31	19.76	1	0
大长春地区	22	10.29	46	21.73	2	1
滇中地区	22	13.14	31	17.92	1	4
大合肥地区	22	11.59	45	23.42	1	3
大大连地区	24	12.25	67	33.69	1	1

表 3.23 潜在型巨型城市区多中心构成

巨型城市区	核心区/次核心区	外围区/次外围区
兰州-西宁走廊	兰州市、西宁市	平安区、乐都区
徐州-济宁走廊	徐州市、济宁市	枣庄市、兖州区、滕州市、曲阜市、邹城市、沛县、铜山区
黔中地区	贵阳市、安顺市	平坝区
大乌鲁木齐地区	乌鲁木齐市	
呼和浩特-包头走廊	呼和浩特市、包头市	土默特右旗、土默特左旗
北部湾地区	南宁市	北海市、防城港市、钦州市、东兴市、邕宁区、合浦县
大哈尔滨地区	哈尔滨市	
大长春地区	长春市、吉林市	永吉县
滇中地区	昆明市	呈贡区、晋宁区、安宁市、玉溪市
大合肥地区	合肥市	肥东县、肥西县、巢湖市
大大连地区	大连市	瓦房店市

表 3.24 潜在型巨型城市区流动性比较

巨型城市区	净流入人口规模/万人	净流入人口占常住人口比重/%	省、自治区外迁入人口占总人口比重/%	省、自治区内迁入人口占总人口比重/%	机场复合吞吐量/万单位	FDI/亿美元
兰州-西宁走廊	80	19.1	8.5	29.1	1111	3
徐州-济宁走廊	-36	-3.1	1.3	12.2	180	22
黔中地区	65	15.9	6.8	30.1	1335	17
大乌鲁木齐地区	113	36.3	22.1	26.1	1794	0
呼和浩特-包头走廊	129	27.6	7.7	43.0	877	4
北部湾地区	63	9.2	4.6	25.0	1136	11
大哈尔滨地区	96	21.2	3.4	30.2	1330	47
大长春地区	73	11.1	3.7	26.2	816	3
滇中地区	129	27.4	9.3	33.0	3540	9
大合肥地区	72	12.4	3.4	30.8	644	61
大大连地区	97	19.3	14.4	25.1	1489	27

东部地区,除北京、上海、大连、日照、福州、广州、三亚等城市属于高端服务业主导的地理单元,青岛、天津、南京、杭州、沈阳等城市属于服务业主导的地理单元外,其他得分较高的市县区基本上都属于制造业主导类型,反映了全球化分工中,东部沿海发达地区的制造业具有优势;石家庄–太原走廊地区、泰山西麓地区、辽中地区也有一些属于采掘业主导的地理单元。中部地区高端服务业和制造业主导的地理单元相对较少,一般服务业主导的类型占比高。西部地区一些区域中心城市则有较多的高端服务业主导的地理单元,包括乌鲁木齐、成都、重庆、贵州及昆明等城市,也有较多的地理单元是服务业和采掘业主导类型,制造业主导的地理单元主要集中在成渝及关中地区,反映了西部地区工业化水平相对落后的发展阶段特征。

进一步分析这些巨型城市区的功能专门化特征。东部地区,三大核心巨型城市区中,长三角和珠三角功能专门化比较相似,制造业和一般服务业主导的特征显著,高端服务业比重较高,但其区位商与京津走廊差距显著,整体上京津走廊是显著的一般服务业和高端服务业主导的巨型城市区,其制造业专门化程度并不显著;在京津走廊和长三角之间,青岛–连云港走廊、烟台–威海地区、盐城–淮安地区功能专门化比较相似,都属于制造业和一般服务业专门化较明显的地区,但青岛–连云港走廊在高端服务业方面的发展水平要领先于其余两个地方;长三角和珠三角之间的浙东南地区

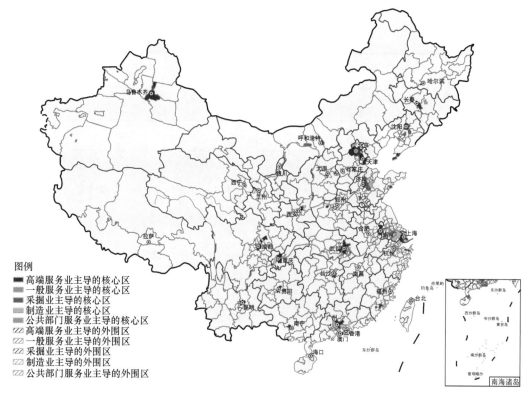

图例
■ 高端服务业主导的核心区
■ 一般服务业主导的核心区
■ 采掘业主导的核心区
■ 制造业主导的核心区
■ 公共部门服务业主导的核心区
▨ 高端服务业主导的外围区
▨ 一般服务业主导的外围区
▨ 采掘业主导的外围区
▨ 制造业主导的外围区
▨ 公共部门服务业主导的外围区

图 3.5　中国城市空间聚类和功能聚类的耦合分析

注:港澳台数据暂缺。

和粤东地区、闽东南地区也有较为相似的功能专门化特征，也属于制造业和一般服务业主导的类型，但闽东南地区的高端服务业专门化程度也高于浙东南地区和粤东地区。总体而言，闽东南-浙东南-粤东地区的制造业专门化要显著高于青岛-连云港走廊、盐城-淮安走廊、烟台-威海地区。

将核心-边缘空间结构、高端服务业-服务业-制造业-采掘业经济结构进行关联聚类分析，结果见图 3.5，可以看出，中国当前城市地区的核心-边缘连绵关系及深层次的功能专门化驱动力特点。其中引人注意的是，在核心区大类中：高端服务业主导的类型有 57 个，仅占总数（164 个）35% 左右，而采掘业主导的类型高达 28 个，制造业主导的类型 35 个，两者分别占总数的 17% 和 21%。其中制造业主导的地理单元主要位于长三角、珠三角、闽东南和山东半岛等东部沿海地区。

第四节　中国巨型城市区的特殊性

一、全球劳动地域分工作用下的特殊性

（一）东部发达地区多为制造业专门化导向

巨型城市区在高端服务业的就业规模和就业比重、制造业的就业规模和就业比重等方面存在巨大差异，如京津走廊制造业相对较低，但拥有规模巨大的高端服务业，且就业比重较大，而长三角、珠三角制造业就业比重超过 40%，远远高于京津走廊。从地区生产总值水平和构成来看，全国 26 个巨型城市区经济发展水平也存在较大差距，人均 GDP 最高的是长三角（2018 年为 136204 元/人），最低的是北部湾地区（仅为 56685 元/人），其次是石家庄-太原走廊（60435 元/人）、黔中地区（64637 元/人）、兰州-西宁走廊（65841 元/人），它们都远远落后于全国地级城市的平均水平（68802 元/人）。在产业结构方面，除了北部湾地区和大重庆地区、徐州-济宁走廊外，其余巨型城市的第一产业比重都小于全国地级城市平均水平（6.5%），地区第二产业比重均超过 5% 左右，京津走廊、珠三角、大乌鲁木齐地区低于 2.0%。第二产业比重方面，闽东南地区、大武汉地区、大长春地区等巨型城市区遥遥领先，超过 45% 的水平，京津走廊等最低，不足 30%，长三角、珠三角、京津走廊等沿海巨型城市区第二产业比重下降速度较快。第三产业最高的为京津走廊（71.5%）、大乌鲁木齐地区（68.6%）、呼和浩特-包头走廊（62.2%）和兰州-西宁走廊（62.8%）。

（二）东部发达地区多为外资驱动，其他地区多为内资驱动导向

从工业总产值外资（包括港澳台投资的工业企业）和内资的构成比例来看，外资

驱动的工业企业占工业比重超过 20% 的 25 个地级城市都位于沿海地区，最高的是珠海市，2018 年外资比重高达 42.2%，其次是上海市（41.7%）、东莞市（40.8%）、苏州市（39.0%）、惠州市、河源市、厦门市、大连市、深圳市、广州市、江门市、天津市、中山市、泉州市、青岛市、清远市、汕尾市、福州市、盐田区、威海市、北京市、海口市、南京市、肇庆市和漳州市。所有巨型城市区中，大大连地区、珠三角地区、闽东南地区、京津走廊、大青岛地区、长三角地区的港澳台和外商投资驱动非常明显，其比重均超过 22%，而剩下的巨型城市区比重不足 15%。

二、政府视角下的巨型城市区分化

在对政府在区域和经济发展角色的研究中，很多学者采用财政收入和财政支出等指标。本书也借鉴这些经验进行中国巨型城市区的政府角色分化分析，见图 3.6、图 3.7 和表 3.25。从 2018 年数据来看，京津走廊单位 GDP 的地方财政收入为最高，其次是大乌鲁木齐地区、长三角地区和大重庆地区等，东北的大哈尔滨地区、大长春地区等最低。从变化率来看，大重庆地区、大长春地区、徐州 – 济宁走廊地区在 2001~2018 年的财政效率提升最快，在三大成熟型巨型城市区中，长三角地区增长幅度较快，珠三角地区相对较缓慢。从财政风险指数（财政支出与财政收入的差额规模及该差额占财政收入的比重等指标）来看，2018 年财政风险指数（比重）最高的是大哈尔滨地区，其次是关中地区、大长春地区及成德绵地区，再次是滇中地区、北部湾地区、长株潭地区等；长三角地区财政负债率最低。总体来看，东部三大巨型城市区财政负债率都相对较低，而西部地区和东北地区负债率较高。

归纳起来，第一，巨型城市区的单位 GDP 财政收入要远远高于所有城市整体。2018 年巨型城市区的单位 GDP 财政收入为 970 元 / 万元，而地级城市为 935 元 / 万元，2001 年、2008 年、2016 年也都低于巨型城市区。第二，越成熟的巨型城市区，单位 GDP 的财政收入越高。三大成熟型巨型城市区 2018 年的单位财政收入高达 1129 元 / 万元，高于 970 元 / 万元的平均水平，而五大准巨型城市区为 863 元 / 万元，七大雏形巨型城市区为 813 元 / 万元，11 个潜在型巨型城市区为 749 元 / 万元。第三，东部地区的巨型城市区财政效率要远远高于其他地区，东北地区最低。其中，2018 年东部地区的巨型城市区单位 GDP 的财政收入高达 1042 元 / 万元，而东北地区仅仅为 808 元 / 万元，中部地区为 794 元 / 万元，西部地区为 783 元 / 万元。第四，巨型城市区的财政风险要低于城市整体，2018 年巨型城市区的财政负债率为 54.27%，而所有城市高达 77.41%。第五，发育水平越高的巨型城市区财政风险越低，越落后的巨型城市区财政风险越高，2018 年三大成熟型巨型城市区的财政负债率仅为 35.44%，远远低于巨型城市区的平均水平，而潜在型巨型城市区负债率水平高达 109.65%，高于全国总体城市负债率水平（77.41%）。第六，东部地区的巨型城市区负债率水平最低，远远低于中部地区、西部地区和东北地区，东北地区最高，负债率高达 133.10%。

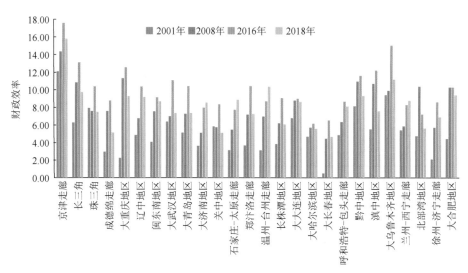

图 3.6 不同年份不同巨型城市区的财政效率变化比较

资料来源：中国城市统计年鉴。

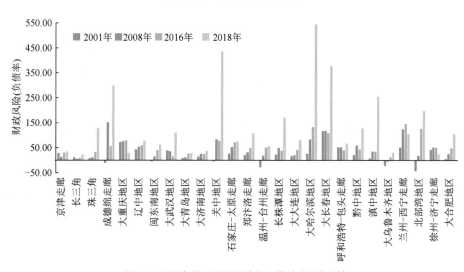

图 3.7 不同年份不同巨型城市区的财政风险比较

资料来源：中国城市统计年鉴。

表 3.25 典型年份不同层级巨型城市区财政效率和风险比较

巨型城市区		单位 GDP 的财政收入 /（元 / 万元）				负债率 /%			
		2001 年	2008 年	2016 年	2018 年	2001 年	2008 年	2016 年	2018 年
总体	地级城市	430	744	984	935	24.56	54.46	68.77	77.41
	所有巨型城市区	582	884	1128	970	15.87	25.15	33.83	54.57
不同类型	成熟型巨型城市区	771	1054	1324	1129	15.24	9.35	19.88	35.44
	准巨型城市区	406	791	1032	863	23.82	64.19	52.47	69.88
	雏形巨型城市区	391	619	897	813	9.61	34.24	44.40	70.52
	潜在型巨型城市区	425	748	894	749	17.20	46.12	62.42	109.65

巨型城市区		单位 GDP 的财政收入 /（元 / 万元）				负债率 /%			
		2001 年	2008 年	2016 年	2018 年	2001 年	2008 年	2016 年	2018 年
不同地区	东部地区	662	952	1220	1042	13.64	11.67	22.95	36.99
	中部地区	424	709	980	794	25.52	37.91	42.26	106.93
	西部地部	432	851	1003	783	11.04	74.84	66.20	105.67
	东北地区	423	655	826	808	33.91	58.23	76.49	133.10

资料来源：中国城市统计年鉴。

第五节 中国巨型城市区空间形态

联合国人类住区规划署发布的《世界城市状况报告》（2008/2009）指出巨型地区有三个基本形态：①巨型区，世界上最大的 40 个超级地区仅占地球面积的一小部分，拥有不到世界 18% 的人口，然而它们参与了全球 66% 的经济活动和大约 85% 的科技革新。②提升链接性，促进商务和房地产发展的城市走廊。③集城市、半城市和农村腹地为一体的城市地区。本书将中国当前 MCRs 的空间结构归并为如下四种：①以单个巨型城市为中心的区域；②城市集群的区域；③城市走廊型区域；④都市连绵区型区域。实际上，这四种不同类型的区域也分别对应了 MCRs 发育的不同阶段和不同的成熟程度。前两种类型是 MCRs 的雏形阶段，而后两种空间结构类型表示着 MCRs 在空间结构方面的相对成熟。对应上述四种类型的 MCRs 的空间结构，珠三角巨型城市区属于第四种类型，即都市连绵区型的区域，广州、深圳两大都市圈及佛山、东莞等都市区首尾相连而连绵成片；京津冀巨型城市区属于第三种类型向第四种类型发展的过渡类型，京津走廊型区域已经形成，然而两大都市圈之间还未能连绵成片，伴随廊坊的发展、北京与天津辐射作用的加强，京津冀巨型城市区的京津走廊型区域将首先成型，然后北京、天津周边的城市与之进一步融合，形成都市型的巨型城市区结构。而长三角巨型城市区也属于第四种类型，然而它是由上海 – 嘉兴 – 杭州区域和上海 – 苏锡常 – 镇江 – 南京两者构成，因此其结构相对更加复杂。并且，南京 – 杭州的走廊型区域也在加强中，因此长三角巨型城市区的空间结构将呈现网络状的结构形态。

如果说对应美国背景下的巨型城市区形态原型的话，就目前而言，几乎所有的中国巨型城市区都是在福特制积累模式下的类似芝加哥学派模式，即有非常明确的核心 – 边缘等空间和功能特征。当然北京和上海等地已经开始出现了一定的后福特制空间原型，如后郊区化等的表象等。

第四章　中国东部巨型城市区与巨型区

中国东部沿海是巨型城市区发育程度最高、转型发展最为明显的地区。珠三角地区（简称"珠三角"）、长三角地区（简称"长三角"）和京津走廊地区已经成为世界瞩目的巨型城市区，而且这三个巨型城市区分别代表着巨型城市区的三种基本空间范式，即紧凑集聚型、多中心网络型和走廊型，也见证了中国改革开放的几个关键阶段和空间策略更替。

在三大成熟型巨型城市区之间，还崛起了许多其他的巨型城市区。在珠三角和长三角之间有沿海岸线延伸的闽东南巨型城市区、浙东南温州 – 台州巨型城市区；在长三角和京津走廊之间沿海岸线延伸的大青岛巨型城市区；在京沪交通走廊上，还有以济南为中心的大济南巨型城市区等。大青岛巨型城市区和温州 – 台州巨型城市区代表着外向性、工业化驱动的发展模式，大济南地区则代表着依托省会城市的内向驱动、传统工业主导的发展模式，而人多地少的闽东南地区是混合模式，既有省会城市福州的带动，又有全球化程度高的厦门、民营经济发达的泉州的带动。除了上述有一定基础的巨型城市区外，在东部沿海地区还有其他多个潜力的巨型城市区，如烟台 – 威海走廊、汕头 – 潮州 – 揭阳地区乃至海口 – 湛江地区、盐城 – 淮安地区等。

第一节　京津走廊巨型城市区

从京津唐地区、环渤海湾地区、首都圈地区、大北京地区、京津冀都市圈、京津冀北地区到京津冀城市群、京津冀地区等不同时期概念的变化可以看出，以北京、天津等为核心的不同范围地区历来是学者和政策制定者的关注之地。如从巨型城市区高端服务业导向的功能性城市区等标准来看，这个地区的巨型城市区范围仅仅局限于北京 – 天津为中心的京津走廊及毗邻地区。

从当前京津冀协同发展战略、2022冬季奥林匹克运动会（简称冬奥会）、北京城市副中心建设、雄安新区建设等一系列巨型工程来看，未来几年京津巨型城市区很可能会发生快速变化。为此，除了重视当前本地区巨型城市区的阶段性特征和空间结构特征外，本书将研究区域范围进一步扩大。

　　京津巨型城市区以北京、天津、廊坊为核心,涉及北京、天津和河北三地。该地区是中国北方经济规模最大、最具活力的地区,越来越引起中国乃至整个世界的瞩目。2014年后,京津冀地区的发展进入一个全新时期,习近平总书记提出京津冀协同发展战略。针对当前京津冀和首都出现的各种区域病、城市病,以及远期的世界级城镇群打造和首善之区影响力的发挥,从国家层面陆陆续续出现"以水定人、以水定地、以水定产、以水定城""环首都国家公园建设""非首都核心功能疏解"等相关提议,北京、天津、河北也在各个方面展开协同发展的战略研究和具体行动。

　　与珠三角、长三角相比较,京津冀地区的发展有其规律的相似性,也有显著的特殊性,见表4.1和表4.2。①大区域背景的相似性:中国城市化进入到快速的发展阶段、中国巨大的农村剩余劳动力的跨地域转移规模、中国东部沿海地区在经济活动和人口增长方面的巨大集聚力及与中部地区和西部地区的巨大差异等对这些地区的深刻影响。②中心城市发展特征和阶段的相似性。无论是上海还是北京、广州,这些区域中心城市都在进行持续剧烈的结构调整,这些调整的动力既来自人口和经济规模巨大量变因素,又来自生产方式、资本累积模式转型因素;既受全球气候变化和经济危机后时代的重整因素影响,又受到国内政治、经济等战略的重新调整影响。③在上述两个相似性的框架作用下,三个地区发展中的城市化质量问题表现出相似性。虽然珠三角、京津冀、长三角在发展阶段、发展动力上有显著的差异,但在生态破坏、环境污染、农民工市民化及住房、交通、区域协调等方面有极其相似的城市和区域问题表现,其中,京津冀地区在很多方面的城市化质量中表现出更具有复杂性、紧迫性和挑战性的特征。④特殊性表现比较多样,就京津冀和长三角而言,最大的特殊性在于,京津冀的核心城市——北京是国家首都,在当前国家政治和经济的框架下,首都特性在很大程度上决定了北京和京津冀地区的城市发展和经济发展与上海和长三角的显著不同。这些不同包括市场和政府作用方面的差异、经济结构和经济推动力方面的差异。另外,与长三角、珠三角相比,水资源、生态环境等方面的资源禀赋,京津冀城镇群也具有较大的区域特殊性表现。

表4.1　三大巨型城市区城市化格局(2010年)

地区	土地面积 /km²	总人口 / 万人	城市化水平 /%	净流入人口 / 万人
京津冀北地区	152600	6649	63.42	1003.3
长三角	110115	10763	69.69	2255.9
珠三角	55036	5613	82.72	2587.5
京津走廊	34600	3691	79.25	1030.0

资料来源:第六次全国人口普查数据。

表 4.2　三大巨型城市区城市化进程比较（2000~2010 年）

地区	人口增长 / 万人	人口增长率 /%	净流入人口增长量 / 万人	净流入人口增长率 /%
京津冀北地区	1145.57	2.08	704.30	23.56
珠三角	1324.82	3.09	867.59	5.04
长三角	2019.87	2.31	1565.89	22.69
京津走廊	965.85	3.54	703.90	21.56

资料来源：第五次、第六次全国人口普查数据。

一、集聚经济下的京津双核极化

（一）人口的双核集聚增长

由于自然地理的差异化、社会政治经济的多元化，从不同的问题解决导向出发，京津冀地区又往往被分为京津冀北地区、京津走廊等不同的空间层次。但不管在哪个层次，北京和天津的双核集聚都是最主要的特征之一，见表 4.3。

表 4.3　京津冀不同区域人口规模和人口密度（2010 年）

项目	京津冀地区	京津冀北平原地区	京津走廊	张承地区	冀中南地区
人口规模 / 万人	1044	6480	3690	788	3078
人口密度 / （人 /km²）	480	770	1070	100	620

资料来源：第六次全国人口普查数据。

对更大尺度的京津冀地区进行人口增长的空间分析，其重要的结论是北京、天津人口的集聚程度迅速提高。1982~1990 年，在人口自然增长的驱动下，京津冀北地区总人口增长了 600 万左右，年均增长率为 1.72%，而北京、天津同期增长仅仅在 100 万人左右，低于保定市，和唐山市接近。1990~2000 年，北京人口增长开始提速。京津冀北地区总人口增长仅仅为 400 万左右，年均增长率不足 1%，承德市和廊坊市乃至张家口市出现人口负增长，此时，北京总人口 10 年间增长了近 300 万，年均增长率从 2.15% 提升到 2.54%。2000 年以来，由于北京奥运会、滨海新区等的带动，京津冀北地区的发展也进入城市化的快速发展阶段。京津冀北地区 10 年间，总人口增长了 1145 万，净流入人口增长 704 万，其年均增长率分别高达 2.1% 和 2.4%，见表 4.4。与长三角和珠三角相比，京津冀地区的城市化在规模增长上并不是最快，包括常住人口增长、流动人口增长规模方面，但在增长率方面，京津冀北地区外来人口增长加快，明显高于长三角、珠三角。其中京津走廊城市化速度更快，人口年增长率超过 3.5%。

表 4.4 京津冀北地区人口规模增长变化情况（20世纪80年代以来）

	人口规模 / 万人				年均增长率 /%		
	1982 年	1990 年	2000 年	2010 年	1982~1990 年	1990~2000 年	2000~2010 年
唐山市	589.2	659.1	704.1	757.7	1.48	0.68	0.76
秦皇岛市	218.6	246.9	275.4	298.8	1.62	1.15	0.85
保定市	834.1	960.8	1047.1	1119.4	1.90	0.90	0.69
张家口市	391.2	419.2	419.1	434.5	0.89	−0.00	0.37
承德市	309.8	337.0	244.0	245.0	1.10	−2.76	0.04
廊坊市	284.0	338.7	311.8	349.1	2.41	−0.79	1.20
天津市	776.4	878.5	984.9	1293.9	1.64	1.21	3.14
北京市	923.1	1081.9	1356.9	1961.2	2.15	2.54	4.45
合计	4326.4	4922.1	5343.3	6459.6	1.72	0.86	2.09

资料来源：第三次至第六次全国人口普查数据。

（二）GDP 的双核集聚增长

20 世纪 90 年代以来，京津冀北地区和京津走廊也经历了快速的经济增长。从统计数据来看，核心城市和核心走廊地区的经济发展速度更快。1995~2016 年，按照当年价比较，京津冀北地区的地区生产总值增长率为 71.1%，而京津走廊为 84.0%，北京和天津分别为 82.9% 和 87.8%，其他城市增长率最高的是承德，仅仅为 65%。从不同城市和地区占京津冀北地区 GDP 的比重，也可以看出这一集聚的特性和过程。

二、首都主导下的功能性城市区域发展

传统上，京津冀地区各个城市发挥了各自不同的比较优势：天津作为港口和经济中心，北京作为政治和文化中心，河北作为畿辅地区的文化、政治、畜牧农业中心。而在新经济和全球化时代，传统的区域协作机制和基础被逐步打破，京津冀地区的区域碎片化日益严重。总体来讲，京津冀地区在经济发展过程中，国有企业相对主导，2018年无论从工业总产值还是从主营业收入和从业人员比重来看都要远远超过江浙沪地区和广东省，其中北京国有企业比重更高。从发展变化来看，国有企业的比重在下降，私有企业和外商投资企业在上升，河北尤为突出，见表 4.5 和表 4.6。

表 4.5 三大地区经济发展动力的比较（2018 年）

项目	从业人员规模 / 万人			占所有从业人员比重 /%		
	京津冀地区	江浙沪地区	广东省	京津冀地区	江浙沪地区	广东省
国有企业	14.3	5.3	5.9	2.0	0.2	0.3
私营企业	362.9	1732.4	851.4	52.0	62.1	45.9
港澳台和外商投资企业	98.0	600.4	615.1	14.0	21.5	33.1

资料来源：中国城市统计年鉴。

表 4.6　京津冀经济发展动力的比较（2018 年）

项目	从业规模 / 万人			占所有从业人员比重 /%		
	北京	天津	河北	北京	天津	河北
国有企业	2.8	2.4	9.1	2.50	1.86	1.99
私营企业	28.0	44.6	290.4	25.15	34.69	63.40
港澳台和外商投资企业	29.0	37.0	32.0	26.08	28.77	6.98

资料来源：中国城市统计年鉴。

三、高端服务业－制造业发展

北京正处在后工业化和后福特制化功能转型期。在知识、信息、人力资本、政策等方面的绝对优势下，北京首都功能相关的科研创新、总部经济、央企首都经济快速发展。北京作为国家首都，全球化中的文化、政治地位较明显，但 FDI 经济作用相对于上海、天津等较弱。作为高端人才和产业集中的首都城市，北京的功能与大区域的关系是等级扩散和联系，而不仅仅是近域扩散和联系，与纽约和伦敦等世界城市的文化和政治交往、高端国际会议集中，与上海、广州等直辖市或者省会城市互动作用比较明显，但向周边省市的近域扩散和联系较弱，并且交通、设施、资源、人力、政策等优质资源还不断向北京集中。

天津在制造业主导下的生产者服务业发展缓慢。在两城两港带动下，投资密集型的临港工业成为城市发展的主要方向，相较而言，天津的生产者服务业相对落后且发展缓慢，不仅科研文化地位在相对下降，交通地位也相对下降。

初级要素驱动的河北功能转型之路艰巨。河北在科技、人力资本、市场和产业基础方面极大落后，初级要素驱动的能源产业、资源型产业的主导地位（唐山、邯郸、石家庄）明显。另外，全球化程度和进程缓慢，受北京的影响较弱，与天津的产业分工也相对较弱，见图 4.1~ 图 4.5。

四、流动空间和流动性

（一）外来流动人口

2010 年，京津两市市辖区总人口高达 2696 万，净流入人口为 892 万，城镇人口为 2430 万，分别占京津冀北地区的 44.1%、59.3% 和 82.9%，京津冀北地区的第 3、4 大城市为唐山市、保定市，其市辖区常住人口、城镇人口和净流入人口的合计仅仅为京津两市的 16.0%、13.0% 和 2.5%。长三角中上海和南京两个最大城市市辖区的常住人口、城镇人口和外来净流入人口合计占区域的 26.9%、26.6% 和 30.0%，第 3、4 大城市（杭州和苏州）的常住人口、城镇人口和外来净流入人口与沪宁两市

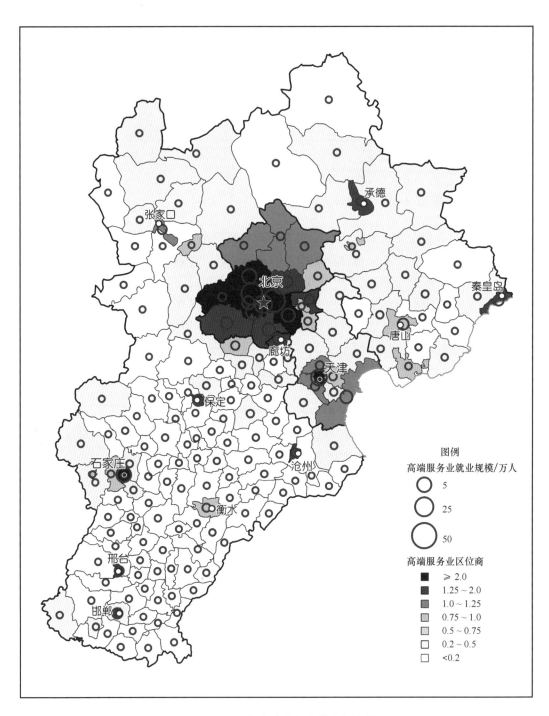

图 4.1　2010 年高端服务业的空间格局

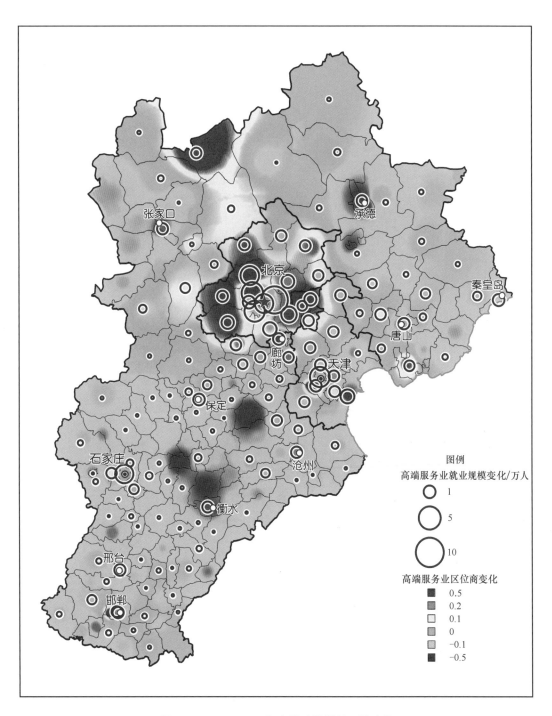

图 4.2　2000~2010 年高端功能增长区域比较

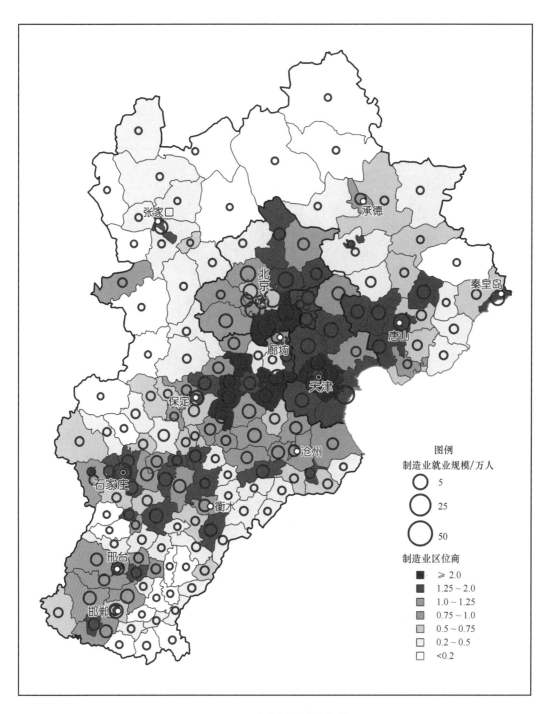

图例

制造业就业规模/万人

○ 5

○ 25

○ 50

制造业区位商

■ ≥ 2.0

■ 1.25 ~ 2.0

■ 1.0 ~ 1.25

■ 0.75 ~ 1.0

■ 0.5 ~ 0.75

□ 0.2 ~ 0.5

□ <0.2

图 4.3　2010 年制造业的空间格局

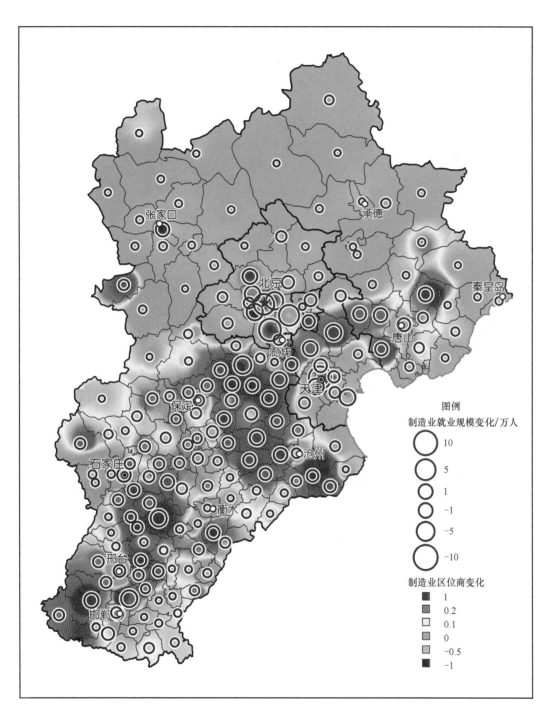

图 4.4　2000~2010 年制造业增长区域比较

资料来源：第五次、第六次全国分县（市、区）人口普查数据。

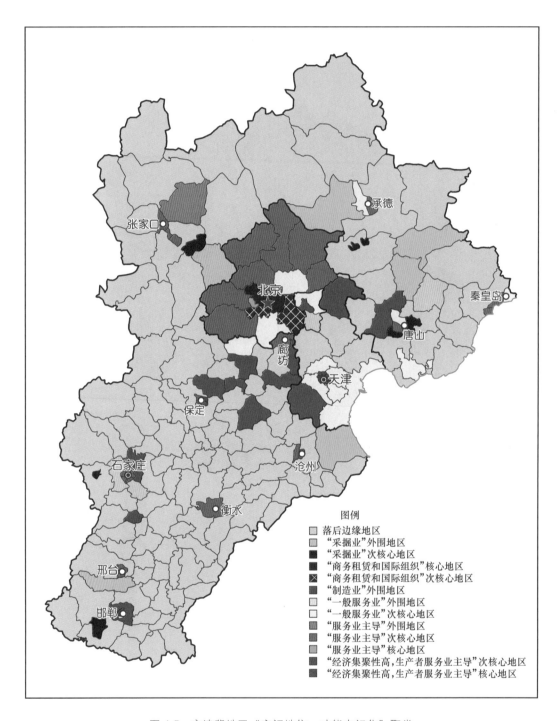

图 4.5　京津冀地区"空间地位－功能专门化"聚类

之比高达 26.4%、33.9% 和 44.0%，远远高于唐山和保定的比值。珠三角最大两个城市，广州和深圳的市辖区常住人口、城镇人口和外来净流入人口合计分别占区域的 50.5%、48.2% 和 64.2%，与京津类似，但第 3、4 位城市，东莞和中山的常住人口、城镇人口和外来净流入人口的合计与广、深两个城市之比分别高达 40.0%、44.7% 和 48.1%。

这三个城市地区都具有世界级的全球城市区域影响力，但珠三角和长三角是两个非常成熟的巨型地区，而京津冀地区相对而言处于走廊城市发展的阶段，即使如此，北京和天津之间的发展仍然有明显的低谷地带，包括廊坊和武清一带等。其中，从更大范围来看，2010 年，整个京津冀地区的城市化水平高达 59.64%，京津冀北地区为 63.42%，其中京津廊地区为 79.25%。京津冀北地区的外来流动人口占常住人口比重为 15.09%，京津廊地区更是高达 27.92%。与珠三角、长三角等地区相比，外来净流入人口（常住人口与户籍人口之差）京津冀地区最少，仅仅为其他两地的一半。长三角和珠三角人口密度（基本上为 1000 人 /km^2 左右）、城市化水平，也远远高于京津冀北地区。从这个角度看，未来京津冀北地区外来净流入人口的增长可能还将持续一段时间，并很有可能未来面临更多的人口增长的压力。2000~2010 年京津走廊地区总人口净增长 965.6 万人，其中外来净流入人口（常住人口与户籍人口之差）增长 702.5 万，占增长量的 72.8%，户籍人口仅仅增长 263 万人。其中，同期北京外来净流入人口增长占总人口增长的 76.7%，天津占 78.4%；廊坊比较特殊，2000~2010 年外来净流入人口不增反降，期间减少 2.6 万人。从北京范围来看，外来暂住人口主要集中在中心城六区的外围集团（海淀、朝阳、丰台、石景山外来人口占整个北京市外来人口的 53.8%）及近郊新城（通州、顺义、昌平和大兴外来人口占北京的 31.3%），而远郊区和生态涵养区（怀柔、平谷、密云、延庆、门头沟和房山总共占 7.1%）及内城区（东城、西城总共占 7.8%）外来人口相对较少。外来人口成为影响区县城市建设、城市经济、城市社会、城市生态环境的重要因素。

（二）资金流和国际贸易

核心地区和沿海城市 FDI 快速增长。2018 年京津冀北地区 FDI 规模高达 283 亿美元，接近 2008 年（160 亿美元）的 2 倍。京津走廊则由 2008 年的 140 亿美元迅速上升到 230 亿美元，相对而言北京 FDI 规模增长更快，由 61 亿美元上升到 2018 年的 173 亿美元，全球资本的集聚趋势极为显著。相较而言，天津的 FDI 急剧下降，从 2008 年的 74 亿美元下降到 2018 年的 49 亿美元。河北的城市 FDI 规模较小（2018 年为 97 亿美元），但增长率较高（2008 年仅为 34 亿美元）。

受全球经济的影响，京津冀北地区出口额相对放缓。2005~2008 年，出口额年均增长率为 4.39%，2008~2013 年降到 2.64%，与此同时，受出口的影响，京津冀北地区的进出口总额从 18.8% 降低到 11.3%。京津冀地区进口速度虽然也有所放缓，但增长率要显著高于出口情况。京津冀北地区 2008~2013 年的进口额年均增长率超过 15%。

远远高于 2.64% 的出口增长率。从进出口总额占地区生产总值的比值来看，2005~2013 年虽中间有波动，但总体而言京津冀北地区的进出口总额占 GDP 的比重有所下降，其中天津和秦皇岛两个沿海城市下降最为明显，但相反，北京的比重在上升，其比值系数从 2005 年的 127.6 上升到 2013 年的 154。核心城市和地区的进出口贸易开始从出口主导转向进口主导。从京津冀北地区和京津走廊来看，2005 年以后，进口总额占进出口总额的比重开始超过 65%，而且这个比重在持续上升，到 2013 年已经接近 70%。其中核心城市北京和天津的进口总额比重增长更快。2005~2013 年，北京持续增长了近 10 个百分点。

为了推进国际贸易和进出口，区域间在不断搭建各种流动平台，如自贸通和进口商品直营中心等。借助中国（天津）自由贸易试验区的政策红利，京津冀地区形成了一些进口商品直营中心，如丰台区等东疆进口商品直营中心等。截至 2016 年，东疆保税港区已累计批复设立直营中心 20 余家。近期东疆还继续在天津津南、汉沽、生态城、蓟州区、河北省石家庄、唐山、承德等地陆续开设进口商品直营中心，促进进口发展。

（三）机场和高铁成为区域发展的重要流动空间

2017 年京津冀北地区主要民用航空通航机场城市有北京、天津、唐山等。2017 年这几个城市的机场航空客运量为 1.33 亿人次，2000 年为 988.2 万人次，2008 年为 4030 万人次。其中，北京 2017 年为 1.02 亿人次（2000 年为 929 万人次，2008 年为 3763 万人次），天津机场增长比较迅速，2017 年突破 2100 万人。目前北京大兴国际机场投入运营，该机场会对区域格局和巨型城市区的发展起巨大推动作用。

与机场一样，高铁建设也成为京津冀北地区的重要流动平台。高铁的发展促进了区域经济的增长，土地价值的改变和面对面交流强化带来一系列创意和创新活动的发生。2000 年京津冀北地区的铁路客运量为 8736.4 万人次，到 2014 年则进一步上升到 20208 万人次。天津也增长了 350 万人次左右。同时，2000 年北京、天津和廊坊三个城市占京津冀北地区的比重为 71%，到 2008 年上升到 77%，2014 年又进一步上升到 81%，其中，2000 年、2008 年、2014 年北京的比重分别为 51%、60.6%、62.4%，见表 4.7。

表 4.7　主要年份京津冀地区铁路客运量变化　　　　　　（单位：万次）

地区	2000 年	2008 年	2014 年	2000~2008 年均增长量	2008~2014 年均增长量
京津冀北地区	8736.4	12603.8	20208	483	1267
京津走廊	6206.2	9708.8	16413	438	1117
非京津走廊	2530.2	2895	3795	46	150
北京市	4458.4	7644.2	12609	398	827
天津市	1594	1907	3687	39	297

资料来源：中国城市统计年鉴。

（四）创新要素流动

创新要素流方面，2007~2017 年，京企在津冀两地累计设立子公司 17907 家，其中在天津设立的子公司为 8803 家，在河北设立的子公司为 9104 家。当然，北京对津冀创新辐射仍然存在许多制约。从技术合同成交额看，2013~2016 年北京流向京外的技术合同成交额占输出技术合同成交总额的比重基本保持在 50% 以上。其中，流向长江经济带各省区市的技术合同成交额为 983.6 亿元，占北京流向外省市的 49.2%。流向津冀的技术合同成交额占流向京外的技术合同成交额的比重从 2014 年的 4.8% 上升到 2016 年的 7.7%。相比而言，流向津冀的技术合同成交额虽有所提高但比重仍然偏低。

五、投资、创新和可持续性

（一）从投资驱动到创新驱动

总体来说，京津冀地区的投资驱动仍具有重要地位。从固定资产投资占 GDP 比重来看，2000 年后出现了两次高峰值。一次是 2001~2004 年的奥运会前夕北京固定资产投资陡增引发的区域性高峰，另一次是 2008 年全球经济危机导致的基础设施等投资刺激计划引发的高峰，2011 年供给侧结构性改革后又进入到恢复上升的时期。北京方面，起初其投资驱动非常显著。1996 年前，投资占 GDP 的比重显著高于京津冀地区，2001 年后又显著高于京津冀地区，之后北京的投资驱动导向远远落后于区域水平，固定资产投资占 GDP 的比重在整体下滑（图 4.6）。从外商直接投资占 GDP 的比重可以看出，整体上京津冀北地区 FDI 的作用还是很明显，尤其在沿海地区的天津、唐山和秦皇岛，都出现整体上升的趋势，北京、廊坊和保定则出现下降态势，见表 4.8。

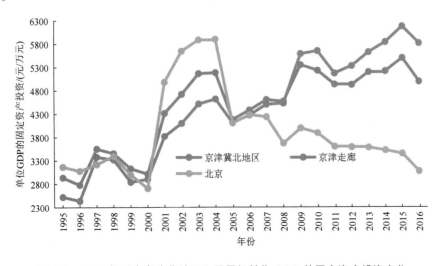

图 4.6 1995 年以来京津冀地区不同层级单位 GDP 的固定资产投资变化

资料来源：中国城市统计年鉴。

表 4.8 京津冀地区不同城市单位 GDP 的外商直接投资投入变化比较（单位：美元 / 万元）

地区	1995 年	2000 年	2005 年	2010 年	2011 年	2012 年	2013 年	2014 年	2015 年	2016 年
京津冀北地区	5.2	5.6	3.5	3.9	3.8	3.9	4.0	4.1	4.6	5.4
北京	5.4	6.9	3.6	3.2	3.0	3.1	3.1	3.0	4.0	3.6
天津	11.6	10.9	6.3	8.2	8.1	8.2	8.2	8.4	8.9	12.1
唐山	1.1	1.7	1.7	1.4	1.4	1.5	1.5	1.6	1.4	1.6
秦皇岛	4.0	3.7	3.4	3.7	3.9	3.9	4.4	4.7	4.8	4.7
保定	2.6	1.8	0.8	1.6	1.3	1.4	1.5	1.4	1.0	1.4
廊坊	5.6	6.5	5.1	3.9	3.6	3.7	3.3	3.7	3.9	3.9

资料来源：中国城市统计年鉴。

京津冀地区创新驱动在不断强化。每百万元 GDP 科学基础财政支出在逐年上升。在京津冀协同发展战略推动下，北京加快建设科技创新中心、天津建设全国先进制造研发基地、河北建设产业转型升级试验区，加速推动形成了京津冀协同创新共同体，京津冀地区在引领全国、辐射周边创新发展方面的示范意义和带动作用不断彰显。其中，国家级开发区和高新区及中关村国家自主创新示范区等平台角色显著，京津冀国家级开发区不断尝试共建跨区域合作园区或合作联盟，中关村在天津和河北建设科技成果转化基地也在加速发展。当然，京津冀地区的创新资源和创新成果目前仍然高度集中在北京，津冀两地创新要素集聚度相对偏低。从创新要素集聚水平看，2011~2016年北京研发经费投入强度基本保持在 5.9% 左右，处于全国领先水平。2016 年北京研发经费内部支出高达 1484.56 亿元，是天津的 2.8 倍、河北的 4 倍，且经费投入主体为政府（占 54.06%）。2016 年北京拥有研究与试验发展人员超过 37 万人，占全国的比重为 6.4%，约是津冀的 2 倍，高校、科研机构等创新组织数量居全国前列。从创新需求支撑水平看，2017 年北京人均 GDP 为 12.9 万元，是河北的 2.8 倍；现代服务业增加值占地区 GDP 的比重达到 60.55%，远高于津冀。经济发展水平对创新活动和创新需求的支撑能力优于津冀。政策扶持方面，北京正在加快构建以"三城一区"为核心依托的全面创新改革政策扶持体系，天津侧重于以高技术产业为主线，重视人才引进和科技型企业发展，河北侧重于农业创新。

（二）资本累积模式处于分化状态

从资本循环积累[①]的角度和京津冀地区房地产开发总额的比重来看，京津冀北地

① 哈维于 1982 年指出，城市发展是在资本循环依次转化中发展起来的。第一阶段和第二阶段循环，资本为加速周转，不断强化基础设施建设以压缩循环的时间，缩小循环的空间。哈维将工业制造业生产领域中产业资本的循环称为资本的初始循环（primary circuit）。而资本主义为了转移内在的过度积累危机，促使资本转向利润率更高的"第二循环"，即将资本投资转向包括城市建筑环境在内的固定资产投资，如城市基础设施与房地产开发领域，就是所谓的"空间生产"。资本"第三循环"即服务于劳动力再生产和提高劳动力质量的科技、教育、健康、军事等领域。资本第三循环涉及城市化方方面面，包括城市的科技、教育等。资本的第三循环指科研和技术以及各种社会消费，主要用于劳动力再生产过程的各项社会开支，其中包含根据资本的需要和标准而直接用于改善劳动力素质的投入：一是通过教育和卫生投入，增强劳动者的工作能力；二是通过意识形态方式，强化文化软实力的投入；三是通过警察、军队等手段镇压劳工力量的投入。

区、京津走廊都在逐年下降，反映了二次循环的逐步式微。但不难看出，北京的比重仍然很高，远远超过京津冀的平均水平，比重仍然维系在 50% 以上，天津、秦皇岛、保定等则都维系在 30% 以下，反映了资本累积基本上是在基础设施建设或者工业园区建设等方面，保定和秦皇岛二次积累增强的态势较为明显。

（三）财政效率和风险

京津冀地区单位 GDP 的财政收入非常不均衡，北京遥遥领先于其他城市。2016年北京市万元 GDP 的地方财政收入为 1930 元，其次是天津和廊坊，分别为 1523 元和 1252 元。京津走廊整体为 1760 元，远远高于 1504 元的京津冀北地区，其他非京津走廊的地区则仅仅为 664 元，区域中最低的是唐山市、承德市和保定市，分别为 559元、571 元和 691 元。2000 年以来，京津冀北地区的万元 GDP 财政收入提高了 600 多元，其中京津走廊提高了近 700 元，廊坊提高了 900 多元，北京和天津也分别提高了近 600 元和 700 多元。天津在 2011 年后超过了京津冀北地区的平均水平。

在土地财政的推动下，财政支出透支非常盛行。2008 年以来，为了应对全球经济危机的地方举措再次推动了财政赤字率的提升。京津冀地区，总体上的财政赤字水平维系在 60% 以下，但 2011 年以来，再次抬升，城市间的财政赤字和风险水平也在高度分化（图 4.7）。经济发展水平较低的张家口市、承德市和保定市财政赤字水平居高不下，财政赤字水平超过 150%；天津市和北京市最低，与上述万元 GDP 财政收入形成了鲜明反差。2000 年以来，京津冀北地区基本上经历了三轮财政赤字高峰。第一次是 2002~2004 年，以外围地区最为显著，包括张家口、承德等；第二轮在 2008~2010 年，几乎所有城市和地区都经历了一个显著的波峰，但不如第一轮高涨；第三轮在 2013 年

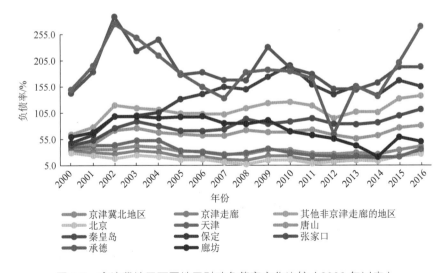

图 4.7　京津冀地区不同地区财政负债率变化比较（2000 年以来）

资料来源：中国城市统计年鉴。

后，并不是所有城市和地区都有财政赤字上升的过程，如保定等，这一轮上涨的程度非常高。

六、京津冀协同背景下巨型城市区多尺度分析

（一）京津走廊尺度

京津走廊是影响甚至决定北京市未来发展模式转型的重要地区。京津走廊土地面积 34600km^2，2010 年常住人口近 3700 万，比 2000 年增长了近 1000 万，人口密度 1066 人 /km^2。

1. 整个走廊地区人口增长加速

2005 年以来，由于奥运会、滨海新区开发及区域交通基础设施建设和区域整合进程的深化，走廊地区人口增长迅速加快，整个地区增长率超过 3%。北京、天津两市人口增长加速，廊坊相对放缓。北京人口增长显著加快，人口年增长率在 3.5% 以上，人口规模年均增长超过 80 万人，表现为整个地区"京津"二元极化的趋势，见表 4.9 和表 4.10。

表 4.9　京津走廊不同地区人口总量变化　　　　　　（单位：万人）

地区	1982 年	1990 年	2000 年	2005 年	2010 年	2015 年
北京市	923	1082	1357	1538	1961	2171
天津市	776	879	985	1043	1294	1547
廊坊市	284	339	383	396	436	462
京津走廊	1983	2299	2725	2977	3691	4180

资料来源：第三次至第六次全国分县（市、区）人口普查数据，2005 年、2015 年 1% 人口抽样调查。

表 4.10　京津走廊地区不同城市净流入人口变化（2000~2015 年）

地区	2000 年净流入人口 / 万人	2010 年净流入人口 / 万人	2015 年净流入人口 / 万人	2000~2010 年增长率 /%	2010~2015 年增长率 /%
北京市	240	703	825	19.28	3.47
天津市	−67	309	520	36.26	13.66
廊坊市	−20	−17	−4	−1.33	−24.47
京津走廊	−327	1029	−1342	21.52	6.08

资料来源：第四次至第六次全国分县（市、区）人口普查数据，2015 年 1% 人口抽样调查。

2. 京津走廊的人口集聚集中地由核心区转为近郊区

京津走廊核心区在经历 1982~2000 年显著的人口快速增长后，2000 年以来其比例由 45.26% 下降到 43.40%，次核心区的人口比重显著上涨；外围区则相反，在经历了 1982~2000 年的比重显著下降后，2001~2010 年由 46.71% 上升到 50.25%，其中近

郊外围区 2010 年已经高达 30.87%，但远郊外围区人口比重仍然下降，2010 年降至 19.38%；边缘区人口比重则显著下降，而且下降的速度越来越快。京津走廊人口增长在经历 2000 年之前的人口显著集聚增长后，2000 年以后，特别是 2006~2010 年人口增长开始进入近郊集聚主导的阶段。归纳起来，整个京津走廊仍以集聚为主，远郊区和边缘区扩散现象不显著。这将给中心城区交通、住房、生态环境、设施提供、历史文化保护等各方面带来更大的挑战，见表 4.11 和表 4.12。

表 4.11　京津走廊"核心－外围－边缘"空间划分及其特征

区域	所含区县
核心区	内城区：东城区、西城区；和平区、河东区、河西区、南开区、河北区、红桥区 次核心区：朝阳区、丰台区、石景山区、海淀区
外围区	近外围区：门头沟区、房山区、通州区、顺义区、昌平区、大兴区；滨海新区、东丽区、西青区、津南区、北辰区 远外围区：武清区、宁河区、静海区、宝坻区；廊坊市
边缘区	平谷区、怀柔区、密云区、延庆区；蓟州区

表 4.12　不同时段不同空间类型人口总量年增长率　　　　（单位：%）

区域	1982~1990 年	1990~2000 年	2000~2005 年	2005~2010 年
内城区	0.933	−0.094	0.149	1.722
次核心区	5.058	6.015	3.416	5.545
核心区	2.323	2.346	1.841	3.845
近外围区	1.563	2.242	3.233	10.106
远外围区	1.984	1.115	0.749	2.307
外围区	1.775	1.666	2.024	6.529
边缘区	1.580	0.470	0.785	0.643
京津走廊	1.990	1.853	1.842	4.864

资料来源：第三次至第六次全国分县（市、区）人口普查数据；2005 年 1% 人口抽样调查。

3. 人口密度仍相对低于世界同类型城市地区

总体来看，人口密度较高的地区集中于京津走廊，人口密度与经济发展水平、地形地貌等高度相关。就每一都市区而言，人口密度呈现显著的同心圆结构模式。北京湾地区（北京平原区区县和环北京市廊坊市区县）的人口密度远远低于世界上几个著名的全球城市地区。北京湾地区人口密度小于纽约都市区、远远低于大东京都地区、长江三角洲的上海－苏州地区、珠江三角洲的港广走廊地区；与人口逐年显著增加的发展中国家的巴西圣保罗都市区、印度孟买都市区相比，北京湾地区人口密度明显偏低。在中心城区层面，北京郊区人口密度远远低于中心城区，同时也明显低于其他同类型城市，这反映了当前北京的功能在中心城区高度集中的特性。与上海相比，北京中心城区的人口密度和上海市中心城区的人口密度相当，北京原城八区的人口密度和上海中心城区（黄浦、卢湾、徐汇、长宁、静安、普陀、闸北、虹口、杨浦 9 区及浦东、闵行与宝山）的人口密度相当。北京原城八区人口密度为 8552 人 /km²，而上海中心城区为 8742 人 /km²，英国大伦敦地区人口密度 7000 人 /km²；而外围郊区县中上海的金山、松江、青浦、南汇、奉贤 5 区的人口密度为 1357 人 /km²，通州、顺义、昌平、大兴 4 个郊区的人口密度仅为 830 人 /km²。北京平原区 6600km² 左右，其人口密度 2000 年为 1814 人 /km²，2005 年为 2075 人 /km²；上海 6340km² 的行政辖区内，2000 年人口密度为 2537 人 /km²，2005 年则增至 2804 人 /km²。同时远远低于印度孟买都市区 4355km² 范围内 4078 人 /km² 的人口密度，见表 4.13。

表 4.13　北京市与世界主要城市中心城区人口密度比较分析

地区	人口 / 万	人口密度 / （人 / km²）	年份
东京（33 个选区）	814	13200	2002
纽约（除 Staten Island 外）	756	11100	2000
伦敦（内伦敦和 6 个外围选区）	410	7000	2001
巴黎（巴黎市和外围 3 个县）	616	8100	1999
柏林（12 个选区）	340	3900	2004
北京（原城八区）	1172	8552	2000

4. 京津复合功能性走廊形成

伴随着城市化过程和首都功能的健康发挥，北京和腹地的相互依赖程度进一步强化。北京腹地区域可划分为若干层次，如首都经济圈、环渤海地区、京津冀地区、京津冀北地区（或大北京地区）、京津走廊地区等。其中，京津走廊地区是影响甚至是决定北京市未来发展模式转型的重要地区。一方面，该走廊既拥有北京、天津两大具有国际影响力的特大城市，又有迅速崛起的廊坊市；既有中关村科技园区、北京经济开发区、天津滨海新区等关键增长极，又有诸多省市级开发区和功能园区；既有北京首都机场、天津港等国际交通运输枢纽，又有许多国家交通基础设施汇集于此。另一方面，该走廊的天津滨海新区、中关村国家创新基地、奥运会和高速交通设施建设、北京大兴国际机场、京津冀协同发展进一步推进了该地区的国际化进程和区域整合进程。

1）由高新技术产业和高级服务业产业构成的京津复合经济走廊基本形成

就高新技术产业走廊方面，形成了中关村软件园和科技创新基地、亦庄国家级开发区、廊坊开发区、武清开发区、天津滨海新区的功能格局和空间格局。其中，高级服务业走廊方面，则形成了北京中关村风险投资和研发、西城区金融街、朝阳中央商务区、廊坊香河与开发区的会展旅游、天津主城区 CBD、天津滨海地区的物流中心（海港与航空港）走廊。围绕该主导产业复合走廊两侧，逐步开始形成一些辅助性的产业走廊和功能集聚区，并在大区域格局上向多中心和网络格局演化。

从京津走廊在全国的区位商来看，科学研究技术服务和地质勘查业（区位商为

3.3）、信息传输、计算机服务和软件业（3.2）、租赁和商务服务业（2.9）、文化体育和娱乐业（2.3）、住宿和餐饮业（2.0）等专门化程度尤为突出，房地产业、交通运输仓储和邮政业、批发和零售业、金融业、水利环境和公共设施管理业的区位商也远高于1.0，高等级服务业在全国有重要地位。其中，北京在知识密集型（如信息传输、计算机服务和软件业、科学研究技术服务和地质勘查业等）、生产者服务业（租赁和商务服务业、交通运输业等）及文化创意（文化体育和娱乐业等）等高等级服务业上突出，天津则主要在生产者服务业领域比较有优势，而廊坊除了在政府公共服务领域有优势外，在房地产、科研、租赁和商务服务业（会展业等）等领域由于北京相关服务业的外溢性而具有较强的专门化。

2）京津走廊制造业和高新技术产业在东部地区其重要性不突出

京津走廊制造业就业比重不足20%，而沪宁走廊制造业就业比重超过41%，是京津走廊的2倍多，沪杭甬走廊就业比重也超过40%；珠江两岸地区制造业就业规模高达1536万人，就业比重近55%。从内部不同行业种类来看，与沪宁走廊和珠江两岸地区比较，京津走廊在农副产品加工、饮料、烟草等部门中有优势，在石油化工、医药、金属冶炼和设备制造、交通运输制造业等方面也比较突出。京津走廊知识密集型的通信计算机电子设备制造行业的专门化程度远远落后于沪宁走廊和广深走廊，纺织、服装等劳动力密集型部门也都落后于沪宁走廊和广深走廊。

与高等级服务业相比，京津走廊制造业等相对优势并不显著，其就业区位商仅为0.68，从其内部构成来看，就业区位商大于1.5的部门只有印刷业和记录媒介的复制业（2.3）、医药制造业（1.87）、交通运输设备制造业（1.76）、石油加工炼焦及核燃料加工业（1.74）、专用设备制造业（1.56），基本上都属于资本密集型的行业，通信设备计算机及其他电子设备制造业仅仅位居全国平均水平，其区位商为1.07。其中，廊坊初级要素驱动的行业部门较有优势，如食品制造业、木材和家具加工业、印刷业、金属冶炼和制品等，天津在石油加工、化学原料、医药制造及其他装备制造业领域更有优势，北京则在高新技术产业、装备制造业等较有优势，见图4.8。

3）京津走廊专门化更加倾向服务业部门

与长三角、珠三角相类似地区比较，京津复合经济走廊地区在全国的专业分工中更加倾向服务业。2010年，京津走廊高端服务业就业规模高达256万人，占所有就业人员的比重超过14%，而沪宁走廊就业规模为293万人，所占就业比重为9%，沪杭甬走廊高端服务业就业为272万人，就业比重为9%；珠江两岸地区高端服务业就业规模高达194万人，所占就业比重为7%。

（二）北京都市区尺度的高端服务业和多中心结构

在快速城市化进程中，中国东部发达地区的城市发展开始出现了更为复杂的趋势，全球化和地方化作用交织、城市化和郊区化过程交织、市场作用和政府干预交织。在此背景下，北京、上海、广州等城市中传统的以"大生产、大消费"为特征的福特制模式

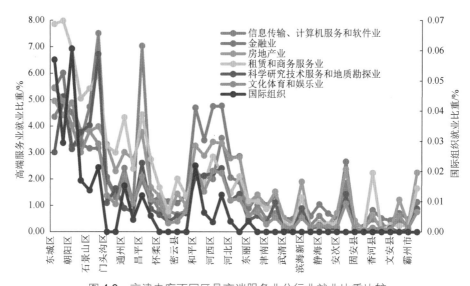

图 4.8　京津走廊不同区县高端服务业分行业就业比重比较

注：密云县 2015 年改设为密云区。
资料来源：第六次全国分县（市、区）人口普查数据。

逐步调整，灵活柔性为特制模式逐步转向，不同功能在空间上的集聚和扩散作用促进了这些大城市和地区的空间重构，促进了就业中心和次中心的发展和变迁。2000 年以来，这些城市的多中心规划布局都成为重要举措，奥运会、世博会、亚运会等巨型项目，机场、轨道交通、高铁等交通基础设施枢纽，以及国家级新区、示范园区、大学城等功能区规划布局有力地推进了规划的实施及城市空间走向多中心结构的进程。

长期以来，北京城市发展蔓延明显，带来了日趋严重的交通、住房、生态等问题。《北京城市总体规划（2004—2020 年）》提出了走出同心圆、两轴 - 两带 - 多中心的空间战略。其后，在市场机制及多层级政府要素的推动下，北京在郊区化、城市化过程中开始出现显著的结构性调整趋势，制造业不断外移并且规模下降，首都机场、亦庄等人口和就业规模的集聚越来越明显，轨道交通供给、央企总部经济发展、奥运会等大事件因素进一步加速了这一进程。总的来讲，在这一过程中，北京城市发展一方面表现为整体的去工业化进程，另一方面表现为都市区范围扩张、人口和就业空间急剧重构等特征。

1. 北京中心城区去工业化和外围地区再工业化进程

第一，功能专门化基本呈圈层结构模式。2018 年，第四次全国经济普查数据显示，北京市制造业就业规模不足 100 万人，占 7.1%；高端服务业就业人口占 48.3%，超过 650 万人；租赁和商务服务业（187.2 万人）、科学研究技术服务（140.4 万人）、信息传输、计算机服务和软件业（139 万人）、房地产业（73 万人）、金融业（80.6 万人）等高端服务业的就业人员规模已与其他世界城市，如伦敦、纽约、东京等不相上下。从功能专门化角度看，中心城四区（原东城区、西城区、崇文区和宣武区，即首都功能核心区）、外围四城区（海淀区、朝阳区、丰台区、石景山区，即首都功能拓展区）、近郊区（昌平区、顺义区、通州区、大兴、房山区、门头沟区，与首都功能外围区基本一致）、远郊区（怀柔区、密云区、平谷区、延庆区）已经形成同心圆结构显著的空间模式，依次是金融业＋公共管理和服务主导（首都功能核心区）、软件和信息服务＋科学研究主导型（与首都功能紧密相关的专门化首都经济职能）、制造业（近郊区和新城）、制造业＋公共组织主导（远郊区），中心城四区和郊区的功能专门化程度比较高，而外围四城区相对有较明显的功能多样化特征。1950 年以来北京分行业法人单位开业数量和主要区域新增企业占全市的比重见图 4.9 和图 4.10，2004~2013 年北京不同行业正规部门就业增长量和增长率见图 4.11。

第二，中心城区的去工业化和郊区－新城的工业化进程并存。与伦敦、纽约等相比，北京市的制造业规模和比重仍然过高，第二产业就业规模在 200 万人左右。2004 年以来北京市有一定的去工业化态势，制造业就业无论从规模还是从比重来讲都有显著的下降趋势。与此相一致的是城市功能的服务化进程，尤其是高端服务业增

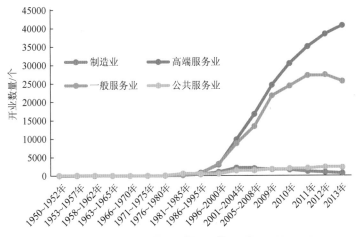

图 4.9　1950 年以来北京分行业法人单位开业数量变化

资料来源：北京市第三次全国经济普查主要数据公报。

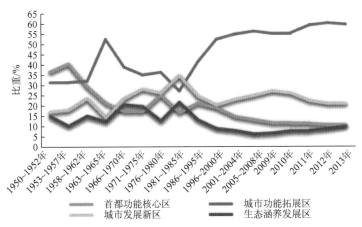

图 4.10　1950 年以来北京市主要区域新增企业占全市的比重变化

资料来源：北京市第三次全国经济普查主要数据公报。

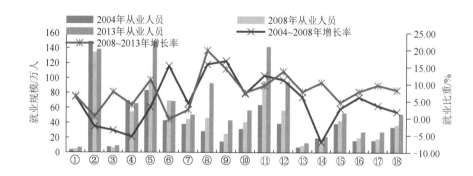

图4.11 2004~2013年北京不同行业正规部门就业增长量和增长率

资料来源：北京市第一次至第三次全国经济普查主要数据公报。

①采矿业；②制造业；③电力、热力、燃气及水生产与供应业；④建筑业；⑤批发和零售业；⑥交通运输、仓储和邮政业；⑦住宿和餐饮业；⑧信息传输、软件和信息技术服务业；⑨金融业；⑩房地产业；⑪租赁和商务服务业；⑫科学研究和技术服务业；⑬水利、环境和公共设施管理业；⑭居民服务、修理和其他服务业；⑮教育；⑯卫生和社会工作；⑰文化、体育和娱乐业；⑱公共管理、社会保障和社会组织。

长显著，金融、信息、商务租赁和科研等就业规模急剧上升，一般服务业（如居民和社会服务业等）等则发展相对较慢。高端服务业进一步集中在中心城区，制造业在中心城区去工业化进程基本实现。采用三次经济普查分乡镇街道数据进行北京都市区中心体系的变化研究。首先，与北京城市总体规划和两轴－两带－多中心的空间发展战略相比较，2004~2013年，北京多中心的功能体系发生了明显的变化：①位于东部发展带上的顺义、亦庄两个重点新城就业规模增长显著。在昌平、海淀、大兴等西部生态涵养带上，也有昌平、上地、大兴主体城区成为功能集聚的明显热点地区，但石景山、门头沟及房山就业规模相对萎缩。②在长安街及其延长线的东西横轴上，金融街、CBD、呼家楼等区域的首都功能和首都经济的主导地位继续得以强化和稳固。③在国家自主创新等战略的推动下，以海淀街道、中关村街道、学院路街道为中心的地区成为中心城区（5环以内）的两个发展迅速的片区，另一片区是以呼家楼、三里屯、朝外街道及东直门、望京街道为中心的国际对外交往功能片区，这两片分别与邻近的上地片区和首都机场片区呈现相连绵的态势。南城地区除了永定门、丰台街道和太平桥街道外，其他相对增长缓慢。其次，从中心、次中心角度来看，北京都市区的功能集聚态势进一步加强。虽然在北京旧城就业规模呈现一定程度的下降，但首都功能和首都经济集中的中心地区（东华门国家行政中心、金融街国家金融决策中心、中关村国家创新中心、清华－北大大学教育、三里屯－呼家楼使馆区、国贸和CBD商务租赁区）总就业占北京市的比重上升显著，其中东华门国家行政中心和北大－清华两个中心就业规模相对稳定，就业增长的主要贡献来自中关村、金融街及CBD和呼家楼等地区。最后，就业次中心不断的巩固和发育，都市区层面多中心化显著。除了金融街、CBD、中关村等传统城市就业中心不断集聚外，在东直门、三里屯－呼家楼、望京地区等中心城区形成次中心，而海淀区的上地、顺义的首都机场及亦庄等郊区次中心也得到快速的集聚发展，见图4.12和图4.13。

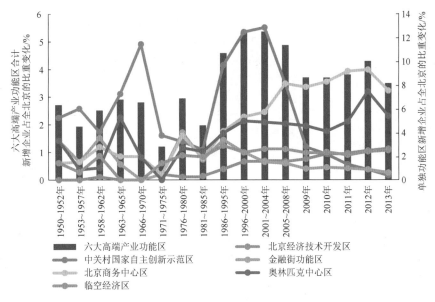

图 4.12　1950 年以来主要次中心新增企业占全北京的比重变化

资料来源：北京市第三次全国经济普查主要数据公报。

2. 面向多中心发展的北京巨型城市区规划建议讨论

1）在更大范围区域构建"分散化集中式"功能多中心体系

集聚仍是北京城市发展的长期趋势。集聚一方面促进中心城区中心体系的变化和郊区化的推进，另一方面促进北京都市区空间范围和空间结构的变化。若以东京等为标杆，预计北京的人口总量、都市区范围有可能远远突破当前水平，功能和空间结构必然随之变化。从这个意义上讲，从更大的空间范围内进行北京"分散化集中式"（decentralized centralization）功能多中心体系的组织意义重大。这个更大的空间范围不仅仅是都市区范围，而且需要从京津走廊、京津冀北都市圈层面进行战略安排。这种更大空间范围的安排一方面可以阻止北京空间发展的进一步无序蔓延，避免生态环境、交通拥堵、住房紧缺、旧城保护等各方面的压力；另一方面可以促进北京周边地区专门化功能副中心或者次中心的发展，形成新的反磁力体系，推进区域协调发展，降低周边区域对北京的通勤压力。鉴于京津冀的资源条件和环境禀赋条件，在更大范围内构建的次/副中心不能规模太大，而要追求在专门化方面的独具特色，这些就业次中心数量不会太多，且对交通可达性、环境适宜性等要求苛刻。

在更大范围的区域构建分散化集中式功能多中心体系，要统筹首都功能区域的集中和疏解。首都功能是北京的特殊性所在，首都功能不仅包括中央和部委部门总部、首脑官邸、大使馆，还包括国家庆典地、纪念馆和纪念地等。该意义上讲，北京旧城范围是国家首都功能的核心集聚区。而当前这一地区仍然功能混杂，除了首都功能外，还有大量的一般服务业、非首都核心职能乃至制造业和非正规就业存在。为了积极保护旧城的历史文化精华，在整个旧城范围内推进首都功能的集聚和高端服务业的发展

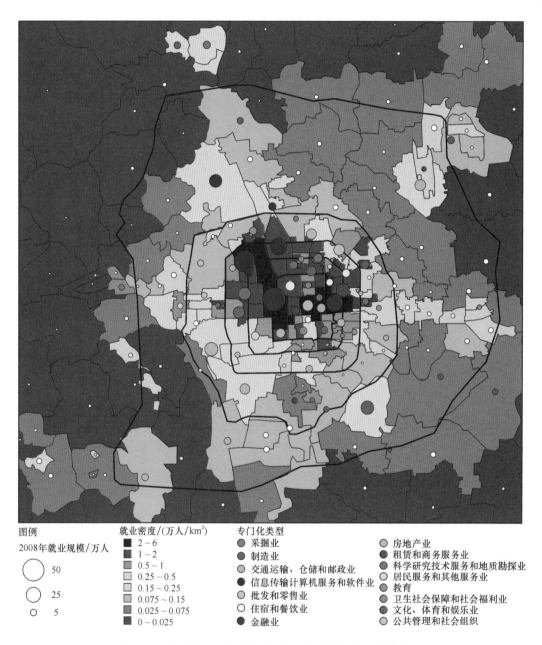

图例

2008年就业规模/万人

○ 50

○ 25

○ 5

就业密度/(万人/km²)

■ 2～6
■ 1～2
0.5～1
0.25～0.5
0.15～0.25
0.075～0.15
0.025～0.075
■ 0～0.025

专门化类型

● 采掘业
● 制造业
● 交通运输、仓储和邮政业
● 信息传输计算机服务和软件业
● 批发和零售业
○ 住宿和餐饮业
● 金融业

○ 房地产业
● 租赁和商务服务业
● 科学研究技术服务和地质勘探业
○ 居民服务和其他服务业
● 教育
● 卫生社会保障和社会福利业
● 文化、体育和娱乐业
● 公共管理和社会组织

图 4.13 北京都市区就业次中心识别：规模、专门化和密度

资料来源：北京市第二次全国经济普查主要数据公报。

是根本。首都功能除了在旧城和中心城范围的综合集聚外，按照特殊资源和区位指向，可以在市域乃至京津冀等更大尺度疏导专门化比较明显的首都功能，这些地区可以是机场和港口地区，也可以是华北平原地区乃至山区。中国历史上的陪都、多都及国际当前发达国家和地区的首都分散化布局等可为北京未来首都功能的多中心布局提供借鉴。

2）在北京中心城范围内构建 "1+2" 模式的中央活动区

伴随着轨道交通、优质资源不断集中在中心城区的这一过程，五环以内的集聚力尤为强劲。这也是纽约、伦敦、东京等国际城市所经历的一般过程。事实上，虽然在京津冀地区北京功能集聚一枝独秀，但北京距世界城市的目标还有不小差距，在金融、科技创新、文化影响等方面差距更大，而这些功能在空间上具有高度集聚性和优质资源导向要求。从区域一体化促进和区域整体竞争力提升角度来看，北京一方面需要按照市场规律，疏解一定的功能到周边地区，另一方面需要在中心城区的相关地区进行类似伦敦等中央活动区的空间安排，以推进高等级服务业和首都经济的发展。

鉴于当前北京的功能中心体系特征和旧城保护等的现实情况，建议构筑 "1+2" 模式的多中心中央活动区。"1" 即旧城，在此主要是中央行政办公区、国家纪念地、国家庆典地等核心首都功能区，与时俱进复兴旧城的传统胡同和历史街区，在真正意义上促进旧城功能的提升和历史文化的有效保护。"2" 包括以金融街、三里河路、国家图书馆、中关村、中国科学院、清华、北大为主体的国家金融决策和科研教育主导的西城 – 海淀片区，这一片区也是中央行政中枢区的重要延伸部分，承担着国家内生发展和自主创新等重要战略的职责；另一片区则是以建国门、国贸、呼家楼使馆区、东直门等为核心的东城 – 朝阳国贸地区，与西城 – 海淀片区不尽相同的是，这一片区具有更多的全球开放性、自由市场主导性特征，连接着中央行政中枢区和国际使馆区、首都机场，这一片区将是未来就业增长的重要地区，其交通可达性的要求将会更高，其轨道交通需要快速连接首都机场、大兴机场及各相关的枢纽节点，借鉴伦敦等地经验，可以尽力提高 45 分钟内进入该片区的人员规模能力。对比伦敦、芝加哥等积极的中心活动区（Central activity zone，CAZ），北京的 "1+2" 模式有其特殊性，包括空间规模大、交通和功能等变化频率高等特征。

（三）京津冀巨型城市区尺度：巨型工程推动的治理范式变化

不但北京、天津等大城市有交通拥堵、环境污染等所谓的大城市病，而且乡村小城镇地区、山区生态区也具有更严峻的乡村病和区域病。前者以冀中南平原地区最为显著，后者以张承地区最为显著。森林、农田、大气、水体、历史文化资源等公共池塘资源的规划和治理问题成为日益严峻的话题。十八大后，市场配置资源的机制开始成为根本性和决定性的方式，城市规划等作为传统空间资源配置的主导角色也开始发生变化，巨型城市区治理方式也随之发生深刻变化。

一般而言，巨型城市区治理模式有两种：一种是以政府干预为主导，另一种是以市场调节为主导。如今在京津冀协同发展战略、首都功能疏解等的推动下，京津冀巨型区区域病严峻的地域发展模式和治理模式正在发生根本性的变化。总体而言，生态涵养区的治理模式开始从严格管控模式转向更为政府主导、兼有多元互动的治理模式和发展模式；而冀中南平原城市化相对落后的城镇密集地区由相对自下而上的市场主导模式转向自上而下的政府协同模式，如毗邻白洋淀地区的雄安新区战略。古今中外，首都地区都是各个国家的首善之区和巨型城市区，其间市场和政府推动的巨型项目又自始至终发挥中枢作用。当前以北京为核心的京津冀地区也不例外。从亚运会到奥运会、从港口建设到机场建设、从首钢搬迁到北京城市副中心建设、从生态涵养区的张承地区到雄安新区，这都反映了京津冀地区及其治理模式的持续变化。

1. 张家口–崇礼地区：治理模式开始转向积极发挥市场机制

张家口是北京上风上水的地方，生态脆弱，因此张家口在历史上更多的是带有浓厚的政府干预色彩，如元中都设置、皇家养马和御路设置、军事重地设置等。历届政府都下大力气严控其经济和人口规模，严控污染环境、破坏生态的活动。然而该地区有很好的环境条件和资源条件，在北方地区 PM$_{2.5}$ 最低，宝贵的水体资源、生态资源、森林资源等对京津冀地区的大气和水环境具有公共池塘资源的属性。区域公共池塘资源的治理是一个非常棘手的议题，政府对该地区的治理模式曾经是非常严格的管控模式。归纳起来，崇礼和张家口公共池塘资源地区的治理主要经历了如下阶段。

第一阶段（1995 年前）：政府高度干预下的禁地治理模式。这一方式沿用了古代主要朝代的治理方式。张家口等地区军事设施比较密集，虽然与北京毗邻，但交通极为不便，可达性差。从北京都市区的地租角度来看，该地区的主导功能是农林牧渔业，其稀缺性的资源是肥沃的土地。

第二阶段（1996~2010 年）：从高度严格管控模式到生态屏障治理转型。1996 年，张家口严格管控治理相对解冻。与此同时，北京和张家口的交通条件得到根本改善，京张高速开通。在这种政策解冻和交通条件改善的驱动下，张家口的稀缺性资源和地租属性及主导功能都发生了明显的变化。市场力急剧增强，除了矿产资源成为稀缺性的资源外，冰雪资源的价值也开始显现，崇礼的第一条雪道就得以开辟。从区域经济学来看，上述政府积极的严格管控等治理模式希望通过区域间的人口等要素流动，来促进张家口地区的生态功能发挥，并通过人口流出等来实现人均 GDP 的相对提升。然而由于户籍等政策的限制，这一模式的实际效果一方面保住了生态环境的基本质量，但人口结构如老龄化加剧，受教育层次相对降低，区域贫富差距加速拉大，出现了所谓的"环北京贫困带"等问题，区域间的发展差距拉大在过去治理模式情况下是一个不得已的问题，但这个问题现在越来越严重，这种区域治理模式需要被重新审视，同时由于土地政策、户籍政策，相当一部分人群无法离土又离乡，从而实现真正的区域间要素配置优化；另一方面真正需要文化和生态价值发挥的人又进不去。这成为区域治理模式变化的重要前提。

第三阶段（2011~2013 年）：政府推动下的市场调节的治理模式变化。先前的模式基本上都是将人口疏解、经济活动规模控制在一定范围内来实现。但此时，张家口等地方的稀缺性资源不再是矿产和农产品，而是稀缺的资源、新鲜空气、生态和水。顺应这种新的市场动力和传统治理模式在新形势区域发展的要求，各级政府也在有意识地进行区域治理模式的新尝试。延庆的世园会召开、2022 年冬奥会申奥成功、京张高速铁路和京礼高速公路的规划建设，都直接促进了巨型城市区生态涵养地区或者说公共池塘类型区的治理模式，即传统的政府严格管控治理模式到市场调节治理模式的变化。在这种变化下，各种力量在这里悄悄集聚，别墅区、高端产业区等快速出现，有的与实际的制度和规章出现了冲突。2011年，河北省推出环首都绿色经济圈战略，进一步通过有计划的安排，推进了房地产、产业新区等的发展，并通过基础设施建设、冬奥会申办强化了这一行动。与以往的政府干预不同，2010年后，该地区的治理更加积极地顺应了稀缺资源的价值发挥，顺应了市场和资本的需求。稀缺性的资源包括两个基本方面：一个是生态和冰雪资源优势；一个是毗邻北京行政边界的地区。在空间上，怀来、涿鹿等靠近北京的地区快速发展，包括东花园等，发展的形态包括房地产板块和面向区域休闲旅游市场的葡萄酒酒庄等。另外，在崇礼，围绕冰雪资源的滑雪运动以及与之相应的休闲设施、功能配套和居住安排。崇礼不同乡镇非正规就业和外部性比较见表4.14。

表4.14 崇礼不同乡镇非正规就业和外部性比较

乡镇	法人单位就业人数 / 人	有证照人数 / 人	无证照人数 / 人	负外部性 /%
西湾子镇	12281	1976	796	5.3
高家营镇	4629	531	623	10.8
四台嘴乡	4269	149	90	2
红旗营乡	689	96	18	2.2
石窑子乡	450	81	18	3.3
驿马图乡	701	47	17	2.2
石嘴子乡	792	52	29	3.3
狮子沟乡	682	64	29	3.7
清三营乡	244	27	41	13.1

资料来源：崇礼第三次全国经济普查统计资料。

第四阶段（2014年后）：中央政府积极推动下的治理模式阶段。2014年京津冀协同发展战略成为张家口和崇礼等地区治理模式进一步变化的外在推动力。该阶段更是通过高铁建设、新城建设、行政区划、区域合作加强了区域治理的政府引导角色和市场调节角色。

2010年后，新治理模式下崇礼进入一个全新阶段：第一，主导行业替换了原有的农林牧渔业和采掘业，滑雪场建设大规模铺开。第二，住宅价格从2010年左右的4000元、5000元迅速上升到2016年的1万元以上，住宅区位选择的生态和资源稀缺性优势价值得以发挥。第三，该区成为投资热点。2014年，外商直接投资1.1亿美元，在河北省县市单元中排第7位，仅次于丰南区、曹妃甸区、三河市、迁西县、围场和涞水。当然，在市场主导的治理模式下，也存在市场失序的隐患，给区域可持续发展带来挑战。

2. 雄安新区：巨型工程推动的区域治理转变

白洋淀及周边地区县域产业集群曾很好地支撑了城镇化进程，见表 4.15。然而，2000 年以来，该模式没有在全球化过程中得到升级换代。这些地区传统的初级要素驱动加工业快速发展，环境、生态、社会等负外部性日益增强和积累，生态和环境不断恶化、区域病严峻。而巨大的人口规模基数和人口密度加重了该地区资源、环境、生态的压力。虽然各种行政手段、市场手段日益严格，但广泛存在的严重面源污染使该地区发展陷入路径锁定的困境。2014 年，在京津冀协同发展战略和首都功能疏解战略的推动下，该地区治理进入到范式变换的时期。开始从传统自下而上市场导向的治理模式向自上而下政府协同主导的治理模式转变，尤其雄安新区规划建设是一个重大的区域巨型工程。

表 4.15 白洋淀及其周边地区城市工业化及其增长情况

地区	制造业就业比重 /%	制造业就业规模 / 万人	就业比重增长率 /%	就业规模增长 / 万人
容城县	61.02	6.30	9.57	3.6
安新县	62.89	9.33	5.26	2.2
雄县	56.51	4.89	12.42	3.2
保定市辖区	28.04	11.70	−9.68	−1.2
满城县	33.80	3.09	−2.65	1.4
清苑县	33.87	3.99	2.35	1.4
徐水县	33.56	5.89	1.21	2.0
定兴县	32.66	3.70	10.88	2.7
高阳县	65.48	7.07	8.98	3.4
高碑店市	50.13	11.92	8.23	7.5
任丘市	33.99	8.40	2.15	2.5
固安县	24.31	1.39	−0.49	0.6
永清县	30.28	1.25	−4.18	−0.1
文安县	58.59	8.30	8.76	4.2
霸州市	54.04	12.12	7.24	5.2
总计	42.99	99.32	2.74	38.6

资料来源：第六次全国人口普查数据。2015 年，满城县改设保定市满城区，清苑县改设保定市清苑区，徐水县改设保定市徐水区。

第二节 长三角巨型城市区

长三角自然禀赋优良：滨江临海，环境容量大，自净能力强，气候温和，物产丰富，突发性自然灾害发生频率较低。一方面，土地开发难度小，可利用的水资源充沛，航道条件基础好，产业发展和城镇建设受自然条件限制约束小，是我国不可多得的工业化、信息化、城市化、农业现代化协同并进区域。另一方面，长三角区位优势突出，处于东亚地理中心和西太平洋的东亚航线要冲，是"一带一路"与长江经济带的重要交汇地带；交通条件便利，经济腹地广阔，拥有现代化江海港口群和机场群，高速公路网比较健全，公铁交通干线密度全国领先，立体综合交通网络基本形成（表 4.16）。本节关于长三角地区的研究放眼长江中下游广大地区，聚焦江浙沪地区区域尺度，进而从巨型城市区尺度进行空间结构、空间治理等的研究，见图 4.14 和图 4.15。

表 4.16　江浙沪地区城镇化进程情况（2000 年以来）

地区	土地面积/万 km²	2015 年人口/万人	2015 年城镇化水平/%	2015 年净流入人口/万人	2010~2015 年增长率/%	2000~2010 年增长率/%
上海	0.63	2415	87.6	973	4.9	37.5
江苏	10.72	7973	66.5	256	1.4	5.8
浙江	10.55	5539	65.8	666	0.6	17.8
江浙沪地区	21.90	15927	69.46	1895	1.6	13.7

资料来源：第五次、第六次全国分县（市、区）人口普查数据，2015 年 1% 人口抽样调查。

一、高端服务业发展

（一）江浙沪整体情况

从全国范围内来看，江浙沪在制造业方面专门化程度较高，2013 年为 1.16。服务业区位商也接近于 1.0。2004~2013 年，制造业就业规模增长了近 1000 万人，增长率近 50%，高端服务业增长了 530 万人左右，增长率最快。上海高端服务业在全国地位日益提升，2004 年区位商为 1.77，2013 年达到了 1.90。同时，制造业和一般服务业区位商不断下降。江苏和浙江在制造业方面专门化程度一直较高，见表 4.17 和表 4.18。从更大的范围来看，长三角高端服务业规模和比重较高的城市分别是几个亚巨型城市区的核心城市：上海、南京、杭州、合肥、温州。而与核心城市紧密关联的外围城市也相对较高，如宁波、苏州、无锡、常州、南通等。高端服务业规模增长较快的城市也基本上是区域的核心城市，其他制造业增长相对较快的县市区单元高端服务业增长相对缓慢。

（二）长三角 15 个核心城市高端服务业发展

从就业构成来看，2017 年长三角 15 个城市的非农就业达到 2487 万人，其中制造

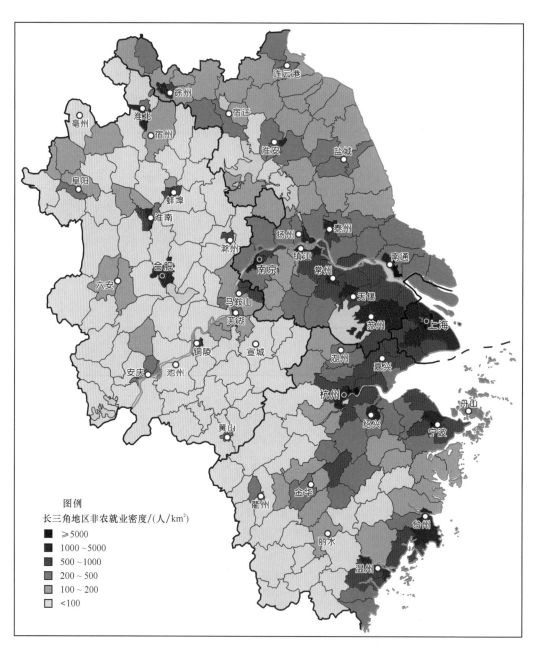

图 4.14　长三角分区县非农就业密度

资料来源：第六次全国分县（市、区）人口普查数据。

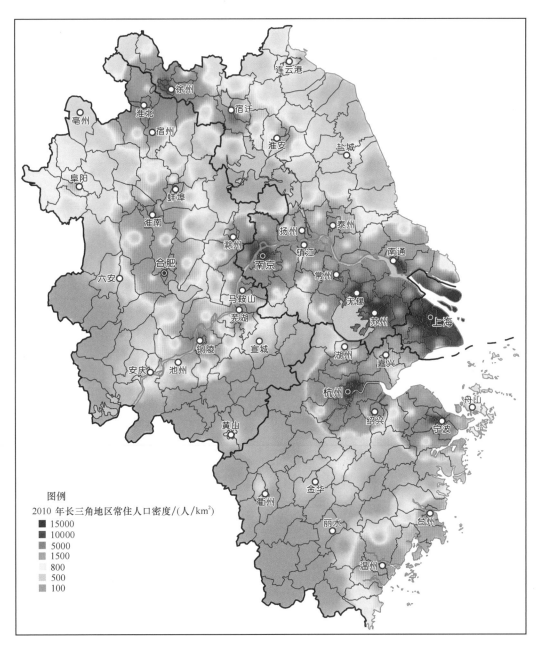

图例
2010 年长三角地区常住人口密度/(人/km²)

■ 15000
■ 10000
■ 5000
■ 1500
□ 800
□ 500
□ 100

图 4.15　长三角分区县常住人口密度

资料来源：第六次全国分县（市、区）人口普查数据。

表 4.17　江浙沪地区功能专门化变化（2004~2013 年）

项目	2004 年从业规模 / 万人	2008 年从业规模 / 万人	2013 年从业规模 / 万人	2004 年区位商	2008 年区位商	2013 年区位商
高端服务业	369	547	898	0.84	0.92	0.93
制造业	2227	2800	3167	1.16	1.25	1.16
一般服务业	995	739	1131	1.58	0.92	0.93
公共服务业	473	566	684	0.49	0.54	0.54

资料来源：第一次至第三次全国经济普查主要数据公报，下同。

表 4.18　江浙沪三地功能区位商变化（2004~2013 年）

项目	江苏			浙江			上海		
	2004 年	2008 年	2013 年	2004 年	2008 年	2013 年	2004 年	2008 年	2013 年
高端服务业	0.59	0.72	0.80	0.67	0.70	0.68	1.77	1.86	1.90
制造业	1.07	1.31	1.25	1.41	1.31	1.20	0.96	0.96	0.84
一般服务业	2.01	0.77	0.81	0.66	0.64	0.70	2.04	1.85	1.80
公共服务业	0.48	0.57	0.52	0.54	0.55	0.58	0.45	0.46	0.50

业就业超过 850 万人，高端服务业就业超过 400 万人，分别占 34.5% 和 16.5%。与其他巨型城市区相比高端服务业就业比重较高。2003 年以来长三角的就业功能专门化发生了显著的变化，制造业在 2003~2008 年就业比重迅速上升，2008 年之后迅速下降；一般服务业和公共服务业就业比重总体也呈下降趋势；而高端服务业总体比重上升，2003 年比重为 13%，2017 年达到 16.5%，5 年增长超过 4 个百分点，见图 4.16。

上海、南京和杭州是长三角的三个重要区域中心城市。从其功能专门化来看，2017 年沪宁杭三个城市在服务业方面优势明显，区位商远远高于 1.0，高端服务业为

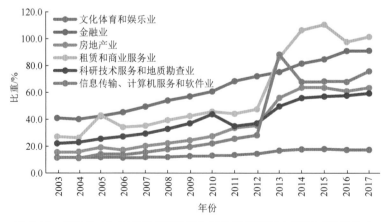

图 4.16　长三角 15 个城市高端服务业就业规模变化（2003~2017 年）

资料来源：中国城市统计年鉴。

1.56，一般服务业为 1.6，制造业专门化程度相对较低，区位商为 0.73。2003~2017 年，沪宁杭高端服务业从 2003 年的 1.22 上升到 2017 年的 1.56，一般服务业从 1.24 上升到 1.60，制造业的地位降低，从 0.94 下降到 0.73（表 4.19）。上海高端服务业区位商最高、提升最明显，从 1.29 上升到 1.72；其次是南京，从 0.96 上升到 1.33；杭州从 1.23 上升到 1.38。三个城市 2017 年的制造业区位商分别为 0.79、0.64、0.68。长三角分区县高端服务业增长变化如图 4.17 所示。

表 4.19　沪宁杭三城市不同行业区位商变化（2003~2017 年）

年份	高端服务业	一般服务业	公共服务业	制造业
2003	1.22	1.24	0.90	0.94
2005	1.31	1.43	0.89	0.83
2008	1.39	1.42	0.95	0.84
2010	1.40	1.45	0.96	0.82
2015	1.54	1.56	1.06	0.75
2016	1.56	1.56	1.03	0.75
2017	1.56	1.60	1.02	0.73

资料来源：中国城市统计年鉴。

经济发展水平的第二层级城市制造业地位不断强化。苏（州）（无）锡常（州）镇（江）和宁波、舟山 6 个城市 2017 年的制造业优势最为显著，区位商高达 1.60，而且 2003~2017 年其区位商从 1.16 迅速提升到 1.60。与此同时，高端服务业和一般服务业的区位商显著下降，见表 4.20。

经济发展水平的第三层级城市功能专门化出现分化。(南)通泰(州)扬(州)和嘉(兴)湖（州）绍（兴）6 个城市在长三角中的制造业地位先升后降，2008 年的全球经济形势对这些城市的影响比较显著。相对而言，公共服务业有一定的优势，见表 4.21。

二、制造业占主导地位的功能性城市区

江浙沪地区就业规模大，制造业专门化程度高。2013 年，江浙沪地区从业人员高达 7318 万人，其中法人单位 5879 万人，个体户 1439 万人。制造业从业人员高达 3167 万人，区位商为 1.16。在全国区位商大于 1.0 的行业包括制造业（1.16）、建筑业（1.48）、信息与计算机（1.08）、租赁和商务服务（1.09）。总体上江浙沪地区偏向于"正规经济"（即法人单位就业比重高），个体户就业的全国区位商上海仅为 0.23，江苏和浙江分别为 0.85 和 0.89。但第二产业，江浙沪地区的个体户就业在全国的区位商比较高，为 1.3，浙江第二产业个体经营从业区位商高达 2.25，江苏和上海为 0.93 和 0.05。

江浙沪地区的高端服务业专门化转向显著。一方面，2004~2013 年法人单位就业规模增长了 1815 万人，年均增长 200 多万人。另一方面，功能专门化水平也在显著演进。

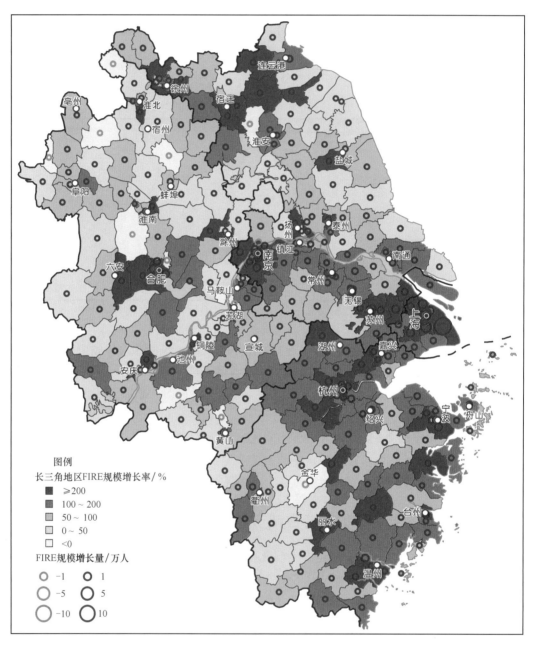

图 4.17　长三角分区县高端服务业增长变化

资料来源：第五次、第六次全国分县（市、区）人口普查数据。

表 4.20　苏锡常镇和宁波、舟山不同行业区位商变化（2003~2017 年）

年份	高端服务业	一般服务业	公共服务业	制造业
2003	0.76	0.77	1.02	1.16
2005	0.71	0.61	1.09	1.19
2010	0.69	0.67	1.01	1.24
2015	0.67	0.71	1.00	1.56
2016	0.67	0.74	1.05	1.56
2017	0.66	0.66	1.07	1.60

资料来源：中国城市统计年鉴。

表 4.21　通泰扬和嘉湖绍不同行业区位商变化（2003~2017 年）

年份	高端服务业	一般服务业	公共服务业	制造业
2003	0.77	0.72	1.23	0.93
2005	0.62	0.43	1.16	1.17
2010	0.56	0.47	1.08	1.07
2015	0.42	0.34	0.89	0.83
2016	0.42	0.35	0.90	0.83
2017	0.41	0.35	0.90	0.82

资料来源：中国城市统计年鉴。

2004~2008 年，高端服务业增长了 1 倍多，就业规模年均增长近 65 万人，年均增长率近 16%；制造业年均增长超过 100 万人，年均增长率为 4.7%，一般服务业和公共服务业也得到较快的发展，年均增长率为 1.5% 和 4.9%。从区位商的角度来看，高端服务业的区位商在稳步提升，而制造业三个年份的区位商都明显大于 1.0，但 2008 年以来，其区位商开始有所回落。

江浙沪三地虽然同处长三角，但上海和江苏、浙江的功能专门化还是呈现一定的差异性。与江苏和浙江相比，上海在高端服务业、一般服务业方面更具优势，而在第二产业和公共服务业方面专门化程度较低，区位商小于 1.0，江苏、浙江在服务业方面的区位商都小于 1.0，但制造业区位商分别是 1.25、1.20，远远超过全国平均水平。与浙江比较而言，江苏高端服务业专门化较高，区位商为 0.8，浙江仅仅为 0.68，一般服务业江苏为 0.81，浙江为 0.70。2004~2013 年，上海的高端服务业区位商显著上升，从 2004 年的 1.77 上升为 2008 年的 1.86，2013 年达到 1.90，而制造业和一般服务业在迅速下降；江苏高端服务业区位商从 2004 年的 0.59 上升到 2013 年的 0.80，进步显著；浙江则相对缓慢，2004 年的区位商为 0.67，到了 2013 年仅为 0.68。

对长三角的功能专门化进行空间分析，见图 4.18~ 图 4.20。整个地区制造业主导

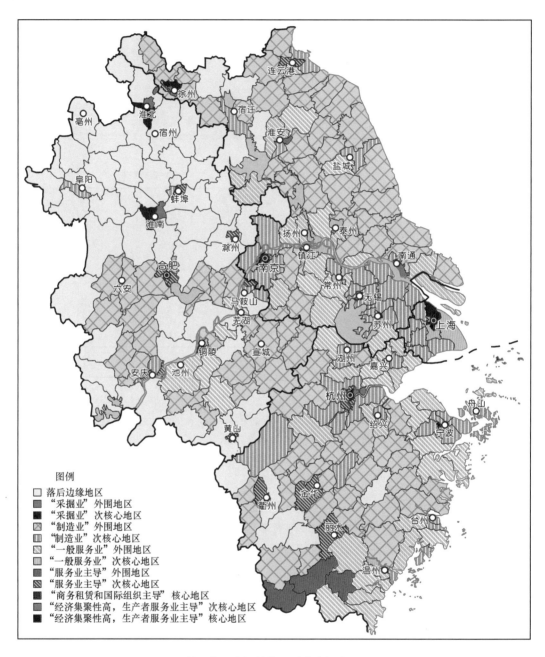

图 4.18 长三角"空间结构－功能专门化"空间聚类

图例
☐ 落后边缘地区
▨ "采掘业"外围地区
■ "采掘业"次核心地区
▧ "制造业"外围地区
▥ "制造业"次核心地区
▧ "一般服务业"外围地区
▨ "一般服务业"次核心地区
▨ "服务业主导"外围地区
▨ "服务业主导"次核心地区
■ "商务租赁和国际组织主导"核心地区
■ "经济集聚性高,生产者服务业主导"次核心地区
■ "经济集聚性高,生产者服务业主导"核心地区

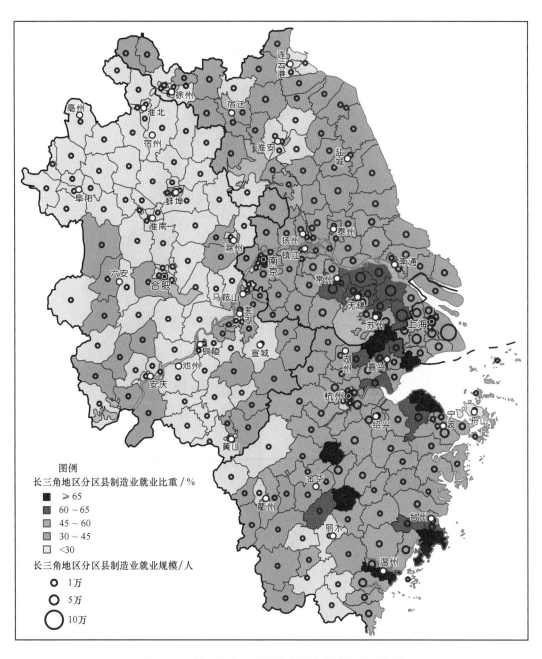

图 4.19　长三角分区县制造业就业规模和比重分析

资料来源：第六次全国分县（市、区）人口普查数据。

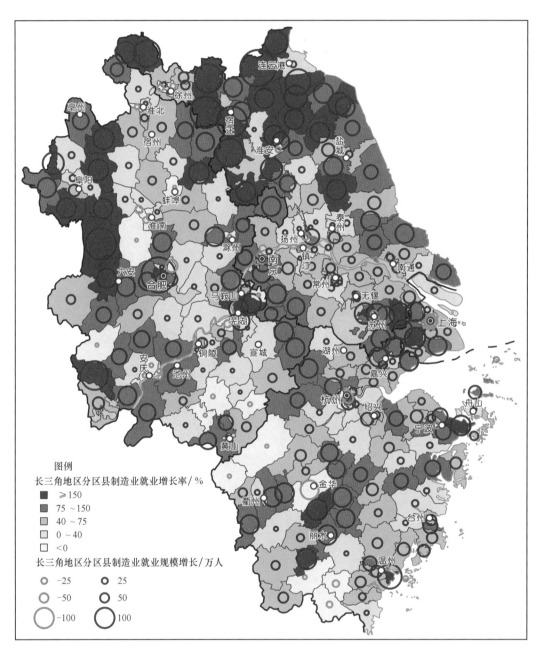

图 4.20　长三角分区县制造业增长变化

资料来源：第五次、六次全国分县（市、区）人口普查数据。

型非常普遍。除各个地级城市市辖区外，长三角核心区的县市区单元均为制造业主导。在外围地区有一些县市区制造业主导型不是很普遍，有不少单元是一般服务业和采掘业等主导。从沿海到非沿海，从沿江到非沿江，整个长三角的制造业呈现规模递减的态势。总体来讲，制造业的分布主要集中在江浙沪地区，而且分布较为均质，安徽省较为落后。从就业比重来看，江浙沪地区的县市区单元均较高，大多在 30% 以上，其中制造业就业超过 65% 的单元高达 9 个，大多集中在上海外围地区，其他较高的是浙江的县市区。

从制造业来看，长三角发生着空间变化：①以上海为中心的亚巨型城市区一方面制造业继续快速发展，包括浦东新区、嘉定区等外围区县，另一方面，上海等中心城市的中心城区制造业规模和比重下降，去工业化态势显现；②安徽省的中部地区、浙江的西南部地区制造业发展依然非常缓慢，没有较大改善；③安徽以合肥为中心的地区、沿江地区制造业发展相对较快；④浙中地区、浙东南地区及苏北地区发展迅猛。

三、流动性和流动空间

（一）典型生产要素流动

1. 劳动力要素

人口净流入变化。长江三角洲是继珠三角之后最主要的人口净流入地区。2015 年江浙沪地区的净流入人口近 2000 万（1895 万），占全部常住人口的比例超过 10%。2000~2010 年，江浙沪地区的外来净流入人口增长了 1200 多万，中心城市上海外来净流入人口增长了 570 万，10 年间年均增长 50 多万人，浙江更是从 2000 年的 91 万人增长到 2010 年的 710 万人，江苏则从 2000 年的 263 万人增长到 2010 年 370 万人。2010 年以来，在全球经济危机等的影响下，无论是外商直接投资还是出口经济都受到明显的影响。表现在整个江浙沪地区的外来净流入人口增长明显缓慢，从 2000~2010 年年均增长 120 多万人，到 2010~2015 年开始负增长，总计减少近 70 万人。其中，上海从 2010 年的 883 万人，上升到了 2015 年 973 万人；而江苏和浙江的净流入人口增长速度则出现负增长，见表 4.22，图 4.21 和图 4.22。

表 4.22　江浙沪地区净流入人口规模和比重变化（2000 年以来）

地区	净流入人口规模 / 万人			净流入人口占常住人口比重 /%		
	2000 年	2010 年	2015 年	2000 年	2010 年	2015 年
上海市	313	883	973	19.1	38.4	40.3
江苏省	263	370	256	3.6	4.7	3.2
浙江省	91	710	666	2.0	13.0	12.0
江浙沪地区	667	1963	1895	5.5	12.5	11.9

资料来源：第五次、第六次全国分县（市、区）人口普查数据。

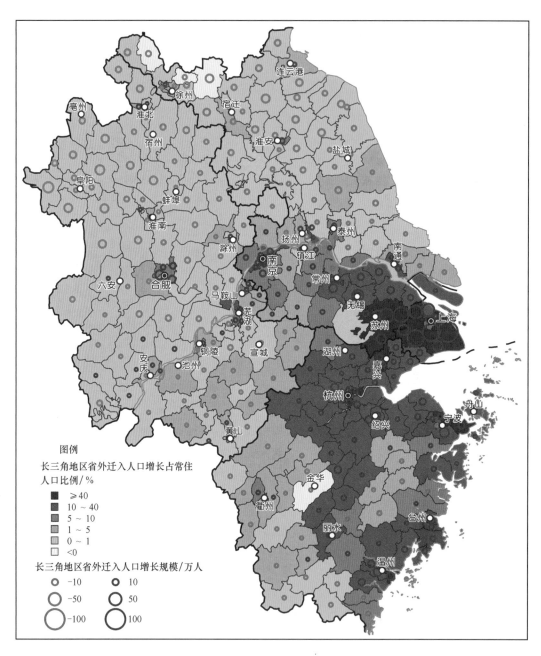

图 4.21　长三角省外迁入人口规模及占常住人口比例变化

资料来源：第六次全国分县（市、区）人口普查数据。

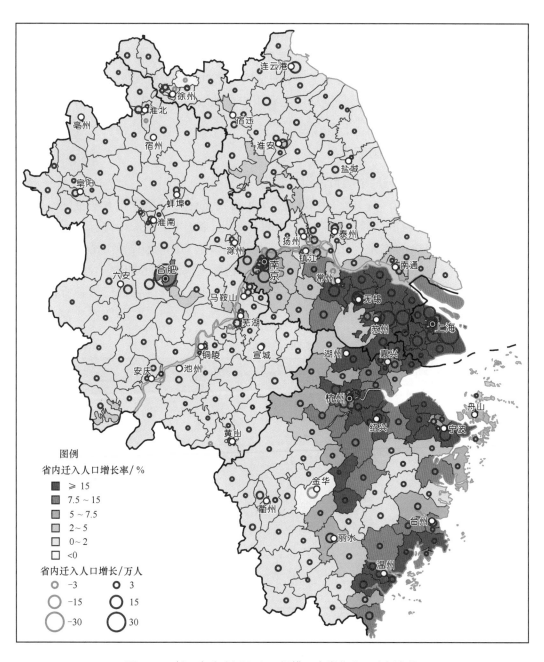

图例

省内迁入人口增长率/%

- ≥ 15
- 7.5 ~ 15
- 5 ~ 7.5
- 2 ~ 5
- 0 ~ 2
- <0

省内迁入人口增长/万人

○ -3   ○ 3
○ -15   ○ 15
○ -30   ○ 30

图 4.22　长三角省内迁入人口规模及占常住人口比例变化

资料来源：第六次全国分县（市、区）人口普查数据。

从单个地级城市来看，长三角的要素流动也在产生着显著分化。整体看来，有如下几类：①持续要素集聚增长的城市，包括上海、南京、常州、宁波、镇江、嘉兴、湖州、舟山。②要素集聚回落型城市，包括无锡、苏州、杭州、温州、金华等城市。③要素集聚能力有所回暖型，包括南通、扬州两个地级城市。④持续要素集聚能力下降型，包括徐州、连云港、淮安、盐城、泰州、宿迁、衢州、丽水。⑤从要素流出到要素流动，如绍兴。⑥波动型，如台州等。总的来看，沪宁杭三个中心城市所构成的三角形区域中，要素集聚等能力在持续增长，外围地区主要集中在地级城市的中心城区，所辖的县级市较弱。

2. 资本要素流动和国际贸易

1）进出口在经济发展中的角色相对弱化

进出口贸易总额方面，长三角虽然经历 2009 年的全球经济危机有所下降，但整体上上海市仍处于稳定增长的趋势。但也可以看出，2014 年以来相对有所下降。从进出口总额占 GDP 的比重变化来看，长三角进出口的 GDP 贡献率在显著下降，且经济发展水平较高的沪宁杭和苏锡常等地区下降速度更快。与此同时，长三角的进口额度超过出口额度，国内市场对国际商品和服务等的需求开始在长三角有所显现，见表 4.23。

表 4.23　不同层级城市进出口总额占 GDP 的比重变化比较（2005 年以来）　（单位：%）

年份	长三角 15 城市合计	沪宁杭	苏锡常镇和宁波、舟山	通泰扬和嘉湖绍
2005	143.88	153.94	190.02	49.47
2006	77.57	31.38	160.73	42.47
2007	109.85	119.89	143.73	38.85
2008	98.46	108.07	126.50	38.62
2009	73.15	78.48	95.06	29.95
2010	87.60	90.62	117.49	36.31
2011	94.47	98.93	122.76	42.19
2012	87.24	89.86	115.09	38.99
2013	79.37	80.82	104.63	37.56
2017	58.65	51.57	82.52	31.18

资料来源：中国城市统计年鉴。

2）中国（上海）自由贸易试验区

中国（上海）自由贸易试验区（简称上海自贸区）是我国设立在上海的区域性自由贸易园区，2013 年成立，面积 28.78km²，涵盖上海市外高桥保税区、外高桥保税物流园区、洋山保税港区和上海浦东机场综合保税区 4 个海关特殊监管区域。2014 年全自贸区面积扩展到 120.72km²，涵盖了上海市外高桥保税区、外高桥保税物流园区、洋山保税港区和上海浦东机场综合保税区、金桥出口加工区、张江高科技园区和陆家嘴金融贸易区 7 个区域。

上海自由贸易港围绕货物、资金和人员三大要素的自由流动展开，在外汇管理、税收优惠、外籍人士领取中国绿卡及外地员工落户等方面取得了突破。①在货物自由流动上，争取一线无条件准入、登记式备案、区内免证免审，进出口的货物在自由港之内不需要海关等部门审核，相关部门只对重点货物实行抽检。②在资金自由流动上，主要内容包括改善外汇管理方式，调整税收优惠政策，完善自贸区账户制度，加快人民币离岸业务发展等。落实到具体细节上，自由港将争取实现增量外汇的自由流动。此外，自由港将争取大幅降低港区内注册企业的所得税税率。③在人才自由流动上，对于港内企业聘用的外籍人才和外地人才，上海都有优惠措施。

（二）更快捷的交通方式满足面对面交流

1. 趋于更便捷的出行方式

交通技术进一步降低了城市与城市之间、城市内部不同组成部分之间的人员和货物流通的时间成本。对于发达的巨型城市区而言，交通方式的变化也带来了巨型城市区功能、空间和社会经济的变化。经济活动在更大的区域空间内进行组织，文化和社会活动的影响力更加广泛，城市的辐射和集聚范围显著加大。对于长三角而言，高速公路、高铁和机场，都大大地促进了区域的发展，促进了产业链的空间组织变革，同时更加有条件地促进面对面交流，从而提升了创新和创意的速度和水平。由图 4.23 可知，2000 年以来长三角客运总量结构中，公路客运量比重在显著下降，尤其是 2012 年以后。2000 年公路运输的比重高达 92%，而到 2014 年降至不足 75%。铁

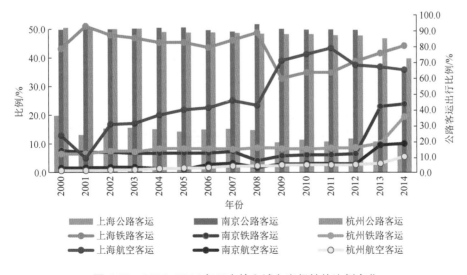

图 4.23　2000~2014 年三大核心城市出行结构比例变化

资料来源：中国城市统计年鉴。

路和民用航空客运量比重在显著上升，尤其是城际铁路和高速铁路的快速建设，大大提高了客运量比重，2012年不足7.5%，2014年超过15%，机场出行在2014年也超过5%。从不同层次区域来看，沪宁杭三个中心城市的机场出行增长更是显著，2000年不足5%，到2014年超过15%。其次是苏锡常镇和宁波、舟山及通泰扬和嘉湖绍地区。

沪宁杭三个城市中公路交通出行的比重上海最低，但三个城市都在显著下降，铁路出行方面，上海比重最高，其次是南京和杭州，相比而言，三个城市在2010年后的铁路出行比重都在显著上升。在航空出行方面，2000年以后上海的航空出行比重在飞快增长，2000年的比重仅仅为12%左右，到2012年超过40%（达到最高峰），2014年虽有所下降，但也超过了35%。杭州的航空出行比重稳步上升，南京相对增长较快。

2. 机场群和航空出行

根据中国民用航空局公布的2016年全国机场生产统计公报，长三角机场群由包括上海浦东、上海虹桥，浙江杭州、宁波、舟山、台州、温州、义乌、衢州，江苏南京、徐州、扬州、常州、无锡、南通、盐城、淮安、连云港等在内的18个机场组成，2016年总旅客吞吐量超过100万人次的机场有13个（表4.24），其客运量为1.908亿人次，货邮吞吐量超过499.38万吨，航班起降总量达到148.85万架。2014年旅客吞吐量超过100万人次的机场有10个，两年中增加了2个。2016年，上海浦东和虹桥两个国际机场旅客吞吐量达到1.06亿人次，在全球城市中排名第四，浦东机场货邮吞吐量连续9年排名全球机场第三，并且航线网络辐射能力不断增强。

表4.24　长三角机场出行与世界其他典型巨型城市区的比较

地区	旅客量超100万人次机场		最大旅客吞吐量机场	
	数量/个	超100万人次机场旅客总量/亿人次	机场名称	旅客量/亿人次
英国东南部地区	8	1.64	伦敦希思罗	0.75
北美五大湖地区	9	2.13	芝加哥奥黑尔	0.77
欧洲西北部地区	11	2.29	巴黎戴高乐	0.66
美国东部沿海地区	10	2.64	纽约肯尼迪	0.56
长三角地区	13	1.91	上海浦东	0.66

3. 高铁网络和铁路出行

近10年来，高铁建设使中国城镇化和区域发展发生巨大变化。长三角是一体化程度最高的巨型城市区或者巨型区，高铁为长三角的流动性带来新平台，促进了流动性的提升。2018年，长三角已开通的高铁有20条，正在建的高铁有9条，规划中的高铁有16条，国家八纵八横网络中有3条横线和2条纵线贯穿长三角地区。从高铁对铁路旅客发送量的影响来看，开通后较开通前普遍提升7%~13%。选择高铁出行的人员有所增加，整体来说，客流量较开通前提升了10个百分点左右。

4. 跨省市地铁系统一体化

交通一体化是区域一体化的重要基础。在长三角，交通一体化拉开了区域一体化的全面进程序幕，从沪宁高速公路项目建设，到苏州昆山直通虹桥机场的机场高速建设，再到区域公交卡整合，然后迅速发展到轨道交通引导的交通一体化。按照经济学理论，交通的对接有利于增加投资强度、减少行政区划分割、缩短物流距离，从而促进巨型城市区的发展。在公交体系一体化的驱动下，长三角开始探讨小尺度空间上的试验区规划推进工作，如上海崇明东平 – 江苏海永 – 江苏启隆城镇圈的规划、上海嘉定安亭 – 上海青浦白鹤 – 江苏花桥城镇圈规划，以及上海金山枫泾 – 上海松江新浜 – 浙江嘉善 – 浙江平湖城镇圈规划等，其内容除了产业园区、环境整治、能源互补外，还特别注重交通互连互通、信息网络建设等。

上海为中心的巨型城市亚区的现在，也许就是南京等巨型城市亚区的未来。除了上海及外围跨界区域的交通一体化推进外，南京等城市也在积极推进区域公交体系平台建设。南京地处江苏西南部，和安徽南部交界。安徽的马鞍山等通过城铁、轨道交通及高速等基础设施与南京加强对接，如马鞍山轨交 1 号线对接南京地铁 8 号线。此外，安徽宣城也在战略性地谋划建设通往南京高淳的轨道交通。安徽芜湖提出了推进芜湖至马鞍山至南京禄口机场轨道交通项目建设的建议。作为距离南京市区最近的安徽设区市——滁州市至南京的轨交项目已有实质进展，宁滁城际即南京地铁 S4 号线，全线设站 16 座，连接规划中的南京北站和高铁滁州站。未来，南京直达扬州、镇江及皖南多市主城区的市域轨道交通，加上"米"字形高铁网络，以南京为中心的巨型城市区将不断发生量和质的变化。

四、集聚经济性

地区经济总量和水平提升迅速。1992 年该地区（上海、南京、无锡、苏州、常州、镇江、南通、泰州、扬州、杭州、宁波、绍兴、嘉兴、湖州、舟山等地）的人均 GDP 为 4538 元 / 人，到 2017 年已经突破 11 万元。同时，1992 年长三角 15 个城市 GDP 占全国的比重 13% 左右，到 2017 年超过 16%，虽然 2005 年后占全国比重显著下降，但 2012 年后，长三角的 GDP 比重又开始增长，反映了在全球经济波动时代，巨型城市区的聚集能力和规模报酬递增效应的发挥。

不同群组的 GDP 轨迹在发生分化。长三角核心区 15 个城市可以分为三大集团，人均 GDP 水平最高的是苏州和无锡，均突破了 14 万；其次是沪宁杭和宁波 – 舟山、常州 – 镇江等集团，人均 GDP 都突破了 10 万；低于 10 万的则包括通泰扬、嘉湖绍六个城市。1992 年以来，沪宁杭三个区域中心城市（直辖市和省会层面）GDP 比重占所有城市比重出现了较为明显的增减波动，但在供给侧结构性改革后，三个城市的 GDP 占区域比重持续上升，2013 年为 40.1%，到 2016 年上升到 41.5%；而苏锡常镇和宁波、舟山的 GDP 比重在 2013 年后出现显著下降，经济水平相对较低的通泰扬和嘉湖绍则在经济危机后比重稳步上升，见如 4.24 和图 4.25。

不同群组城市 GDP 服务业发展和工业化进程有所分化，时空演替有核心 – 外围规律的同时也有一定的多中心规律。沪宁杭三个城市的第三产业比重远远高于其他城市，均超过 55% 的比重，其余城市除了舟山第二产业比重较低外，第二产业和第三产业处于 45%~55% 的水平。1992 年以来，第一梯队的沪宁杭三个核心城市 2006 年以后服务业发展开始取代工业发展的主导地位，而且其后两者的比重迅速拉开，2006 年服务业比重为 49%，到 2016 年已经达到 65.4%，10 年增长了超过 15 个百分点；第二梯队的苏锡常镇和宁波、舟山在 2011 年服务业取代了工业的主导地位，而第三梯队的通泰扬和嘉湖绍依然是第二产业占主导地位，2016 年第二产业比重为 48.8%，比服务业比重高出 2 个多百分点。

五、投资、创新和可持续性

（一）整体投资导向，局部地区转向创新导向

1996 年以来，长三角整体上一直处于投资驱动阶段，虽然 2003 年以来，固定资

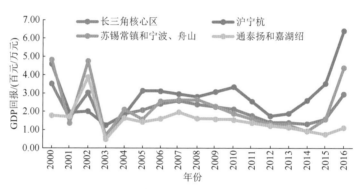

图 4.24　不同层级区域固定资产投资的 GDP 回报变化比较

资料来源：中国城市统计年鉴。

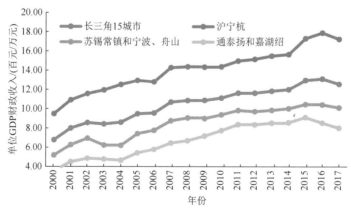

图 4.25　2000~2017 年长三角不同城市单位 GDP 的财政收入比较

资料来源：中国城市统计年鉴。

产投资占 GDP 的比值区域基本稳定，但其水平依然维系在较高数值（近 50%），长三角不同地区内部的投资驱动程度在发生显著的分化。沪宁杭三个区域中心城市或者巨型城市在 2000 年以后基本上稳步下降，到 2016 年已经基本上接近于 35%。与此同时，相对外围的地区，如通泰扬和嘉湖绍等地区则处于呈现比较显著的投资驱动强化阶段，2016 年其比重系数已经超过 70%，见图 4.26。

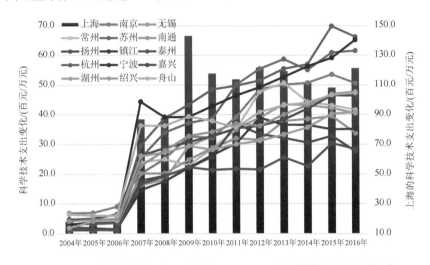

图 4.26　2004 年以来长三角不同城市万元 GDP 的科学技术支出变化比较及
上海的科学技术支出变化

资料来源：中国城市统计年鉴。

从不同城市地区的科技研发投入占财政支出的比重来看，2007 年以来，无论整体还是局部，长三角的创新驱动都处于上升态势。创新驱动最显著的仍然是沪宁杭三个城市，其次是工业化水平高度发育的苏锡常镇和宁波、舟山地区，其创新驱动的水平已经从 2007 年的 3% 左右迅速上升到 2017 年的 5%，2014 年后已经超过长三角的平均水平。创新驱动水平和提升速度较慢的是工业化主导的外围地区——通泰扬和嘉湖绍。

（二）开始转向二次资本累积模式阶段

从资本累积循环角度来看，1995 年以来总体上房地产开发投资占固定资产投资的比重稳定在 35% 以下，反映了工业化资本积累的基本阶段特征，这与制造业在长三角的主导发展高度吻合，通泰扬和嘉湖绍地区尤为如此，其次是苏锡常镇江和宁波、舟山。2008 年以后，整体上长三角的资本积累模式开始转向二次资本积累阶段，即以房地产等为特征的发展阶段，虽然 2011 年后，这种转变尚处于缓慢发展阶段，甚至一些地区重新开启了初次积累的模式，如通泰扬和嘉湖绍地区，但同时沪宁杭三市二次资本累积模式越来越显著，2016 年房地产开发投资占固定资产投资的比重已经超过 45%。

（三）财政效率和风险

从万元 GDP 财政收入来看（图 4.27），长三角 15 个城市的发展水平在全国领先，高于珠三角。其中，沪宁杭三个城市万元 GDP 的财政收入高达 1700 元以上，远远领先于第二梯队的苏锡常镇和宁波、舟山。从单个城市来看，上海单位 GDP 的财政收入遥遥领先于其他城市，更是明显领先于北京、广州、深圳等其他一线城市，其次是宁波、杭州、苏州和南京。

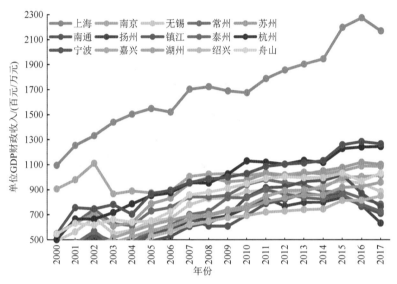

图 4.27 2000 年以来不同城市万元 GDP 的财政收入变化比较（单位：元 / 万元）

资料来源：中国城市统计年鉴。

从财政赤字水平来看，长三角的赤字水平要显著低于珠三角和京津冀地区，总体上 2000 年以来有逐年下降的趋势，但也和其他地区一样，2000 年以来经历了三次赤字高峰。第一次在 2002~2004 年，第二次在 2008~2011 年，第三次在 2015 年以后。从不同层级地区来看，发展水平最低的通泰扬和嘉湖绍地区历来财政赤字水平较高，但也基本上维系在 30% 以内。而沪宁杭三个城市的财政赤字水平要高于苏锡常镇等地区，见图 4.28。

六、一个由多个巨型城市区组成的多中心巨型区

沪宁杭巨型城市区涉及几个省份，包括上海、江苏、浙江和安徽。经过漫长的自然和经济变迁，该地区功能互补的多中心结构特征非常突出。虽然通过不同的巨型城市区划分方法大致可以判断出该地区是一个连绵成片的巨型城市区，但实际上从内部的差异性和联系性来看，又可以细分为若干个相对成熟的亚巨型城市区，包括以上海、苏州、无锡、嘉兴、南通等为中心的大上海巨型城市区，以南京为中心的大南京巨型

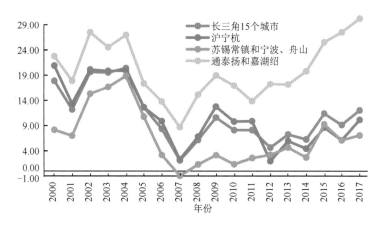

图 4.28　2000~2017 年长三角不同层级城市财政赤字指数变化（单位：%）

资料来源：中国城市统计年鉴。

城市区，以杭州、宁波等为中心的大杭州巨型城市区等，甚至以合肥为中心的大合肥地区，以温州、台州为中心的温州 – 台州走廊巨型城市区也开始加强了与上述三大亚巨型城市区的连绵性和要素流动性。一定意义上讲，长三角更加类似"美国 2050"所界定的巨型区类型。可以说，上海在水网纵横、行政多元的长三角的龙头作用不可忽视，但南京和杭州乃至温州、合肥等城市也日益增强，形成了以其为核心的亚巨型城市区。一定意义上讲，长三角是一个网络化、多中心的巨型城市区，也是一个由多个相对独立的亚巨型城市区所组成的巨型区，见表 4.25~ 表 4.27。

表 4.25　长三角的巨型城市非农就业规模（大于 300 万人）和结构　（单位：万人）

项目	上海	南京	无锡	苏州	杭州	宁波
非农就业	1224	400	336	707	591	514
高端服务业	292	82	33	66	85	57
一般服务业	350	76	46	87	103	59
公共服务业	102	42	26	43	51	37
制造业	365	101	198	439	180	247

资料来源：第六次全国分县（市、区）人口普查数据。

表 4.26　长三角其他比较重要的巨型城市非农就业规模和结构　（单位：万人）

项目	合肥	温州	常州	徐州	金华	嘉兴
非农就业	286	328	281	288	280	206
高端服务业	40	26	34	29	15	16
一般服务业	42	35	40	55	37	19
公共服务业	31	43	21	35	26	17
制造业	72	167	132	102	111	125

资料来源：第六次全国分县（市、区）人口普查数据。

表 4.27　长三角大城市经济发展指标

地区	GDP/ 亿元	人均 GDP/ 元	实际利用外资 / 亿美元	公共财政收入 / 亿元
上海市	21602	150853	168	4110
苏州市	13016	199017	87	1331
杭州市	8344	118013	53	945
无锡市	8070	170978	33	711
南京市	8012	124600	40	831
宁波市	7129	122912	33	793
南通市	5039	65696	23	486
合肥市	4673	65631	19	439
徐州市	4436	44050	15	423
常州市	4361	119151	35	409
温州市	4004	49614	5	324

资料来源：中国城市统计年鉴。

（一）人口与就业多中心性

从第六次全国人口普查数据来看，长三角（这里涵盖了安徽省）整体上来讲呈现较明显的多中心特征。第一，人口密度最高的地方是上海－苏锡常走廊，其次是南京市区、杭州市区和宁波市区。第二，长江沿岸地区和环杭州湾地区成为人口密集连绵的区域，实际上这些地区大多是上海、南京、杭州、宁波等中心城市的外围地区。第三，以温州为中心形成了温州－台州人口密集的次中心地区；以合肥和芜湖等为中心形成了安徽的人口较为密集的地区；以徐州和淮安等城市为中心的地区人口相对也比较密集，见图 4.15。和人口空间分布呈现多中心格局类似，长三角的就业也基本上呈现上海、南京、杭州等区域中心城市及其外围地区连绵成片的局面，在此基础上，形成了以温州、合肥、徐州、淮安等为中心的相对就业密度较高的片区。

（二）基于功能性城市区的多中心性识别

从核心－边缘空间结构及长三角地区的人口增长等情况来看，长三角巨型城市区大概包括四个不同程度的亚巨型城市：①上海－苏州－无锡－常州和南北两翼的嘉兴、南通等共同构成以上海为核心的江浙沪跨界、跨江巨型城市区；②以南京为核心，连同以镇江、扬州、马鞍山、滁州等为组成部分的大南京巨型城市区；③以杭州为中心，连同绍兴、宁波、湖州等地区的走廊型巨型城市区；④以合肥为中心的大合肥巨型城市区；⑤以温州和台州为中心的浙东南沿海走廊型巨型城市区。当然，这仍是一个不断演化的巨型城市区，安徽省长江沿岸的芜湖－铜陵－安庆等也吸引了生产要素的不断集聚。江苏苏北地区的徐州－连云港地区、盐城－淮安地区等虽然在人口规模方面的集聚不够显著，可谓人口增长的洼地，但就业增长在这些地区极为迅速，成为中国就业增长的高地。

（三）多中心性变迁

2000 年以来，长三角人口增长呈现不同的趋势。总体来讲，2000~2010 年，上海、苏州等城市不但表现为显著的人口机械增长（户籍人口维度），而且表现为显著的流动人口增长（常住人口维度），南京和杭州则表现出户籍人口增长主导的特征。相对而言，苏南地区（无锡、常州、镇江）及浙江的温台走廊、湖州–嘉兴–绍兴–宁波等户籍人口和常住人口增长均比较显著；江苏苏北和苏中地区，如徐州、连云港、宿迁、淮安、盐城、扬州和泰州则常住人口下降，户籍人口增长，南通等城市则是户籍人口和常住人口双下降。2010 年以来，上海常住人口增长加快，机械增长趋缓。但相比 2000~2010 年，长三角主要城市的人口集聚能力都在显著上升。

七、全球化和地方化驱动的区域整合

（一）全球化进程

1. 2000 年前全球化助推了长三角地区的起步

在全球化的空间发展模式下，MCR 的重要地理单元——当今城市的张力是镶嵌在全球化脉络下进行的，一方面，全球化程度高的地区经济成长迅速，新领域得到发展，新网络获得延伸，城市得到重振（如柏林、维也纳等）；另一方面，远离全球化的地区、国家、城市和个人的边缘化倾向明显，经济两极分化，其最终结果是全球化导致 MCR 变迁。从这一意义上，全球化带来的区域竞争力可以称为全球网络优势或者全球体系优势，即 MCR 的竞争优势与区域在全球体系架构网络的节点、路径、流等密切相关。

2001 年，长三角 MCR 吸引 500 强投资的项目比重远远高于其一般外资项目在全国所占比重，上海、江苏和浙江吸引 500 强投资的项目个数分别占全国的 22.3%、12.3% 和 3.3%，世界 500 强的投资对这些地区产生了至关重要的作用。20 世纪 90 年代初期以来，500 强进入中国及长三角的方式正在发生变化。从 90 年代初期的低成本战略，到 90 年代中期，500 强趋向产业链（包括上、中、下游产品）的投资，同时带动其海外供应商的追随性投资，而到 90 年代后期，500 强更趋于以收购、兼并方式进入东道国市场，这样不仅能快速占领市场、实现资源共享、降低经营风险和成本，还能使其迅速本土化。

2001 年前，第一层次中苏州、上海中心城区、浦东新区的 500 强投资项目强度最高；第二层次是无锡市区和南通市区；第三层次包括闵行区、南京市区、杭州市区和宁波市区；第四层次包括扬州市区、泰州市区、镇江市区、常州市区、绍兴市区及上海的嘉定区、松江区，苏州的昆山市、太仓市、张家港市；第五层次也都集中在长三角都市连绵核心地域内，如金山、奉贤、青浦、吴县[①]、常熟、江阴、江宁；第六层次包括武进、宜兴、锡山、吴江、萧山、南汇。

500强在长三角的投资项目具有一定的簇群组合特征：① 500强的 R&D 投资项目高度集中于上海中心城区与浦东新区，占总数的 89%，而嘉定、闵行、苏州也有一定的研发投入。②服务领域、高新技术产业领域的投资主要区位分布比较相似，大多是区域的中心城市与大城市周边的中小城市，这些地点交通便捷，航空港、高速公路等发达，且其经济基础都很雄厚。③ 500强对于传统制造业的区位分布虽仍有相当的集中性，但与 R&D 和高新技术产业、服务领域的投资项目相比较，则相对均衡得多。上海市区和浦东新区主导的投资行业几乎全是服务业领域，而南京市区是高新技术产业聚集主导。无锡和苏州都集中在电子电气、石油化工、机械仪表等门类。宁波、绍兴、吴江、张家港、嘉定等 FDI 投资重视与地方产业链的搭接，在石油化工、纺织服装、丝绸、纺织、汽车制造中相对主导。

2. 2000 年后从全球化到再全球化

2008 年以后，全球兴起深度全球化、去全球化、再全球化等趋势和思潮（马科斯·特罗约和王爱松，2017），2000 年以来的长三角再全球化过程一方面体现在长三角企业、资本等的走出去战略（如产业园区以走出去为特征的长三角模式输出等），另一方面体现在 FDI 等全球资本在长三角的快速发展，以及在核心城市和核心区域的再集聚过程。自 2008 年以来，上海及其领衔的长三角是外商资本在中国内地的主要集聚地，占到全国 1/3 以上的份额，其中香港是上海主要的外资来源地。和其他长三角城市不同的是，最近 10 年来，上海对来自香港资本的依赖性呈上升趋势。

当前，长三角工业化进程日益成熟，上海、杭州和南京等城市开始逐步进入后工业化转型阶段，服务业增加值和比重逐步上升，也成为 FDI 等快速集聚投入的领域。2008~2018 年，外商对长三角城市高端制造业投入的份额呈现下降趋势，对高端服务业和生产者服务业的投入比重不断提高。上海生产者服务业占全市外商投资的比例超过 10%，位列长三角所有城市之首，同时工业企业的全球化进程也在上海、南京、杭州等城市不断深化。虽然从规模上来看，沪宁杭三个城市的港澳台和外商投资企业产值在 2008 年后被苏锡常等地追上，但从比重来看，沪宁杭三个城市的港澳台和外商投资企业产值占总工业产值的比重还是领先于苏锡常等地区，见图 4.29 和图 4.30。

[①] 1995 年撤销吴县，设立吴县市；2000 年撤销吴县市，设立吴中区、相城区。

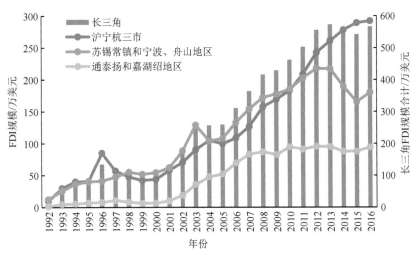

图 4.29　1992 年以来长三角不同地区 FDI 规模

资料来源：中国城市统计年鉴。

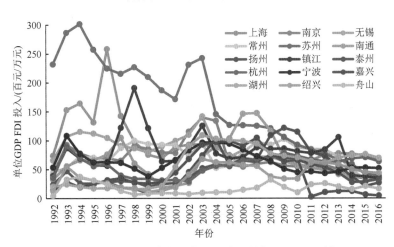

图 4.30　1992 年以来长三角不同城市单位 GDP FDI 投入

资料来源：中国城市统计年鉴。

（二）区域化进程

1. 中央 – 地方视角的长三角区域整合的历程

区域优势一方面源自全球体系优势，另一方面源自地方化趋势和过程，使得区域竞争优势很大程度上也依赖于区域竞争力大小、城市与区域的整合程度高低等，这可认为是区域竞争的地方据点优势（location-based advantages）。总之，一个有竞争力的区域既需要全球化和技术的进步，重视全球连接，更应重视区域所具有的地方发展能力，需要可持续的地方发展（Wu，2000）。基于上述分析，本节内容主要就长三角巨型城市区的区域整合、核心城市的辐射带动力量及地方政府作用三方面，对巨型城市区的边界演变机制进行探讨。

（1）第一阶段：自上而下的中央政府推动（20世纪80年代到90年代初）。该阶段的重要标志是上海经济区和长三角经济圈等的提出。改革开放后，上海在全国的经济地位一度下降，上海不仅被位于改革开放前沿的广东超越，还被江苏、浙江甩在后面。大环境和体制是制约上海发展的主要原因。改革开放以来，中国经济已经开始融入全球经济，香港和广州等为中心的珠三角更靠近国际市场，国际大循环的外向型市场经济不利于上海的内向型产品经济。另外，当时全国对上海加工制造业的倚重，不轻易允许其进行体制变革，因此，经济相对落后的江浙反而因体制改革领先于上海。这种情况直到1990年上海浦东开发开放时才开始扭转。

（2）第二阶段："市场主导+地方政府促进"的区域整合进程（20世纪90年代）。1990年上海浦东开发加快了区域一体化的进程。上海不再局限于自己核心圈的发展，而上海的周边地区也发现，大上海的辐射效应已体现出来，江浙沪三地明确提出经济一体化，这大大超出原先加强经济协作的战略，而且上海领导地位显得越来越突出。加入世界贸易组织和世界工厂、大上海都市圈及申博效应成为三地共同关心的主题。尽管还没有形成具有协调作用和约束机制的实体机构，但遵循着市场的力量对长三角MCR日益明显的作用和趋势，江浙沪党政领导、企业界、学界及社会团体在实现跨区域资源配置和资源共享方面已有突破性动作，一体化进程已经开局。

（3）第三阶段："市场主导+制度驱动"共同作用的全方位区域整合过程（20世纪90年代末期）。在地域相连、人缘相亲、共同文化的背景下，市场力量方面的一体化主要包括：①交通接轨——打造3小时交通圈。以上海为中心，长三角14个城市都坐落在300km的半径之内。打造3小时交通圈成为新一轮接轨的首选。②产业接轨——互补效应开始显现。便捷的交通使日益融合的长三角经济，开始走向多领域、大覆盖的互动合作。培育、发展、巩固一个优势产业，必须考虑吸收跨地区的要素，并纳入到自身的体系中去，这已成为大家的共识。在各地产业大举进驻上海的同时，上海也加大了结构调整、产业外移的力度。③要素互动——市场开放的新信号。苏、浙、沪之间，人流、车流、信息流、资金流的互动，成为长三角一种新的气象。④主体力量是企业。长三角经过近30年对外开放，市场经济发育程度和经济发展水平都有了质的飞跃，政府在经济活动中直接投资角色也在逐渐淡出，企业在三角洲经济发展中的角色越来越重要。长三角区域经济融合中最重要的一个转变是经济发展的主体由行政领导向企业家主导转变，以政府相关部门为主体对长三角各地进行投资和资源配置的方式发生了根本改变。由企业所推动的一体化主要依靠两个链条进行：一是产权链，二是供应链。可见，20世纪80年代以来的长三角区域整合进程日益明显，整合的力量不断演化，从中央政府的行政驱动到市场力量的作用、地方政府的作用和制度导向的驱动，反映了长三角区域整合的深化和全方位。但总的来讲，这一阶段长三角区域整合的主导力量是市场驱动，地方政府的行政力量相对不断地淡化，但制度导向区域整合进程也开始逐步深入到各个层面。

2. 区域化进程中地方政府之间的互动

20世纪90年代后沪宁杭三大中心城市周边中小城市陆续崛起，如昆山、萧山、江宁。它们既是经济发达的沪宁、沪杭或宁杭城市带上的节点，同时又位于上海、杭州和南京大都市圈周边地区。根据企业选址的区域选择、厂址选择的基本规律，中小城市地方政府借助市场发育程度高的区域和经济中心城市外部有利条件，充分发挥自身政策、土地、劳动力、交通条件、区位等比较和竞争优势，选择适合的产业空间（各种开发区、新产业空间等），降低企业的交易成本和生产成本，壮大城市自身的经济基础。例如，昆山、江宁和萧山首先都采用了"亲商、安商、富商"的投资政策、税收政策乃至人才政策，打破了纯粹级差地租的作用力和市场竞争的作用，塑造了良好的营商环境。同时，自然条件非均质（河流、山体、断裂带等）的现实情况提供了城市竞争的优越居住环境和营商环境。经济因子的非均衡（交通设施、多个城市之间的互动等）等积极地推进了中小城市融入核心城市的功能性城市区中，见图4.31。

八、市场调节和制度平衡驱动的区域整合

长三角区域整合是一个复杂的、多层次的、多方面变化和调整的进程，由多种共

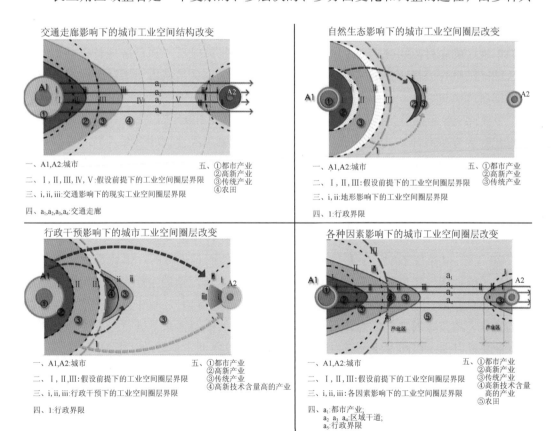

图 4.31　外围中小城市与核心大城市工业空间圈层结构的改变

同作用所形成的合力推动。

（一）基于功能溢出视角的长三角区域整合阶段划分

在整合过程顺序上，伊茨奥尼从新功能主义角度将整合分为三个阶段：创造、起飞与溢出。总体来看，长三角区域整合也基本上符合三个阶段的划分。

（1）20世纪80年代：自上而下整合的观念先行。由国家牵头构建上海经济区是一种重要尝试，为实现国家战略和区域共同目的的战略。因为地区经济发展程度相差太大，不在同一条起跑线上，利益分配难以协调；当时区域中心城市地位不突出使得区域整合缺乏强有力的推动力量，使上海经济区战略失败，另外一个原因是缺乏现实的市场作用和地方政府整合需求而最终被边缘化。

（2）1992～1997年：区域整合起飞。1990年上海浦东开发加快了区域整合进程，跨区域基础设施建设加速，一些区域协调会议也在陆续举办……许多会议虽较多务虚，还没有形成具有协调作用和约束机制的实体机构，但市场力量对长三角的作用日益明显，江浙沪党政领导、企业界、学界及社会团体在实现跨区域资源配置和资源共享方面已有突破性动作，区域整合进程开局。1990年以后，经济自由主义和新功能主义这两种秩序观从根本上影响到人们的观念，即怎样在全球化、市场经济体制确定等背景下获得全面的普遍利益（如经济繁荣、社会公平、政治稳定乃至国家安全等），进而影响本地区优先目标的确定和发展战略的选择。因此，1992年以后区域整合的加速既是区域经济整合力量驱使的结果——市场经济的力量，又是城市在历经摩擦与碰撞后乐天知命选择的结果——新功能主义。

（3）1998年以后呈现的溢出与多方位整合进程。1998年以来长三角区域整合进程深化和多方位展开，其重要标志是长三角协调会第一次会议的召开。当前长三角区域整合的主导力量是市场驱动和政府间的协调、交易等，制度导向的区域整合进程已经比较深入，然而其制度、规制等还相对落后。

（二）从功能溢出到制度平衡

20世纪80年代末期，上海经济区计划失败，然而其先行的一体化观念为整合起飞创造了前提条件，由观念扩展到行动。90年代初，长三角的坐标系可以简单地描述为以下几点：第一，市场经济的发育完善；第二，地方政府之间在具体的技术性问题上的合作，地方政府之间的合作开始在功能性合作的框架体系下进行。需要合作解决的专业事务以低门槛的专业领域为取向。首先是1992年开工建设的江浙沪高速公路（沪宁高速公路率先建成），结果苏州、昆山等成为合作的首批获益城市。基础设施领域内合作的成功，开始具有一种自主的动力，经济上相互依赖不断加深（最明显的就是苏州和昆山等地区对上海的依赖与隐性袭夺，苏州新加坡工业园区和昆山经济技术开发区迅速崛起），越来越多的行动领域相互联系在一起（如上海市产业结构向昆山等地方的转移、昆山到虹桥的机场路），功能性合作逐步扩展溢出到其他领域。1998年以后，商业贸易和旅游业等具体产业部门之间成功实现合作，随之是产权交易、高科技成果交易合作及公交公司的区域一体化。同时，政府之间协调会的举行（虽然该种协调会作用的发挥非常有限而且未能解决区域之间最根本的问题）标志着长三角区域整合进入到了一个较深的层次——涉及到制度安排。但总而言之，这一时期的区域整合基本上仍局限于某项具体问题、领域的有限合作，以专业领域为取向。即使如此，这比那些主张自上而下推动长三角整合的建议（如上海经济区）在现实中更容易实施，在冷静务实和技术性的整合目标及实际步骤当中，开始围绕着未来长三角整合的次序展开。

总之，长三角区域整合由20世纪90年代初的基础设施合作溢出到产业部门领域，最后溢出到金融、政治及制度等较深层次的领域。首先，具体的部门之间合作已经外溢到金融、信息、人才、科技等部门。其次，地方政府政治精英之间的交流频繁进行。最后，最为重要的是制度环境方面的初步合作，如各种协议的签署。此外，长三角整合的进程也纳入到国家战略中来，多层级的区域治理体系逐步完善。新功能主义溢出效应在现实的区域整合中发挥着基础和决定性作用。地方利益则促使地方政府在处理面临共同问题或寻求和维护共同利益时，采取对话与协商的合作方式。正是这种市场导向、循序渐进的功能溢出及利益导向的政府间合作不可避免地产生了两种思维和行为模式的冲突与妥协，在2000年之后影响了当前长三角区域的整合效果。

缺乏制度平衡的政府利益导致功能溢出效应的边际递减。长三角区域整合中的溢出往往发生在低门槛部门，如基础设施建设、商业贸易、旅游部门等；溢出效应很难从其他部门扩展到高门槛部门，如江浙沪三地的产业政策、港口、机场及区域规划等。随着长三角区域整合的深入，基于地方利益割据、过于松散的政府间关系对区域整合的阻滞作用开始大于其促进作用，滞缓了功能溢出效应的发挥。新制度主义的区域整合理念将弥补新功能主义与政府间主义之间分离的空间，通过建立超区域机构和相应制度环境建设来保障功能溢出效应的发挥。区域整合发展到达一定阶段需要其成员地方政府不断加强制度合作，从而促进功能溢出从低门槛部门向高门槛部门的突破。当前长三角区域整合还停留在非制度化（机制化）的阶段。一些区域性组织协调也仅仅表现在地方政治精英之间的沟通和对话，缺乏法律效力和刚性约束，缺乏具有强制力和约束力的超区域管理机构和制度平衡而颇显松散。虽然中央政府的介入在一定程度上替代和发挥了超区域机构的作用，如20世纪80年代上海经济区的成立、2003年以来《长江三角洲地区现代化公路水路交通规划纲要》、国家发展和改革委员会正式启动长三角都市圈区域规划和国务院港口统一规划，甚至是宏观调控等相关制度的平衡，然而这些基本未触及问题的本质——当前长三角区域整合进程中功能溢出的高门槛部门现象。

九、上海亚巨型城市区专门化趋势和多中心性

（一）双加速：去工业化、高端服务业化

根据第四次全国经济普查数据，2018 年上海市的正规就业人口规模为 1171 万人，比 2013 年末减少 53.7 万人，下降 4.4%。在这一过程中，上海制造业就业从 2008 年的最高 3843 万人，下降到 2018 年的 245.7 万人，年均下降约 14 万人，比重从 2004 年的 38% 下降到 2018 年的 20.98%；而高端服务业恰好相反，2004 年从业规模不足 150 万人，到 2018 年接近 390 万人，比重从 16.05% 上升到 32.98%。2013~2018 年的制造业减少和高端服务业增长同时加速。高端服务业中,持续增长最快的行业包括信息产业、金融业等。但与北京相比，上海在高端服务业方面有巨大差距，制造业和一般服务业比重过高，见表 4.28、图 4.32 和图 4.33。

表 4.28 上海从业人员规模和比重变化（2004~2018 年）

行业	从业人员 / 万人				占所有从业人口比重 /%			
	2004 年	2008 年	2013 年	2018 年	2004 年	2008 年	2013 年	2018 年
制造业	346.2	384.3	364.8	245.7	38.00	36.90	29.79	20.98
高端服务业	146.2	198.2	291.6	386.2	16.05	19.03	23.81	32.98
一般服务业	240.2	266.4	349.9	316.7	26.37	25.58	28.57	27.05
公共服务业	87.8	92.6	112.3	130.7	9.64	8.89	9.17	11.16

资料来源：第一次至第四次全国经济普查统计主要数据公报。

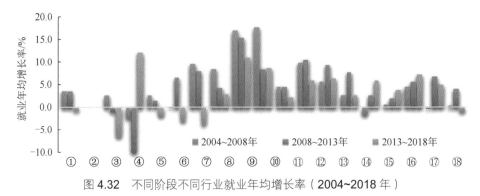

图 4.32 不同阶段不同行业就业年均增长率（2004~2018 年）

资料来源：第一次至第四次全国经济普查主要数据公报。

①采矿业；②制造业；③电力、热力、燃气及水生产与供应业；④建筑业；⑤批发和零售业；⑥交通运输、仓储和邮政业；⑦住宿和餐饮业；⑧信息传输、软件和信息技术服务业；⑨金融业；⑩房地产业；⑪租赁和商务服务业；⑫科学研究和技术服务业；⑬水利、环境和公共设施管理业；⑭居民服务、修理和其他服务业；⑮教育；⑯卫生和社会工作；⑰文化、体育和娱乐业；⑱公共管理、社会保障和社会组织。

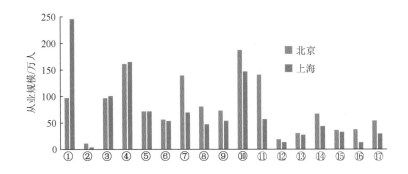

图 4.33　京沪两市主要行业从业规模和结构比较（2018 年）

资料来源：第四次全国经济普查主要数据公报。

①制造业；②电力、热力、燃气及水生产与供应业；③建筑业；④批发和零售业；⑤交通运输、仓储和邮政业；
⑥住宿和餐饮业；⑦信息传输、软件和信息技术服务业；⑧金融业；⑨房地产业；
⑩租赁和商务服务业；⑪科学研究和技术服务业；⑫水利、环境和公共设施管理业；⑬居民服务、修理和其他服务业；
⑭教育；⑮卫生和社会工作；⑯文化、体育和娱乐业；⑰公共管理、社会保障和社会组织。

（二）多中心体系形成的同时，核心区功能呈再集聚趋势

根据就业密度、就业规模、就业专门化进行上海都市区就业次中心和中心体系的分析。上海的就业相对来讲中心城高度集聚，在半径 20km 的范围内分布着主要的就业中心和次中心，而在 20km 以外，就业次中心包括嘉定－安亭以及松江、奉贤等。从就业次中心和多中心体系变化来看，上海市就业次中心的增长在空间上相对较为均质，但总体上陆家嘴－浦东机场方向和黄浦江沿岸地区就业次中心增长更为显著，另外在浦西半径 20km 以外地区形成若干个就业次中心，如松江、嘉定、安亭、青浦等，而浦东的南汇乃至临港新城等地区就业增长相对缓慢。从不同功能增长来看，金融业等在陆家嘴－外滩等地集聚明显，这符合一般国际城市高端服务业的基本规律，从制造业来看在半径 15km 的圈层内，去工业化进程显著，但在 15km 以外的区域形成了若干新的制造业增长热点区，即使是在未来可能紧密的通勤圈上（10~40km），制造业仍然高速增长，其中不包括非正规就业领域的制造业规模口径，见图 4.34。

对 2004~2018 年不同圈层就业集聚与扩散变化分析，见表 4.29，上海核心区和浦东新区功能集聚持续，但 2013~2018 年增长势头放缓，而近郊区和远郊区呈现就业规模和就业比重双下降趋势。就各个区县而言，2004~2018 年，闵行区和浦东新区年均增长率都超过 4.0%，其次是长宁区、静安区、徐汇区、普陀区，增长率都超过 3.0%，黄浦区、虹口区、宝山区、金山区、青浦区及崇明区呈现负增长。

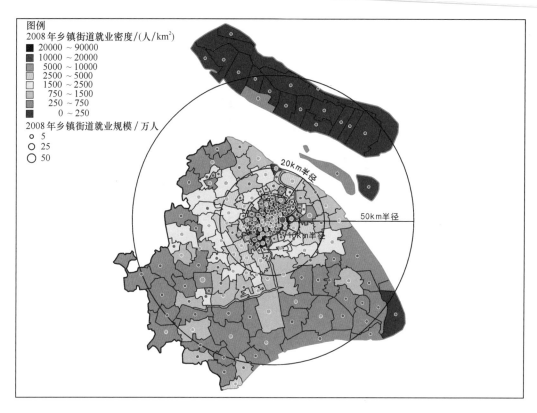

图 4.34　上海的中心体系模拟：规模、专门化和密度

资料来源：第二次全国经济普查主要数据公报。

表 4.29　上海不同圈层功能集聚扩散变化（2004~2018 年）

地区	从业规模 / 万人				年均增长率 /%		
	2004 年	2008 年	2013 年	2018 年	2004~2008 年	2008~2013 年	2013~2018 年
核心区	343.6	358.3	433.6	450.6	1.1	4.2	0.8
浦东新区	175.1	207.5	260.4	275	4.6	5.1	1.1
近郊区	191.5	228.7	255.5	241.1	4.9	2.3	−1.1
远郊区	199.9	246.9	274.7	204.1	5.9	2.3	−5.1

　　注：上海核心区包括黄浦区、徐汇区、长宁区、静安区、普陀区、虹口区、杨浦区；近郊区包括闵行区、宝山区和嘉定区；远郊区包括金山区、松江区、青浦区、奉贤区和崇明区。

　　资料来源：第一次至第四次全国经济普查主要数据公报。

第三节　　粤港澳巨型城市区

　　粤港澳巨型城市区是"北富冲积扇、南富三角洲"区域特征的典型代表。珠三角一般是指由广州、深圳、佛山、珠海、东莞、中山、惠州、江门、肇庆 9 个城市组成的区域，这也就是通常所指的珠三角或小珠三角。随着香港、澳门的回归及其经济的不断发展，由香港、澳门和珠三角核心区 11 个城市组成的粤港澳地区成为全球瞩目的巨型城市区，该巨型城市区也称粤港澳大湾区（指的是在美国纽约湾区、美国旧金山湾区、日本东京湾区等发展经验的基础上，由广州、佛山、肇庆、深圳、东莞、惠州、珠海、中山、江门 9 市和香港、澳门两个特别行政区形成的地区），见表 4.30 和表 4.31。

表 4.30　粤港澳巨型城市区基本社会经济指标

城市	GDP/ 亿元	第三产业增加值比重 /%	在校大学生 / 万人
香港	17900	93	—
澳门	3320	92.6	—
广州	18100	66.77	104
深圳	17500	58.8	9
佛山	8003	37.8	4.9
东莞	6275	53.4	11.5
惠州	3140	40.2	3.5
中山	3010	43.5	4
江门	2240	44.1	4.8
珠海	2024	48	13.3
肇庆	1970	36.1	6.6

资料来源：中国城市统计年鉴，香港统计年鉴，澳门统计年鉴。

表 4.31　珠三角巨型城市区基本社会经济指标

地理单元	常住人口 / 万人	土地面积 / km²	人口密度 / （人 /km²）	城镇化水平 /%	净流入人口占常住人口比重 /%
巨型城市区核心区：珠江两岸地区	4316	19559	2207	90.71	56.64
巨型城市区外围区：肇庆、惠州、江门等	1297	36087	359	56.12	11.01
广东省非巨型城市区	3727	109435	341	46.33	−14.65
广东省	9340	165081	566	68.20	21.86

资料来源：第六次全国分县（市、区）人口普查数据。

2017 年珠三角 9 个核心城市常住人口为 6451 万人，城镇化水平为 85.3%，人口规模等超过韩国等国家，年末从业人员也近 4000 万人，在城镇单位中的就业比率从 2010 年的 22% 左右，迅速上升到 2017 年的 40% 左右，正规就业的城镇化得到快速发展。常住人口和城镇人口经历了急剧波动的过程。1990 年，珠三角 9 市常住人口为 2370 万，到 2000 年迅速提高到 4290 万人，2010 年到 5616 万人口，2017 年到 6451 万人口。其中，1990~1995 年年均人口增长量高达 184.4 万，1996~2000 年高达 200 万人，其后经历了一段相对放缓的增长过程，2001~2005 年年均增长 50 万人；2005 年以后人口增长再次加速，2006~2010 年年均人口增长超过 200 万；2008 年后全球经济危机的发生给珠三角带来冲击，出口的减少、腾笼换鸟政策的实施使得人口年均增长又再次放缓，2010~2014 年年均增长不到 40 万人；供给侧结构性改革后，珠三角又进一步加快了人口增长速度，2014 年人口增长了 48 万，2015 年人口增长了 111 万，2016 年人口增长了 124 万，2017 年人口增长超过了 150 万。相应的城镇人口增长也经历了相对波动较大的发展。

一、高端服务业

第三产业成为珠三角区域经济发展的重要推动力。2017 年珠三角的人均生产总值高达 12.45 万元，产业结构为 1.56 ：41.66 ：56.78，第三产业成为主导产业类型。1990 年以来，珠三角经历了一段快速的工业化过程，第二产业比重从 1990 年的 43.86%，上升到 1995 年的 48.67%。到 2005 年突破 50% 关口，2006 年达到 51.6% 最高峰，之后第二产业虽然在增加值方面快速增加，但第三产业在增加值和产业结构比重等方面发展更快，从 2006 年的 45.8% 稳步上升到 2010 年的 49.03%，到 2012 年突破 50% 大关后，又进一步提升到 2017 年 56.78% 的水平。珠江两岸地区不同区县高端服务业比较及珠三角各县市区非农就业规模和高端服务业比重空间分布见图 4.35 和图 4.36。

（一）香港全球城市范式下的两极分化

在粤港澳巨型城市区，香港和澳门一直持续着去工业化和高端服务业快速发展的

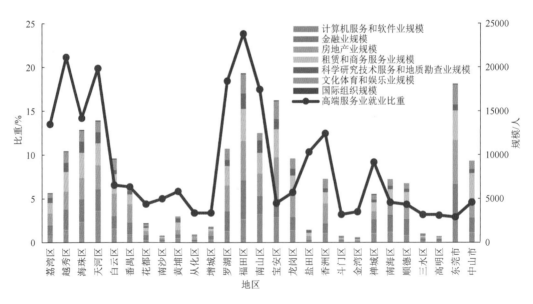

图 4.35　珠江两岸地区不同区县高端服务业比较

资料来源：第六次全国分县（市、区）人口普查数据。

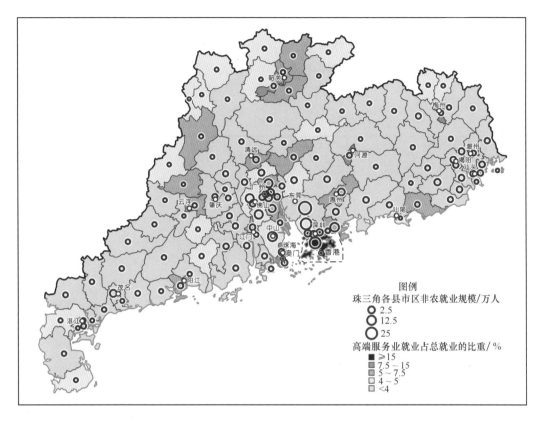

图 4.36　珠三角各县市区非农就业规模和高端服务业比重空间分布

资料来源：第六次全国分县（市、区）人口普查数据。

态势。香港近几年来，虽然特区政府为再工业化提供全面支援，希冀以此实现扭转去工业化，然而 2008 年以来，香港的制造业就业不但在比重方面显著下降，而且在就业规模上也由 3.8 万人降到了 2.9 万人。与此同时，与制造业紧密相关的生产者服务业比重也在下降，进出口贸易、批发、运输仓库邮政和速递业等都是比重和规模双下降。作为全球城市的香港，表现出 Sassen 所提出的全球城市功能和阶层分化趋向：高端服务业和一般服务业两极快速发展。2009~2014 年，香港就业中的高端服务业（咨询和通信、金融保险业、房地产业、科学技术和综合服务）5 年间增长了近 10 万人，比重增长了 1 个百分点。与此同时，生活性服务业就业规模和就业比重双上升，零售业就业规模增长了 3.5 万人，增长率提高了 0.3 个百分点，其他社会及个人服务业就业规模增长了 6.0 万人，增长率提高了 0.8 个百分点。香港这种就业构成上的两极分化，也恰恰反映了社会阶层的两极分化，见表 4.32。

（二）澳门以博彩为主导的专门化发展

与香港不同，澳门人少地小，区位偏于一隅，因此不可能表现出像香港那样的全球城市的发展规律：集聚性、多样化。澳门更多地表现为专门化趋势。2004 年，澳门文娱博彩及其他服务业就业规模为 31.3 万人，占总就业的 14.3%，到 2014 年增长为 94.0 万人，占总就业的比重提升到 24.2%，10 年增长了近 10 个百分点，与之紧密关联的酒店及餐饮业 10 年间就业规模增长了 30.7 万人，就业比重增长了 3.1 个百分点，见表 4.33。

表 4.32　香港不同就业行业门类增长情况（2008 年以来）

大类	就业门类	2009 就业 比重 %	2009 年就业 规模 / 万人	2014 就业 比重 %	2014 年就业 规模 / 万人
生产者服务业 和一般服务业	进出口贸易	15.0	52.1	13.7	51.4
	批发	1.9	6.6	1.7	6.4
	零售	8.5	29.5	8.8	33.0
	运输仓库邮政和速递	9.2	31.9	8.5	31.9
	住宿和餐饮	7.3	25.3	7.4	27.8
	其他社会及个人服务	10.7	37.1	11.5	43.1
	小计	52.6	182.5	51.6	193.6
公共服务业	行政及支援服务	4.4	15.3	5.0	18.8
	公共行政	3.0	10.4	2.7	10.1
	教育	5.3	18.4	5.3	19.9
	保健和社会工作服务	4.8	16.7	4.9	18.4
	艺术娱乐及康乐活动	1.5	5.2	1.4	5.3
	小计	19.0	66.0	19.3	72.5
高端服务业	咨询和通信	2.7	9.4	2.9	10.9
	金融保险业	6.1	21.2	6.4	24.0
	房地产业	3.3	11.5	3.5	13.1
	科学技术和综合服务	4.6	16.0	4.9	18.4
	小计	16.7	58.1	17.7	66.4

资料来源：香港统计数字一览 2015。

表 4.33　澳门主要就业门类规模和比重变化（2004~2014 年）

大类	就业门类	2004 年就业 比重 /%	2004 年就业 规模 / 万人	2009 年就业 比重 /%	2009 年就业 规模 / 万人	2014 年就业 比重 /%	2014 年就业 规模 / 万人
一般服 务业	批发业	3.9	8.6	2.9	8.9	2.0	7.6
	零售业	11.0	24.1	9.4	29.2	9.0	34.9
	酒店及餐饮业	11.0	24.1	13.9	43.2	14.1	54.8
	运输仓储及通信业	6.8	15.0	5.2	16.2	4.9	19.2
	家务及其他	2.6	5.8	5.5	17.2	5.8	22.6
	文娱博彩及其他服务业	14.3	31.3	23.6	73.7	24.2	94.0
	小计	49.6	108.9	60.5	188.4	60.0	233.1

续表

大类	就业门类	2004 年就业比重 /%	2004 年就业规模 / 万人	2009 年就业比重 /%	2009 年就业规模 / 万人	2014 年就业比重 /%	2014 年就业规模 / 万人
高端服务业	金融业	2.8	6.2	2.3	7.3	2.8	10.7
	不动产及工商服务业	5.8	12.6	8.1	25.3	7.8	30.4
	小计	8.6	18.8	10.4	32.6	10.6	41.1
公共部门服务业	公共行政及社保事务	8.3	18.1	6.3	19.7	6.6	25.5
	教育	4.8	10.6	3.8	11.8	3.8	14.8
	医疗卫生及社会福利	2.3	5.0	2.4	7.5	2.6	10.1
	小计	15.4	33.7	12.5	39.0	13.0	50.4

资料来源：澳门统计年鉴 2014。

（三）珠三角地区创新性服务业快速发展

从第三次全国经济普查数据来看，珠三角 9 个城市的高端服务业比重偏低，信息传输等高端服务业比重仅占 17.2%。其中，金融业、科学研究技术服务业水平尤其偏低，这些极大影响了珠三角的发展模式转型。

2008~2013 年，这 9 个城市高端服务业就业增长了 162 万人，高端服务业比重增长了 2.68 个百分点，其中金融业由 39 万人增长到了 59 万人，科学研究技术服务和地质勘查业也增长了近 30 万人，信息传输计算机服务和软件业增长了 32 万人。

从增长率来看，珠三角高端服务业 5 年间增长率超过 50%，其增长速度远远高于制造业和公共部门服务业（36.9%），但相对落后于一般服务业的增长率（55.6%）。其中，信息传输、计算机服务和软件业、科学研究技术服务和地质勘查业增长速度最快，分别为 97.0%、87.9%。可见，2008 年以来，珠三角的知识密集型或者创新驱动型的发展成为发展的主导。珠三角的发展动力由传统的劳动力密集型、出口导向型的三来一补投资驱动向创新驱动转型。同时，在经济危机的大形势下，就业问题也通过劳动力密集型的批发零售业（增长率超过 80%）、居民服务业和其他服务业（增长率为 45%）等得到了一定的缓解。在这一过程中，知识密集型和创新型高端服务业的快速发展及一般服务业的快速发展，为珠三角的阶层分化、空间分异产生了较为深远的影响，见表 4.34。

从各个城市来看，2008~2013 年，广州和深圳两个中心城市的就业增长依然保持较快速度，深圳的非农就业增长率超过 45%。除了珠海市外，广州、深圳两个城市在金融业方面的增长速度尤为明显，金融业继续不均衡集聚发展；信息传输、计算机服务和软件业等知识密集型的高端服务业也同样如此。另外，毗邻深圳的惠州和相对外围的肇庆也开始提速，见表 4.35 至表 4.37。在创新经济等的作用下，深圳的 GDP 开始取代广州成为珠三角第一位。

表 4.34　珠三角服务业就业规模和比重变化（2008~2013 年）

大类	就业门类	2008 年就业规模 / 万人	2008 年就业比重 /%	2013 年就业规模 / 万人	2013 年就业比重 /%
一般服务业	交通运输、仓储和邮政业	77	3.10	118	3.71
	批发和零售业	160	6.42	289	9.14
	住宿和餐饮业	68	2.71	71	2.25
	居民服务和其他服务业	24	0.96	34	1.09
	小计	329	13.19	512	16.19
高端服务业	信息传输、计算机服务和软件业	33	1.33	65	2.05
	金融业	39	1.56	59	1.9
	房地产业	70	2.81	102	3.22
	租赁和商务服务业	115	4.61	164	5.19
	科学研究技术服务和地质勘查业	33	1.32	62	1.95
	小计	290	11.63	452	14.31
公共部门服务业	水利环境和公共设施管理业	12	0.50	15	0.47
	教育	73	2.94	94	2.97
	卫生社会保障和社会福利业	34	1.35	45	1.42
	文化体育和娱乐业	15	0.61	21	0.66
	公共管理和社会组织	80	3.20	118	3.73
	小计	214	8.60	293	9.25

资料来源：第二次、第三次全国经济普查主要数据公报。

表 4.35　珠三角各城市主要高端服务业部门就业增长率（2008~2013 年）（单位：%）

就业门类	广州	深圳	珠海	佛山	惠州	东莞	中山	江门	肇庆	珠三角
非农就业合计	27.6	45.4	27.4	16.0	34.0	17.3	11.7	1.5	33.2	27.3
高端服务业	53.6	54.8	71.2	50.2	88.2	62.5	21.7	40.3	62.9	54.8
信息传输、计算机服务和软件业	73.0	157.1	119.0	38.3	18.1	35.0	47.0	−36.3	34.0	95.8
金融业	41.4	168.5	49.2	−67.0	−67.8	−54.6	−80.7	−70.0	−50.1	51.9
房地产业	39.3	35.4	37.7	57.6	103.2	72.9	40.7	59.4	115.1	45.5
租赁和商务服务业	54.8	4.9	116.4	100.3	234.7	87.4	29.5	148.6	134.7	42.8
科学研究技术服务和地质勘查业	84.6	79.5	93.9	140.5	49.1	176.8	89.1	29.8	54.3	87.0

资料来源：第二次、第三次全国经济普查主要数据公报。

表 4.36 珠江两岸 GDP 比重变化（2004~2013 年） （单位：%）

城市	第一产业	第二产业	第三产业	工业	高端服务业
广州	-1.26	-6.24	7.51	-5.11	6.75
深圳	-0.24	-8.50	8.74	-7.94	5.67
珠海	-0.64	-1.35	1.99	-1.47	6.66
佛山	-2.02	3.44	-1.42	4.17	8.23
东莞	-0.88	-8.72	9.61	-7.52	5.99
中山	-1.69	-6.15	7.84	-4.92	6.31

资料来源：第一次至第三次全国经济普查主要数据公报。

表 4.37 珠江两岸 GDP 增长率变化（2004~2013 年） （单位：%）

城市	GDP	第一产业	第二产业	第三产业	工业	高端服务业
广州	27.58	9.01	21.57	32.66	22.06	53.81
深圳	26.70	-5.77	20.48	33.57	20.46	40.12
珠海	22.70	15.72	21.82	24.19	21.66	53.80
佛山	29.50	8.38	31.94	28.02	32.62	90.90
东莞	22.83	-1.40	17.57	30.51	18.07	48.40
中山	30.73	13.56	26.55	40.29	27.18	85.76

资料来源：第一次至第三次全国经济普查主要数据公报。

二、制造业地位依然显著

得益于中央政府的改革开放战略和邻近香港的区位优势（香港一直是珠三角经济区的主要投资来源），广东的珠三角目前已成为世界知名的加工制造和出口基地，是世界产业转移的首选地区之一，形成了电子信息、家电等企业群和产业群，随着产业升级的推进，珠江三角洲优先发展汽车和装备工业、石化、钢材精深加工、中高档造纸等原材料工业，形成了一批产业群、产业带。随着投资驱动向创新驱动的逐渐过渡，该地区高新技术产业也在飞速发展，目前已有近 10 个国家级高新技术开发区（广州、珠海、佛山、惠州仲恺、东莞松山湖、中山火炬、江门、肇庆等）和若干个省级高新技术开发区，见图 4.37。

（一）制造业规模和比重仍在显著增长

2013 年根据第三次全国经济普查数据，珠三角地区的制造业（法人单位）就业规模高达 1728 万人，就业比重在 54% 以上，占整个广东省的制造业就业比例近 85%。区域中心城市中，广州和深圳的制造业比重分别为 31.5% 和 49.9%。整个三角洲地区

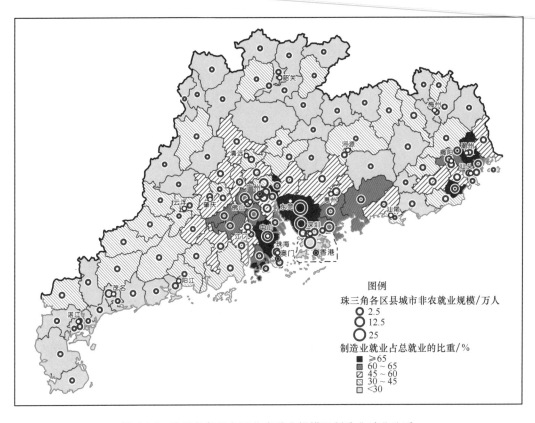

图 4.37　珠三角各县市区非农就业规模及制造业就业比重

的金融业比重仅占 1.9%（总金融部门就业规模不到 60 万），房地产业仅占 3.2%，信息传输、计算机服务和软件业也仅占 2.0%，见表 4.38。

表 4.38　珠三角及主要城市就业结构（2013 年）　　　　（单位：%）

产业名称	广州	深圳	珠海	佛山	惠州	东莞	中山	江门	肇庆	珠三角
采掘业	0.0	0.1	0.0	0.0	0.2	0.0	0.0	0.1	1.4	0.1
制造业	31.5	49.9	48.0	67.0	61.7	76.4	72.5	57.8	53.0	54.4
电热燃气水生产供应业	2.0	0.2	0.3	0.4	0.7	0.2	0.5	0.5	1.4	0.7
建筑业	7.0	6.6	10.0	3.0	3.5	1.9	3.6	6.7	4.9	5.3
交通运输、仓储和邮政业	7.6	4.0	3.0	1.8	2.1	1.4	1.4	1.9	2.0	3.7
信息传输、计算机服务和软件业	3.3	3.2	2.8	0.7	0.6	0.5	0.6	0.4	0.8	2.0
批发和零售业	13.2	10.8	9.4	7.4	6.6	4.9	5.4	5.5	6.3	9.1
住宿和餐饮业	3.3	2.1	2.9	1.9	1.9	1.7	2.0	1.9	1.7	2.2
金融业	2.2	3.9	1.8	0.4	0.3	0.3	0.2	0.4	0.6	1.9
房地产业	4.8	3.5	4.2	2.4	3.8	1.4	2.1	1.9	2.7	3.2
租赁和商务服务业	7.5	5.8	4.3	4.4	4.5	3.2	2.9	4.2	3.0	5.2

续表

产业名称	广州	深圳	珠海	佛山	惠州	东莞	中山	江门	肇庆	珠三角
科学研究和技术服务业	3.4	2.5	1.7	1.3	0.9	0.7	0.6	0.8	1.0	1.9
水利环境公共设施管理业	0.7	0.3	0.7	0.6	0.7	0.2	0.3	0.8	0.9	0.5
居民服务修理其他服务业	1.5	1.3	0.9	0.7	0.4	0.8	0.9	0.5	0.5	1.1
教育	4.3	1.7	3.3	3.1	4.5	2.0	2.4	4.8	7.5	3.0
卫生和社会工作	2.3	0.8	1.5	1.5	1.7	0.9	1.1	2.4	3.1	1.4
文化体育和娱乐业	1.2	0.5	0.7	0.5	0.6	0.4	0.5	0.5	0.8	0.7
公共管理社会保障和社会组织	4.2	2.8	4.4	3.0	5.3	3.0	2.9	8.9	8.5	3.7

资料来源：第三次全国经济普查主要数据公报。

2008 年经济危机以来，珠三角的制造业就业规模进一步增长，到 2013 年 5 年间就业规模增长了 212 万人，年均增长超过 20 万人，并且区域中心城市广州和深圳的制造业规模分别增长了 12 万人和 116 万人，工业化势头仍然比较强劲。与该地区相邻的港、澳两个城市不断深化的后工业化趋势相比，珠三角作为世界工厂的地位仍然没有发生根本变化，见表 4.39~ 表 4.41。

表 4.39　珠三角各城市制造业就业比重增长变化（2008~2013 年）　（单位：%）

项目	广州	深圳	珠海	佛山	惠州	东莞	中山	江门	肇庆	珠三角
2013 年比重	31.5	49.9	48.0	67.0	61.7	76.4	72.5	57.8	53.0	54.4
2008~2013 年比重增长	1.2	6.3	1.3	1.9	4.5	1.6	1.3	−2.3	9.2	2.8

资料来源：第二次、第三次全国经济普查主要数据公报。

表 4.40　香港和澳门制造业就业及其变化（2009~2014 年）

种类	2009 比重 %	2009 年规模 / 万人	2014 比重 %	2014 年规模 / 万人
香港制造业就业	3.8	13.2	2.9	10.9
澳门制造业就业	5.3	16.4	1.9	7.4

资料来源：香港统计数字一览 2015；澳门统计年鉴 2014。

表 4.41　珠江两岸走廊与国内其他典型走廊地区的比较

地区	净流入人口 / 万人	大学本科以上比重 /%	高端服务业就业规模 / 万人	高端服务业就业比重 /%	人口密度 /（人 / km²）	制造业规模 / 万人	制造业比重 /%
京津走廊	1030	13.92	256	14	1055	349	19.66
沪宁走廊	1764	9.48	293	9	1537	1306	41.76
闽东南沿海走廊	316	4.21	66	5	613	484	33.91
珠江两岸走廊	2445	6.48	194	7	2207	1536	54.78
沪杭甬走廊	1426	8.81	272	9	993	1176	40.42
胶东沿海走廊	169	5.16	47	4	574	307	24.56

资料来源：第三次全国经济普查主要数据公报。

（二）制造业从劳动力密集型转向资本和技术密集型

从制造业内部结构来看，2008~2013 年珠三角所有门类的就业规模都有显著的增长。但显然，劳动力密集型的制造业行业门类增长速度开始放缓，增长率为 3.06%，资本密集型的重工业增长了 24.7%，其中装备制造业增长速度更快，增长率高达 32.10%，制造业结构的优化程度都要远远高于广东省平均水平，见表 4.42。

表 4.42　珠三角各个城市制造业就业比重变化（2008~2013 年）　（单位：%）

项目	广州	深圳	珠海	佛山	惠州	东莞	中山	江门	肇庆
轻工业	5.23	22.71	−15.57	−2.26	3.98	5.75	−13.55	−18.05	13.26
重工业	13.81	38.04	18.71	19.11	40.33	14.93	29.34	−4.42	73.99
其中：装备制造业	24.27	39.18	20.25	32.60	48.22	25.61	33.09	−2.53	66.09
合计	9.92	34.81	9.92	12.37	27.35	11.22	9.19	−9.78	49.18

资料来源：第二次、第三次全国经济普查主要数据公报。

三、流动性和流动空间

（一）生产要素流动性

劳动力要素流动。外来净流入人口规模大、比重高长期以来一直是珠三角城镇化和区域发展的重要特征。1995 年，珠三角的外来净流入人口为 919 万，占常住人口的比重为 28%，到 2000 年，外来净流入人口规模高达 1726 万，占常住人口的比重为 40.24%，其后经历了一段相对稳步缓慢的增长，2007~2010 年后，外来净流入人口进一步激增，年均净流入人口增长超过 150 万人。

资本要素流动。FDI 流动方面，1992 年以来，珠三角 FDI 成为经济发展的重要推动力。虽然总体上单位 GDP 的 FDI 投入开始显著下降，但 FDI 的总量依然迅速上升。总体而言，与广东的经济相对不发达地区相比较，经济发达的珠三角 FDI 增长速度更快，1993~2016 年，珠三角 9 市的 FDI 年均增长率超过 66%，远远高于广东省 48.5% 的平均水平，也远远高于广东其他地区（年均增长 2.09%）。另外，珠江两岸城市（深圳、东莞、广州、佛山、中山和珠海）其 FDI 的增长速度更快，年均增长率超 80%，广州和深圳两个城市年均增长率超 87%，见图 4.38。

国际贸易和进出口。2016 年珠三角 9 市的进出口总额占广东省的比重为 76.57%，比 2005 年降低了 1 个百分点。同期，广州和深圳两个城市占广东省比重由 2005 年的 44% 上升到 2016 年的 44.6%。

（二）流动空间促进"去分隔"进程

珠三角机场群体系基本形成。香港机场吞吐量 7000 万人次左右，其次是广州，

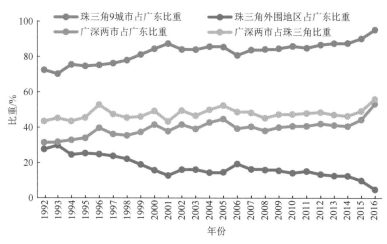

图 4.38　1992 年以来不同地区 FDI 变化比较

资料来源：中国城市统计年鉴。

为 6000 万人次，深圳为 4000 万人次，除此之外，澳门和珠海也都超过 500 万人次。从珠三角航空客流量占总客流量的比重来看，珠三角 9 市 2000 年为 0.87%，到 2008 年上升到 3.35%，2014 年上升到 7.03%，同期广东省分别为 0.55%、2.56% 和 5.53%；广州和深圳两市及其总计则分别为 2.17%、8.44% 及 9.3%。港口体系也较为发达，香港的港口货物吞吐量超过 25660 万 t，广州超过 52000 万 t，深圳超过 22000 万 t，而珠海也超过 12000 万 t。铁路客运和流动经历了先集聚后扩散的过程。1992 年，珠三角 9 市铁路客运量占广东省的比重仅仅为 62.5%，到 2008 年后，迅速提升到 93%，到 2013 以后，比重则相对下降。广州和深圳也如此，1992 年占比 59%，2008 年为 88%，2012 年后则为 85%。

流动空间打造促进粤港澳巨型城市区的整合提升。相比长三角、京津走廊，粤港澳巨型城市区"一国、两制、三地"的政治、经济因素，其区域协作问题要复杂很多。港珠澳大桥等则成了粤港澳巨型城市区一体化的重要标志性流动空间平台。港珠澳大桥是连接香港、珠海和澳门的特大型桥梁隧道结合工程，横跨珠江口伶仃洋海域，主体工程全长约 35km。西岸着陆点为珠海拱北和澳门明珠，东岸着陆点为香港大屿山西北的散石湾。该桥通车后，由香港开车到珠海或澳门，只需要 15~20 分钟，目前行船需一个小时，有助于吸引香港投资者到珠江三角洲西岸投资，并可促进港、珠、澳三地的旅游业。

从区位商角度来看，2000 年以来，珠三角和广州、深圳两市铁路和航空的客运量区位商虽然总体上还是高于 1.0，但显著下降。2000 年广州、深圳两市的民用航空客运量区位商为 3.92，到 2014 年为 1.68，珠三角 9 市 2000 年为 1.56，2014 年为 1.27；2000 年广州、深圳的铁路客运量区位商为 3.50，而到 2014 年已经降到 0.91。与此同时，公路交通在珠三角和核心城市的角色发挥加强。2000 年珠三角 9 市和广深两市的公路客运量区位商分别为 0.99 和 0.90，2014 年已经提升到 1.02 和 0.98，见表 4.43 和图 4.39。

表 4.43　珠三角主要地区不同交通方式客运量区位商变化比较（2000 年以来）

交通方式	地区	2000 年	2004 年	2008 年	2011 年	2014 年
公路客运量	珠三角 9 市	0.99	0.98	0.98	1.02	1.02
公路客运量	广深两市	0.90	0.86	0.83	0.98	0.98
民用航空客运量	珠三角 9 市	1.56	1.45	1.31	1.20	1.27
民用航空客运量	广深两市	3.92	3.50	3.30	2.23	1.68
铁路客运量	珠三角 9 市	1.30	1.38	1.26	1.12	0.82
铁路客运量	广深两市	3.50	3.59	3.07	2.02	0.91

资料来源：中国城市统计年鉴。

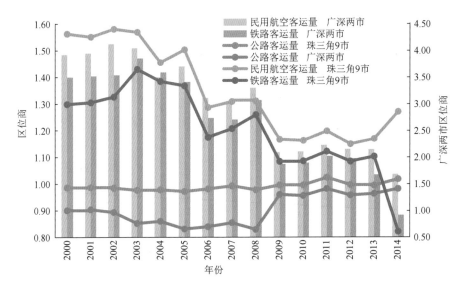

图 4.39　珠三角主要地区不同交通方式在广东省的区位商变化比较

资料来源：中国城市统计年鉴。

四、集聚经济

全球经济衰退下珠三角集聚经济效应再次显现。1992 年珠三角 9 市的 GDP 总量为 1662 亿元，占全国的比重为 6.11%，此后该比重逐年上升，到全球经济危机前的 2006 年达到顶峰，为 9.85%，此后逐年下降，到 2012 年为 8.8%。供给侧结构性改革后，在市场经济的作用下，珠三角 9 市的 GDP 总量上升更快速，到 2016 年已经上升为 67841 亿元。2012~2016 年，珠三角占全国的比重再一次不断提升，到 2016 年提升到 9.17%。可以说，在市场经济作用下，巨型城市区的经济恢复能力和集聚能力更加具有独特优势。从 9 个城市对珠三角的贡献率来看，1992~2016 年，占前两位的一直是广州和深圳，其次是佛山和东莞。1992~2002 年广州和深圳的 GDP 总量占珠三角 9 市的比重由 47.9% 迅速提升到 55.7%，2003~2007 年在区域收敛的作用下，两市占珠三角的比重下降。2008 年全球经济危机发生后，广深两市占珠三角的比重再次提升，由 2008 年的 53.9% 上升到 2016 年的 57.5%，创历年最高水平，而深圳、东莞、广州、佛山、中山和珠海 6 个珠江沿岸的城市也有同样趋势。1992 年 6 个城市占珠三角的 GDP 比重为 77.32%，到 2007 年后达到 89.05% 的最高点后逐年下降，到 2012 年为 88.05%，之后这一比重稳步上升，到 2016 年恢复到 88.33%。

珠三角经济活动不断加密化。不仅仅人口和 GDP 在珠三角集聚发展，交通设施、新区发展等方面的固定资产投资也在持续加密化，在 2008 年以后更是如此。2008~2016 年，珠三角 9 市固定资产投资占 GDP 的比重持续上升，从 2008 年的 26.45% 上升到 2016 年的 32.86%，上升了 6.41 个百分点，广深两市从 22.30% 上升到 25.06%，见表 4.44。2008 年后珠三角的房地产投资比重开始加大，资本累积循环从初次循环转向二次循环。20 世纪 90 年代到 2008 年，由于产业园区等的投资建设，珠三角房地产开发投资占固定资产投资的比重逐步下降，2008 年后，出口加工受阻，投资在工业领域的资金相对下降，而以南沙新区、前海新区等为代表的地区成为发展的重点，房地产发展加快。这些在广深两市尤其显著，超过了珠三角 9 市的平均水平。相对应的，在供给侧结构性改革后，珠三角外围地区的房地产开发投资比重再次回落。

表 4.44　珠三角不同地区固定资产投资占 GDP 的比重变化（2008 年以来）（单位：%）

地区	2008 年	2009 年	2010 年	2011 年	2012 年	2013 年	2014 年	2015 年	2016 年
珠三角 9 市	26.45	29.55	29.72	28.01	29.09	30.17	30.41	30.45	32.86
广深两市	22.30	25.20	25.62	23.19	22.92	23.25	23.26	24.45	25.06
广东省	29.24	33.14	33.62	30.38	32.28	34.51	35.98	37.40	39.19

资料来源：中国城市统计年鉴。

一方面，珠三角在向二次资本循环过渡；另一方面，人才战略、科技创新战略等促进地方政府和企业不断加大研发投入。其表现在于，珠三角 9 市的科学技术支出占广东省的比重一直维系在 90% 左右的水平，而同时广州和深圳两市的比重总体上由 2004 年的 40% 多上升到 2016 年的近 70% 的水平，可见研发支出在核心城市的集聚和加密化趋势更为显著。

五、投资、创新和可持续发展

（一）投资驱动转向创新驱动

FDI 1994 年之前在珠三角和广东的经济发展中扮演着重要的角色，FDI 占 GDP 的比重在迅速上升，当然可以看出，这些投资主要集中在东莞、中山等城市，广深两市低于珠三角 9 市，甚至还低于广东省的平均水平。之后，FDI 在地区生产总值中的比重越来越低，但可以发现，珠三角和广深两市与珠三角外围地区的城市相比，2008

年后比重进一步拉大，FDI在核心城市和珠三角再次出现集聚态势。固定资产投资在广东省的经济发展中仍然扮演着很重要的角色。另外，从研发投入支出占GDP的比重来看，经济发达的广州和深圳两市在近些年的增长非常迅速，已经和北京市的水平接近。其次是珠三角9市，最后是广东省和珠三角外围城市。

（二）财政效率和风险

珠三角单位GDP的财政收入要相对落后于长三角和京津冀北地区。2000年以来，珠三角城市中无论是9个城市总体水平还是广州、深圳两个核心城市，万元GDP的财政收入都在显著上升，广州、深圳两市的水平超过1150元/万元，即便如此，珠三角与京津走廊乃至京津冀北地区相比，仍然相对落后，也显著落后于长三角。从单个城市来看，深圳和珠海经济发展的财政效率最高，万元GDP的财政收入分别超过1600元和1300元。广州仅仅高于佛山和肇庆，排名珠三角城市倒数第三。从发展变化来看，广州从珠三角第三变化为倒数第三，万元财政收入下降，从800多元下降到700元左右。

从财政支出和财政收入的赤字水平来看，整体上，珠三角都是财政支出大于财政收入的，在2014年后更是增长显著。但横向比较来看，经济越是发达的地区，如广州和深圳两市及珠三角9市，其财政赤字水平越低，赤字水平在2016年在35%左右，低于广东省57%左右的平均水平，更是远远低于珠三角外围城市。从单个城市来看，珠三角9市中，肇庆的财政赤字水平最高，2016年高达180%，其次是珠海和中山，东莞等城市最低。2000年以来，财政赤字经历了三轮的高峰上涨期，第一轮在2000~2003年，经济的高速繁荣发展让地方政府等对政府支出的信心倍增；第二轮在2008~2011年，在全球经济危机背景下，政府的宏观投资刺激计划使得财政赤字水平出现了一轮小的高潮；到2014年供给侧结构性改革和粤港澳大湾区建设，使得珠三角财政赤字水平进入到了第三轮高峰增长期，见图4.40。

（三）投资、资本累积和财政角色变化

珠三角在经历了1995~2008年投资驱动的稳步下降后，在2008年后再次回升。1995年固定资产投资占GDP的比重为37.17%，到2008年降低到最低点（25.87%）。其后，投资对经济发展的贡献快速提升，尤其是2015年后增长更快，到2017年固定资产投资占GDP的比重为33.63%。从财政赤字率来看（一般财政支出与财政收入的差占财政收入的比重），珠三角的公共政府财政也经历了1995~2004年的快速上升、2005~2008年快速下降、2009~2014年的波动发展，以及2015~2017年的快速上升等过程，反映了政府角色的变化过程。在1995~2017年这一过程中，外商直接投资占GDP的比重在逐年下降，反映了珠三角在经济发展的生产要素组合方面，资本相对而言被其他生产要素所逐步替代，如人口要素、土地要素和技术等。从资本累积循环过程来看，整个珠三角房地产投资在2008年后也快速增长，供给侧结构性改革后，其房地产开发

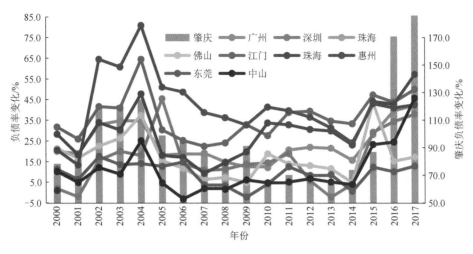

图 4.40 广东省不同层级城市负债率变化比较（2000 年以来）

资料来源：中国城市统计年鉴。

固定资产投资占 GDP 的比重也由 2012 年的 9.23%，快速上升到 2017 年的 12.98%，资本累积的二次循环比较显著。曾经投资和出口是珠三角的两驾重要马车，珠三角的进出口对 GDP 的贡献度在不断地下降，进口总额和出口总额对 GDP 的贡献率在 2017 年达到 34.3% 和 54.6%，而这一数值在最高峰的 2007 年高达 70% 和 95%。2008 年后，珠三角在政府的积极干预下，单位 GDP 的财政收入和金融存款额占 GDP 比重都在持续稳定地上升。2007 年单位 GDP 财政收入仅仅为 7.23%，到 2015 年已经基本维系在 10.08% 的水平。金融存款额占 GDP 比重在 2008 年仅为 160.23%，到 2017 年已经快速提升到 227.10%，见表 4.45。

表 4.45 珠三角地区在投资－出口－财政等方面的变化比较（2008 年以后）

年份	固定资产投资占 GDP 比重 /%	房地产开发投资占 GDP 比重 /%	财政赤字率 /%	FDI 占 GDP 的比重 /%	出口总额对 GDP 的贡献率 /%	进口总额对 GDP 的贡献率 /%	单位 GDP 财政收入 /（元/百元）	金融存款额占 GDP 比重 /%
2009	29.41	7.91	14.27	3.75	73.3	52.1	7.72	185.62
2010	29.59	8.13	16.41	3.35	78.8	58.3	8.18	185.77
2011	27.85	9.06	20.96	3.08	79.8	58.0	8.28	179.22
2012	28.76	9.23	16.21	3.10	78.9	57.0	8.50	188.47
2013	29.58	9.89	12.24	2.98	78.4	56.9	8.62	192.36
2014	29.92	10.73	11.12	2.97	73.3	49.6	9.17	188.95
2015	31.63	11.16	31.75	2.83	67.2	40.5	10.08	223.42
2016	32.32	12.45	34.10	2.29	57.3	35.0	10.02	230.15
2017	33.63	12.98	38.55	2.02	54.6	34.3	9.85	227.10

资料来源：广东统计年鉴 2018 年。

六、非正规城镇化比较突出

珠三角的非正规城镇化问题比较突出。非正规部门在提供就业岗位方面的确有着明显的优势。尤其在当前人多地少、经济发展面临所谓的中等收入陷阱及经济危机的情况下，非正规就业成为巨型城市区的重要议题。2015 年，珠三角的人均 GDP 已经超过 10 万元人民币，但与亚洲四小龙（如中国台湾的水平 2.3 万美元）、美国的水平（6 万左右）等差距仍然很大。随着市场化进程和经济的发展，中国广大落后农村地区的剩余劳动力持续涌入珠三角，推动了该地区的经济发展和巨型城市区的发育。但由于腾笼换鸟产业结构的升级和 2008 年世界经济危机的爆发，一方面，珠三角的居住构成发生了明显的变化。据有关研究，中国城市目前有 1/3 的人口是居住在非正规住房的，相当于国际上的贫民窟，这是很大的问题（《中国住房发展报告（2013~2014 年）》）。在市场化和国际化比较领先的珠三角，这一问题更为突出。另一方面，珠三角的就业构成也发生了明显的变化，从正规就业和非正规就业方面，这个变化体现在非正规就业规模和比重的快速上升。珠三角的这种变化对研究中等收入陷阱和中国是否会有拉美化问题等提供了鲜活的素材。2013 年，珠三角个体户从业人员高达 887 万人，占所有从业人员的比重为 27.9%，非正规就业比重近 1/3，而在个体户从业人员中，无证照从业人数高居 319 万人，占整个个体户从业人数的比重为 36.0%。并且从各个城市来看，深圳－惠州－东莞－广州走廊上的非正规就业比重更突出，无证照从业人数占个体户就业比重分别为 38.8%、35.1%、41.5% 和 40.8%。经济危机以来，2008~2013 年珠三角地区的非正规就业人口增长了 89 万，占整个广东省（94 万人）的 95% 左右，珠三角的增长率为 8.69%，远远超过 4.51% 的广东省平均水平。其间，广州市和东莞市非正规就业增长率最高，分别达到 34% 和 23%，见表 4.46 和表 4.47。

表 4.46　珠三角非正规就业规模和水平空间差异（2013 年）

地区	非农就业 / 万人	个体户从业规模 / 万人	无证照从业规模 / 万人	个体户从业人数比重 /%	无证照从业人数占个体户比重 /%
广州市	689	262	107	38.0	40.8
深圳市	970	139	54	14.3	38.8
珠海市	111	28	9	25.2	32.1
佛山市	332	98	28	29.5	28.6
惠州市	161	77	27	47.8	35.1
东莞市	530	130	54	24.5	41.5
中山市	192	55	14	28.6	25.5
江门市	116	40	4	34.5	10.0
肇庆市	76	58	22	76.3	37.9
珠三角	3177	887	319	27.9	36.0

资料来源：第三次全国经济普查主要数据公报。

表 4.47　珠三角巨型城市区非正规就业变化（2008~2013 年）

地区	非正规就业人口增长率 /%	非正规就业水平增长率 /%	其他城市	非正规就业人口增长率 /%	非正规就业水平增长率 /%
广州市	34	6.82	汕头市	–3	–6.84
深圳市	2	2.75	韶关市	3	8.21
珠海市	5	14.70	河源市	7	10.57
佛山市	–41	–15.73	梅州市	3	–3.31
惠州市	9	13.16	阳江市	2	7.69
东莞市	23	13.70	湛江市	9	1.65
中山市	5	10.29	茂名市	25	17.23
江门市	–1	–0.96	清远市	1	–3.69
肇庆市	11	11.60	潮州市	1	7.46
			揭阳市	1	5.31
珠三角	89	8.69	云浮市	4	11.78
			汕尾市	–5	–3.57
广东省	94	4.51	其他地区	5	0.08

资料来源：第二次、第三次全国经济普查主要数据公报。

七、粤港澳地区的去分隔发展

（一）珠三角地区的多中心格局和趋势

粤港澳地区的多中心化结构趋向有若干深层次的机制。首先，其核心区包括香港、澳门以及广州、深圳、珠海、惠州、东莞、中山、佛山、江门和肇庆，属于三个相对独立的行政管辖：香港、澳门和广东。在这一制度安排下，虽然在不断进行跨界合作和去分隔的努力，但这种制度上的多中心多多少少地影响了该地区的空间多中心进程。改革开放后，深圳、东莞乃至整个珠三角的崛起都深受香港和澳门的辐射和带动，在市场和多尺度政府的带动下，粤港澳之间的互动进一步强化。为了对接香港和澳门，广东省分别在深圳的前海和珠海的横琴设立了前海新区和横琴新区，并且连接珠江两岸、粤港澳三地的港珠澳大桥也已建成。

传统上由广州、深圳等 9 个广东地级城市构成的珠三角基本上是珠江的冲积扇地区，外围是生态较好、经济较为落后的边缘地区；本身在冲积扇内部，由于珠江等水系的划分，以及不同的城市政府、不同阶段的驱动模式（如中山模式、南海模式、深圳模式、东莞模式等），该紧凑型地区也呈现出较为多样化的多中心格局。

据珠三角的空间和经济类型聚类分析（图 4.41），在三大地带基础上，珠三角仍有一定的多中心结构特征：在传统的珠三角都市连绵区（广州、深圳、珠海、佛山、东莞、中山、惠州、江门等城市构成的范围）圈层辐射力基础上，经历了 30 年左右的外向型

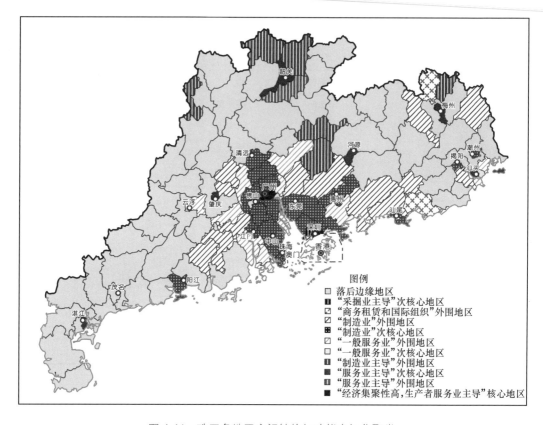

图例
☐ 落后边缘地区
▨ "采掘业主导"次核心地区
▨ "商务租赁和国际组织"外围地区
▨ "制造业"外围地区
▨ "制造业"次核心地区
▨ "一般服务业"外围地区
☐ "一般服务业"次核心地区
▨ "制造业主导"外围地区
■ "服务业主导"次核心地区
▨ "服务业主导"外围地区
■ "经济集聚性高,生产者服务业主导"核心地区

图 4.41　珠三角地区空间结构与功能专门化聚类

城市化发展推动,沿交通走廊的城市区域也开始成为整个珠江三角洲经济发展的增长极,尤其是沿京珠高速公路的城镇发展轴上的清远、韶关等城市及沿海发展轴上的惠州、汕尾、汕头、潮州、揭阳、阳江、茂名和湛江等城市。珠三角主要城市人口规模及增长率见表 4.48。

表 4.48　珠三角主要城市人口规模及增长率（2010~2015 年）

项目	广州	深圳	珠海	佛山	惠州	东莞	中山	江门	肇庆	珠三角
2015 年人口规模 / 万人	1350	1138	163	743	475	830	321	452	406	5878
2010 年人口规模 / 万人	1270	1036	156	719	460	822	312	445	392	5612
增长率 /%	6.30	9.85	4.49	3.34	3.26	0.97	2.88	1.57	3.57	4.74

资料来源：2015 年 1% 人口抽样调查。

（二）更大区域外围地区中心城市的发展

以多中心结构形态,珠三角的经济向更大地区梯度性辐射带动:粤北地区、粤东地区、粤西地区等,甚至是广西、湖南、江西等所谓的泛珠三角地区的形成。由于广东省政府及湖南、广西、江西等政府的积极调解,珠三角巨型城市区的力量不断向外辐射，有的是邻近辐射，如对清远、河源，乃至韶关、茂名、粤东等地区的扩散和带动，有的是跳跃辐射，如对广西梧州地区、湖南郴州地区、江西赣州地区等的带动，在此基础上，形成了更大范围内的多中心辐射格局。

（三）港珠澳大桥等基础设施建设促进巨型城市区的整合进程

珠三角经济已由高速增长阶段转入高质量发展阶段，由投资驱动转向创新驱动。在这一过程中，交通基础设施建设产生了广泛而深刻的影响，粤港澳大湾区拥有世界上最大的海港群、空港群及较发达的高速公路交通网络，已初步具备发展成为世界级湾区的交通基础条件，事实上也只有高品质的交通，才能支持创新要素的高效流动，支持高质量的可持续发展。轮渡过江过河、国道翻山越岭跋涉等阻碍了区域之间的一体化进程，珠三角更是显著。现在因为桥梁连通等全天候的通道建设，结束了划江分治和以山分界的局面，使公路网、铁路网由相互孤立、相互割裂的局域网，走向互连互通，通过基础设施等带动了因为行政区划不同而导致的区域去分隔进程，从而促进区域发展进入一体化的世界。

截至 2018 年年底，珠三角珠江口东西两岸建成 4 条过江快速通道。2019 年 4 月，珠江口过江通道南沙大桥（虎门二桥）正式通车，粤港澳大湾区交通基础设施建设步入全新发展阶段。而港珠澳大桥的建成通车，进一步促进了粤港澳地区的整合发展。将香港到珠海的交通时间由水路 1 小时以上、陆路 3 小时以上，缩短至 30 分钟以内，从而形成粤港澳三地 1 小时经济生活圈。另外，13.4km 的珠海连接线连接珠海公路口岸与西部沿海高速公路延长线，将港珠澳大桥纳入国家高速公路网络网，让粤港澳大湾区乃至整个中国的经济血脉变得更加畅通，实际上湾区内相关城市已经纷纷在桥头上做文章，东莞推出了滨海湾新区，中山依托深中通道打造翠亨新区，珠海全面对接港珠澳大桥，相对较远的佛山则选择和广州、中山联合开发南沙港。

第四节　台北福厦巨型城市区

台北福厦巨型城市区更多是面向未来和国家层面战略思考提出来的。实际上，这一地区是由两个相对成熟的巨型城市区组成的一个是以台北、台中、高雄为核心的台湾省巨型城市区，一个是以福州、厦门、泉州为核心的闽东南巨型城市区。一定意义上，台北福厦巨型区可能更接近于其空间形态本质。由于海峡两岸经济互补性、地缘临近性及文化同源性的背景，台北福厦巨型城市区可被视为是以两岸经济功能性一体化发展为基础、两岸经济机制性一体化为共同愿景的经济区域。

台北福厦巨型城市区可以进一步辐射带动潮汕地区、温州 – 台州走廊、龙岩 – 三明 – 南平地区，并进一步对接长三角、珠三角，辐射长株潭、大武汉等巨型城市区。

台北距离福州约250km，距离厦门400km左右，台湾人口主要分布在台湾岛西侧，与闽东南地区隔着台湾海峡。台湾和闽东南五个城市的总面积为7.8万km²，总人口超过5000万，是经济水平较高的地区，其中台湾人均GDP（折合人民币）在15万元左右，而闽东南地区也超过7万元。随着台湾高速铁路[①]的建成，往返台北、高雄两市的时间仅需1.5小时，这进一步促进了大台北巨型城市区的一体化进程。而闽东南沿海高速铁路的开通，也进一步加快了该地区的一体化发展。总体来讲，台北、福州和厦门是最重要的中心城市，加强三者间的交通联系、功能联系乃至制度互动是关键，见表4.49。

表 4.49　台湾和闽东南地区经济等指标比较

指标	台湾	闽东南	福州	厦门	莆田	泉州	漳州
土地面积/km²	36185	42263	12246	1699	4131	11292	12895
2015年人口/万人	2343	2770	749	385	287	850	499
2010年人口/万人	2316	2637	712	353	278	813	481
2015年人口密度/（人/km²）	648	655	612	2266	695	753	387
2010~2015年增长速度/%	1.2	5.1	5.3	9.1	3.2	4.6	3.7
2015年地区生产总值/万元	35482	19645	5618	3466	1656	6138	2767
2015年人均GDP/元	151438	70921	75007	90026	57700	72212	55451

资料来源：2015年1%人口抽样调查；2016年福建省统计年鉴；2015年台湾统计年鉴。

一、大台北地区

（一）在台湾城镇体系的位置日益强化

在台湾地区，以台北为中心的大台北巨型城市区总面积在4500km²左右，人口规模高达1030万，占整个台湾人口的比重为44.4%。该地区包括台北市（总人口近280万）、台北县（当前为新北市）、新竹市、基隆市、新竹县、宜兰县、桃园市等行政单元，人口密度每平方千米2000人以上。台湾岛规模最大的公司、企业、银行、商店总部均设在这里，并且也是高新技术产业等高度发达的地区。

大台北地区人口不断集聚，城镇体系地位日益强化。2000~2010年，该地区人口规模增长了近70万，增长率高达7%，而整个台湾的人口规模增长也不到95万，平均增长率为4.2%。如果进一步延伸的话，大台北地区又可以继续南延至台中市（总人口110万左右），其长度大概为165km，宽度为50km左右。该地区仍然属于人口显著集

①台湾高铁是连接台湾的台北市与高雄市之间的高速铁路系统。以南港为起点，经台北、板桥、桃园、新竹、台中、彰化、云林、嘉义、台南至左营（高雄市区），共11个车站，全长345km。采用日本新干线技术，最高营运速度300km/h。

中的地区，其他地区除了高雄外，人口都是负增长。在大台北地区，和上海、北京等一样，郊区化趋势持续进行，核心区人口不断下降，成为就业集中的地区。2000~2010年，台北市人口规模降低了2.8万，年降低率为1.05%，而与此同时，其外围地区，包括新北、桃园、新竹地区等人口增长了70多万，增长率超过10%，巨型城市区不断发育和完善。

（二）台湾的去工业化和高端服务业发展转型相对缓慢

20世纪六七十年代，中国香港、新加坡、韩国、中国台湾经济进入飞速发展的黄金时期，所谓东亚模式引起全世界关注，它们也因此被称为亚洲四小龙。而如今，比起韩国和新加坡，中国台湾放慢发展速度，人均GDP明显落后于韩国（2015年为2.7万美元）。

1. 去工业化进程比较缓慢

2008~2015年，台湾出现一定程度上的去工业化进程，制造业就业规模增加了17万人，但就业比重下降了0.5%。2015年台湾的制造业就业高达301万人，占总就业的比重为28.6%，台湾的制造业比重提高了10个百分点，见表4.50和表4.51。

表4.50　台湾主要就业行业从业人员构成　　　（单位：万人）

行业	2015年	2008年	行业	2015年	2008年
所有就业人员	1053	975	公共行政及国防强制性社会安全	38	33
制造业	301	284	教育	65	59
资讯及通信传播业	24	21	医疗保健及社会工作服务业	43	34
金融及保险业	42	40	艺术娱乐及休闲服务业	10	10
不动产业	10	7	批发零售业	183	178
专业科学技术服务业	35	30	住宿餐饮业	79	68
高端服务业合计	111	99	运输及仓储业	43	42

资料来源：台湾统计年鉴，下同。

表4.51　台湾就业结构及其比重增长变化（2008~2015年）　（单位：%）

行业	2015年就业比重	2015年就业比重增长	行业	2015年就业比重	2015年就业比重增长
制造业	28.6	−0.5	教育	6.2	0.1
资讯及通信传播业	2.3	0.1	医疗保健及社会工作服务业	4.1	0.6
金融及保险业	4.0	−0.1	艺术娱乐及休闲服务业	0.9	−0.1
不动产业	0.9	0.2	批发零售业	17.4	−0.9
专业科学技术服务业	3.3	0.2	住宿餐饮业	7.5	0.5
高端服务业合计	10.5	0.4	运输及仓储业	4.1	−0.2

2. 高端服务业有一定的优势

台湾金融及保险就业人口为 42 万，占比 4.0%，房地产业占比 0.95%。受金融危机和经济危机的影响，金融及保险业就业规模虽然增长了 2 万人，但就业比重稍微下降了 0.1%，但总体而言，高端服务业就业规模增长了 12 万人，就业比重增长了 0.4 个百分点。

二、以福州和厦门为中心的闽东南地区

（一）流动性和流动空间

1. 人口流动

台湾地区在 20 世纪 80 年代以后就已经基本完成了城市化的过程，目前城市化水平在 80% 以上。因此，农村人口向城市地区的转移不再是城镇化的主要形态，而主要表现在落后地区人口向发达地区人口的转移，以及台湾地区以外的人口流入。

与台湾不同，闽东南地区仍然处在城镇化进程加速的时期，其主要的形态是省内、省外的农村剩余劳动力的人口转移，人口增长速度极快。从人口密度来看，闽东南亚巨型城市区的核心区是福州市区 – 厦门市区为两端的地区（从巨型城市区角度，漳州的市辖区和龙海区也可以划在其中），长度近 250km，稍长于台北 – 台中的距离。该地（福州市辖区、闽侯县、连江县、平潭县、福清市、长乐区、厦门市辖区、莆田市辖区、泉州市辖区、惠安县、石狮市、晋江市、南安市等）总人口高达 1836 万，人口密度也近 1500 人 /km²。2000~2010 年总人口增长了 340 多万，增长率超过 20%。其中，增长速度最快的是福州市辖区、厦门市辖区、泉州市辖区、石狮市、晋江市 5 个单元，其人口增长率均超过 20%。另外，与大台北地区不同的是，闽东南地区多中心格局非常显著。除了两端的福州和厦门两个 300 万以上的大城市外，还包括泉州市辖区、莆田市辖区及晋江、石狮、长乐、福清、漳州市辖区等地区。2000~2010 年，最大的两个城市中，福州市辖区人口增长了近 80 万，厦门增长了 140 万人。此外，泉州市辖区增长了 24 万人，晋江市增长了 51 万人，漳州市辖区增长了 14 万人，见表 4.52。

表 4.52　闽东南地区与其他地区的比较

地区	净流入人口 /万人	大学本科以上比重 /%	高端服务业就业规模 /万人	高端服务业就业比重 /%	人口密度 /（人 /km²）	制造业规模 /万人	制造业比重 /%	土地面积 /km²	常住人口 /万人
京津走廊	1030	14	256	14	1055	349	20	34974	3691
沪宁走廊	1764	9	293	9	1537	1306	42	36161	5556
闽东南地区	316	4	66	5	613	484	34	43028	2636
珠江两岸	2445	6	194	7	2207	1536	55	19559	4316
沪杭甬走廊	1426	9	272	9	993	1176	40	50212	4986
胶东沿海走廊	169	5	47	4	574	307	25	37103	2129

资料来源：第六次全国分县（市、区）人口普查数据。

2. 资金流

1992 年以来，闽东南地区 FDI 增长也比较显著，虽然与珠三角和长三角比起来，增长速度比较缓慢，但总的来讲，厦门、福州和泉州这三个城市 FDI 在区域中的比重交替上升。经过一段时间的波动后，2011 年以后福州和厦门在区域中资金集聚和吸引的能力进一步体现出来，FDI 占区域的比重有比较稳定的增长。

3. 国际贸易

2016 年，闽东南地区，厦门出口在经济发展中的比重最高，其次是福州、泉州及漳州和莆田。在全球经济形势下，2005 年以来出口占闽东南地区经济发展的比重也在显著下降，厦门和福州的比重几乎下降了近一半。然而从不同城市的进出口贸易总额来看，虽然 2005~2016 年相对下降，但中心城市福州和厦门的进出口总额占区域的比重仍有一定程度的上升，反映了中心城市在国际贸易中的韧性特征。

4. 交通设施和交通流

福建的海岸线长达 3752km，居全国第二，拥有大小港湾 125 个，其中深水港湾 22 处，可建 5 万吨级以上深水泊位的天然良港有 7 个，这些港湾共同组成了福建五大港口。空港方面，闽东南地区形成了以厦门、福州和泉州三大机场为主导的机场体系。高铁方面，闽东南地区的铁路建设加快。在继温福铁路之后，闽东南地区先后建设了福厦铁路[①]和新福厦铁路。

（二）集聚中的多中心化发展

闽东南地区总体上仍然呈现厦门和福州二极集聚发展的态势。2006~2018 年，闽东南地区人口增长了近 400 万（363 万），人口增长率为 14.5%。除了厦门和福州外，其他城市的人口增长率都要远远低于闽东南地区的平均水平，泉州为 11.1%，漳州为 8.9%，莆田为 2.8%，厦门高达 42.7%，人口增长规模超过了福州。进一步从城市层面来看，虽然在政府力量驱动下，有了平潭实验区等区域增长极的推动发展，但人口总体上来讲还是呈现相对集聚的发展态势。以福州为例，2006~2017 年，福州市人口增长率为 14.2%，而同期，福州核心城区的人口增长率高达 20.2%，其他所有县市区的增长率才 10.5%。2006~2017 年，核心城区人口占福州市的比重从 36.1% 增长到 38.0%。

[①] 福厦铁路是中国中长期铁路网规划中四纵四横快速客运通道的一纵——东南沿海客运专线（杭深客运专线）的重要组成部分。福厦铁路北起福州站，沿福建东部海岸线南下，经福清、涵江、莆田、仙游、惠安、泉州、晋江到达终点站厦门站，全长 273km。

（三）工业化发展相对滞后

与台湾相比，闽东南地区制造业比重不相上下，甚至还稍低于台湾（28.6%），更低于珠三角（54%）、长三角的制造业水平。总体而言，闽东南地区的工业化水平还需进一步提高。从2008~2013年的变化来看，闽东南地区的工业化进程大大加快，制造业就业人数增加了将近100万，增长率超过20%。

（四）高端服务业发展

2008年以来，闽东南地区高端服务业有一定的快速增长。但其金融业从业规模仍不到7万人，占就业比重仅为1.1%，不仅仅落后于台湾地区的4.0%水平，还远远落后于珠三角的1.9%。其就业结构相对比较落后，归纳起来，大台北地区和闽东南地区具有功能互补性。继续加快大台北地区和闽东南地区的产业和功能协作，不仅能够加快大台北地区的产业升级和高端服务业的发展，还能进一步促进闽东南地区由劳动力密集型、知识驱动不足的工业化路径向资本密集型、技术密集型、知识密集型的工业化路径发展，也只有制造业发展到一定程度后，才能更进一步促进生产者服务业和高端服务业的发展，才能使这两个地区成为更具影响力的巨型城市区，见表4.53。

表4.53　闽东南地区就业结构（2013年）

行业	从业人数 / 万人	从业比重 /%
制造业	170.7	27.2
一般服务业	151.5	24.2
高端服务业	69.2	11
公共服务业	61.6	9.8

资料来源：第三次全国经济普查主要数据公报。

（五）投资、创新和可持续性

1. 财政效率和风险

从闽东南地区万元GDP的财政收入来看，总体上落后于珠三角、京津走廊和长三角。但所辖的城市分化严重，厦门遥遥领先于其他城市，和深圳等城市不相上下，其次是福州，福州的财政效率稍微高于闽东南地区的平均水平。莆田、泉州和漳州基本在同一水平，相对落后。从财政赤字水平来看，同全国其他巨型城市区一样，2000年以来闽东南地区也经历了三个主要的财政赤字水平高峰期，分别为2003~2004年、2008~2011年、2015年以后。但同其他主要巨型城市区不一样的是，闽东南地区在后两次中的赤字水平更高。另外，从单个城市来看，厦门市的财政赤字水平最低，总体呈现下降的趋势，经济发展水平较低的漳州和莆田则是持续高水平的财政赤字，并呈逐年增高态势。泉州和福州处于中游水平，增长显著，见图4.42。

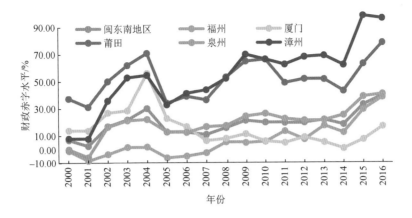

图 4.42 2000 年以来闽东南不同地区财政赤字水平比较

资料来源：中国城市统计年鉴。

2. 投资驱动的区域发展

总体来看，闽东南地区处于显著的投资驱动发展阶段，全区和所有城市的单位 GDP 的固定资产投资处在强劲上升状态。另外，FDI 占 GDP 的投资在逐年下降，这反映了固定资产投资的资金主要还是内资拉动。2016 年闽东南每百万元 GDP 的科学技术财政支出为 50 元左右，远远落后于京津冀北等地区（2016 年超过 80 元），更落后于京津走廊（2016 年超过 90 元），见图 4.43。

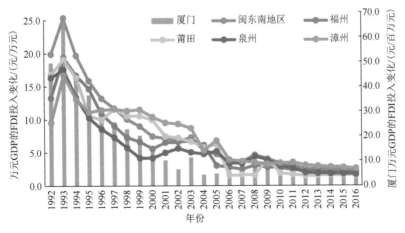

图 4.43 1992 年以来闽东南地区万元 GDP 的 FDI 投入变化比较

资料来源：中国城市统计年鉴。

（六）促进台湾福厦巨型区发展

1. 推进福州向滨海地区发展

在五大准巨型城市区中，唯有闽东南地区的区域中心城市城镇人口最少，福州和厦门其市辖区人口规模都远远低于辽中地区的沈阳、成渝地区的成都和重庆、长江中游地区的武汉,从经济发展和城镇发展的集聚经济、规模经济出发,加强中心城市的经济规模和人口规模是巨型城市区发展的重要战略。

其中,省会城市福州无论从用地条件、交通条件,还是从历史文化条件上,都具有更进一步的区域中心城市建设和作用发挥的空间。虽然福建都市区(福州市辖区、闽侯县、连江县、平潭县、福清市、长乐市)的人口规模已经从 2000 年的 554 万增长到 2010 年的 642 万,但仍远远小于台北都会区(仅仅包括台北、新北和基隆三个行政区)700 多万的人口规模。由于交通便利、环境容量、环境适宜性等驱动,从福州的发展历史来看,不断从闽江向沿海地区的扩张、跳跃发展是一个重要规律,这也是世界沿海城市发展的基本规律。为此,应该协调各级政府关系,加强资源配置,促进福州市区向沿海地区扩张,包括连江、长乐、福清等,统筹和促进各类经济区(如实验区、自贸区、新区等)、行政区(市辖区、县市等)的融合,甚至包括行政区划的调整等。

2. 推动闽东南地区的功能转型

闽东南地区多重发展模式并存。从空间结构上讲,有符合中心地等级规模序列体系结构的,如福州市域、莆田市和漳州市,也有多中心组合的,如泉州、厦门等;这种空间结构也反映了闽东南地区功能结构差异和空间过程,如厦门的飞地特区经济模式,石狮市和晋江市、福清市等地的民营经济模式,福州的混合经济模式等。以上模式为闽东南巨型城市区的发育和发展提供了必要的资本积累,但当前也存在着诸多的问题,如分隔、外部性等导致的污染及市场失灵导致的教育和科研等公共品的空间不均衡和不足等。

在工业化、福特制组织模式向后工业化、后福特制组织模式的变迁中,兴起了亚洲四小龙等新兴工业化国家和地区,形成了巨型城市区的东南亚模式,台湾也在一定程度上不断发展,如新竹模式等。这些新模式在长三角、珠三角都有一定的复制或者创新,但在闽东南地区发展缓慢。从长远需求来看,闽东南地区当前劳动力密集型、资本密集型等的功能类型也必然急需向高新技术产业导向、高端服务业导向转型发展。

3. 流动空间策略促进海峡两岸整合发展

以交通战略促进分隔问题的解决,以产业准入门槛、负面清单和污染收费等的产业和环境政策安排推进产业升级,集中财政支出向教育、科技、研发等公共品的投资为基本构成的功能组合战略,可因地制宜、因时制宜的实施。同时从中央层面来看,推进金融业发展的产业政策、金融政策对闽东南地区的发展至关重要。福州、厦门可进一步推进区域性金融中心的建立。

进一步扩展台北福厦巨型区通过技术流(王欣等,2007)、社会流等流动空间的内部深化整合进程,同时促进向整个福建省乃至浙东南部地区(如温州等)、粤东北地区(如汕头和潮州等)的巨型城市区的区域联动发展。

第五章　中国中部巨型城市区与巨型区

中部地区自北向南包括山西、河南、安徽、湖北、江西、湖南六个相邻省份。

第一节　中部地区概况

中部地区在中国发挥着承东启西、通北贯南的作用，因而国家提出中部崛起战略。中部地区城市发展特征如下：①人口密度高，经济发展水平较低。中部地区依靠占全国约 10.7% 的土地，承载了约 26.5% 的人口，人口密度高达 357 人 /km²，远超全国平均人口密度（135 人 /km²）。2016 年人均 GDP 约 4.38 万元，低于全国 5.4 万元的平均水平。另外，中部地区的经济发展外向度较低，进出口占全国比重不足 10%。②城镇化进入快速发展时期。城镇化水平 2015 年为 51.19%，2010~2015 年，年均增长超过 1.5%。③中部地区是中国能源及原材料供给的重要基地。中部地区农业基础雄厚，粮食产量约占中国粮食总产量的 40%，是我国重要的经济腹地和市场。山西、河南、安徽、江西等省份拥有中国最丰富的煤炭资源。④交通流动性大。无论从流动空间平台（铁路、机场等），还是从交通流量来看，其流动性相对较大，高于全国平均水平。⑤虽然整体上中部地区可以大致划归到长江流域经济带和黄河中下游经济带的大分区中，但内部差异大。城镇化方面，湖北和山西的城镇化水平在 2015 年已经突破 55%，而河南不足 47%；2010~2015 年，河南和江西城镇化增长加快，山西等放缓。

第二节　中部巨型城市区特征

一、省会城市是中部巨型城市区的基础

与东部地区不同，中西部地区的巨型城市区大多是以省会城市为核心的高度单中心区域。2016 年，中部地区省会城市人均 GDP 为 9.47 万元，高于全国的平均水平（9.15 万元），远高于东北地区（6.9 万元）和西部地区（6.86 万元）。从各个省会城市经济发展占各自省份的比重来看，除了郑州外，各省会城市占各自省份 GDP 比重均超过

20%，武汉市更是 1/3 强，同时各省会城市的人均 GDP 基本上是省份平均水平的 2 倍，长沙更是高达 2.5 倍。

（一）省会城市人口和经济等首位度高

第一，人口首位度高。根据 1% 人口抽样数据，2015 年，中部地区省会城市只有太原市人口低于 500 万，武汉、郑州人口接近 1000 万。山西省城市市辖区人口首位度是 2.58，安徽为 2.92，江西、河南、湖北、湖南分别为 3.67、2.32、6.24、3.45。第二，经济首位度高。山西、安徽、江西、河南、湖北、湖南的 GDP 首位度分别高达 3.37、2.53、4.07、3.10、5.20、3.99，见表 5.1。

表 5.1　中部地区各个省份人口首位度和 GDP 首位度比较（2015 年）

省份	省会城市市辖区人口首位度	省会城市市辖区 GDP 首位度
山西	2.58	3.37
安徽	2.92	2.53
江西	3.67	4.07
河南	2.32	3.10
湖北	6.24	5.20
湖南	3.45	3.99

资料来源：2015 年 1% 人口抽样调查。

（二）高端服务业集聚

省会城市在中部地区是重要的功能性城市区。2013 年，6 个省会城市的就业占全部中部地区的 23.2%，其中武汉市占湖北的比重近 1/3，最低的郑州市也高达 16.9%。其中，高端服务业的首位集聚性更高，6 个省会城市的高端服务业就业总量占中部地区高端服务业的比重为 34.6%，武汉市近一半，郑州市最低，也超过 1/4，见表 5.2。

表 5.2　省会城市占所在省份的就业比重（2013 年）　　　（单位：%）

项目	郑州市	南昌市	长沙市	武汉市	合肥市	太原市	所有省会城市
所有就业	16.9	22.4	24.6	31.5	25.1	21.3	23.2
制造业	15.5	16.5	21.9	23.4	19.3	18.7	18.8
高端服务业	25.4	26.9	36.2	49.0	34.3	31.6	34.6

资料来源：第三次全国经济普查主要数据公报。

（三）大集聚进程中的小分散化和多中心化趋势

一方面，中部地区省会城市在努力做大自己在各自省份的首位度，如合肥市兼并了原巢湖地级市的主要县（市、区）；另一方面，无论是规模基础相对较小的南昌市、合肥市，还是发展积淀悠久的武汉市、郑州市，在市场和政府的作用下，其经济和空间发展的区域化拓展力度都很大，高速公路、高速铁路、机场等区域性基础设施及轨道交通、城市环路等都市区基础设施在更大区域进行配置，新区、开发区、站场枢纽新城区等功能区也随之布局，以省会城市为中心的都市区发展加速，多中心趋势显著。

（四）流动空间：高铁和机场等高度集中省会城市

省会城市是高铁干线的汇聚区。2017年安徽铁路运营里程为4223km，其中高速铁路1403km，通达13市16县，干线铁路已覆盖所有省辖市和47个县，以合肥市为中心显著。2016年年底湖南铁路通车里程4591km，高铁通车里程1296km。两条高铁干线（一条为纵向京广高铁，另一条为横向沪昆高铁）都通过省会城市长沙，为长沙巨型城市区的快速发展提供了流动平台，其他省会城市也是如此。

省会机场及功能区建设，也是巨型城市区发展的关键。其中，郑州航空港区是中国唯一一个国家级航空港经济综合实验区。2012年国务院批准《中原经济区规划（2012—2020年）》，提出以郑州航空港为主体，以综合保税区和关联产业园区为载体，以综合交通枢纽为依托，以发展航空货运为突破口，建设郑州航空港经济综合实验区。2013年，国务院批准《郑州航空港经济综合实验区发展规划（2013—2025年）》，标志着全国首个航空港经济发展先行区正式起航。除了郑州航空港外，武汉和长沙临空经济区也较出色。

二、生产要素快速集聚于省会城市

省会城市集中了中部地区绝大多数的优质生产要素资源，包括人口、资本等。

（一）人口及增长

2015年，中部地区6个省会城市的人口合计高达4499万，占全部中部地区的12.33%，2010年占比为11.82%，2000年是9.68%。2010~2015年，省会城市常住人口增长远高于中部地区，也远高于所在的省份，其间，中部地区人口增长了807万人，省会城市增长了279万人，占34.57%。其中郑州市、武汉市年均人口增长都近20万人。以省会城市为核心的巨型城市区5年内增长了310万人，增长率为4.53%，约是中部地区的2倍。1990年以来，中部地区省会城市人口集聚显著。1990~2000年，6个省会城市市辖区范围内总人口增长了近500万，占中部地区总人口的比重从4.52%上升到5.52%，人口增长率超过30%；2000~2010年6个省会城市中心城区人口增长了700多万，人口增长率超过21%，人口比重从2000年的5.5%迅速上升到7.35%，见表5.3~表5.6。

表 5.3　中部地区人口总量及占中部地区比重的变化

年份	省会城市总人口 / 万人	中部地区总人口 / 万人	省会城市占中部人口比重 /%
2000	3325	34343	9.68
2010	4216	35675	11.82
2015	4499	36477	12.33

资料来源：第五次、第六次全国分县（市、区）人口普查数据，2015 年 1% 人口抽样调查。

表 5.4　中部地区省会城市常住人口规模变化

城市	郑州	太原	合肥	武汉	长沙	南昌	省会城市	巨型城市区	中部地区
2015 年人口 / 万人	957	432	779	1061	741	529	4499	7152	36477
2010 年人口 / 万人	863	420	746	979	704	504	4216	6842	35675
2010~2015 年人口增长 / 万人	94	12	33	82	37	25	283	310	802
2010~2015 年增长率 /%	10.89	2.86	4.42	8.38	5.26	4.96	6.71	4.53	2.25

资料来源：第六次全国分县（市、区）人口普查数据，2015 年 1% 人口抽样调查。

表 5.5　中部地区及中部省会城市人口流动及人口增长（2000~2010 年）（单位：万人）

年份	地区	净流入人口	总人口
2000	中部地区合计	–976	34343
2000	省会城市合计	225	3325
2010	中部地区合计	–306	35675
2010	省会城市合计	454	4216

资料来源：第五次、第六次全国分县（市、区）人口普查数据。

表 5.6　中部地区和省会城市人口流动来源变化情况（2000~2010 年）（单位：%）

年份	地区	本县市区迁入人口	本省其他县市区迁入人口	外省迁入人口
2000	中部地区合计	4.70	2.05	0.75
2000	省会城市合计	10.31	7.38	2.15
2010	中部地区合计	6.78	4.86	1.28
2010	省会城市合计	9.25	19.80	4.15

资料来源：第五次、第六次全国分县（市、区）人口普查数据。

（二）高端服务业快速增长

2004~2013 年，省会城市高端服务业就业增长率高达近 130%，南昌、长沙较高，而郑州和太原相对低于平均水平。总的来讲，绝大多数省会城市高端服务业增长率超过总就业增长率（郑州除外），见表 5.7。

表 5.7　中部各省会城市不同行业就业增长率比较（2004~2013 年）　（单位：%）

项目	太原	郑州	长沙	武汉	南昌	中部地区省会
高端服务业	85.53	66.70	160.90	128.69	271.64	129.86
一般服务业	12.97	43.00	154.53	132.18	167.42	97.84
公共部门服务业	31.08	61.27	56.00	11.83	109.95	45.53
采掘业	3.67	−17.29	−32.41	−45.77	873.16	−4.37
制造业	−11.51	98.17	77.21	16.39	172.84	62.17
总就业	20.58	72.93	104.10	43.28	198.04	76.81

注：不含合肥市相关数据。
资料来源：第二次、第三次全国经济普查主要数据公报。

2004~2013 年，整体上看，省会城市就业占中部地区的比重略微下降，2004 年为 23.06%，2013 年为 22.68%，但高端服务业占全部中部地区的就业比重则从 3.06% 上升到 3.37%。从不同门类固定资产投资规模也可以看出，虽然比不上房地产业、公共部门服务业，但这些年中部地区高端服务业的投资规模在持续上升，见表 5.8 和图 5.1。

表 5.8　不同省会城市不同行业门类占所在省的就业比重变化　（单位：%）

项目	南昌		长沙		太原		郑州		武汉		省会城市占中部地区比重	
	2004 年	2013 年	2004 年	2013 年	2004 年	2013 年	2004 年	2013 年	2004 年	2013 年	2004 年	2013 年
高端服务业	2.80	2.10	2.58	3.69	2.95	4.66	2.04	2.18	5.58	4.99	3.06	3.37
一般服务业	4.31	3.91	2.93	4.09	3.99	3.84	2.72	2.49	8.69	7.14	4.30	4.17
公共部门服务业	3.84	2.97	3.34	2.86	3.02	3.38	2.53	2.62	6.12	4.21	3.61	3.14
制造业	6.55	5.92	6.52	6.33	5.15	3.88	4.52	5.75	9.88	7.38	6.28	6.02
总就业	23.06	22.13	21.78	24.36	21.03	21.60	15.12	16.77	39.89	30.81	23.07	22.68

资料来源：第一次、第三次全国经济普查主要数据公报。
注：不含合肥市相关数据。

（三）人力资本快速集聚

2000 年，15~64 岁的劳动力比重为 72.5%，高于 68.47% 的中部平均水平。2010 年，中部地区省会城市老龄化水平为 8.05%，开始低于中部地区的平均水平（8.87%），15~64 岁的劳动力比重进一步增长为 78.1%，继续高于中部平均水平。从受教育水平来看，2000 年省会城市大学本科及以上人口数为 136.52 万，比重为 4.11%，而中部地区为 301.41 万，比重仅为 0.88%；到 2010 年，省会城市大学本科及以上人口数超过 395 万，高端人口比重进一步升到 9.79%。

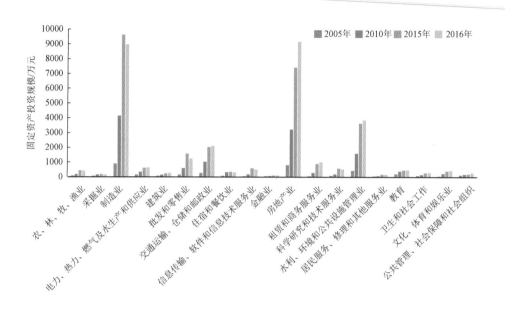

图 5.1　2005 年以来中部省会城市固定资产投资规模变化

资料来源：中国城市统计年鉴。

（四）固定资产投资等增长

2005 年以来，中部省会城市的固定资产投资规模在迅速提高，2005 年仅为 3482 亿元，2010 年迅速增长到 13759 亿元，2016 年则突破了 30000 亿元。合肥、郑州等增长最为显著。中部地区的发展进入到了比较高的投资驱动阶段。2016 年，万元 GDP 的固定资产投资为 0.99 万元，高于全国 0.81 万元的平均水平；而财政支出也远远高于财政收入，2016 年财政支出与财政收入之比高达 2.20，高于全国 1.18 的平均水平。

三、发展动力不足

（一）腹地工业化进程落后

在全球劳动地域分工的大规律下，中部地区工业化进程远落后于东部地区，生产者服务业及巨型城市区也受到显著制约。根据第三次全国经济普查主要数据公报，中部地区工业化进程最快的地区全部是省会城市，其他地级城市极低。中部地区制造业比重最高的是郑州市（34.22%），而太原市不足 18.5%。

（二）巨型城市区制造业落后

1. 规模较小、比重相对较低

珠三角和长三角发展更迅速，综合实力更强大，一个很重要的原因是它们都经历了相对持久的工业化进程。制造业对就业、财政收入、生产者服务业发展都产生了积极的基础作用。相比而言，中西部地区制造业发展落后。除郑州外，其他中部地区的省会城市制造业就业都低于 100 万人，见表 5.9，与广州、天津、杭州等制造业比重超过 30% 的情况相比，中部地区只有郑州市制造业比重超过 30%，其他都远远低于 30%。

表 5.9　中部省会城市制造业就业规模比较　　　　　　　　（单位：万人）

项目	郑州市	南昌市	长沙市	武汉市	合肥市	太原市
所有法人单位就业规模	332.5	214.1	333.4	414.2	287.0	160.9
制造业	113.8	57.1	86.4	97.6	71.5	29.6

资料来源：第三次全国经济普查主要数据公报。

2. 原材料加工业比重过高

除了就业规模和比重落后于东部地区巨型城市外，中部地区省会城市制造业发展比较倚重于"要素驱动型"门类，原材料加工业的比重高达 30.72%，而东部地区不足 20%，同时轻工业也远低于东部 29.27% 的水平。就不同省会城市而言，除了合肥和南昌的要素驱动的原材料加工业比重相对较低外，武汉、郑州、太原及长沙的比重都超过了 30%，装备制造业除合肥和太原高于 50% 外，其他都低于 49%，南昌更是低于 40%。武汉、郑州的劳动密集型轻工业比重低于 20%，而太原远低于 20% 见表 5.10，图 5.2。

表 5.10　中部省会城市制造业比重比较（2013 年）　　　　（单位：%）

项目	武汉	南昌	合肥	郑州	太原	长沙
劳动力密集型轻工业	17.01	37.10	23.79	17.01	9.37	21.16
原材料加工业	34.53	23.18	21.08	34.53	32.70	32.94
装备制造业	48.46	39.72	55.13	48.46	57.92	45.90

资料来源：第三次全国经济普查主要数据公报。

（三）高端服务业落后

中部地区武汉市高端服务业就业比重最高，为 15.75%，在东部地区，最低的是福州市和杭州市，占 12.83% 和 13.61%，其他几个城市都远大于 15.0%。中部省会城市高端服务业就业规模比较见表 5.11。

（四）人口资源环境的矛盾

与东部地区产业结构的不断优化相比，中部地区的人口、资源、环境承载力的矛盾更加突出。一方面，中部地区人口规模大、密度高；另一方面，中部地区的产业结构长期处于要素初加工主导的阶段，产业结构升级和演替速度较慢，环境污染和生态破坏相对更加突出。中部地区和其他地区工业污染物排放情况比较见表 5.12。

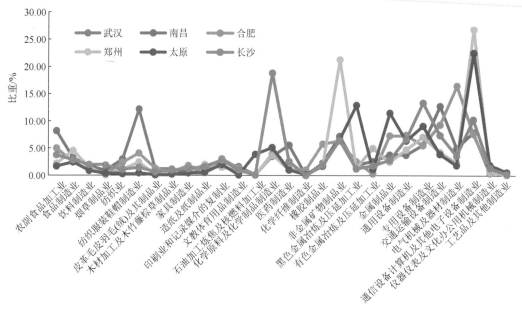

图 5.2　中部不同省会城市制造业比重（2013 年）

资料来源：第三次全国经济普查主要数据公报。

表 5.11　中部省会城市高端服务业就业规模比较　　　　（单位：万人）

项目	郑州	南昌	长沙	武汉	合肥	太原
所有法人单位就业规模	332.5	214.1	333.4	414.2	287.0	160.9
高端服务业	38.1	18.4	44.0	65.2	37.6	20.1
信息传输、软件和信息技术服务业	5.2	3.6	5.5	9.7	5.4	3.2
金融业	1.4	0.9	2.5	2.7	6.6	1.3
房地产业	10.4	4.2	10.0	17.6	7.5	5.2
租赁和商务服务业	11.2	6.0	15.6	18.6	11.3	6.2
科学研究和技术服务业	10.0	3.7	10.4	16.7	6.8	4.2

资料来源：第三次全国经济普查主要数据公报。

表 5.12　中部地区和其他地区工业污染物排放情况比较

地区	工业废水排放量 / 万 t	工业二氧化硫排放量 /t	工业烟（粉）尘排放量 /t	单位 GDP 工业废水排放量 /（t/ 万元）	单位 GDP 工业烟（粉）尘排放量 /（t/ 亿元）	单位 GDP 二氧化硫排放量 /（t/ 亿元）
东部地区	836931	2975876	3089968	1.94	52.13	6.89
中部地区	236372	1409626	1418983	1.66	85.90	9.92
西部地区	256378	2077367	1415102	1.80	100.65	14.55
东北地区	102029	628537	773979	1.94	42.59	11.96

资料来源：中国城市统计年鉴。

四、国家战略驱动下的中部巨型城市区发展

（一）从中部塌陷到中部崛起

中部塌陷是中部地区的现实情况。面对东部的繁荣和西部大开发的夹击，论发展水平，中部比不上东部；论发展速度，中部比不上西部。针对这一区域问题，2006 年国务院出台了《中共中央国务院关于促进中部地区崛起的若干意见》，提出要把中部地区建成全国重要的粮食生产基地、能源原材料基地、现代装备制造及高技术产业基地和综合交通运输枢纽。2012 年《国务院关于大力实施促进中部地区崛起战略的若干意见》进一步强化了中部地区"三基地、一枢纽"的定位。2016 年《促进中部地区崛起"十三五"规划》提出把中部地区建设为"全国重要先进制造业中心、全国新型城镇化重点区、全国现代农业发展核心区、全国生态文明建设示范区、全方位开放重要支撑区"。

（二）以巨型城市为主体的巨型区战略

在中部地区，无论是长江中游城市群还是中原城市群，这些都不是严格意义上的"巨型城市区"，而更类似于"巨型区"的空间规划理念。

1. 中三角巨型区战略

2016 年《促进中部地区崛起"十三五"规划》（以下简称《规划》）指出，"支持武汉、郑州建设国家中心城市，强化长沙、合肥、南昌、太原等省会城市地位……继续做大做强洛阳、宜昌、芜湖、赣州、岳阳等区域性中心城市"。《规划》提出，"发展壮大经济增长极。壮大长江中游城市群和中原城市群，形成南北呼应、共同支撑中部崛起的核心增长地带"。《长江中游城市群发展规划》明确，要努力将长江中游城市群建设成为长江经济带重要支撑、全国经济新增长极和具有一定国际影响的城市群。强化武汉、长沙、南昌的中心城市地位，依托沿江、沪昆和京广、京九、二广等重点轴线，形成多中心发展格局。

经过近几年的发展，长江中游巨型区不断壮大，成为国家深入实施区域发展总体战略、推动长江经济带发展和促进中部地区崛起战略的重要支撑力量。这一过程中，武汉、长沙和南昌作为三大中心城市，对整个区域协调互动发展起到了至关重要的作用。

2. 中原巨型区战略

2011 年中原经济区建设正式上升为国家战略。2016 年 12 月《中原城市群发展规划》指出：中原城市群以河南省郑州市、开封市、洛阳市、平顶山市、新乡市、焦作市、许昌市、漯河市、济源市、鹤壁市、商丘市、周口市和山西省晋城市、安徽省亳州市为核心发展区；联动辐射河南省安阳市、濮阳市、三门峡市、南阳市、信阳市、驻马店市，河北省邯郸市、邢台市，山西省长治市、运城市，安徽省宿州市、阜阳市、

淮北市、蚌埠市，山东省聊城市、菏泽市等中原经济区其他城市；提出将中原城市群建设成为中国经济发展新增长极、重要的先进制造业和现代服务业基地、中西部地区创新创业先行区、内陆地区双向开放新高地和绿色生态发展示范区；建设现代化郑州大都市区，推进郑州大都市区向国际化发展。

第三节　省会功能性城市区转型发展

针对中部地区巨型城市区发展的特点，本节主要基于两方面展开：第一，基于功能性城市区角度，从经济普查数据出发，进行 2004 年以来的功能专门化变化分析；第二，进行三次资本循环阶段性分析。

一、郑汴洛走廊地区

2017 年郑州建成区面积 830km^2，总人口 988 万，GDP 为 9130.2 亿元。2006~2017 年，郑州市人口占河南省比重从 7.5% 增长到 9.0%，GDP 比重从 13.3% 增长到 20.2%。2000 年以来，郑州市人均 GDP 从 11227 元迅速增长到 2017 年的 93143 元，同时财政收入占 GDP 的比重也从 5.99% 增长到 12% 左右。城市发展进入到了投资驱动的阶段，预算负债率 2004 年为 3.32%，2008 年为 11.18%，2017 年迅速上升到 43.37%，固定资产投资占 GDP 的比重从 2000 年的 35.48%，增长到 2017 年的 84.34%。进出口总额占 GDP 的比重从 2000 年的 8.65% 增长到 2017 年的 45.72%，FDI 占 GDP 的比重从 2000 年的 0.89% 增长到 2017 年的 3.10%。郑州的人均 GDP 在 2016 年高达 84114 元，而与之毗邻的开封市只有 38619 元，洛阳市也仅为 56410 元，其单位 GDP 的公共财政收入也是遥遥领先，可以看出，郑州是中原经济区发展的重要引擎。

（一）大郑州功能区专门化格局和进程

1. 高端服务业加快发展

高端服务业发展加快。2004 年法人就业高端服务业为 25.9 万人，2008 年缓慢增长到 28.7 万人，2013 年快速增长到 43.2 万人，2008~2013 年增长了 50% 以上，高于总就业的增长率。与此同时，一般服务业发展也有所加快，2008~2013 年增长了55%。郑州城市制造业和高端服务业结构变化见表 5.13。

表 5.13　郑州城市制造业和高端服务业结构变化

项目	2013 年就业规模 / 万人	2013 年比重 /%	2004~2013 年就业变化率 /%
制造业	113.8	34.28	98.17
信息传输、计算机服务和软件业	5.2	1.55	−16.87

续表

项目	2013 年就业规模 / 万人	2013 年比重 /%	2004~2013 年就业变化率 /%
金融业	1.4	0.41	−71.48
房地产业	10.4	3.12	175.75
租赁和商务服务业	11.2	3.37	163.58
科学研究、技术服务和地质勘查业	10.0	3.02	110.65
文化、体育和娱乐业	5.2	1.55	137.14

资料来源：第三次全国经济普查主要数据公报。

2. 制造业发展表现为资本密集化

工业化进程加快。郑州是黄河中游的重要经济中心，是郑汴洛走廊的核心城市。根据经济普查数据，2013 年，郑州就业门类中，制造业的就业规模最大，法人单位就业规模高达 113.8 万人，就业比重也高达 34.28%（表 5.13），其次是建筑业、批发零售业及公共部门就业。从就业增长率来看，2004~2013 年，郑州市的工业化进程非常快，制造业增长高达 98.17%。从制造业内部结构来看，2013 年装备制造业成为郑州市制造业中的首要部门，就业规模超过 50 万人，其次是原材料加工业和劳动力密集型轻工业。2004 年以来，装备制造业发展也最为迅速，其中，2004~2008 年年均增长率为 4.08%，2008~2013 年年均增长率为 45.4%，反映了郑州市技术和资本密集型驱动的制造业发展进入新阶段。与此同时，劳动力密集型轻工业和原材料加工业也相对稳定的发展。从装备制造业内部来看，2004~2008 年就业增长率最高的为金属制品业，年均增长率为 16.57%，4 年增长了近 1 万人，专用设备制造业、通信设备计算机及其他电子设备制造业也开始显示出较快的速度，年均增长率超过 4.5%，就业增长分别为 0.93 万人、0.11 万人。可见这个时期仍然是传统的装备制造业主导的阶段。2008 年金融危机以后，这些装备制造业门类中，知识密集型的"通信设备计算机及其他电子设备制造业"增长最为迅速，5 年间就业规模增长了约 30 万人，是 2008 年的近 50 倍。其次是技术和资本密集型的装备制造业门类，如通用设备制造业、专用设备制造业、交通运输设备制造业、电气机械及器材制造业、仪器仪表及文化办公用机械制造业等，其年均增长率分别为 11.95%、9.92%、16.38%、12.98%、17.02%，见表 5.14。

表 5.14　郑州市装备制造业就业人员变化（2004~2013 年）　　（单位：人）

项目	2004 年	2008 年	2013 年
金属制品业	14054	23368	27775
通用设备制造业	32835	33602	53677
专用设备制造业	44411	53746	80396
交通运输设备制造业	25263	26895	48918
电气机械及器材制造业	15791	16306	26886

续表

项目	2004 年	2008 年	2013 年
通信设备计算机及其他电子设备制造业	5089	6143	304688
仪器仪表及文化办公用机械制造业	3171	3755	6950
工艺品及其他制造业	4110	4542	1266
装备制造业	144724	168357	550556

资料来源：第一次、第三次全国经济普查主要数据公报。

3. 知识密集型的发展相对缓慢和落后

根据第三次全国经济普查主要数据公报，2013 年，郑州市规模以上工业企业法人单位 R&D 经费内部支出 71.2 亿元，R&D 经费投入强度为 0.58%，虽比 2008 年提高 0.17 个百分点，但其投入强度在中部地区的省会城市中最低，R&D 投入规模也远远落后于武汉和长沙。另外，高新技术产业（制造业）企业 R&D 经费支出 6.2 亿元，R&D 经费投入强度仅为 0.32%，见表 5.15。

表 5.15　中部不同省会城市高新技术制造业 R&D 经费支出和投入强度比较

城市	规模以上高新技术制造业单位 / 个	占制造业的比重 /%	R&D 经费支出 / 亿元	R&D 经费投入强度 /%	全年专利申请量 / 件	发明专利申请 / 件
太原	47	12.91	2.49	0.53	228	94
郑州	99	3.61	6.2	0.32	844	344
武汉	315	13.7	54.72	3.78	2407	1389
合肥	179	7.8	14.99	2.16	1625	794
长沙	200	8.3	20.13	2.27	1176	569
南昌	161	14.91	33.11	0.74	1591	496

资料来源：第三次全国经济普查主要数据公报。

（二）从初始累积阶段向二次循环转变

从 2005 年不同行业门类的资本积累情况来看，郑州市经历了几个比较复杂的累积变化阶段（表 5.16）。第一，2008 年前的初始循环阶段。2005 年，郑州市在制造业和采掘业等领域的固定资产投资是 240 亿元，占所有投资的比重为 29.33%，这一比重在全球经济危机发生之前，持续上升到 39.88%，固定资产投资也增长了 2 倍多。同期，房地产和基础设施等建成环境投资规模从 2005 年的 413 亿元上升到 843 亿元，但比重则从 50.45% 下降到 47.55%。第三次循环比重也相对下降。第二，2008 年以后，郑州进入"空间生产"主导阶段。2008~2016 年，初始循环投资比重从 39.88% 持续迅速下降到 19.2%，而第二循环由 47.55% 持续快速上升到 70.88%。其中从第三循环角度来看，又呈现两个次要阶段。2008~2012 年，第三次循环比重迅速从 3.07%上升到 4.2%左右，在供给侧结构性改革后，则由 4.2%下降到 2016 年的 2.8%。

表 5.16　郑州市固定资产投资主要行业门类规模变化（2005 年以来）（单位：万元）

项目	2005 年	2008 年	2010 年	2012 年	2015 年	2016 年
制造业	1920229	6003712	8853372	11321885	12973456	12992736
房地产业	2553802	6063427	9668642	12517022	26598655	36291592
高端服务业	444522	415392	801438	1127359	3592679	3270114
一般服务业	880350	1479477	2966287	3202378	7348841	5417050
公共服务业	1045037	1649612	2821613	4419721	9715544	10077756
交通运输等	461927	2160362	2160362	5000377	5000377	4310381
全行业固定资产投资规模	8200000	17727484	27569763	35612211	62880031	69986438

资料来源：郑州统计年鉴 2017。

（三）政府积极驱动功能性城市区发展

在郑州城市发展中，国家和省政府都做出了重大战略部署。郑州航空港经济综合实验区（简称郑州航空港区）、自贸区、自主创新示范区、跨境电商试验区、国家大数据试验区、通用航空产业综合试验区、国家综合交通枢纽示范城市、双创示范基地、新型智慧城市、中欧区域政策合作案例地区等先后获批，郑州成为全国政策叠加优势突出的中部地区城市。

航空港区、郑东新区、经开区、高新区在郑州的城市和经济发展中成绩卓越。2017 年，郑州四个开发区的经济总量之和达到 1676.3 亿元，约占郑州市经济总量的18.4%。四个开发区中，航空港区生产总值居首位，达到 700.1 亿元。航空港区、经开区、高新区三区的第二产业比重均超过全市平均水平,经济增长主要靠第二产业来拉动。工业效益方面，航空港区规模以上工业主营业务收入最高，达 3003.5 亿元，经开区和高新区主营业务收入分别是 1306.9 亿元和 450.3 亿元，分列第 2 位和第 3 位。从增速看，高新区增长 27.4%，位居第 1 位；郑东新区增长 15.8%，航空港区增长 12.4%，分列第2 位，第 3 位。

（四）流动空间理念下的郑州航空港区战略

郑州航空港经济综合实验区是我国首个上升为国家战略、目前唯一一个由国务院批准设立的航空经济先行区，规划面积 415km²，规划人口 260 万，是集航空、高铁、城际铁路、地铁、高速公路于一体的综合枢纽，是以郑州新郑国际机场附近的新郑综合保税区为核心的航空经济体和航空都市区，定位为国际航空物流中心、以航空经济为引领的现代产业基地、内陆地区对外开放重要门户、现代航空都市、中原经济区核心增长极。郑州航空港区是一个拥有航空、高铁、地铁、城铁、普铁、高速公路与快速路等多种交通方式的立体综合交通枢纽，是我国内陆首个跨境人民币创新业务试点、三个引智试验区之一、全国 17 个河南唯一一个区域性双创示范基地、河南体制机制创新示范区，被列为郑州国家中心城市建设的"引领"、河南"三区一群"国家战略首位、河南最大的开放品牌、带动河南融入全球经济循环的战略平台。2016 年 3 月，郑州航空港经济综合实验区列入《中华人民共和国国民经济和社会发展第十三个五年规划纲要》。国家在口岸通关、航线航权、财税金融、土地管理、服务外包等方面给予实验区政策支持。2016 年 8 月，国务院批准设立中国（河南）自由贸易试验区，包括郑州、洛阳、开封三大片区，面积 140.24km^2，涵盖郑州港区 40.6km^2。2011 年，以郑州新郑综合保税区封关运行为标志，郑州航空港经济综合实验区进入快速发展通道。2013 年获批上升为国家战略。

二、大武汉地区

武汉总面积 8569.15km^2，常住人口为 1100 万左右，城镇化水平超过 80%。其大开大合的自然山水和城市地理人文格局世界少有。武汉九省通衢，是中国中部地区的重要经济中心城市，周边有黄石、鄂州、孝感、黄冈、咸宁等密集分布的地级城市。以武汉为中心、1000km 为半径画圆，可覆盖全国 10 亿人口和 90% 经济总量。

武汉是中国全面创新改革试验区，承担 40 多项国家重大战略和改革试点任务。武汉是全国重要的智力密集区之一，拥有高校 84 所。2017 年，武汉 GDP 达到 13410.34 亿元，居长江中游城市群首位。武汉 2017 年完成货运量 57271.17 万 t，客运量 29950.30 万人，客、货运量均大于长沙和南昌两市之和。2017 年实现服务业增加值 7140.79 亿元，与长沙、南昌两市之和基本相当。

（一）高端服务业快速发展

从武汉市 2013 年法人单位就业变化率来看，2008~2013 年，增长最快的分别是信息传输、计算机服务和软件业、批发和零售业、租赁和商务服务业、房地产业及科学研究技术服务和地质勘查业。高端服务业发展相对较快。2008~2013 年，高端服务业的增长率为 26.44%，5 年间增长了 10 多万人，见表 5.17。

表 5.17　武汉市主要门类就业规模和比重变化（2004~2013 年）

项目	2004 年从业人员 / 万人	2004 年就业比重 /%	2008 年从业人员 / 万人	2008 年就业比重 /%	2013 年从业人员 / 万人	2013 年就业比重 /%	2008~2013 年增长率 /%
高端服务业	28.90	10.17	52.20	15.16	66.00	16.21	26.44
一般服务业	40.60	14.29	77.50	22.50	94.31	23.16	21.69

续表

项目	2004 年从业人员 / 万人	2004 年就业比重 /%	2008 年从业人员 / 万人	2008 年就业比重 /%	2013 年从业人员 / 万人	2013 年就业比重 /%	2008~2013 年增长率 /%
公共部门服务业	49.80	17.52	49.80	14.46	55.70	13.68	11.85
采掘业	0.37	0.13	0.37	0.11	0.20	0.05	−45.95
制造业	83.84	29.50	83.84	24.35	97.58	23.97	16.39
电力燃气及水的生产和供应业	6.15	2.17	6.15	1.78	2.51	0.62	−59.19
建筑业	74.51	26.22	74.51	21.64	90.85	22.31	21.93
总计	284.17	100.00	344.37	100.00	407.15	100.00	18.23

资料来源：第一次至第三次全国经济普查主要数据公报。

为促进高端服务业的快速发展，武汉采取生产者服务业战略。2015 年全市服务业增加值达 5564.25 亿元，较 2010 年实现规模翻番；总量规模在全国 15 个副省级城市中排名第 6 位。在生产者服务业领域，武汉市推进世界设计之都、国家物流枢纽、中部金融中心、中国软件名城、国家级会展名城、中国旅游休闲示范城市建设，推动现代服务业产业集群发展。通过创建中国软件名城，软件和信息服务业营业收入年均增长 15% 以上。随着央企中国医药集团医药工程总部、动物保健总部、国药器械总部、中船重工中国应急总部等相继迁入，30 家民营科技企业的区域性总部和研发中心落户，形成"第二总部"现象，武汉"中部总部经济之都"也初现，在武汉投资世界 500 强企业已达到 256 家。由于高端服务业的区位选址集聚特性，武汉加快优化服务业空间布局，推动优质要素资源集中，建设服务业集聚区。2017 年，武汉市服务业集聚区营业收入 2680 亿元，其中千亿级服务业集聚区 1 个，即江汉区金融服务业集聚区；百亿级集聚区 2 个，即江岸区沿江商务区和武汉开发区总部经济集聚区。30 家民营科技企业的区域性总部和研发中心落户武汉。武汉市服务业发展在全省处于领先水平，但与同类城市相比，增速、占比、结构等方面并不突出。从服务业占 GDP 比重来看，广州、杭州、西安、南京等城市均高于武汉。另外从区域影响力方面，武汉只有 4 家领事馆，而成都有 15 家。武汉国际友好城市数量（2017 年为 26 个）低于西部地区的成都（2017 年增长到 34 个）。

（二）制造业发展相对落后

与同为中部城市的郑州相比，武汉的制造业在就业规模等方面相对落后。2008~2013 年武汉市的制造业增长率仅仅为 16.4%。郑州法人单位的工业部门就业规模为 130 万人，而武汉仅有 100 万人，郑州的"通信设备计算机及其他电子设备制造业"就业规模超过 30 万人，而武汉仅有 12 万人，当然武汉的汽车制造业和钢铁冶炼等工业相对比较发达。2013 年,武汉规模以上工业企业法人单位 R&D 经费支出 150.34 亿元,在中部省会城市中规模最高,高新技术制造业 R&D 经费支出 54.72 亿元,占规模以上制造业的比重为 36.4%;R&D 经费投入强度为 3.78%,比规模以上制造业平均水平高 2.4 个百分点。这在中部地区所有的省会城市里,经费投入强度最大,高于处于第二位和第三位的长沙(2.27%)和合肥(2.16%)。

(三)初始循环和二次循环交替发展

2005 年以来,武汉市三次循环变化跌宕起伏。2008 年之前,初始循环和二次循环还是比较平稳的发展,2008~2011 年,二次循环和初始循环波动变化,2012 年以后,又呈现新的格局,可以看出武汉的投资发展深受外部的政策和经济变化影响。但总的来讲,2012 年以来,武汉的三次循环发展缓慢,创新、公共品的投入发展不足,见表 5.18。

表 5.18　武汉市 2005 年以来不同行业固定资产投资规模变化　(单位:万元)

项目	2005 年	2008 年	2010 年	2012 年	2013 年	2015 年	2016 年
制造业	2726301	5897253	7675714	16025181	21580866	26488242	20270864
房地产业	143521	312995	1921719	1758022	2044941	2766368	2796027
高端服务业	489186	1569239	1697707	2232200	2286988	3023262	1864998
一般服务业	1524949	3408472	5717919	5283645	5644068	7035094	7934081
公共服务业	2007719	4151831	8097655	7481975	7601079	9268455	9460780

资料来源:武汉统计年鉴 2017。

三、大太原地区

太原是国家能源服务中心、国家资源型经济转型综合配套改革试验区,也是以太原为中心的汾河城市走廊新型城镇化的核心主体和引领中心。太原市是一个城镇化水平较高的地区。据人口抽样调查数据,太原市 2017 年常住人口 437.97 万,比 2010 年的 420 万人增长了 18 万人左右,年均增长 2.6 万人左右。城镇人口 370.97 万,城镇化率 84.70%,比 2016 年提高 0.15 个百分点。城镇人口比重高于全省 28 个百分点,高于全国 27 个百分点,在中部六省会城市中排名首位。太原市在山西省的集聚性和首位度不断提高,但在全国来讲要素集聚偏弱。2016 年,全市实现地区生产总值 2955.60 亿元,比 2015 年增长 7.5%,高于全国 0.8 个百分点,高于全省 3.0 个百分点。占山西省的经济比重由 2015 年的 21.4% 提高到 22.9%,提高 1.5 个百分点。与 GDP 排在第二位的长治市相比,城市首位度比值为 1.26%,较 2015 年提高 0.002 个百分点,与 2011 年相比,提升 0.002 个百分点。同时,太原城市发展也仍然处于显著的集聚阶段,中心城区人口增长速度较快,郊区相对较弱,远郊县市更是缓慢。对比 2000 年以来的人口变化，2000~2010 年太原年均人口增长 8.6 万，年增长率超过 2.3%，而 2010~2016 年，人口年增长不足 2 万，年增长率不足 0.6%。

与中部省会城市相比，太原主要经济指标规模仍然较小，企业数量仍然较少。2017 年，地区生产总值总量仅为其他中部省会城市平均总量的 50% 多；一般公共预算收入总量仅为其他中部省会城市平均总量的 40%。规模以上工业企业数量仅为其他中部省会城市平均数量的 15%，限额以上批发和零售企业数量仅为其他中部省会城市平均数量的 47%，规模以上服务业单位数量仅为其他中部省会城市平均数量的 34%。目前，以太原为核心，山西在推进"双城战略"，加强高端服务业发展和产业转型，即太原主城区定位为区域性的金融、商业、文化、科教中心，全省产业转型和城市品质提升示范区。太原 – 晋中共建区（晋源 – 小店 – 榆次）定位为区域性现代服务中心、新兴产业集聚区、国际性低碳技术及煤基产业自主创新示范区和宜居城市建设主体区。同时在流动空间基础上，构建由航空、都市区高速公路网（两环、七射、七连）、城市快速路网、高速铁路和城市轨道交通网组成的一体化现代交通体系。

（一）制造业快速收缩

太原曾是中国的重要工业基地之一。"一五"时期，太原与北京、天津同为华北地区工业重镇，然而，制造业从 20 世纪 80 年代开始急剧萎缩。2006 年以来，太原市推进工业转型发展，三年间累计关停水泥、化工、建材、煤制品生产企业近 300 家，煤矿数量压减 60%。2004~2013 年，太原市的制造业就业仍然为负增长，2013 年比 2004 年降低了 11.5%。2013 年太原市制造业从业人员仅为 29.6 万人，远低于郑州和武汉，就业比重仅为 18%，在中部城市的省会城市中比重最低。2015~2016 年，工业企业经济效益非常严峻。太原 10 大工业行业中增长的只有 4 个：通信及计算机设备制造业，电力、热力生产和供应业，燃气生产供应业，金属制品业。2016 年，全市规模以上工业企业实现盈利 3.34 亿元，仅为主营业务收入（2308.63 亿元）的 0.14%，企业的盈利能力偏低。从行业看，近半数行业亏损。2013 年太原市的高端服务业就业比重较高，达 21.6%，总规模为 35.6 万人，见表 5.19。

表 5.19　太原市城市经济结构和变化

行业	2004 年从业人员 / 人	2013 年从业人员 / 人	2013 年比重 /%	2004~2013 年就业增长率 /%
高端服务业	191613	355503	21.6	85.5
一般服务业	258866	292442	17.8	13.0
公共部门服务业	196393	257424	15.6	31.1
采掘业	110455	114507	7.0	3.7

行业	2004 年从业人员 / 人	2013 年从业人员 / 人	2013 年比重 /%	2004~2013 年就业增长率 /%
制造业	334561	296063	18.0	−11.5
电力燃气及水的生产和供应业	11381	22082	1.3	94.0
建筑业	262436	308720	18.7	17.6
总就业	1365705	1646741	100.0	20.6

资料来源：第一次至第三次全国经济普查主要数据公报。

从制造业发展来看，2004 年以来，太原市就业持续下降的同时，其内部结构也在发生变化。一方面，同郑州、武汉一样，太原的装备制造业也在呈现稳步的增长态势，无论是规模还是比重。另一方面，原材料加工业开始迅速提升，反映了太原在采掘业的基础上进行深加工发展的转型过程。

（二）城市发展进入"空间生产"主导阶段

太原投资增长支撑力较为单一。2016 年全市固定资产投资 2027.7 亿元，增速比 2015 年减缓 15.9%，比全国低 8 个百分点，低于全省 0.7 个百分点。第二产业投资明显下降。第二产业投资 377.45 亿元，下降 17.1%，工业投资占全市投资的比重为 18.5%，比 2015 年（22.2%）下降 3.7 个百分点，见表 5.20。第三产业投资作为太原市投资增长的主动力，占全市投资的比重由 2016 年的 79.0% 提升至 85.1%。全年房地产开发完成投资 681.90 亿元，占全市投资的比重为 33.6%，比 2015 年提高 3.8%（表 5.20）。

表 5.20　太原 2003 年以来主要行业门类固定资产投资规模变化（单位：万元）

行业	2003 年	2005 年	2010 年	2012 年	2013 年	2014 年	2016 年
制造业	180017	551052	1478640	2566233	3342187	2419175	1888570
房地产业	246	212519	743203	5536963	6358489	7724521	9554376
高端服务业	42293	296549	932190	529429	553408	517933	779970
一般服务业	124125	307161	764750	1431523	900873	872222	1069188
公共服务业	219837	463463	1072527	1185972	3326301	3656535	4580819
全行业固定资产投资规模	746009	2279133	6111944	13206256	16707390	17460868	20277120

资料来源：太原统计年鉴 2017。

四、大合肥地区

"江淮首郡、吴楚要冲""江南之首""中原之喉"等美誉都反映了合肥的区位优势：连接长江中游地区与长三角的重要节点。合肥总面积 11445.1km^2（其中，巢湖水域面积 770km^2）。2017 年常住人口 800 万左右，年均增长 10 万人左右，城镇化水平近 75%，城镇化速度较快，年度增长超过 1.5%，其中外来净流入人口超过 50 万。

　　2017 年，合肥生产总值超过 7200 亿元，跻身全国省会城市"十强"，比 2016 年增长 8.5%；人均生产总值突破 1.35 万美元，比 2016 年增加了 10975 元；三次产业结构为 3.8：50.5：45.7；财政收入突破 1100 亿元，规模以上工业总产值突破 1 万亿元。

（一）功能性城市区

　　合肥在国家和安徽省的地位不断提升。2017 年合肥在安徽省经济首位度达 26%，经济增长贡献度达 29.1%。2011 年 8 月，巢湖地级市部分区域划归合肥，合肥首位度进一步提高。在全国 26 个省会城市中，主要经济指标总量大多由"十一五"初期的 20 位左右提升到前 10 位左右。全球化和外商直接投资规模稳固上升，进出口总额也位居全国省会城市前 10，合肥市 2012 年以来主要经济发展占安徽省的比重变化见表 5.21。

表 5.21　合肥市 2012 年以来主要经济发展占安徽省的比重变化　（单位：%）

项目	2012 年	2013 年	2014 年	2015 年	2016 年	2017 年
年末总人口	10.3	10.3	10.3	10.3	10.4	10.5
年末职工人数	23.6	27.8	27.8	28.0	28.6	29.3
地区生产总值	24.2	24.5	24.8	25.7	26	25.9
规模以上工业增加值	21.7	22.3	22.3	22.9	22.8	—
全社会固定资产投资总额	26.6	25.8	24.9	24.4	24.3	21.8
社会消费品零售总额	22.8	22.8	24.5	24.5	24.5	24.4
财政收入	22.9	22.8	24	24.9	25.5	25.8
财政支出	14.4	14.5	15	14.8	15.6	15.6

　　资料来源：合肥统计年鉴。

1. 区域战略

　　合肥的区域战略角色包括"长三角城市群副中心""合肥都市圈中心城市""皖江城市带核心城市"，这些都反映了合肥在不同尺度上的战略方向。归纳起来，主要包括：一方面强化与长三角的区域连接，进而提高其经济发展综合实力，并通过长三角这一跳板，参与到国家和全球的城市竞争和角色发挥中；另一方面，发挥好省会城市的角色，提高其在安徽省的首位度，鉴于合肥市当前的发展阶段，在空间抓手上，除了加强基础设施流动空间平台建设外，更重要的是提升合肥中心城的规模能级，融入长三角。2000 年以来合肥开始快速融入长三角，希望能够打造成为继沪宁杭之外的另外一个巨型城市。

　　省域内皖江区域打造。早在 2010 年，国务院就批复了《皖江城市带承接产业转移示范区规划》，其中，皖江城市带包括合肥、芜湖、马鞍山、铜陵、安庆、池州、巢湖、滁州、宣城九市，以及六安市的金安区和舒城县。合肥、芜湖、蚌埠、马鞍山、滁州及六安等区域总人口超过 2500 万。当时合肥在安徽的首位度还不高，巢湖还是一个独立的地级城市，通过行政区划，将巢湖的主要片区纳入到其辖区范围内，在更大区域内统筹安排各种空间资源。

2. 中心打造战略

合肥中心打造战略主要是基础设施和各种新产业空间紧密围绕合肥主城区来展开布局。2016 年，城市建成区面积 428km^2，建成区常住人口 422 万。从常住人口来看，合肥城市发展处于相对集聚的阶段。2000 年主城区人口规模不到 140 万，而到 2017 年已经超过 385 万人，常住人口占合肥市域的比重从 2000 年的 21.8% 快速上升到 2017 年的 48.4%。

合肥推进大都市区扩张战略——从"141"到"1331"。合肥空间"141"战略是在"十一五"之初提出的主要发展战略思路，即在合肥城镇密集区范围内构建一个主城、四个外围城市组团、一个滨湖新区的总体空间框架。随着合肥城市建设的加速，区划调整后，合肥已从"十一五"期间 7000 多平方千米到最新区划调整后的 11433km^2。

3. 高端服务业

作为安徽省省会，合肥被定位为"综合性国家科学中心"、"一带一路"倡议和长江经济带战略双节点城市、具有国际影响力的创新之都、国家重要的科研教育基地、现代制造业基地和综合交通枢纽。

2014 年合肥的人均 GDP 首次超过 1 万美元，达到 10971 美元。服务业需求进入加速扩张阶段。从统计数据来看，与其他行业门类比较，合肥的高端服务业在迅速发展。从增加值来看，2017 年高端服务业增加值超过 2000 亿元，是 2010 年的 3.3 倍，年均增长率近 33%，而一般服务业为 21.2%，公共部门服务业为 27.3%，工业为 20.8%，超过 GDP 的年均增长率 10 个百分点。高端服务业占 GDP 的比重为 26%，比 2010 年的 20% 提高了 6 个百分点；相比而言，一般服务业比重和工业比重等显著下降。从就业规模和就业比重来看，合肥市 2013 年的高端服务业就业人口也已经超过 40 万，占所有就业人口的比重近 15%，见表 5.22。

表 5.22 合肥市高端服务业就业规模与其他行业的比较

行业	2013 年从业人员 / 人	就业比重 /%
高端服务业	421408	14.7
一般服务业	399177	14.0
公共部门服务业	305283	10.7
采掘业	4585	0.2
制造业	715353	25.0
电力、燃气及水的生产和供应业	32289	1.1
建筑业	980724	34.3
总就业	2858819	100.0

资料来源：第三次全国经济普查主要数据公报。

从高端服务业相关行业来看，增加值最高的是金融业和房地产业，2017年达到了490亿元和440亿元，占地区生产总值的比重分别为7.0%和6.3%，其次是租赁和商务服务业，信息传输、软件和信息技术服务业。然而成长速度最快的行业是信息传输、软件和信息技术服务业，金融业，其占地区生产总值的比重分别由2010年2.3%，5.6%上升到2017年的3.8%，7.0%。在合肥市"综合性国家科学中心建设"的带动下，合肥科技服务业成长明显。2016年规模以上企业426家，是2012年的3.4倍，实现营业收入292.75亿元，年均增长27.1%。其中，高技术服务业规模快速扩大，智能语音、量子通信处于国际领先地位，工业设计、IC设计、药物研发、生物育种等研发设计平台建设取得显著成效，见表5.23。

表 5.23　合肥市 2010 年以来高端服务业行业门类生产总值比重变化　（单位：%）

行业	2010 年	2011 年	2012 年	2013 年	2014 年	2015 年	2016 年	2017 年
信息传输、软件和信息技术服务业	2.3	2.2	2.1	1.9	1.9	2.2	2.5	3.8
金融业	5.6	4.9	5.2	5.8	6.0	7.0	7.7	7.0
房地产业	6.6	5.7	5.4	5.8	5.3	5.6	6.0	6.3
租赁和商务服务业	2.7	2.3	2.5	2.6	2.7	3.2	3.5	3.8
科学研究和技术服务业	2.0	1.8	1.8	1.9	2.0	2.2	2.4	3.0
文化、体育和娱乐业	1.0	1.0	1.0	1.0	1.1	1.3	1.5	1.7
合计	20.2	17.9	18.0	19.0	19.0	21.5	23.6	25.6

资料来源：合肥统计年鉴。

4. 高新技术和装备制造业

合肥技术和知识密集型的制造业相对较为发达。2008年以来，合肥的制造业就业规模等突飞猛进。2013年年末，全市共有工业企业从业人员75.22万人，比2008年年末增长了60.7%。从就业结构上看，装备制造业还是占有很大的比重（超过了50%），就业规模大，其次是劳动力密集型轻工业，其就业比重也高达22.54%，见表5.24。

表 5.24　合肥市不同类型的工业从业人员规模和就业比重（2013 年）

行业	从业人员 / 人	就业比重 /%
采掘业	4585	0.61
劳动力密集型轻工业	169560	22.54
原材料工业	150276	19.98
装备制造业	393023	52.25
水电煤气等	34781	4.62
合计	752225	100

资料来源：第三次全国经济普查主要数据公报。

2013 年工业企业法人单位资产总计 6579.82 亿元，比 2008 年年末增长 172%，其中装备制造业资产总计超过 3400 亿元，占全部工业资产总计的比重超过 50%。其中，采掘业总资产贡献率为 16.4%，比 2008 年下降 10.7 个百分点；制造业为 17.8%，比 2008 年上升 0.9 个百分点；电力、热力、燃气及水生产和供应业为 7.8%，比 2008 年下降 0.4 个百分点。因此，无论从就业规模和结构还是从资产规模和结构来看，在合肥的城市发展中，制造业尤其是装备制造业成为主导力量，技术和资本密集化转向非常显著。从高新技术发展角度来看，合肥创新驱动的发展动力比较显著。2013 年，全市共有规模以上高技术产业企业法人单位占规模以上制造业的比重为 7.8%。R&D 经费支出约 14.99 亿元，占规模以上制造业的比重为 21.1%，R&D 经费投入强度为 2.16%，比规模以上制造业平均水平高 1.13 个百分点。与此同时，其工业研发投入也是显著增加，见表 5.25。

表 5.25　按行业规模以上工业企业法人单位 R&D 经费支出及投入强度（2013 年）

行业	R&D 经费支出 / 万元	R&D 经费投入强度 /%
采掘业	475	0.28
制造业	710307	1.03
轻工业	22589	0.19
原材料工业	91664	0.66
装备制造业	596054	1.41
高技术产业（制造业）	149897	2.16
其他装备制造业	446157	1.26
电力、热力、燃气及水生产和供应业	49044	1.46
工业合计	759825	1.08

资料来源：第三次全国经济普查主要数据公报。

（二）初始资本循环持续巩固发展

合肥 2017 年固定资产投资 6351.4289 亿元。其中，基础设施投资 1213.47 亿元，增长 25.0%；工业技术改造投资 1372.09 亿元，增长 8.6%；民间投资 3704.19 亿元，下降 8.0%。分产业看，第一产业投资 64.326 亿元，下降 40.4%；第二产业投资 2379.027 亿元，增长 11.8%；第三产业投资 3908.076 亿元，增长 2.5%。分行业来看，工业投资 2356.48 亿元，增长 12.6%，其中六大主导产业投资 1255.29 亿元，增长 13.7%；现代服务业投资 3154.56 亿元，增长 5.8%。全年房地产开发投资 1557.41 亿元，比上年增长 15.1%，其中住宅投资 1095.45 亿元，增长 27.2%。合肥市不同行业固定资产投资规模变化见表 5.26。

表 5.26　合肥市不同行业固定资产投资规模变化（2005~2017 年）（单位：万元）

行业	2005 年	2010 年	2012 年	2014 年	2015 年	2016 年	2017 年
制造业	779347	9540667	14518174	17984224	19315650	19389108	21708743
房地产业	2081731	10467544	11946289	15015918	17315776	17005230	18460821
高端服务业	242533	1719922	2627780	4242163	5984566	6013679	5187666
一般服务业	508610	2970649	3359287	6822269	7875361	7600068	6665896
公共服务业	1119719	4781217	5618047	7174894	7672342	7516782	8766376
全行业固定资产投资规模	4887382	46854411	39780828	46854411	61285445	60502826	63514289

资料来源：合肥统计年鉴。

从三次资本循环视角来看，初始资本循环还在不断巩固和发展，投资于第二产业和制造业的固定资产投资规模和比重较高，当然和其他省会城市一样，合肥在房地产发展方面也是发展迅速。从空间分化角度来看，近郊区以产业园区和功能区为载体的初次循环累积为主导，而中心区以公共品投入为主导，第三次循环特征显著，其他地区以房地产发展为主导的投资为主。从时空来看，初次循环增长最显著的也是近郊区，第三次循环主要集中在合肥主城区和巢湖市，而第二次循环还主要集中在南部的县市。

五、大长沙地区

长沙是长江中游地区重要的中心城市，全国"两型社会"综合配套改革试验区、长江中游城市群和长江经济带重要的节点城市。作为湖南省省会，长沙市是湖南省的政治、经济、文化、交通、科技、金融、信息中心。长沙与周边的湘潭和株洲是一个相对发育的巨型城市区。长沙 2017 年常住人口 791.81 万，城镇化率 77.59%，地区生产总值 10535.51 亿元。成为长江中游城市群第二个万亿 GDP 城市，居省会城市第 6 位，仅次于广州、武汉、成都、杭州、南京。全市三次产业结构由 2008 年的 5.2 ∶ 50.8 ∶ 44.0 调整为 2017 年的 3.6 ∶ 47.4 ∶ 49.0。

长沙的经济外向性不断加强。其中，出口额从 1978 年的 1.40 亿元增长到 2017 年的 587.89 亿元，以 16.8% 的年平均速度增长。1995 年全市进出口总额 20.60 亿美元，到 2017 年进出口总额近 139 亿美元，是 1995 年的 6.7 倍。2017 年全市进出口 938.80 亿元，比上年增长 29.0%，其中，出口额 587.89 亿元，进出口总额占全省比重 38.5%，外贸依存度由 2016 年的 7.8% 提升为 8.9%。

在流动空间平台方面，长沙已初步形成了航空、铁路、公路、水运的立体开放格局，实现了湘江 – 洞庭湖 – 长江水运对接。①口岸平台不断建设。2017 年，长沙黄花综合保税区正式封关运行，是全国为数不多、全省唯一的临空型综合保税区。②对外通道不断拓展。新开通长沙至莫斯科等定期国际客运航线 10 条，长沙至开罗等不定期客运航线 4 条；主动对接粤港澳大湾区，成功开通湘粤港跨境直通车。中欧班列（长沙）

新开通至明斯克、布达佩斯 2 条国际货运班列线路，开通汉堡、布达佩斯 2 条回程班列，是全国性综合交通枢纽，京广高铁、沪昆高铁、渝厦高铁在此交汇。长沙黄花国际机场 2014 年完成旅客吞吐量 1802.1 万人次，位居全国第 12 位，2017 年旅客吞吐量达 2376 万人次。

在对中三角地区发展的带动方面，与武汉和南昌相比，长沙虽比不上武汉，但区域带动作用可谓显著。2017 年实现工业增加值 4101.47 亿元，完成工业投资 2211.80 亿元，分别占武汉的 86.8% 和 92.0%。主要依托产业园区发展，打造中部地区重要的先进制造业基地。5 个国家级开发区和 9 个省级园区，已经形成工程机械、新材料、食品、电子信息、文化创意、旅游六大信息产业集群。2017 年完成货运量 41738.88 万 t，客运量 10591.81 万人，分别占武汉的 72.9% 和 35.4%。2017 年实现服务业增加值 5157.80 亿元，占武汉的 72.2%。其中，新兴服务业加快发展。市场化程度更高的营利性服务业实现增加值 1520.54 亿元，增长 17.1%，总量居中部城市首位。旅游业持续较快增长，旅游总收入达 1770.06 亿元，增长 15.3%。

（一）制造业和高端服务业双轮驱动增长

1. 高新技术制造业发展较好

根据 2013 年经济普查数据，在制造业方面长沙形成了电子信息、烟草制品、汽车制造、非金属制品业、新材料五大支柱型产业。2013 年年末，长沙市规模以上高技术产业（制造业）企业单位比 2008 年年末增长 14.3%，占规模以上制造业的比重为 8.3%，比 2008 年提高 1.0 个百分点。规模以上高技术产业（制造业）R&D 经费支出 20.13 亿元，比 2008 年增长 729.4%；R&D 经费投入强度为 2.27%，比 2008 年提高 1.09 个百分点。另外，2013 年，规模以上高技术产业（制造业）企业法人单位全年专利申请量 1176 件，其中发明专利申请 569 件，分别比 2008 年增长 1151.1% 和 1359.0%；发明专利申请所占比重为 48.4%，比规模以上制造业平均水平高 5.3 个百分点。2013 年以来，长沙园区建设加快，园区对工业发展的贡献不断增强。2017 年长沙有 14 个园区，其中国家级开发区 5 个、省级园区 7 个。园区的承载功能和集聚效应不断增强，园区工业的提质发展对全市工业成功转型起到了重要作用。长沙市采掘业及制造业就业人员变化见表 5.27。

表 5.27　长沙市采掘业及制造业就业人员变化（2004~2013 年）（单位：人）

行业	2004 年	2008 年	2013 年
采掘业	36402	35518	24874
劳动力密集型轻工业	103721	179383	181916
原材料工业	465228	465228	283276
装备制造业	141475	219470	397128
所有工业企业法人单位的就业人员合计	514662	733545	905871

资料来源：第一次至第三次全国经济普查主要数据公报。

2. 文化创意等服务行业的专门化发展

长沙服务业综合实力比较好，被称为"东亚文化之都""世界媒体艺术之都"，打造了"电视湘军""出版湘军""动漫湘军"等文化品牌。

从全国省会城市来看，长沙市经济总量与广州、武汉、杭州、南京等省会城市经济总量的差距主要体现在服务业方面。2017年，长沙市服务业增加值为5157.80亿元，比南京少1839亿元，比武汉少1983亿元，比杭州少2700亿元，与广州差距高达10097亿元。长沙市服务业以批发零售、餐饮住宿、交通运输等劳动密集型产业为代表的传统服务业仍占重要地位。以信息网络、人工智能、现代物流等技术密集型产业为代表的现代制造业急需的生产者服务业虽然在近年取得了长足发展，但与发达地区、发达国家相比仍有差距。经济危机以来长沙市服务业快速增加，2017年全市服务业经济总量突破5000亿元大关，是2008年的4.13倍，是GDP总量增加的主要行业。服务业经济总量在全国省会城市中先后超过济南和沈阳，跃居省会城市第6位，居中部省会城市第2位。全市服务业法人单位9.73万家，比2008年增加7.07万家。服务业增加值占GDP的比重由2008年的44.0%提升到49.0%；服务业增加值对全市经济增长的贡献率由2008年的44.4%提升到56.7%。服务业就业人员达到212.20万，占全社会就业人员的比重为44.7%。全市服务业实现税收收入855.40亿元，服务业税收占全市税收的比重达53.7%，2008~2017年，服务业税收年均增速为18.5%。长沙市典型工业和服务业不同行业就业变化见表5.28。

表5.28　长沙市典型工业和服务业不同行业就业变化（2004~2013年）

行业	2004年从业人员/人	2013年从业人员/人	2013年就业比重/%	2004~2013年就业增长率/%
高端服务业	193100	503789	15.2	160.9
一般服务业	219100	557685	16.8	154.5
公共部门服务业	249800	389700	11.7	56.0
采掘业	36800	24874	0.7	−32.4
制造业	487400	863714	26.0	77.2
总就业	1627700	3322167	100.0	104.1

资料来源：第一次至第三次全国经济普查主要数据公报。

（二）多中心集聚发展

长沙的中心城市战略和多中心战略。2014年修订的《长沙市城市总体规划（2003—2020）》（简称《总规》）中指出，按照规划到2020年，长沙中心城区城市人口将达629万；长沙城市发展空间将进一步拓展，规划区范围由2003版总体规划的2893km²扩大至4960km²；在城市空间结构上，《总规》提出都市区按照"一主、两次、六组团"的空间结构，合理布局包括地铁在内的基础设施，构筑青山、秀水、绿洲、名城融为一体的都市区空间格局。"一主"即城市主体，"两次"即岳麓片区和星马片区，"六组团"即暮云组团、金霞组团、坪浦组团、空港组团、黄黎组团、高星组团。中心城区的城市空间结构为一轴两带多中心、一主两次五组团。而在进行的《长沙市城市总体规划（2017—2035 年）》中，其市域人口在 2035 年更是将目标定在 1100 万~1300 万，规划区空间结构调整为"一核四片六簇群"，构建"一轴一带、三心多点"的网络化城市中心体系。

（三）初始循环和二次循环开始更替

从三次资本累积循环角度来看，长沙市经历着初始循环向二次循环更替的过程，同时第三次循环也在稳步发展，见表 5.29。

表 5.29　长沙市 2005 年以来不同行业固定资产投资变化情况　（单位：万元）

行业	2005 年	2008 年	2010 年	2013 年	2015 年	2016 年
制造业	1386471	3621998	6640471	12538352	20307320	19655925
房地产业	2982654	5972593	8502820	13345092	12936548	17030642
高端服务业	422582	1087057	2259006	3941789	8107561	8783938
一般服务业	1044524	2374151	5172857	6232438	10220505	7970633
公共服务业	1645526	3064805	3600034	4924123	9569160	11367949
全行业固定资产投资总规模	7911578	17023378	27792540	42545671	63632944	66933188

资料来源：长沙统计年鉴。

六、大南昌地区

南昌是长江中游城市群中心城市之一，是中华人民共和国航空工业的发源地、中国重要的综合性交通枢纽。南昌也是京港台高铁、沪深高铁、沪昆高铁、沪广高铁、福银高铁等干线交汇的中国最繁忙交通枢纽之一。2015 年，南昌市常住人口总数为529.25 万，人口增长相对缓慢。2015 年城镇化水平为 71.56%。与东部等经济中心城市相比，南昌市外来人口吸引力不大，2015 年净流入人口不足 10 万。2017 年，南昌GDP 突破 5000 亿元，达到 5003.19 亿元，居长江中游城市群第 3 位。但与前两位的武汉和长沙相比差距较大。2017 年实现工业增加值 1977.78 亿元，是武汉的 41.9%，长沙的 48.2%；完成工业投资 1843.99 亿元，是武汉的 76.7%，长沙的 83.4%。2017 年完成货运量 13831 万 t，是武汉的 24.2%，长沙的 33.1%；客运量 6468 万人，是武汉的21.6%，长沙的 61.1%。2017 年实现服务业增加值 2144.96 亿元，是武汉的 30.0%，长沙的 41.6%。

（一）快速集聚的功能区

南昌在中部地区不仅仅是人口规模较小的省会城市，其法人就业规模也较小，总规模为 213.2 万人，制造业和高端服务业基础相对薄弱。①南昌高端服务业发展滞后。服务业行业中，就业规模较多的包括批发零售业、交通运输业和公共管理部门。2013年高端服务业的就业规模仅约为 20.2 万人，占比不足 10%（表 5.30）。②南昌市制造业发展落后。2013 年，南昌市制造业规模约为 57 万人，占 26.8%。然而，2000 年以来，南昌市经历了快速的集聚发展。2004~2013 年，总就业增长了将近 1 倍。从增长的行业来看，增长规模和增长最快的行业主要包括批发零售业、租赁和商务服务业、居民服务和其他服务业、电力燃气及水的生产和供应业、建筑业等，一般服务业增长加快。2013 年相较 2004 年制造业增长了 80.4%，高端服务业增长了 48.9%，均低于 91.2% 平均水平。其中，金融业、信息传输、计算机服务和软件业、科学研究技术服务等高端服务业增长率也都远远小于平均水平。虽然整体上制造业和高端服务业发展速度缓慢，但在特定领域，也有一些有较快的发展。南昌的主要制造业是电子信息、航空制造、生物医药等产业。电子信息产业主营业务收入突破 800 亿元，增长 30% 以上，以硅衬底 LED 核心技术和 MOCVD 关键核心装备为支撑的 LED 产业裂变式扩张。航空制造方面，作为 C919 大型客机项目前机身、中后机身的唯一供应商，初步形成以大飞机制造研发为主要支撑，以整机和发动机等核心零部件为一体的航空产业基地格局，生物医药产业主营业务收入增长 13.5%。例如，VR 产业加速发力，中国（南昌）VR 产业基地一期建成投用，"六大平台"初步建成，标志性示范项目加速建设。

表 5.30　南昌市高端服务业等就业规模和结构变化（2004~2013 年）

行业	2004 年从业人员 / 人	2013 年从业人员 / 人	2013 年就业比重 /%	2013 年比 2004 年增长 /%
高端服务业	135559	201840	9.5	48.9
一般服务业	208540	376120	17.6	80.4
公共部门服务业	185619	285848	13.4	54.0
采掘业	2556	11992	0.6	369.2
制造业	316567	570512	26.8	80.2
建筑业	241410	611271	28.7	153.2
总就业	1114668	2131618	100.0	91.2

资料来源：第一次至第三次全国经济普查主要数据公报。

从制造业内部来看，2013 年装备制造业就业比重最高，为 34.5%，其次是劳动力密集型轻工业。2004~2013 年，增长率最高的为装备制造业，年均增长率超过 11.5%，其次是轻工业，为 10.21%，高于南昌就业增长的平均水平，更是高于制造业和工业增长的平均水平（表 5.31）。从装备制造业内部来看，交通运输业、计算机通信和其他电子设备制造业就业比重最高，增长率最快，这也反映了省会城市制造业发展有一定的知识密集型趋势的共同特性。但从研发投入来看，南昌的制造业研发虽然有一定的进步，但从研发经费规模和投资强度来看，仍然较为落后，明显落后于中部长沙、合肥等城市。高新技术产业的投资研发支出为 121093 万元，投入强度仅仅为 1.76%。

表 5.31　南昌市工业等就业规模和结构变化（2004~2013 年）

行业	2004 年就业人口 / 人	2004 年就业比重 /%	2013 年就业人口 / 人	2013 年就业比重 /%
采掘业	2556	0.4	11932	1.8
劳动力密集型轻工业	110008	16.8	211098	32.2
原材料工业	95396	14.5	131895	20.1
装备制造业	111024	16.9	226560	34.5
水电生产	24417	3.7	74985	11.4
所有工业企业法人单位的就业人员合计	343401	52.3	656470	100.0

资料来源：第一次至第三次全国经济普查主要数据公报。

（二）三次资本循环

从三次资本累积循环视角来看，南昌市发展轨迹波动较大，见表5.32。但总体而言，工业发展为代表的初始循环开始逐步减弱，房地产和城市建设为代表的二次循环相对回升增长，但与长沙等城市相比第三次循环发展相对较为缓慢。当然这种发展的过程也取决于中央政府和外部市场环境的变化，随着赣江新区等国家战略的实施，大南昌等地的发展和资本累积循环也必然会进入到一个全新的阶段。

表 5.32　南昌市固定资产投资在不同行业的规模变化　　（单位：万元）

行业	2005 年	2009 年	2010 年	2012 年	2013 年	2015 年	2016 年
制造业	1532943	5839847	7178257	9669375	11809322	14890760	15501281
房地产业	50476	2406790	906661	4168224	4963449	5934774	8979313
高端服务业	252829	1255128	1939649	1800560	2400899	4204770	5265557
一般服务业	716360	1994758	2497642	4557908	5207664	7980323	8206045
公共服务业	1640244	2315879	2752309	2761946	3247601	5289737	5611270
全行业固定资产投资规模	4282512	14663151	19233503	23930288	28968649	40002316	45402629

资料来源：南昌统计年鉴。

第六章　中国东北巨型城市区与巨型区

第一节　快速收缩的东北地区

东北是我国重要地区,其在国际经济、国际政治及国家的工业、农业等经济社会发展中具有举足轻重的作用。东北三省各个发育水平的巨型城市区包括以沈阳为中心的辽中地区及以长春、哈尔滨、大连等为中心的其他地区。这些地区虽然经历了不同阶段的快速发展和显著收缩,但一直是中央政府高度关注的地区。

从所在区位和当前的社会经济发展来看,一方面,东北地区的巨型城市区有其共同的相似之处:人口快速流出、经济发展相对收缩(表6.1)、面向东北亚经济区、重工业比较发达等。另一方面,这些巨型城市区又有其多样性。有些巨型城市区地处高纬度地区、有些巨型城市区具有良好的出海和港口条件等。从城市群的角度看,东北最主要的城市群包括辽宁沿海城市群、辽宁中部城市群、吉林中部城市群和哈大

表6.1　东北三省主要经济社会指标变化情况(2013~2017年)　(单位:%)

指标	2013~2017年占全国比重的变化	2013~2017年增长率
总人口	−0.3	0.7
GDP	−2.2	−0.3
地方一般公共预算收入	−3.1	−16.1
地方一般公共预算支出	−1.8	17.1
全社会固定资产投资	−5.7	−32.8
货物进出口总额	−1.1	557.2
原油产量	−1.3	−13.1
汽车产量	−2.5	8.9
铁路营业里程	−1.6	10.7
高速公路里程	−1.3	13.8
客运量	−0.4	−27.2
货运量	−1.2	−3.3
邮电业务总量	−0.5	58.0

资料来源:中国城市统计年鉴。

齐城市群。辽宁沿海城市群是以大连为中心，随着沿海经济带的建设而凸显出的城市群；辽宁中部城市群包括沈阳、鞍山、抚顺、本溪、营口、辽阳、铁岭、阜新等城市；吉林中部城市群包括长春及周边的吉林、辽源、松原、四平等城市，是长吉区域发展的核心腹地；哈大齐城市群包括哈尔滨、大庆、齐齐哈尔、肇东、安达等城市，是黑龙江省工业化水平最高的地区。

然而从高端服务业等层面看，上述这些城市群显然不符合巨型城市区的基本标准。第一，除了沈阳为中心的巨型城市区外，其他地区的高端服务业规模都非常小，就业比重也远远落后于长三角、京津冀和珠三角。第二，功能性城市区域没有形成。其重要表现是，每个地级城市的核心城区如同孤岛一样，散落在"大海"之中，核心城区的外围往往是极为落后的区县。第三，巨型城市区的全球化进程和地方化整合度都远远落后于东部沿海地区的巨型城市区，包括FDI的集聚能力，国家层面和区域层面生产要素的吸引能力都明显偏低。20世纪90年代以来，许多城市一直呈现显著的人口流出态势。

一、人口减少，从净流出到负增长

由于出生率较高，虽然1990年以来东北地区总体上经历了显著的户籍人口增长态势，但该地区一直是常住人口净流出地区。2010年后，东北地区进一步收缩，从净流出地区转变为总人口负增长地区，整个东北地区减少了5万人左右。其中，黑龙江省最为显著，2010~2015年总人口下降了近20万，年均下降4万人左右。除了哈尔滨、大庆等少数城市外，其他地级城市人口收缩持续显著，见表6.2。

表6.2　东北三省常住人口变化情况（1990~2015年）　（单位：万人）

年份	黑龙江	吉林	辽宁	东北地区合计
1990	3522	2465	3946	9933
2000	3689	2728	4238	10655
2010	3831	2746	4375	10952
2015	3812	2753	4382	10947

资料来源：历次人口普查资料，2015年1%人口抽样调查数据。

二、就业总量占全国比重下降，诸多城市就业衰减

2013年，根据第三次全国经济普查数据，整个东北地区法人单位数和从业人员数占全国的比例都不到7%，远远小于其他地区。2008~2013年东北地区的法人单位数和法人单位从业人员数占全国的比例都在下降。从时间变化来看，2000年后东北地区年度开业法人单位比重总体趋势下降，反映了东北地区经济发展的活力相对较弱。其中，曾经是中国重要经济区——沈阳经济区或辽中南地区所在的辽宁省最为显著，见表6.3。城市收缩和城市增长一样，都是一个比较正常的过程。往往结构性的变化

会导致城市和地区的显著收缩，如工业化向后工业化转型的过程中，美国底特律和匹兹堡的集聚收缩，德国鲁尔区的收缩、英国伯明翰 – 利物浦走廊的长时间收缩等。这些地区的收缩进程为东北地区的巨型城市区发展和规划提供了极其宝贵的应对经验和教训。匹兹堡在 20 世纪 50 年代之前，其城市规模在美国曾相对领先，也是若干世界 500 强的总部所在地，60 年代全球化和制造业衰退后，匹兹堡都市区的人口从 300 万的规模急剧下降，到目前大约有 100 万人。经历几十年的收缩，匹兹堡地区凤凰涅槃，目前已经成为世界著名的计算机和智能机器人研发基地，也是美国领先的医疗休闲中心。

表 6.3　东、中、西部和东北地区的法人单位和从业人员

项目	2013 年法人单位		2013 年从业人员		2008~2013 年比重增长 /%	
	数量 / 万个	比重 /%	数量 / 万人	比重 /%	单位数	单位就业人数
东部地区	601.9	55.4	19224.5	54.0	2.9	−0.5
中部地区	214.1	19.7	7428.8	20.9	−0.2	0.7
西部地区	197.4	18.2	6567.2	18.4	−1	0.9
东北地区	72.2	6.7	2381.8	6.7	−1.7	−1.2
合计	1085.6	100.0	35602.3	100.0	—	—

资料来源：第二次、第三次全国经济普查主要数据公报。

三、经济波动比较明显，近几年 GDP 负增长

2000 年以来，东北地区经济增长动力不足，地区生产总值增长率较低，很多地区，如辽宁经济增长率为负。与全国相比，东北所有的巨型城市区增长率变化都落后，尤其是以沈阳中心的辽中地区，见图 6.1。

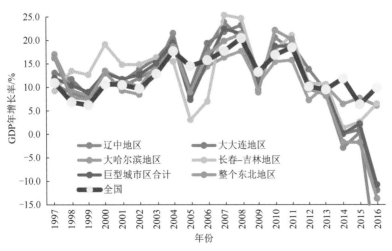

图 6.1　1996 年以来不同巨型城市区 GDP 年增长率与全国的变化比较

资料来源：中国城市统计年鉴。

第二节　东北地区巨型城市区特征

一、巨型城市区经济集聚性开始加强

1996 年以来，东北地区的巨型城市区 GDP 占东北地区的比重不足 35%，到 2016 年该比重超过 80%，20 年提升了 45%，巨型城市区的经济集聚性越来越明显。但同时，其间也经历了几次波折：2002~2004 年是第一个高峰；2008~2009 年是第二个高峰；2015 年以来，是经济聚集发展前所未有的快速发展阶段。就单个巨型城市区而言，有所不同。辽中地区相对而言比重有所下降，大大连地区、大哈尔滨地区占所在省份的 GDP 比重显著上升，而长春－吉林地区近几年开始缓慢回升。

二、功能专门化发展

（一）面向东北亚地区的高端服务业发展

2015 年以来沈阳开始面向东北亚地区，着力打造东北亚科技创新中心、东北亚文化创意中心、东北亚国际商务中心、东北亚平台经济中心的"四大中心"。与俄罗斯远东地区、蒙古国、朝鲜相比，中国东北地区的人口、经济、科技、贸易、文化优势非常明显，韩国、日本人口密集，经济、科技、文化发达，在基础上要比中国东北地区更为扎实，但与之相比，中国东北地区的潜力也很巨大，地理乃至于交通上东北都处于东北亚的中心。新一轮东北振兴和京津冀一体化辐射带动也为东北地区高端服务业发展带来发展机遇，让沈阳等巨型城市可以依托东北"腹地市场"和资源打造服务业发展平台。大连市也依托新一轮东北振兴、"一带一路"、金普国家级新区以及京津冀协同发展、中韩自贸区等一系列重大政策，加快建设东北亚国际航运中心、东北亚国际物流中心、区域性金融中心和现代产业聚集区，以推动高端服务业量和质共同发展。

（二）装备制造业发展

东北地区的巨型城市和巨型城市区在制造业发展方面具有雄厚的基础，在装备制造业方面更是优势显著。经过几十年的建设和发展，这些以省会城市为中心的地区已经基本形成门类齐全的工业体系，具备较强的研发、设计和制造能力。

曾经中国的装备制造业从沈阳起步走向全国。经历过转型阵痛后，如今沈阳装备制造业逐步复苏，开始成为国际上知名的装备制造业基地。哈尔滨市拥有丰富的科技资源，哈尔滨工业大学等高校全国闻名，焊接、机器人、航空航天等学科在全国均处于领先地位。长春的汽车制造业发展在全国占有重要地位。当前，长春装备制造业形成了以轨道交通装备制造为核心，以成套装备制造、专用机械制造、高端装备制造等为重点的产业结构。尤其是长春轨道交通装备制造业，撑起长春制造的半壁江山。

装备制造业也成为大连工业的第一支撑。大连是全国最大的组合机床生产基地、国家级数控机床产业化和数控功能部件研发制造基地、国内重要的核岛设备研发制造基地，是"中国轴承之都""中国互感器之都"。

三、流动性和流动空间

从全国来看，东北地区流动性无论在规模、比重还是在增长率方面都相对较弱，虽然在铁路营业里程、高速公路里程等硬件方面具有一定的领先性，但在进出口贸易、客运量、货运量、邮政业务总量等方面占全国的比重还是较低的，增长率方面，也基本上全面负增长，见表6.4。

表6.4　四大地带流动性变化比较（2013~2017 年）

项目	2017 年占全国比重 /%				2013~2017 年占全国比重变化 %			
	东部	中部	西部	东北部	东部	中部	西部	东北部
货物进出口总额	82.4	6.7	7.5	3.3	−1.32	1.42	0.87	−0.97
出口	82.0	7.7	7.9	2.4	0.29	1.43	−0.17	−1.55
进口	82.9	5.5	7.1	4.5	−3.11	1.32	2.02	−0.22
铁路营业里程	23.3	22.2	40.9	13.5	−0.71	−0.28	2.50	−1.51
公路里程	24.1	26.9	40.7	8.2	−0.59	−0.10	0.85	−0.16
高速公路	28.2	25.7	37.4	8.7	−2.53	−1.18	4.99	−1.28
客运量	35.8	27.3	29.1	7.8	0.23	−3.71	4.01	−0.53
货运量	36.7	29.5	27.0	6.8	−11.81	5.26	10.37	−3.82
邮政业务总量	54.9	17.6	21.1	5.9	1.32	−0.53	−0.34	−0.86

资料来源：中国城市统计年鉴。

（一）面向东北亚的巨型城市区流动性分析

东北亚地区一直以来就是大国力量关注之地，特别是冷战之后，苏联解体，日本、韩国等新兴工业化国家的崛起，再加上在该地区有着广泛利益的其他国家和地区，使东北亚地区的地缘政治经济关系变得越加复杂。东北亚地区的发展，将对亚洲乃至整个世界政治经济格局产生结构性的影响。中东铁路、日俄城市和建筑依存、抗美援朝古迹据点都是重要的证明。从当前来看，几个巨型城市在东北亚地区的重要性也可以通过国际组织设置、国际航班布局及出口、贸易、文化交流等诸多方面得以比较。

1. 航空节点－网络关系

从当前国际城市交通沟通角度来看，国际航空线路可以反映一个城市的国际性特征。从当前主要城市的国际航班来看，哈尔滨、长春、沈阳、大连是中国东北地区面向东北亚地区的重要国际门户城市。这些城市都与日本、俄罗斯、朝鲜半岛有较密切的联系。其中，最北端与俄罗斯毗邻的哈尔滨与俄罗斯的联系更具倾向性、也更频繁，而南端的大连与日本航线比较频繁，处于其中的沈阳和长春则与韩国、朝鲜、日本、俄罗斯都有一定的航线联系。

2. 国际贸易关系和不确定性

1）与东北亚地区较紧密的贸易关系

从国际贸易来看，三个省份的进出口贸易都与东北亚地区有较紧密的关系。其中，黑龙江省的进出口贸易对象在东北亚地区占一半，2015 年，进出口总额在东北亚地区高达 55.5%，出口总额更是高达 67.46%（表 6.5）。辽宁省（表 6.6）和吉林省（表 6.7）较黑龙江省低，但也占有相当的比重。另外，从贸易空间对象来看，黑龙江省与俄罗斯的贸易更为突出（表 6.5），尤其是出口占整个黑龙江省的 65.56% 以上，辽宁省与日韩贸易比重较高，吉林省则相对与日本的贸易比重较高，其次是韩国。

表 6.5　黑龙江省 2015 年进出口及在东北亚的比重

项目	进出口总额 / 万美元	进口总额 / 万美元	出口总额 / 万美元	进出口 比重 /%	进口 比重 /%	出口 比重 /%
进出口贸易总值	2098599	803072	1295527	－	－	－
蒙古国	12176	8363	3813	0.58	1.04	0.29
韩国	35408	30185	5223	1.69	3.76	0.40
日本	32594	16994	15599	1.55	2.12	1.20
俄罗斯	1084636	235285	849351	51.68	29.30	65.56
东北亚地区合计	1164814	290827	873986	55.50	36.21	67.46

资料来源：黑龙江省统计年鉴 2016。

表 6.6　辽宁省 2015 年度进出口及在东北亚的比重

项目	进出口总额 / 万美元	进口总额 / 万美元	出口总额 / 万美元	进出口比重 /%	进口比重 /%	出口比重 /%
进出口贸易总值	6842943	3022853	3820088	－	－	－
韩国	872153	418586	453568	12.75	13.85	11.87
日本	1265312	420222	845091	18.49	13.90	22.12
俄罗斯	301818	208632	93186	4.41	6.90	2.44
东北亚地区合计	1567130	628854	938277	22.90	20.80	24.56

资料来源：辽宁省统计年鉴 2016。

表 6.7　吉林省 2015 年度进出口及在东北亚的比重

项目	进出口总额 / 万美元	进口总额 / 万美元	出口总额 / 万美元	进出口 比重 /%	进口 比重 /%	出口 比重 /%
进出口贸易总值	1893841	465382	1428458	–	——	–
日本	168829	42350	126479	8.91	9.10	8.85
韩国	68253	44940	23313	3.60	9.66	1.63
俄罗斯	52090	26999	25090	2.75	5.80	1.76
东北亚地区合计	289172	114289	174882	15.27	24.56	12.24

资料来源：吉林省统计年鉴 2016。

2）国际贸易的不确定性

由于复杂的国际关系和地缘政治，东北亚地区经济和贸易发展环境一直不太稳定。这些不仅仅影响边境口岸城市，如绥芬河、满洲里、图们江等对进出口依赖较强的城市，也极大地影响巨型城市区的发展和发育。20 世纪 90 年代以来，随着改革开放和市场化、全球化进程的深入，绝大多数边境口岸城市的人口和发展速度都经历了较快的阶段。然而，2000 年以来，东北亚的多边贸易和双边贸易波动较大（表6.8），这些城市也起伏较大，人口急速衰减的同时，就业岗位也在明显减少。不仅仅是中小城市，在这种相对不太稳定的局势下，一些大城市也经历着一定程度上的波动发展。但总体而言，与中小城市相比，大城市由于其多样性、复杂性，应对这些外在环境的弹性能力比较强，围绕这些城市，巨型城市区在不断的发育和发展。

表 6.8　辽宁省 2012 年以来进出口国际贸易波动变化　（单位：万美元）

项目	进出口总额				进口总额				出口总额			
	2012 年	2013 年	2014 年	2015 年	2012 年	2013 年	2014 年	2015 年	2012 年	2013 年	2014 年	2015 年
韩国	11.95	11.30	11.87	12.75	11.17	12.13	11.97	13.85	12.49	10.75	11.79	11.87
日本	20.67	18.69	18.46	18.49	17.74	16.53	15.16	13.90	22.69	20.12	20.98	22.12
俄罗斯	3.25	2.89	3.02	4.41	4.40	3.85	3.59	6.90	2.46	2.26	2.58	2.44
东北亚地区	23.92	21.58	21.47	22.90	22.14	20.38	18.74	20.80	25.15	22.38	23.56	24.56

资料来源：辽宁省统计年鉴 2016。

虽然功能的多样化有利于城市应对外部环境变化的韧性提高，但根本上，城市和区域仍要相对有所分工，东北的这些巨型城市区同样如此。其中，大哈尔滨地区需要进一步依托中东铁路和西伯利亚铁路反地缘优势，拓展与俄罗斯尤其是与远东地区的经济合作、中俄国际组织设置、中俄文化节事的大事件合作及道路交通合作等，已成为中国"一带一路"北线桥头堡和枢纽。大长春地区则重点通过图们江等口岸，突破出海口和通道的中朝合作进程，促进长春与日本在相关领域的互动合作。沿海的辽中地区和大大连地区则可全方位拓展与日本、韩国等巨型城市区的经济、政治、文化等方面的互动与合作。

（二）生产要素流动

1. 人口流动

根据第六次全国人口普查数据，东北地区巨型城市区净流入人口占总人口的比重为13.8%，落后于全国巨型城市区的平均水平（22.7%）8个多百分点，甚至落后于西部巨型城市区17.3%的平均水平。人口迁移活跃度为30.96%，落后于全国巨型城市区7.9个百分点，也落后西部巨型城市区35.55%的平均水平。其中，本地迁入人口（10.88%）、省内迁入人口（14.21%）的比重均高于全国巨型城市区水平，但吸引省外人口的能力（其迁移比重仅仅为5.86%）要大大落后于全国巨型城市区平均水平（17.58%），甚至是全国城市的平均水平（6.44%）。可见，东北的巨型城市区省内区域辐射带动显著，属于地方级的巨型城市区。就单个地区来讲，东北巨型城市区的人口流动还是有比较多的分化。总体来讲，所有巨型城市区的外来净流入人口占全部人口的比重都低于全国巨型城市区的平均水平，这与西部地区差距比较大，相对来讲哈尔滨地区人口净流入较高。人口迁移活跃度方面，只有大大连地区（39.52%）高于全国巨型城市区平均水平。其中，省外迁入人口比重均落后于全国平均水平（17.58%），辽中地区（4.64%）、大哈尔滨地区（3.42%）、大长春地区（3.72%）甚至都低于全国平均水平。说明这些巨型城市区只对本地和省内人口迁移吸引力比较高。2000~2010年，东北地区巨型城市区的外来净流入人口比重增长了5.4%，落后于全国巨型城市区的平均水平（9.0%）；同时人口迁移活跃度指数增长了7.90%，与全国所有的巨型城市区基本持平（38.94%）。从迁移来源和范围来看，地方层级的迁移活跃度在下降，省域层面的迁移度指数在大幅增长（9.28%），高于全国巨型城市区的平均水平；省外人口迁移活跃度小幅上涨（2.24%），低于全国平均水平（3.03%）和所有巨型城市区的平均水平（7.41%）。就单个地区来看，外来净流入人口比重在所有东北巨型城市区都有所提升，其中幅度最大的是大哈尔滨地区（10.4%），幅度最小的是大长春地区（2.7%）。人口迁移活跃指数都在显著提升，都高于全国巨型城市区的平均水平。省外迁入水平增长最高的是大大连地区（5.6%），但也落后于全国巨型城市区的平均水平，见表6.9和表6.10。

表 6.9 东北巨型城市区人口净流入比重及人口迁移活跃度和来源比较（2010 年）

城市地区	净流入人口占总人口比重 /%	人口迁移活跃度 /%	本地迁入人口比重 /%	省内迁入比重 /%	省外迁入人口比重 /%
辽中地区	10.8	27.66	10.42	12.60	4.64
大哈尔滨地区（哈尔滨市辖区）	21.3	33.61	12.89	17.30	3.42
大长春地区	11.1	29.91	12.31	13.87	3.72
大大连地区	19.3	39.52	8.57	16.56	14.38
东北地区巨型城市区	13.8	30.96	10.88	14.21	5.86
所有巨型城市区	22.7	38.94	7.57	13.79	17.58
全国	—	19.59	6.79	6.36	6.44

资料来源：第六次全国分县（市、区）人口普查数据。

表 6.10 东北巨型城市区人口净流入增长及人口迁移活跃度和来源变化比较（2000~2010 年）

城市地区	净流入人口占总人口比重 /%	人口迁移活跃度 /%	本地迁入人口比重 /%	省内迁入比重 /%	省外迁入人口比重 /%
辽中地区	4.4	5.71	−4.89	8.95	1.65
大哈尔滨地区	10.4	6.99	−2.31	8.12	1.18
大长春地区	2.7	10.12	−0.15	8.65	1.63
大大连地区	6.8	11.62	−5.56	11.57	5.60
东北地区巨型城市区	5.4	7.90	−3.62	9.28	2.24
所有巨型城市区	9.0	13.25	−1.32	7.16	7.41
全国	—	7.97	1.51	3.44	3.03

资料来源：第五次、第六次全国分县（市、区）人口普查数据。

2. FDI 等资本要素流动

1996 年以来，东北地区吸引外商投资规模也显著增长，1996 年为 232699 万美元，到 2016 年上升到 1861791 万美元，与此同时，巨型城市区从 203551 万美元增长到 1481185 万美元（表 6.11）。从单位 GDP 的 FDI 投入来看，东北地区及其巨型城市区的水平显著落后于东部沿海地区及其所辖的巨型城市。从内部来看，总体上沿海的大大连地区相对投入水平较高，其次是辽中地区。但 2010 年以来，大长春地区和大哈尔滨地区 FDI 增长迅速。

表 6.11 典型年份不同巨型城市区 FDI 的规模变化比较 　　（单位：万美元）

地区	1996 年	2000 年	2004 年	2008 年	2012 年	2016 年
辽中地区	94227	98880	286899	723758	887013	95060
大大连地区	100592	130597	220328	500138	1235033	300200
大哈尔滨地区	15000	20314	40500	57341	190001	320730

续表

地区	1996 年	2000 年	2004 年	2008 年	2012 年	2016 年
大长春地区	8732	19497	96837	235674	438974	765195
巨型城市区合计	203551	269288	644564	1516911	2751021	1481185
整个东北地区	232699	298394	687955	1664240	3386030	1861791

（三）交通枢纽导向的流动空间和功能区发展

机场、港口、高铁等成为东北地区巨型城市区发展的重要流动空间平台。例如在松北新区之后，哈尔滨重新将发展重点回归到机场地区。2019 年《哈尔滨临空经济区发展规划（2019~2035 年）》发布。2018 年，沈阳也提出要成立临空经济区。目前全国临空（空港）经济区有 63 个，但"示范"区只有 10 座城市，从获批时间看分别是郑州、北京、青岛、重庆、广州、上海、成都、长沙、贵阳和杭州。沈阳机场是中国一级干线机场，也是中国八大区域性枢纽机场之一，是东北地区航空运输枢纽。2017 年沈阳桃仙国际机场旅客吞吐量突破 1734 万人次，同比增长 15.9%，航班起降 12.65 万架次，同比增长 10.8%，货邮吞吐量 15.9 万 t，同比增长 2.2%。

四、投资、创新和可持续性

（一）投资驱动比较显著

1996 年以来，东北巨型城市区经历了快速的投资驱动型发展阶段。然而，2008 年后在市场和中央政府的作用下，投资发展出现比较剧烈的波动过程。2014 年以来，大大连地区、辽中地区投资驱动急速下降（图 6.2）。而与此同时，大大连、辽中地区在房地产投资方面的比重在飞速提升。

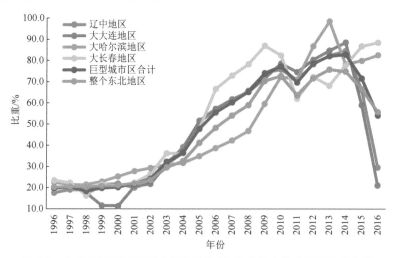

图 6.2 东北地区不同巨型城市区单位 GDP 的固定资产投资比重分析

资料来源：中国城市统计年鉴。

2004 年东北地区巨型城市区的支出比重为 0.35%，到 2016 年上升为 1.46%。其中，2016 年大大连地区和辽中地区占比最高，分别为 2.36% 和 1.57%，大哈尔滨地区和大长春地区仅仅为 0.87% 和 1.07%。

（二）财政效率和财政风险

东北地区的巨型城市区，其单位 GDP 的财政收入较低，略高于东北的平均水平。2016 年万元 GDP 的财政收入为 850 元，比长三角等地低了 50% 左右。即使是最高的辽中地区，2016 年也不到 1050 元，其次是大大连地区等。长春－吉林地区和大哈尔滨地区的财政效率甚至低于东北的平均水平。从财政赤字水平来看，东北地区巨型城市区财政赤字水平较高，尤其是大长春地区和大哈尔滨地区，其财政赤字水平甚至超过 100%，大大连和辽中地区较低，但也接近于 50%。

第三节　以省会为中心的巨型城市区：大哈尔滨和大长春地区

哈尔滨、沈阳、大连、长春是东北地区的重要经济中心城市，四个城市的户籍人口除了大连不足 600 万（594 万）外，其他几个都超过 700 万人，其中，哈尔滨 955 万人，沈阳 737 万人，长春 748.9 万人，这四个城市可谓是未来该地区巨型城市区发展的重要依托。

然而，这四个城市与中国其他相类似城市（副省级城市等）相比，其经济发展水平较低，经济发展动力有一定的差异。①哈尔滨、沈阳在 15 个副省级城市中，人均 GDP 倒数第二位，长春倒数第 5 位，人均 GDP 最高的大连倒数第 7 位，刚刚超过 10000 元的水平，落后于厦门、青岛、宁波等沿海港口城市，甚至落后于武汉等中部城市。②哈尔滨虽说毗邻俄罗斯，是东北亚地区的重要中心城市，但其进出口总额占 GDP 的比重仅仅为 3.6%，在 15 个城市中最低。而长春、沈阳也不足 15%，分别位居倒数第 4 位、第 5 位，只有大连相对比较领先，但与厦门、深圳、宁波等城市还有相当大的差距。③四个城市实际利用外资占 GDP 的比重均低于 5%，落后于中部的武汉和西部的西安等城市。④具有比较显著的城乡差异。在 15 个城市中，城乡差异水平沈阳和长春分别高居第 2 位和第 3 位，农村人均可支配收入是城镇可支配收入的 37.4% 和 40.5%，仅仅落后于济南（35.6%），而大连和哈尔滨分别位居第 6 位和第 10 位。⑤哈尔滨的年度财政赤字水平高达 160.4%，长春市为 94.6%，远超其他城市。为便于分析，本书将大大连地区和辽中地区合并到一起研究。

一、大哈尔滨地区

（一）哈尔滨在整个区域中的引擎地位

在国家和黑龙江等相关规划中，从城市群角度，有"哈大齐"（哈尔滨－大庆－齐齐哈尔）说法、"哈牡绥"（哈尔滨－牡丹江－绥芬河）说法，但从哈尔滨与周边城市的经济发展水平和城镇发育来讲，哈尔滨虽然人均GDP（人均GDP 2016年为63445元/人）低于石油城市大庆，但其经济发展速度、经济规模、开放性等方面在黑龙江地区一枝独秀，其毗邻的绥化市、牡丹江市、佳木斯市人均GDP只有24109元、49618元、36878元。在相当长的一段时间里，哈尔滨一直处于绝对集聚的发展过程中。从这个意义上来讲，省会型巨型城市区动力机制不会得到根本性的改变。

（二）哈尔滨功能性城市区

哈尔滨2004年总就业243万人，2008年为241万人，2013年274万人，城市就业增长开始由负增长转向正增长，标志着哈尔滨地区的集聚。从就业人员和总人口的比值来看（274万人/1098万人），哈尔滨的就业情况不太乐观。哈尔滨高端服务业和制造业发展缓慢。从哈尔滨就业行业增长来看，无论是就业规模还是就业比重，采掘业和一般服务业增长均显著，分别增长了约12万人和22万人，就业比重分别增长了5.2个百分点和7个百分点。与此同时，制造业就业规模仅仅增长了近7万人，就业比重下降超过了2个百分点；高端服务业就业比重等也显著下降。哈尔滨的公共服务业相对保持规模上的显著增长，2004~2013年，就业规模增长了7万多人，见表6.12。

表6.12　哈尔滨市主要就业门类就业规模和比重变化（2004~2013年）

行业	2013年就业人员/人	2004年就业人员/人	2013年占比/%	2004年占比/%
制造业	558879	492835	25.8	28.0
采掘业	131935	16513	6.1	0.9
高端服务业	231260	288488	10.7	16.4
一般服务业	530481	308047	24.5	17.5
公共服务业	438517	361829	20.3	20.6

资料来源：第一次至第三次全国经济普查主要数据公报。

从制造业来看，作为曾经国家的重要制造业中心，哈尔滨在制造业就业规模上不但远远落后于沈阳和大连等东北地区城市（其制造业比重仅仅为这两个城市的50%左右），更落后于青岛、苏州、宁波等后起制造业中心城市。从制造业结构来看，哈尔滨市目前重工业比重在上述几个城市中比重最低，仅仅为38.13%，是唯一低于40%的城市。而原材料加工方面，则仅仅低于沈阳。制约哈尔滨市制造业发展的主要因素包括：①制造业发展长期依赖要素投入。哈尔滨市装备制造业中大部分企业处于价值链的低端，依靠大量的劳动力、能源、资金投入来维持生产，企业的劳动生产率和技术创新能力没有实质的提高。要素制约与产业低端化之间的矛盾，导致装备制造业产品结构趋同、低端制造业产品产能过剩、制造业市场萎缩等问题，整个行业面临产业结构相对固化、落后产能亟须淘汰、能源资源短缺、生态环境约束加剧等不利局面，挤压了哈尔滨市高端制造业的发展空间。②缺乏与大型高端制造企业配套的中小企业。哈尔滨市与大型高端制造企业配套的中小企业受到熟练技工不足、企业用地与资金紧张及产品科技含量低、市场竞争力不强等客观因素的限制，难以扩大生产、提高产品的科技含量，出现了企业生产产值高、工业增加值低、单机制造能力强、系统集成能力差的局面，使得高端制造业所需的关键配套系统与设备、关键零部件与基础件制造能力无法显著提高。③高端服务业难以满足高端制造业的需求，创新能力薄弱，见表 6.13 和表 6.14。

表 6.13　哈尔滨制造业规模与相关城市的比较（2013 年）　（单位：人）

行业	沈阳	大连	哈尔滨	青岛	苏州	宁波
制造业	1004745	1272907	536558	1724529	4377200	2453827
轻工业	209035	403968	198402	712689	1056700	673660
原材料加工业	253080	241006	127876	296177	721600	374689
装备制造业	540429	624760	204613	701879	2592300	1383161

资料来源：第三次全国经济普查主要数据公报。

表 6.14　哈尔滨制造业比重与相关城市的比较（2013 年）　（单位：%）

行业	沈阳	大连	哈尔滨	青岛	苏州	宁波
轻工业	20.80	31.74	36.98	41.33	24.14	27.45
原材料加工业	25.19	18.93	23.83	17.17	16.49	15.27
装备制造业	53.79	49.08	38.13	40.70	59.22	56.37

资料来源：第三次全国经济普查主要数据公报。

哈尔滨装备制造业有一定的创新驱动发展趋势。2013 年制造业 R&D 研发投入强度为 1.5%，装备制造业高达 5.23%，远远超过了轻工业和原材料加工业。哈尔滨在一次循环和二次循环中交替，见图 6.3。总的来讲，其工业发展具有一定的复苏趋势，但其公共品发展或者高端服务业发展还有相当长一段路要走。

（三）哈尔滨对俄贸易还有一定的优势

虽有地缘优势，但哈尔滨的进出口贸易额最高的是美国，2015 年的进出口贸易额总量是俄罗斯的两倍多。然而，哈尔滨对俄罗斯的进出口增长速度还是非常显著的。

二、大长春地区

长春是吉林省省会、副省级市、东北亚经济圈中心城市，也是国务院定位的中国东北地区中心城市之一，是中国重要的工业基地和综合交通枢纽。长春和哈尔滨、吉

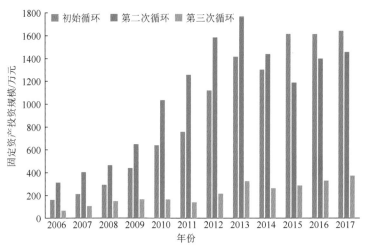

图 6.3　哈尔滨三次循环变迁分析（2006 年以来）

资料来源：中国城市统计年鉴。

林呈掎角之势，区位条件比较好。长春市东北与哈尔滨市毗邻，东南与吉林市相依，地处京哈与珲乌两条交通线交会处。

（一）国家战略中的大长春地区

（1）长吉图地区。2009 年 8 月，国务院正式批复了《中国图们江区域合作开发规划纲要——以长吉图为开发开放先导区》。长吉图开发开放先导区以珲春为开放窗口、延吉为开放前沿、长春和吉林为直接腹地。长春市作为最核心腹地，对推进"长吉图"建设起着支撑作用和主力军作用。

（2）哈长城市群。2016 年 2 月，国务院批复的《哈长城市群发展规划》中正式提出。

（3）长春要建设成为东北亚区域性中心城市，国家级新区——长春新区获批。

（二）区域集聚不断上升

（1）2013 年长春市就业人口规模高达 240 万（其中法人单位从业人员 185 万，个体户从业人员 55 万），占整个吉林省的比重为 36.0%。在法人单位中，长春市占42.2%，比 2008 年年末提高了 4.8 个百分点。法人单位从业人员中，长春市占 37.9%，比 2008 年年末提高了 1.8 个百分点；有证照个体经营户从业人员中，长春市占 30.7%，比 2008 年年末提高了 4.3 个百分点；延边朝鲜族自治州（简称延边州）占 15.2%，提高了 1.2个百分点；吉林市占 11.1%，下降了 3.8 个百分点；四平市占 10.3%，下降了 0.4 个百分点。

（2）总人口方面。全国第六次人口普查数据中，长春市总人口为 767.7 万，比2000 年增长了 40 多万人，增长率为 5.41%，占吉林省的比重增长了 1.34 个百分点。同期，吉林省人口增长了不到 20 万，即除了长春以外其他地区人口呈现负增长（以吉林市、辽源市最为突出）。

（3）中心城市由于其多样性的功能，GDP 发展更有韧性。在经济形势比较好的时期，中心城市的经济发展速度优势并未得到显现，但 2008 年后，长春等中心城市的韧性开始突出，2010~2014 年 GDP 增长率开始从吉林省的倒数第一（2005~2010 年）增长到全省第三，2014~2017 年成为全省第一，是唯一 GDP 增长率为正的地级城市。

（4）以开发区、城区为主导的集聚发展模式。为发挥好长春作为核心城市的拉动作用，长春市整合了长春市东北部分散开发的高新北区、经开北区、九台经济开发区、米沙子工业集中区、二道经济开发区、宽城经济开发区、合隆经济开发区 7 个开发区的资源，建设沿国家东北地区振兴规划确定的哈大一级轴线发展的长东北开放开发先导区（长东北）。截至 2017 年，全市共建成各级各类开发区 28 个，其中，国家级开发区 4 个，省级开发区 21 个，市级开发区 3 个，包括在长吉图开发开放先导区核心位置打造的长春兴隆综合保税区。

（三）功能性城市区发展

2017 年，长春市一方面表现为较高的高端服务业比重（超过 20%），另一方面表现为较高的工业比重（超过 40%），可以说其巨型城市区发展相对稳健，但和其他城市一样，长春的第一产业发展就业比重还是较高，超过 12%。另外，吉林市虽然有一定的高端服务业发展，但其工业化水平较低，其就业比重仅为 30.01%，在省内倒数第三。从发展变化来看，2008~2017 年，整个吉林省工业化比重下降了 5.22 个百分点，长春市工业发展还是比较稳定的，就业比重仅仅降低了 0.77%，高端服务业增长了 5.92%，见表 6.15。

表 6.15　吉林省各主要城市功能专门化及其变化　　　（单位：%）

地区	2017 年比重				2008~2017 年比重变化			
	高端服务业	一般服务业	公共服务业	工业	高端服务业	一般服务业	公共服务业	工业
吉林省	17.89	21.53	9.46	36.84	6.48	3.89	0.73	−5.22
长春市	20.07	18.73	7.67	41.07	5.92	0.09	−0.81	−0.77
吉林市	20.20	24.10	11.61	30.01	7.84	5.53	3.46	−11.57
四平市	13.63	21.72	10.97	28.22	5.19	6.42	0.91	−4.02
辽源市	11.35	21.51	7.45	49.50	3.03	3.78	−0.66	6.87
通化市	15.80	24.26	9.38	35.35	5.98	5.23	0.93	−8.84
白山市	15.40	19.59	8.79	45.41	6.43	7.02	−1.60	−5.75
松原市	12.64	28.42	11.46	31.32	8.25	13.17	4.28	−20.26
白城市	16.33	16.75	11.89	33.38	4.17	−0.17	2.14	1.64
延边州	18.91	28.47	13.78	26.17	3.90	9.22	1.47	−11.10

资料来源：中国城市统计年鉴。

从不同城市高端服务业的增加值构成来看，长春市在各个行业中绝对值遥遥领先，除房地产外，几乎占到整个吉林省的一半，其次是吉林市，其房地产业比较发达。其他地级市与这两个城市差距较大。2008~2017年，在整个吉林省中，长春市的主要行业门类的增加值增长率要高于全省平均水平。

功能专门化发展呈现一定的圈层特征。2013年以来，长春就业规模基本上维持在125万人左右，总体呈现负增长。长春是著名的中国老工业基地，是中国最早的汽车工业基地和电影制作基地，有"东方底特律"和"东方好莱坞"之称，同时还是中国轨道客车、光电技术、应用化学、生物制品等产业发展的摇篮，诞生了著名的中国一汽、长春电影制片厂、长春客车厂、中国科学院长春光学精密机械与物理研究所、中国科学院长春应用化学研究所、长春生物制品研究所有限责任公司等。而2013年以来，其制造业规模和比重在持续下降。城市核心区在装备制造业（区位商高达1.93）、高端服务业（区位商高达1.63）优势显著。次核心地区同样也在装备制造业（1.45）有显著优势，但服务业优势不明显；外围区县仅仅在制造业尤其是原材料加工业（1.71）方面有一定发展，服务业个别领域，如交通运输领域（1.52）、房地产领域（1.22）等有较大优势；边缘区制造业（1.56）专门化水平较高。长春市主要高端服务业行业就业比重变化见表6.16。

表6.16　长春市主要高端服务业行业就业比重变化（2013年以来）　　（单位：%）

行业	2012年	2013年	2014年	2015年	2016年
信息传输、计算机服务和软件业	2.19	3.73	3.59	3.61	3.51
金融业	4.08	4.19	4.4	4.62	4.72
房地产业	2.59	2.96	3.17	3.38	3.93
租赁和商业服务业	3.13	3.05	3.45	3.22	3.98
科学研究技术服务和地质勘查业	4.73	4.2	4.09	4.29	4.49
文化、体育和娱乐业	1.78	1.77	1.72	1.69	1.55

资料来源：中国城市统计年鉴。

（四）经济增长放缓

从常住人口角度来看，长春市是人口净增长地区。根据第五、六次全国人口普查数据，长春2000~2010年常住人口共增加541650人，增长7.59%，年平均增长率为0.73%。但同时长春市又是人口净流出地区。2010年长春户籍总人口7900867人，净流出人口20多万，占常住人口的比例近3%。长春市是人口负机械增长地区，2008年以来，长春机械迁出开始低于机械迁入。

长春经济增长动力相对比较缺乏。三次产业增加值在地区生产总值中所占比重由1978年的28.7∶48.1∶23.2调整为2017年的4.8∶48.6∶46.6，但第二产业连年下降。虽然从投资结构来看，长春市单位GDP的外商直接投资和固定资产投资等都连续升高，反映了长春市经济发展的投资驱动趋势，但从科学教育支出占财政比重来看，其创新和公共投入较低。另外，从单位 GDP 的财政收入来看，2012 年以来，其比重从 7.65%连续下降到 2016 年的 6.94%，反映了经济发展的绩效比较低。长春市周边城市经济发展水平和经济规模较小。在长春之后，GDP 和人口规模处于第二位的是吉林市，但其人口仅仅是长春的一半，GDP 总量不足 50%，经济发展水平较低。

（五）以长春都市圈为主体推进区域整合发展

2016 年年底，长春提出构建长春都市圈，促进长吉、长平一体化发展，着力打造环长春 1 小时经济圈；加大与环渤海、京津冀城市群的对接力度；按照"多心多组团"的规划理念，优化"1+2+3+N"整体空间布局，积极发展中小城市和小城镇。

第四节　作为巨型区的辽中南地区

辽中南地区曾经是除了京津冀、长三角、珠三角之外的第四个重要的经济区，是中国重要的重工业基地，沈阳的机械工业、鞍山和本溪的钢铁工业、抚顺的化工和冶金工业、辽阳的化学工业及大连的造船工业都为国民经济建设贡献了力量。然而，改革开放以来，辽中南地区的经济和城镇发展经历了相当长的缓慢增长期和转型期。

从巨型城市区角度来看，传统的辽中南地区实际上已经演化为两个相对独立的巨型城市区：一个是以沈阳为中心的辽中巨型城市区，包括沈阳、抚顺、鞍山、辽阳、本溪和营口等相关县市区；另一个是以大连为中心的大大连地区。辽中巨型城市区是整个东北巨型区链条的关键环节。北联哈长巨型城市区，南通渤海湾的大大连巨型城市区。在更大的范围内，辽中巨型城市区沟通了东北亚的巨型城市走廊。其向东连通以首尔为中心的巨型城市区，继而是大东京地区，向北连接以哈尔滨、符拉迪沃斯托克等为区域中心和区域门户的地区，西南是以北京、天津为中心的京津巨型城市区。大大连地区不仅是整个东北地区乃至东北亚地区的重要港口门户城市，还是辽宁乃至环渤海湾滨海走廊的重要枢纽区域，有良好的交通运输条件和较好的环境容量条件，见表 6.17。

表 6.17　辽中南地区主要城市经济社会指标

城市	地区生产总值 / 万元	总人口 / 万人	地区生产总值增长率 /%	单位 GDP 的公共财政收入 /(元/百元)	单位 GDP 的实际利用外资 /(元/万元)	单位 GDP 固定资产投资 /(元/百元)
沈阳市	55464498	829	-5.6	11.20	103	29
大连市	68101998	699	6.5	8.99	309	21
鞍山市	14619713	361	-10.3	9.09	13	32
抚顺市	8650721	207	-7.1	8.94	0	18

城市	地区生产总值/万元	总人口/万人	地区生产总值增长率/%	单位GDP的公共财政收入/（元/百元）	单位GDP的实际利用外资/（元/万元）	单位GDP固定资产投资/（元/百元）
本溪市	7667098	171	-8.8	7.25	55	31
丹东市	7512352	241	-2.1	9.12	5	37
锦州市	10328139	307	-6.55	8.21	15	37
营口市	11562477	244	-7.5	9.10	15	35
阜新市	4078179	178	-12.3	8.79	12	22
辽阳市	6541758	184	-4.4	10.82	90	30
盘锦市	10071351	144	-4.2	9.98	129	60
铁岭市	5880423	265	-4.6	9.62	64	21
朝阳市	7165334	295	-6	7.12	13	34
葫芦岛市	6473518	255	1.1	9.38	3	28

资料来源：中国城市统计年鉴。

一、辽中南地区城镇化发展

（一）城镇化发展放缓

辽宁是一个城镇化水平较高的地区。2017年城镇化率达到67.49%，在全国省市中排名第7，仅次于上海、北京、天津、广东、江苏和浙江。2010~2017年7年中，城镇化水平增长了5个百分点，城镇化速度相对放缓。速度放缓一方面表现为城镇化水平增长，另一方面表现为城镇人口规模的增长。2005~2015年，辽宁城镇人口增长年均不足52万，在全国仅仅领先于西藏、青海、吉林、宁夏、海南、黑龙江、新疆、甘肃、内蒙古、贵州和天津，显著落后于北京和上海，更远远落后于江浙和广东等地区。城镇化放缓的一个重要原因是人口增长放缓，集聚和吸引力较低。2000~2010年，辽宁省人口增长了近200万，年增长率近0.5%，2010~2015年，常住人口负增长，减少了50万人，年均增长率–0.024%。

（二）城镇化不均衡强化和核心区域集聚发展

从空间分异来看，中心城市沈阳和大连人口一直处于增长状态，但大连的增长在加速，沈阳的增长在放缓。2000~2015年，沈阳和大连两个中心城市的人口占辽宁省的比重迅速上升。2000年占比为31.32%，2010年增长到33.82%，年均增长0.25%。到2015年进一步增长到35.53%，年均增长了约0.34%。2006年，辽宁"十一五"规划提出了"五点一线"①的沿海经济带。然而，从2010~2015年人口增长来看，除了大连市人口

①由沿渤海一侧的大连长兴岛临港工业区、辽宁营口沿海产业基地、辽西锦州湾沿海经济区（包括锦州西海工业区和葫芦岛北港工业区）、沿黄海一侧的辽宁丹东产业园区、大连花园口经济区五大区域和一条贯通全省海岸线的滨海公路所组成。

积极增长外，其他四个沿海地级城市人口增长率均是负增长，占全省的比重由 2010 年的 27.47% 下降到 2015 年的 26.78%。而朝阳、阜新、铁岭、鞍山、抚顺、本溪、辽阳 7 个内陆城市的人口在 2000~2010 年减少了 18 万之多，2010~2015 年也减少了 46 万人之多，人口收缩速度加快，其占辽宁省的人口比重由 2000 年的 40.93% 下降到 2010 年的 38.71%，进而下降到 2015 年的 37.69%。其中有一个特殊情况是，毗邻沈阳市的抚顺市人口开始由负增长转变为正增长，2000~2010 年其人口年增长率为 –0.54%，2010~2015 年则变为 0.316%。

（三）城镇化增长的相关因素

通过回归分析，就辽宁城镇化和人口增长进行关联因素分析。从人口增长和功能增长率分析来看，辽宁的人口增长与劳动力密集型轻工业、原材料加工业、公共服务业增长等都有显著的关联，尤其是公共服务业，2000~2010 年关联系数高达 0.28，2010~2015 增长到 0.49。从人口增长与功能结构来看，人口增长与一般服务业的比重有显著关联性，与公共服务业比重也是如此。此外，装备制造业比重也与人口增长有直接关联关系。从人口增长与功能密度角度看，功能密度越高的地方，人口增长越快。此外，人口增长与高端服务业、劳动力密集型产业关联较大。

二、巨型城市发展

（一）大连和沈阳巨型城市的发展出现转折

大连和沈阳不仅是辽宁省的两个重要巨型城市，还是整个东北地区的重要中心城市，沈阳是整个东北地区的区域中心城市，大连市是整个东北地区进入海洋的枢纽门户城市。在东北，2017 年大连 GDP 遥遥领先，人均 GDP 更比其他城市高出不少。沈阳，2000 年左右 GDP 还是东北的首位，到 2017 年已经落后于哈尔滨和长春。除了科学研究和技术服务业，文化、体育和娱乐业方面落后于沈阳外，大连的其他高端服务业就业规模都显著高于沈阳，见表 6.18。

表 6.18　沈阳和大连高端服务业规模和结构比较（2013 年）　（单位：人）

行业	沈阳所有就业人数	大连所有就业人数
信息传输、软件和信息技术服务业	41157	93393
金融业	39263	55580
房地产业	86867	102396
租赁和商务服务业	110636	127040
科学研究和技术服务业	85341	56626
文化、体育和娱乐业	35484	25206

资料来源：第三次全国经济普查主要数据公报。

（二）同其他主要城市比较

选取全国相关的省会城市和沿海城市作为比较对象，可以看出，大连和沈阳在GDP规模及增长方面处于相对落后的地位，不仅远远落后于北京、广州、天津等城市，还显著落后于成都、南京、青岛等城市，两个城市的增长率在2010年以后都呈现明显的负增长态势。另外，从单位GDP的FDI投入及固定资产投入、进出口比重来看，沈阳和大连也相对落后，沈阳更是明显，2016年基本都是最后一位。从主要行业门类就业增长率来看，在类似城市中，沈阳和大连的制造业增长最为缓慢，服务业发展沈阳最慢，2003~2016年仅为3.29%，见表6.19。

表6.19　沈阳、大连和其他主要城市2003~2016年部分行业就业年均增长率对比（单位：%）

行业	沈阳	天津	大连	南京	济南	青岛	郑州	武汉	广州	成都
高端服务业	3.29	12.11	8.44	21.65	18.00	8.08	14.33	6.45	17.77	49.08
一般服务业	1.49	3.65	−0.61	9.93	5.35	3.79	6.13	4.23	5.76	85.25
公共服务业	1.59	1.83	1.25	4.09	2.26	3.69	5.91	1.86	5.40	7.54
制造业	−0.97	2.22	0.83	3.70	1.09	0.71	16.89	0.62	1.75	14.79
采掘业	1.41	−2.84	−4.80	−5.72	−3.88	−6.68	−1.10	65.46	−7.69	−1.93

资料来源：中国城市统计年鉴。

三、功能性城市区

从高端服务业规模空间格局来看，沈阳中心城区和大连中心城区"双核心"显著。在鞍山、营口等沈阳－大连走廊上也有一定的分布。除此之外，围绕沈阳的抚顺、本溪等也有高端服务业的集聚发展。

从增长率来看，规模增长最快的依然在沈阳和大连的中心城区，走廊格局比较明显。采掘业空间上已有显著的分化，走廊和沿海地区除盘锦外，采掘业已经基本上不占绝对优势（规模）和比较优势（区位商），开始在辽西和辽东北显现；制造业方面，以沈阳为中心的地区原材料加工业相对占规模优势，在大连和辽河流域，轻工业相对集中分布，装备制造业主要集中大连，沈阳相对来讲落后于大连。从制造业增长来看，沈阳和大连中心城区的去工业化趋势比较明显。总体而言，伴随着中心城区的去工业化进程，沈阳、大连外围区县工业化进程加快，制造业大规模快速增长。高端服务业空间分异及就业增长见图6.4及图6.5。

四、流动性

人口流动。从人口迁移来源地来看，沈阳和大连市区是省外流入人口的重要承载地；其次是沈阳和大连间的走廊地区，包括鞍山、辽阳和营口等；再次是沿海地区城市。省内人口迁移也呈现同样的情况（图6.6~图6.8）。

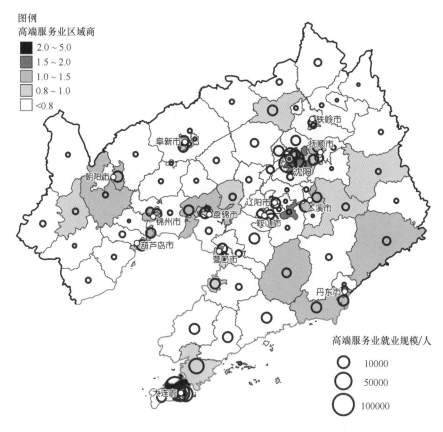

图例
高端服务业区域商

■ 2.0 ~ 5.0
■ 1.5 ~ 2.0
■ 1.0 ~ 1.5
■ 0.8 ~ 1.0
□ <0.8

高端服务业就业规模/人

○ 10000
○ 50000
○ 100000

图 6.4　辽宁省高端服务业空间分异（2013 年）

资料来源：辽宁经济普查年鉴 2013。

航空流。与其他巨型城市相比，航空流在整个交通流中的作用不显著，沈阳和大连航空货邮运量占货运量的比重仅仅高于天津，与济南相当，远远落后于武汉、青岛、郑州、杭州等城市，更落后于广州、南京和成都等城市。货邮运量占 GDP 的比重也反映了这一点。沈阳和大连航空客运量占所有客运量的比重方面，大连显著高于沈阳，仅仅落后于广州、青岛和天津，而沈阳仅仅领先于成都。航空客运量与 GDP 的比值方面，沈阳和大连也较为落后。从增长率来看，沈阳和大连也较为落后，反映了新经济在这两个城市的发展相对滞后，见图 6.9。

五、多中心集聚与扩散模拟

（一）基于三经普数据的功能多中心结构模拟

从功能性城市区角度，通过就业的空间密度和就业结构进行主成分分析（提取出来的因子贡献率高达 87.4%），对辽宁地区进行多中心集聚与扩散进行模拟研究（图 6.10）。结果发现，辽宁省的功能集聚程度极高，区域差异比较大，得分最高的

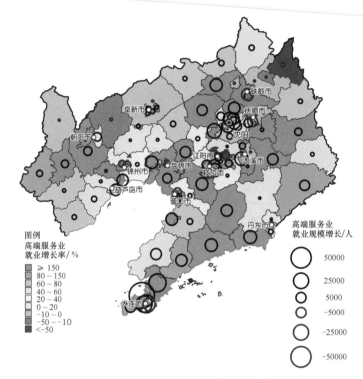

图 6.5　2004~2013 年辽宁省高端服务业就业增长

资料来源：辽宁经济普查年鉴 2013。

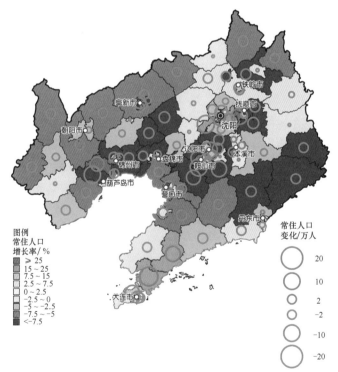

图 6.6　2010~2015 年辽宁省各县（市、区）人口增长变化情况

资料来源：第六次全国分县（市、区）人口普查数据；2015 年 1% 人口抽样调查。

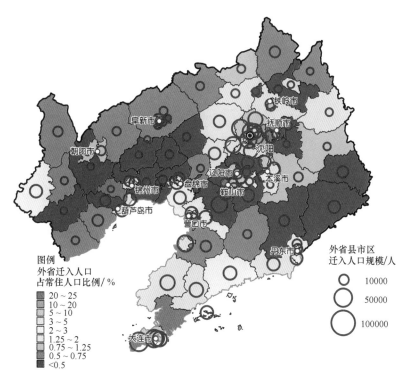

图 6.7　外省县市区迁入人口规模和所占常住人口比例（2010 年）

资料来源：辽宁省第六次全国人口普查分县市统计。

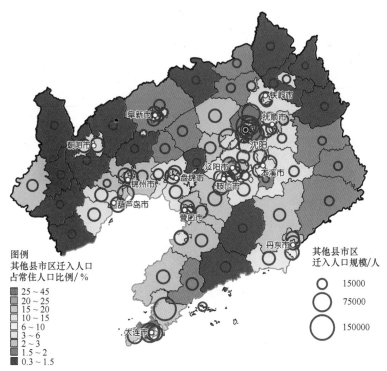

图 6.8　辽宁省其他县（市、区）迁入人口规模和所占常住人口比例（2010 年）

资料来源：辽宁省第六次全国人口普查分县市统计。

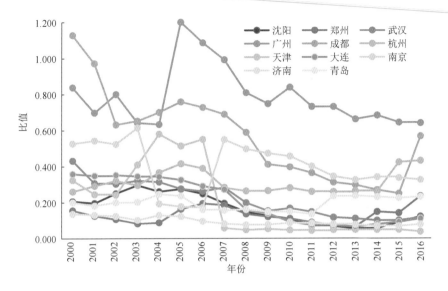

图 6.9　航空货邮运量与 GDP 的比值比较

资料来源：中国城市统计年鉴。

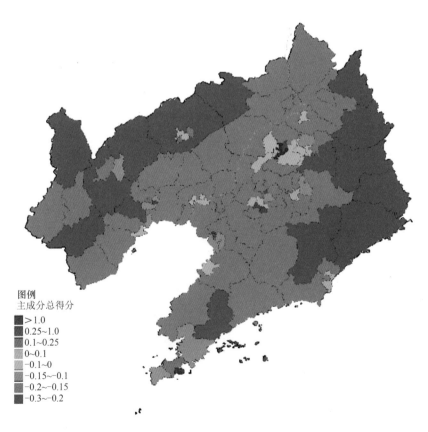

图例
主成分总得分
- ＞1.0
- 0.25~1.0
- 0.1~0.25
- 0~0.1
- -0.1~0
- -0.15~-0.1
- -0.2~-0.15
- -0.3~-0.2

图 6.10　功能多中心空间格局总得分

资料来源：辽宁省第三次全国经济普查主要数据公报。

区域基本上位于沈阳、大连及鞍山、锦州、营口等中心城区的区县，朝阳、盘锦及本溪、丹东地区的城区也有一定的集聚水平。辽西山区和辽东北地区功能集聚水平最低（图6.11）。从功能性专门化来看，高端服务业主导的区域主要是地级城市的中心城区，制造业主导的区域基本上是这些城市的外围郊区，尤其在沈阳－营口的走廊和大连外围地区。但与其他地区不一样的是，装备制造业等在空间上并未呈现与长三角或者京津冀等地区相类似的功能专门化空间格局，反映了当前辽宁省从传统的功能演化动力向市场化转化中的特殊性和特征。

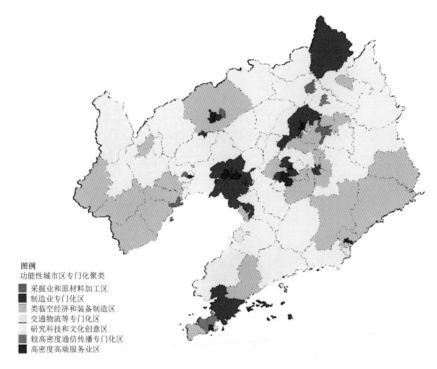

图 6.11　功能性城市区聚类

资料来源：辽宁省第三次全国经济普查主要数据公报。

（二）基于一经普和三经普数据的功能多中心结构变化模拟

根据不同行业的就业增长率等指标进行集聚和扩散过程的模拟分析。2004~2013年，辽宁地区出现了比较显著的功能专门化分化的趋势。总体而言，地级城市的中心城区出现服务业甚至是高端服务业发展驱动的趋势，在相对落后的地区出现工业化加速和工业升级的趋势；在走廊地区（包括辽中南走廊和辽宁沿海走廊两条廊道）出现服务业加速发展的趋势，见表6.20和图6.12。

表 6.20　辽宁省地级城市典型行业就业增长率变化比较（2004~2013 年）（单位：%）

城市	非农就业	劳动力密集型轻工业	原材料加工业	装备制造业	高端服务业	一般服务业	公共服务业	制造业
辽宁省	48.6	37.2	26.1	50.4	53.4	60.9	16.7	38.1

续表

城市	非农就业	劳动力密集型轻工业	原材料加工业	装备制造业	高端服务业	一般服务业	公共服务业	制造业
沈阳市	63.3	67.7	77.7	48.6	38.2	63.0	9.9	58.9
大连市	69.7	52.1	67.5	81.2	98.8	47.4	36.7	68.7
鞍山市	40.7	2.5	1.8	66.0	81.2	262.5	14.4	14.0
抚顺市	20.1	54.8	3.0	20.2	−0.2	−2.7	6.6	15.9
本溪市	29.7	−20.3	−15.7	35.7	83.0	64.1	21.3	−7.8
丹东市	21.2	24.2	1.2	−13.4	56.6	13.7	0.6	3.7
锦州市	27.8	50.7	33.7	−11.6	13.6	13.9	2.8	23.5
营口市	63.4	−24.7	92.6	61.1	45.7	141.6	29.8	37.0
阜新市	36.6	42.7	40.2	51.6	29.4	38.2	29.2	44.8
辽阳市	15.3	27.9	3.4	2.5	10.7	86.7	15.3	7.0
盘锦市	48.7	17.0	49.6	49.4	58.2	23.5	31.8	43.1
铁岭市	35.9	62.1	52.7	114.6	−13.4	3.5	0.8	76.6
朝阳市	51.9	−100.0	−100.0	−100.0	55.8	57.0	17.9	−100.
葫芦岛市	16.1	35.4	−30.1	2.5	43.4	29.7	19.9	−11.7

资料来源：辽宁省第一次、第三次全国经济普查主要数据公报。

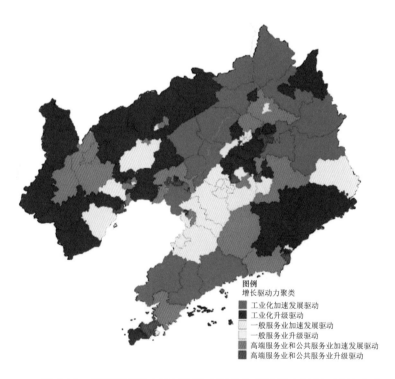

图 6.12　辽宁不同县市增长驱动力聚类空间特征（2004~2013 年）

资料来源：辽宁省第一次、第三次全国经济普查主要数据公报。

第七章　中国西部巨型城市区与巨型区

第一节　西部地区概况

中国西部地区各类巨型城市区包括成德绵地区、大重庆地区、关中地区、呼和浩特-包头走廊、滇中地区、黔中地区、兰州-西宁走廊、大乌鲁木齐地区及北部湾地区等，其他比较重要的城市地区还包括以银川为中心的宁夏沿黄河城镇密集带、以拉萨为中心的地区等。与东部沿海地区、中部地区和东北地区的巨型城市区不同，上述城市区的发展深受西部特殊的社会经济、历史文化、自然环境、国际政治经济形势、国家战略等影响。西部地区有如下特点。

第一，疆域辽阔，人少地多。土地面积 681 万 km^2，占全国陆地面积的 71%；人口约 3.6 亿，占全国总人口的 27%。人口净流出比较严重，2010 年整个西部地区人口净流出高达 2657 万，其中四川人口净流出近 1000 万，贵州和广西超过 500 万。

第二，与蒙古国、俄罗斯等 12 个国家接壤，陆地边境线长达 1.8 万余公里；与东南亚许多国家隔海相望，有大陆海岸线 1595km。

第三，民族众多、地域广袤。其中，少数民族人口超过 30% 的省份包括贵州省（36%）、云南（33%）、西藏（92%）、青海（47%）、宁夏（35%）、新疆（60%）和广西（37%）。

第四，生态脆弱，资源丰富。我国西部大部分地区处于生态脆弱带上，生态环境自身敏感性、不稳定性、摆动性问题突出。但同时，西部地区也是我国的资源富集区，矿产、土地、水、旅游等资源及天然气和煤炭等能源丰富。虽然开发成本较高，但矿业开发是西部重要的比较优势和支柱产业，矿业产值分别占其工业总产值和国内生产总值的 15% 和 5.0% 以上，比全国平均水平约高 7.9 个百分点和 1.5 个百分点。

第五，从西部大开发战略到"一带一路"倡议。2000 年，西部大开发迈出实质性步伐。2001 年，西部大开发战略的标志性工程——青藏铁路全线正式开工。国家"一带一路"倡议更是为西部地区的发展带来了前所未有的历史性机遇。

第二节 西部地区巨型城市区特征

与东部、中部、东北等地区相比，西部地区自然地理条件比较复杂而特殊，在气温、降水、植被、地形等方面比较不适于人类大规模高密度聚集，但也承接着 3.5 亿人口的规模。经过几千年人地关系的适应性调整，形成了当前西部地区相对独特的人类聚落形态，其间也分布着若干个比较典型的巨型城市区。与东部沿海地区巨型城市区分布在冲积扇、三角洲、海岸线等不同，西部地区的巨型城市区更加表现出因地制宜、逐水而居的特点：在河谷地区和盆地地区相对聚集。在条带状河谷地区分布的巨型城市区包括沿黄河流域分布的呼和浩特 – 包头走廊、兰州 – 西宁走廊等；沿盆地分布（坝子或者绿洲）的巨型城市区包括成德绵地区和大重庆地区、关中地区、黔中地区、滇中地区、大乌鲁木齐地区。此外，西部地区拥有绵长的边境线和众多的口岸，在巨型城市区中，国际地缘政治和地缘经济合作也是重要动力。

一、单中心集聚模式较普遍

第一，单中心集聚空间结构主导。总的来讲，与东部沿海三大成熟型巨型城市区网络化、多中心性不同，西部巨型城市区更多表现为非均衡激化的空间模式和形态。城镇体系首位度高、城乡差距大，单中心模式相对比较突出。其中，单中心性等尤为突出的是处于坝子或者盆地地区的巨型城市区，如大昆明模式、大西安模式、大贵阳模式、北部湾地区及成德绵地区和大重庆地区等。而在一些河谷地区表现出一定的双核走廊模式，如西宁 – 兰州，包头 – 呼和浩特等。

第二，集聚经济效应比较显著。以西安、重庆、成都、呼和浩特、乌鲁木齐、昆明、南宁、贵阳、兰州、西宁等为样本，分析省会城市和以省会城市为中心的巨型城市区的经济地位，见表 7.1。2000 年以来，西部省会城市地区生产总值在全国的份额不断上升，从 2000 年的 5.2% 上升到 2016 年的 7.1%；巨型城市区 GDP 占全国的比重也

表 7.1　西部省会城市和巨型城市区经济地位变化比较　　　　（单位：%）

项目	2000 年	2005 年	2008 年	2011 年	2013 年	2016 年
西部省会城市 GDP 占全国的比重	5.2	5.5	5.4	6.3	6.7	7.1
西部巨型城市区 GDP 占全国的比重	7.6	8.1	8.2	9.5	10.0	10.4
西部省会城市 GDP 占西部地区的比重	30.3	30.3	28.4	30.6	31.4	33.8
西部巨型城市区 GDP 占西部地区的比重	44.2	44.7	43.3	46.4	47.0	49.1
西部省会城市 GDP 占巨型城市区的比重	68.5	67.9	65.6	66.0	66.8	68.8

资料来源：中国城市统计年鉴。

在稳步上升，从 2000 年的 7.6% 上升到 2016 年的 10.4%。同时，从省会城市和巨型城市区占西部地区的比重来看，这一数值都先下降后上升。反映了 2008 年后，省会城市和巨型城市区的经济集聚效应进一步加强。同时，从西部省会城市 GDP 占巨型城市区的比重来看，也是先下降后显著上升，反映了省会城市在巨型城市区中的角色从辐射带动到集聚虹吸的转变过程。

当然，不同省会和巨型城市区的集聚和扩散情况也发生分化。2008 年后，大重庆地区、成德绵地区和关中地区的地区生产总值占全国的比重都在恢复上升，大重庆地区 2008 年占全国的比重为 8.43%，2016 年上升到 11.31%；而呼和浩特 – 包头走廊、大乌鲁木齐地区和滇中地区则在显著下降，尤其是呼和浩特 – 包头走廊，2000 年占全国的比重为 3.23%，2009 年上升到 8.94%，2016 年则再次下降到 7.31%。省会城市除了呼和浩特、乌鲁木齐和昆明有相对显著的比重下降外，其他省会的聚集效应都在提升，尤其是重庆和成都等城市。

二、专门化高端服务业凸显

受西部广大面积、特殊资源等地理特色影响，该地区的巨型城市区也表现出服务业方面的特色化和专门化特征。

第一，地缘地理优势基础上的国际组织优势。成都、昆明、重庆、南宁、西安、乌鲁木齐、呼和浩特等省会城市都有诸多的国际组织，成都、重庆、昆明和南宁都有诸多面向东南亚地区的领事馆，乌鲁木齐和呼和浩特、西安等有面向东北亚和中亚的领事馆等（表 7.2）。2014 年，乌鲁木齐抓住一带一路发展机遇，充分发挥乌鲁木齐独特的历史、区位、资源、人文等优势，确立了丝绸之路经济带核心区"五大中心"规划定位，统筹国内国际两个市场，致力于打造成丝绸之路经济带核心区医疗服务中心的龙头。乌鲁木齐与经济带沿线国家以医疗交流合作为突破口，以促进互连互通、全面提升乌鲁木齐医疗服务水平为出发点，以发展基本医疗、国际医疗为主导的医疗服务和健康产业为重点，"一个园区"（国际健康产业园）、"三个通道"（信息化通道、人才交流培养通道、国际医疗服务通道）、"三个平台"（医疗旅游推介平台、跨境远程医疗平台、国际医疗服务交流合作平台）为支撑的建设项目全面落地开花，乌鲁木齐丝绸之路经济带核心区医疗服务中心龙头作用凸显。

第二，面向资源开发发展的高端服务业。西部地区自然资源丰富，有非常多样的地质矿产资源、旅游资源、生物资源、气候资源等，因此在相关的科学研究、生产服务方面有较为得天独厚的优势，如生物医药、地质勘查、文化创意等。例如克拉玛依市，在石油开采、石油加工等基础上，形成了昆仑银行总部。

第三，在西部地区，成都和重庆的高端服务业规模遥遥领先，其次是西安、昆明等城市；信息传输软件和信息技术服务业方面，成都、重庆和西安发展比较好，就业

表 7.2 各国在中国城市的领事馆分布

城市	数量 / 个	国家
上海	76	总领事馆：波兰、日本、美国、法国、德国、澳大利亚、英国、意大利、加拿大、俄罗斯、伊朗、古巴、新西兰、印度、韩国、墨西哥、巴西、丹麦、奥地利、以色列、荷兰、捷克、瑞士、芬兰、新加坡、智利、瑞典、挪威、比利时、泰国、土耳其、塞尔维亚、埃及、西班牙、柬埔寨、马来西亚、罗马尼亚、阿根廷、爱尔兰、越南、葡萄牙、巴基斯坦、希腊、南非、秘鲁、菲律宾等 非总领事馆：斯洛文尼亚 领事馆：摩纳哥、尼泊尔、巴布亚新几内亚、马尔代夫等
广州	55	总领事馆：美国、日本、泰国、波兰、澳大利亚、越南、马来西亚、德国、英国、法国、菲律宾、荷兰、加拿大、柬埔寨、丹麦、意大利、韩国、印度尼西亚、瑞士、比利时、新加坡、古巴、新西兰、俄罗斯、希腊等
成都	15	总领事馆：美国、德国、韩国、泰国、新加坡、法国、巴基斯坦、斯里兰卡、澳大利亚、以色列、新西兰、菲律宾、捷克、印度、波兰
重庆	10	总领事馆：英国、柬埔寨、日本、菲律宾、匈牙利、埃塞俄比亚、加拿大、丹麦、荷兰、意大利
沈阳	7	美国、日本、朝鲜、俄罗斯、韩国、法国、德国
昆明	7	越南、缅甸、泰国、马来西亚、柬埔寨、老挝、孟加拉国
武汉	4	韩国、法国、美国、英国
青岛	3	日本、韩国、泰国
厦门	3	菲律宾、新加坡、泰国
西安	2	韩国、泰国

注：截至 2016 年 11 月。

资料来源：中华人民共和国外交部（http://www.fmprc.gov.cn/web/）。

超过 10 万人，西宁和兰州、乌鲁木齐最低，不超过 2 万人；金融业方面没有一个省会城市金融业就业超过 10 万人；房地产业方面，重庆、成都和西安遥遥领先，分别为 30.10 万人、19.70 万人和 14.68 万人；租赁和商务服务业方面，重庆、成都、昆明相对发达；科学研究和技术服务业方面则是成都最高，其次是重庆和西安；文化、体育和娱乐业，重庆遥遥领先，见表 7.3。

表 7.3 西部主要省会城市高端服务业构成 （单位：万人）

行业	乌鲁木齐	呼和浩特	昆明	南宁	成都	重庆	西安	兰州	西宁	贵阳
信息传输软件和信息技术服务业	1.63	2.32	5.60	2.76	18.95	12.36	10.13	1.53	1.35	2.57
金融业	0.49	0.86	5.76	0.92	2.78	3.46	7.34	0.97	1.54	1.21
房地产业	4.43	3.26	8.06	6.31	19.70	30.10	14.68	4.92	2.50	5.44
租赁和商务服务业	7.59	3.67	21.19	10.34	26.17	41.33	12.91	6.64	2.43	6.46
科学研究和技术服务业	4.04	3.20	7.05	5.50	16.15	14.94	13.43	4.47	2.32	5.01
文化、体育和娱乐业	1.73	1.60	3.19	2.34	6.51	21.14	4.09	2.00	1.19	1.97

资料来源：第三次全国经济普查主要数据公报。

三、工业化和制造业相对落后的功能性城市区

西部地区除了重庆、成都和西安等省会城市或直辖市外，其他城市的制造业就业规模和就业比重都较低（表7.4），显著落后于东部沿海地区的城市，甚至是中部地区城市。从工业门类来看，西安、重庆和成都的装备制造业比较发达，就业比重占到62%、45%和44%，呼和浩特和南宁等轻工业比较发达，就业比重超过36%；乌鲁木齐、兰州、西宁、贵阳和昆明原材料加工业比较发达，就业比重分别高达42%、42%、52%、36%和38%，与之相关联的采掘业就业比重较高，这几个城市分别为14.21%、6.65%、4.64%、6.14%和12.53%。

表7.4　主要工业门类就业人数　　　　　　（单位：人）

门类	乌鲁木齐	呼和浩特	昆明	南宁	成都	重庆	西安	兰州	西宁	贵阳
轻工业	24694	49939	88777	144723	367100	555311	96107	34600	26953	40949
原材料加工业	69942	37111	143915	87019	268000	561363	132398	107100	77746	115172
装备制造业	25836	18347	77573	80423	616700	1216359	431566	52300	19080	72048
采掘业	23846	3360	47174	7092	48600	253079	6486	16600	6957	19823

资料来源：第三次全国经济普查主要数据公报。

四、流动空间和流动性

（一）人口流动

根据第六次全国人口普查数据，西部地区的巨型城市区人口流动高于全国平均水平，但显著低于全国巨型城市区的平均水平。2010年，西部巨型城市区净流入人口占总人口的比重为17.3%，比所有巨型城市区的平均水平（22.7%）低了5.4个百分点；人口迁移活跃度为35.55%，落后于所有巨型城市区3.39个百分点。其中，本地迁入人口比重（7.93%）、省内迁入人口比重（20.50%）均高于所有巨型城市区水平，但省外迁入人口比重仅仅为7.11%，大大落后于所有巨型城市区平均水平（17.58%）。可见，西部巨型城市区总体上来讲也属于地方级的巨型城市区，见表7.5。

就单个地区来讲，西部巨型城市区人口流动有比较多的分化。大乌鲁木齐地区、呼和浩特-包头走廊、滇中地区、成德绵地区的外来净流入人口占全部人口的比重都超过或等于22%（所有巨型城市区的平均水平为22.7%），关中地区、北部湾地区和大重庆地区的外来净流入人口较少。人口迁移活跃度比较高的巨型城市区包括大乌鲁木齐地区、呼和浩特-包头走廊和滇中地区，分别为48.16%、50.71%和42.29%。其中，省外迁入人口比重超过全国平均水平的只有大乌鲁木齐地区（22.05%）。对省内人口

迁移吸引力最高的地区包括大重庆地区、成德绵地区、兰州－西宁走廊、黔中地区、呼和浩特－包头走廊、北部湾地区、滇中地区等。

表 7.5　西部巨型城市区人口净流入水平及人口迁移活跃度比较（2010 年）

城市地区	净流入人口占总人口比重 /%	人口迁移活跃度 /%	本地迁入人口比重 /%	省内迁入人口比重 /%	省外迁入人口比重 /%
大重庆地区	10.60	33.84	10.55	15.99	7.30
成德绵地区	22.00	36.98	6.55	25.82	4.61
关中地区	7.80	24.83	6.38	12.56	5.90
兰州－西宁走廊	19.10	37.63	10.04	19.05	8.53
黔中地区	15.90	36.85	8.24	21.85	6.75
大乌鲁木齐地区	36.50	48.16	6.20	19.91	22.05
呼和浩特－包头走廊	27.50	50.71	11.27	31.72	7.72
北部湾地区	9.20	29.55	6.93	18.03	4.60
滇中地区	27.50	42.29	7.19	25.81	9.28
西部巨型城市区	17.30	35.55	7.93	20.50	7.11
所有巨型城市区	22.70	38.94	7.57	13.79	17.58
全国	—	19.59	6.79	6.36	6.44

资料来源：第六次全国分县（市、区）人口普查数据。

2000~2010 年，西部巨型城市区的外来净流入人口比重增长了 5.50%，落后于所有巨型城市区平均水平（9.00%），人口迁移活跃度指数增长了 12.96%，与所有巨型城市区基本持平（13.25%）；从迁移范围来看，地方层级的迁移活跃度在下降，但省内的迁移度指数在大幅增长（11.95%），高于所有巨型城市区的平均水平，省外人口迁移活跃度小幅上涨（2.64%），均低于全国平均水平（3.03%）和所有巨型城市区的平均水平（7.41%）。就单个地区来看，所有西部巨型城市区的外来净流入人口比重都有所提升，其中幅度最高的是成德绵地区（10.50%），高于所有巨型城市区的平均增长水平（9.00%），幅度最低的是滇中地区（0.10%）和黔中地区（0.10%）。人口迁移活跃指数除了滇中地区（-1.59%）外，其他巨型城市区都在显著提升，其中提升幅度超过或等于 15% 的包括大重庆地区（16.16%）、呼和浩特－包头走廊（15.96%）和成德绵地区（15.00%）。其中，省内迁移水平增长最快的是呼和浩特－包头走廊、成德绵地区，省外迁入水平增长最高的是呼和浩特－包头走廊、大乌鲁木齐地区和大重庆地区，但都落后于所有巨型城市区的平均水平，滇中地区的省外人口迁入比重下滑了 5.32 个百分点，见表 7.6。

表 7.6　西部巨型城市区人口净流入及人口迁移活跃度变化比较（2000~2010 年）

地区	净流入人口占总人口比重 /%	人口迁移活跃度 /%	本地迁入人口比重 /%	省内迁入人口比重 /%	省外迁入人口比重 /%
大重庆地区	2.20	16.16	0.10	11.94	4.12
成德绵地区	10.50	15.00	−2.25	14.46	2.80
关中地区	2.10	13.62	1.45	9.10	3.07
兰州 – 西宁走廊	8.00	11.67	−2.55	10.75	3.47
黔中地区	0.10	9.44	−2.55	10.20	1.78
大乌鲁木齐地区	8.70	11.64	−2.19	9.51	4.31
呼和浩特 – 包头走廊	8.50	15.96	−5.66	17.39	4.23
北部湾地区	5.70	12.30	0.49	9.22	2.59
滇中地区	0.10	−1.59	−8.20	11.93	−5.32
西部巨型城市区	5.50	12.96	−1.64	11.95	2.64
所有巨型城市区	9.00	13.25	−1.32	7.16	7.41
全国	—	7.97	1.51	3.44	3.03

资料来源：第五次、第六次全国分县（市、区）人口普查数据。

（二）地方政府积极打造流动平台，推进进出口国际贸易

虽然不同于东部沿海地区的海运优势和制造业的腹地条件，但是西部地区由于其特殊的国际地缘经济，在进出口方面有一些特殊的表现。在国家"一带一路"倡议下，这种进出口贸易等情况发生变化。在这方面，成都和重庆做得相对比较超前。其中，重庆开辟了渝新欧国际铁路联运大通道。渝新欧国际联运大通道打破了中国传统以东部沿海城市为重点的对外贸易格局，加快实现了亚欧铁路一体化建设，搭建起了与沿途国家的经济联系和文化交往桥梁。对于重庆而言，渝新欧改变了重庆内向型经济结构，对于重庆发展世界性产业集群、成为内陆地区的开放高地有一定的积极作用。

其后，在国家"一带一路"倡议背景下，成都也开通了蓉欧班列，以打造国际综合交通通信枢纽和建设西部经济发展高地，为成都开辟了承东启西、面向欧亚的对外开放新通道，大幅度提升了成都市对外开放的水平，对成都经济发展转型、产业结构调整、营商环境改善及促进成都与欧亚各地的经贸往来具有重要意义。①截至 2017 年年底，成都国际班列累计开行超 1700 列，占全国 34 个城市开行班列的 1/3。②蓉欧班列往返重载率稳步提升，目前已经达到 70% 以上；稳定发展了 DHL、UPS 等多家国际知名货运代理和戴尔、联想、TCL 等重点大客户。③依托蓉欧班列和国际铁路港，深入拓展了国际国内物流两张网。目前蓉欧班列已连接境外 14 个节点城市，构建了成都向西至欧洲腹地、向北至俄罗斯、向南至东盟的"Y"字形国际物流通道；国内方

面已开通至上海、深圳、南宁等 13 个沿海、沿江、沿边枢纽节点城市的"五定班列"。④推进铁路口岸建设，包括国际铁路港货运枢纽的建设、国家多式联运海关监管中心、汽车整车进口口岸、进境肉类指定口岸和保税物流中心（B 型）。即使如此，西部巨型城市和巨型城市区在国际贸易和进出口等方面仍有较大的波动，虽然 2008 年后各个主要城市在出口方面都有巨大的规模增长，但 2014 年后，又有显著的下滑，有的城市年度下滑超过 50%。

（三）FDI 等资金流更加聚焦相对成熟的巨型城市区和巨型城市

FDI 在西部巨型城市区的流入增长很快。2000 年 9 个相对典型的巨型城市区吸引 FDI 高达 11.8 亿美元，2008 年上升到 104 亿美元，2016 年进一步增长到 293 亿美元。其中，大重庆地区、成德绵地区、关中地区位居前三位，分别高达 113 亿美元、63 亿美元、45 亿美元，占所有巨型城市区的 75%，而 2000 年这一数值还不到 62%。

省会城市 FDI 增长得更快，其占所辐射带动的巨型城市区 FDI 的比重显著提高，2000 年为 69.4%，2016 年上升到 87%。其中，成都占成德绵的比重从 2000 年的 71.1% 上升到 2016 年的 95.2%，昆明从 76.4% 上升到 99%，西安从 91% 上升到 99.3%，当然也有例外，呼和浩特、南宁、贵阳等巨型城市占其所辐射带动的巨型城市区的比重都有所显著下降，其中，贵阳从 99.3% 下降到 88%，南宁从近 50% 下降到 30%。

（四）机场等流动空间的日益重要性

受自然条件限制，公路和铁路在西部地区相对落后，于是孕育出了较为发达的航空产业；与多个国家接壤的地缘优势，也促使在各类口岸地区形成以国际贸易、国际交往等为主导的商务服务业。总体来看，西部省会城市和直辖市（拉萨和银川除外）2000 年航空客运量总计为 1225 万人次，2016 年增长到 17906 万人次，年均增长率超过 85.1%。2000 年亿元 GDP 的机场客运量为 2175 人次，2016 年上升到 3171 人次。从单个巨型城市的机场吞吐量来看，2016 年西部地区成都排在第一位，年客运量超过 4600 万人次，居全国第四，其次是昆明（全国第五）、西安（全国第七）、重庆（全国第八），这几个城市的吞吐量占全国的比重明显上升。除了贵阳和成都外，西部这些巨型城市亿元 GDP 的航空客运量在 2008 年后都在显著提升，见图 7.1。

五、投资、创新和可持续性

（一）投资驱动越来越明显

2000 年以来，西部巨型城市单位 GDP 的固定资产投资越来越高。2000 年，样本

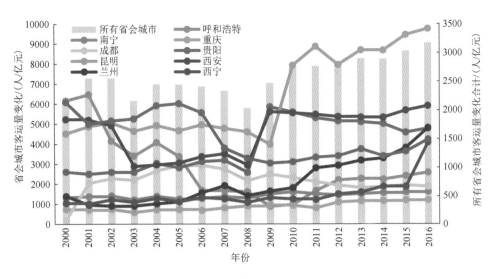

图 7.1　2000 年以来西部主要省会城市亿元 GDP 的航空客运量变化比较

资料来源：中国城市统计年鉴。

巨型城市区的百元 GDP 固定资产投资额为 45.6 元，2008 年为 67 元，2016 年迅速提升到 87 元，2014~2016 年提升更为迅速。样本省会城市的数值也从 2000 年的 54 元上升到 2016 年的 86 元。其中，FDI 在投资中的重要性越来越强，2000 年巨型城市区每万元 GDP 中吸引 FDI 的规模为 14 美元，到 2016 年上升到 38 美元，省会城市从 15 美元上升到 45 美元，可见省会城市吸引外资的力度更大，同时，2013 年以后无论是 FDI 规模还是占 GDP 的比重，都有一定的下滑。

（二）资本累计模式基本上处于初次资本循环阶段

从房地产开发额占固定资产投资的比重来看，总体上西部巨型城市区在 30% 以内波动，省会城市在 35% 以内波动。2000 年以来有三个较大的增长高峰，第一个是 2003 年左右的较快速发展，第二个是 2008 年前后的较快速发展，第三个 2012~2015 年的高峰。从不同巨型城市和所依托的省会城市来看，分化较大。相对而言，贵安新区和滇中新区所处的黔中地区和滇中地区房地产发展较快，这两个地区工业发展相对滞后；其次是天府新区和两江新区所在的成德绵地区和大重庆地区，这两个地区的工业化进程较快，呼和浩特 – 包头走廊地区相对较慢。

（三）科学支出比重逐步上升

2004 年西部巨型城市区的科学支出占财政支出的比重为 0.26%，到 2016 年上升为 1.63%，省会城市由 0.27% 上升到 1.85%。在省会城市中，贵阳、西安和成都最高，分别为 3.29%、2.92% 和 2.90%，南宁和兰州 – 西宁最低，分别为 0.88% 和 0.84%。在巨型城市区中,黔中地区、成德绵地区和大乌鲁木齐地区最高,2016 年分别为 2.57%、2.47% 和 2.27%。呼和浩特 – 包头走廊地区、北部湾地区和兰州 – 西宁地区最低,分别为 0.87%、0.95% 和 0.84%。但与东部地区相比,西部巨型城市区无论从科学支出规模还是从占财政支出的比重来看,都相对落后。

(四)财政效率和财政风险

2000 年以来,西部巨型城市区和省会城市的财政赤字一直处于较高水平,2008~2010 年更为显著。从不同巨型城市区来看,大重庆地区、成德绵地区和关中地区及北部湾地区财政赤字水平较高,而大乌鲁木齐地区相对较低。总体上省会城市的财政赤字水平要显著低于以其为中心的巨型城市区,见图 7.2。

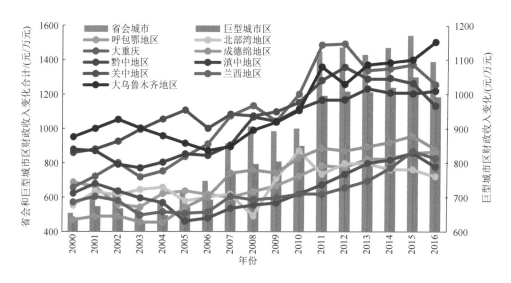

图 7.2　2000 年以来西部不同地区万元 GDP 的地方财政收入变化比较

资料来源:中国城市统计年鉴。

(五)环境友好性

2000 年以来西部地区经济发展的环境友好性也在显著提升,无论是单位 GDP 的工业废气、废水,还是烟尘排放都有显著的下降。总体上,省会城市的友好性提升速度更快。但不同的巨型城市和巨型城市区又有不同的分化。在工业烟尘排放量方面,呼和浩特 – 包头走廊、兰州 – 西宁地区、大乌鲁木齐地区与西部巨型城市区整体水平还有很大差距,亿元 GDP 的排放量分别达到 16.2t、22t、14t;工业二氧化硫排放方面,呼和浩特 – 包头走廊、黔中地区、滇中地区、关中地区、兰州 – 西宁地区、大乌鲁木齐地区都要高于平均水平,分别为 13.3%、15%、20.3%、13.2%、22%、16.3%,工业废水的排放差距相对比较小。单位 GDP 的工业废气、废水、烟尘排放量历年比较见表 7.7。

表 7.7　单位 GDP 的工业废气、废水、烟尘排放量历年比较

指标	地区	2003 年	2006 年	2009 年	2012 年	2014 年	2016 年
单位 GDP 工业二氧化硫排放量 / (t/ 亿元)	省会城市	165	117	59	32	22	9
	巨型城市区	200	154	76	39	28	11
单位 GDP 工业废水排放量 / (t/ 万元)	省会城市	20	13	6	2	2	1
	巨型城市区	19	12	6	2	2	1
单位 GDP 工业烟尘排放量 / (t/ 亿元)	省会城市	70	34	13	12	13	6
	巨型城市区	83	48	15	17	12	7

资料来源：中国城市统计年鉴。

六、国家和政府对巨型城市区发展的主导角色显著

（一）国有企业比重较高，尤其是西北地区的巨型城市

从不同登记注册类型区位商和比重等来看，除了重庆和成都外，西部其他省会城市的国有内资企业全国区位商都远远高于 1.0，西宁市甚至超过 2.0。另外，所有省会城市的港澳台商投资企业全国区位商都远远小于 1.0，最高的成都市也仅仅为 0.68。总体而言，西北地区国有企业比重和区位商更高，西南地区区位商同全国基本持平，见表 7.8。

表 7.8　西部主要省会城市按登记注册类型分组的企业法人单位区位商和比重比较（2013 年）

城市	国有内资企业全国区位商	港澳台商投资企业全国区位商	国有内资企业比重 /%	港澳台商投资企业比重 /%
乌鲁木齐市	1.70	0.19	2.34	0.46
呼和浩特市	1.45	0.29	2.00	0.72
西安市	1.45	0.40	2.00	0.98
兰州市	1.83	0.22	2.52	0.54
西宁市	2.33	0.29	3.21	0.73
重庆市	0.57	0.49	0.79	1.22
成都市	0.79	0.68	1.08	1.67
昆明市	1.13	0.42	1.55	1.04
贵阳市	1.52	0.27	2.09	0.68
南宁市	1.09	0.38	1.50	0.94
西部主要省会	1.20	0.42	1.66	1.04
西北地区省会	1.63	0.30	2.25	0.75
西南地区省会	0.95	0.49	1.31	1.21
全国	—	—	1.38	2.47

资料来源：中国城市统计年鉴。

（二）中央政府对西部地区巨型城市区的主导角色比其他地区更为显著

西部地区的经济和城市发展一直受到中央政府的扶持和关注。1949 年以来，先后经历了三线建设、西部大开发及当前的丝绸经济带等巨型项目和工程，国家在政治、社会、经济等方面给予了全方位的扶持和带动。①三线建设是中国在面临严峻的国际形势下，从 20 世纪 60 年代中期开始，持续三个五年计划的时间，在西南、西北内陆地区进行的，以备战为中心、以国防科技工业为重点、以建立巩固战略后方基地为目标、以加强国防和改善工业布局为着眼点，是在交通运输业、机械工业、能源工业、原材料工业及轻工业和纺织业等方面取得巨大成就的一次规模宏大的经济建设。从经济学的角度来看，三线建设实际上也是中国生产力布局从沿海到内地的一次大转移。经过这次建设，西部地区形成了本地区的产业结构，奠定了西部工业的基础和发展格局，促进了三线地区的经济建设。②2000 年实施的"西部大开发"也是中央政府的一项政策，目的是"把东部沿海地区的剩余经济发展能力，用以提高西部地区的经济和社会发展水平、巩固国防"，依托亚欧大陆桥、长江水道、西南出海通道等交通干线，发挥中心城市作用，以线串点，以点带面，逐步形成我国西部有特色的西陇海兰新线、南（宁）贵、成昆（明）等跨行政区域的经济带，带动其他地区发展，有步骤、有重点地推进西部大开发。其标志性的工程包括2000~2010 年的青藏铁路建成通车、"西电东送"、"西气东输"，2010 年以来则包括：中心城市基础设施建设，西部教育、高新技术产业化和医疗卫生项目等；建设以成都双流机场、昆明长水机场、西安咸阳机场、兰州中川机场和乌鲁木齐地窝堡机场等为中心的航空网络。2012 年 2 月，国务院批复同意了《西部大开发"十二五"规划》，开始进一步稳步推进城镇化建设。加强跨区域规划的协调实施，在有条件的地区，引导形成城市群。规范推进四川天府、重庆两江、甘肃兰州、陕西西咸、贵州贵安等新区建设。新时代的新区建设为西部地区的巨型城市区发展提供了一个更大的空间平台。

第三节　成渝巨型区发展

成渝地区自然禀赋优良，在中西部资源环境承载能力较强。其北接陕甘，南连云贵，西通青藏，东邻湘鄂，在国家"一带一路"倡议中具有重要地位。成渝地区产业基础较好，城镇分布密集，交通体系完整，人力资源丰富，是我国重要的人口、城镇、产业集聚区，是引领西部地区加快发展、提升内陆开放水平、增强国家综合实力的重要支撑，在我国经济社会发展中具有重要的战略地位。因此，推进成渝巨型城市区的发展，有利于促进经济增长和市场空间东西互动、南北沟通，形成国家新的增长极。成渝巨型区的发展能够辐射和带动四川、重庆及周边省市 3 亿以上的市场腹地。

2015 年成渝地区有 1.12 亿人，2010~2015 年年均增长率超过 0.5%，总的来讲，在中西部地区属于人口高度密集的地区，为 200 人 /km² 左右，远远超过 143 人 /km² 的全国平均水平以及西部地区 53 人 /km² 的水平。2015 年成渝地区生产总值为 45770 亿元，人均 GDP 为 40792 元，高于 35189 元的西部平均水平，但远远落后于全国 52579 元的平均水平，四川省和重庆市在西部地区分别排名第 7 位和第 2 位。从第三次全国经济普查数据来看，成渝地区制造业就业为 700 多万人，全国区位商仅仅为 0.7，高端服务业就业为 300 万人，稍微落后于全国平均水平，其区位商为 0.9，一般服务业和公共服务业相对领先于全国平均水平，其就业规模分别为 1145 万人和 455 万人。

与成渝巨型区关联的概念包括成渝经济区①和成渝城市群②等。本章关于成渝巨型区的研究范围包括整个四川省和重庆市，其中重庆市地域范围相对较大，在地级城市尺度的分析中，将重庆划分为三个地域空间，分别是都市发达经济圈（包括渝中区、大渡口区、江北区、沙坪坝区、九龙坡区、南岸区、北碚区、渝北区、巴南区）、渝西走廊（包括万盛区、双桥区、綦江区、潼南区、铜梁区、大足区、荣昌区、璧山区、江津区、合川区、永川区、南川区）和三峡生态区（包括万州区、涪陵区、黔江区、长寿区、梁平区、城口县、丰都县、垫江县、武隆区、忠县、开州区、云阳县、奉节县、巫山县、巫溪县、石柱土家族自治县、秀山土家族苗族自治县、酉阳土家族苗族自治县、彭水苗族土家族自治县）。

一、成渝巨型区格局和特征

（一）城市化格局和变迁概况

2015 年，成渝地区城镇化水平仍比较落后，仅仅为 51.26%，显著低于 56.1% 的全国平均水平。无论在面积上，还是在县级行政单元的个数上，成渝地区大多数县市都属于低城市化水平区，见表 7.9。成渝地区县级人口城市化空间格局的基本规律：①成渝地区城镇密集、城市化水平较高的区域主要分布在两条轴线上：自广元、江油、

---

① 2011 年的《成渝经济区区域规划》指出成渝经济区包括：四川省的成都市、德阳市、绵阳市、眉山市、资阳市、遂宁市、乐山市、雅安市、自贡市、泸州市、内江市、南充市、宜宾市、达州市、广安市 15 个市，区域面积 20.6 万 km²；重庆市的主城区、万州区、涪陵区、长寿区、江津区、合川区、永川区、南川区、綦江区、大足区、铜梁区、璧山区、潼南区、荣昌区、梁平区、丰都县、垫江县、忠县、开州区、云阳县、石柱土家族自治县等 29 个区县。
② 在《成渝经济区区域规划》基础上，2016 年 3 月，国务院常务会议通过《成渝城市群发展规划》，以引领西部新型城镇化和农业现代化，走出一条新型城镇化和农业现代化互促共进的新路子。这对推进西部大开发和长江经济带建设等重大战略契合互动，释放中西部巨大内需潜力，拓展经济增长新空间，具有重要意义。《成渝城市群发展规划》强调要以强化重庆、成都辐射带动作用为基础，以创新驱动、保护生态环境和夯实产业基础为支撑，形成大中小城市和小城镇协同发展格局。成渝城市群横跨四川省和重庆市，以成都、重庆两城市为核心，包括四川省内 11 个城市和重庆整个地区。

绵阳、罗江、德阳、广汉、新都、成都、双流、新津、彭山、眉山、乐山的宝成—成昆铁路沿线及自宜宾、泸州、江津、重庆、长寿、涪陵、万州的长江沿线，另外还包括南充、自贡、射洪、达州、雅安、石棉等城市。②在四川盆地盆周的山区城市，如汉源、马边、屏山、高县、筠连、兴文、古蔺、彭水、酉阳、秀水、开县、城口、云阳、奉节、巫山和川中丘陵地区的中江、安岳、三台、资中、潼南、岳池的城市化水平均低于10%，形成城市化的低谷地区。③在成渝地区的山区，如凉山、阿坝和甘孜等城市化水平非常低。④一般来说，城市化水平30%~50%的地区将在未来面临较为快速的城市化进程，这些地区大多集中在乐山－成都－德阳－绵阳一带和重庆中心城区附近地区。

表 7.9　成渝地区城市化进程（2000~2015 年）

地区	2000 年			2010 年			2015 年		
	总人口 / 万人	城镇人口 / 万人	城市化率 /%	总人口 / 万人	城镇人口 / 万人	城市化率 /%	总人口 / 万人	城镇人口 / 万人	城市化率 /%
重庆市	2849	1014	35.59	2885	1530	53.03	3017	1838	60.94
四川省	8235	2199	26.7	8042	3234	40.22	8204	3913	47.7
成渝地区	11084	3213	28.98	10926	4764	43.6	11221	5752	51.26

资料来源：第五次、第六次全国分县（市、区）人口普查数据；2015 年 1% 人口抽样调查。

（二）由成德绵和大重庆地区两个巨型城市区构成

1. 成都和重庆两城市核心区人口都接近 1000 万

成渝地区城镇密度由盆地西部成都平原向东部，再向盆周山地、外围山区呈梯度递减。从 2015 年 1% 人口抽样调查来看，成都和重庆的核心区分别为 1012 万人和 835 万人，人口增长速度高于成渝其他地区，2010~2015 年重庆核心区增长了 90 万人，年均增长率为 2.4%，成都核心区增长了 53.3 万人，年均增长率 1.1%，并且两个区域中心城市的郊区化速度和规模均显著发展，人口的增长速度一方面远远超过内城区，另一方面更是远远超过城市的边缘地区。从城市的分布密度、空间布局和形态来看，成都平原、重庆中心城区及周边地区、川南地区，城镇密度较大，空间聚合形态较好。从城镇规模体系来看，该地区是由重庆（第六次全国人口普查都市功能核心区城镇人口 650 万人）和成都（561 万人）两个特大城市高度主导的经济区，其第二级别城市绵阳（97 万人）、南充（89 万人）、万州（86 万人）、双流（80 万人）、泸州（74 万人）、乐山（68 万人）、自贡（67 万人）、攀枝花（63 万人）都不足百万人，100 万 ~300 万人的城市缺失。与国内其他巨型城市区比较，成渝地区的城镇体系和巨型城市区发育程度还相对落后。京津冀地区城市规模前六位分别是北京、天津、石家庄、唐山、邯郸、保定，其人口规模比为 14.4 : 8.9 : 2.7 : 1.4 : 1.3 : 1.0；江浙沪地区前六位分别是上海、南京、杭州、苏州、无锡、温州，其人口规模比为

7.52：2.17：1.92：1.23：1.03：1.00；珠三角前六位城市分别是广州、深圳、香港（中华人民共和国香港特别行政区政府统计处，2004年数据）、东莞、中山、南海，其人口规模比为4.22：3.95：2.96：2.44：1.12：1.00；而成渝地区前六位城市分别是重庆、成都、绵阳、南充、万州、双流，其比重为8.17：7.94：1.22：1.12：1.08：1.00。

从人口密度和人口规模（图7.3）、就业规模等方面可以看出，成渝巨型区实际上包含着两个相对独立而又在当前流动空间组织下联系日益紧密的巨型城市区——成德绵巨型城市区和大重庆巨型城市。在这两个巨型城市区之间是人口相对密集的成都平原地区，与成都、重庆的首位城市相比，这些城市的规模均小得多。

2. 功能高度集中在成都和重庆两个城市

高端服务业高度集中在成都和重庆两市。2013年，成都市所有非农就业为573.2万人，重庆为1342万人，占了成渝地区的58.67%。其中制造业中成都和重庆为512万人，占成渝地区的58.38%，高端服务业214万人，占成渝地区的71.68%。而一般服务

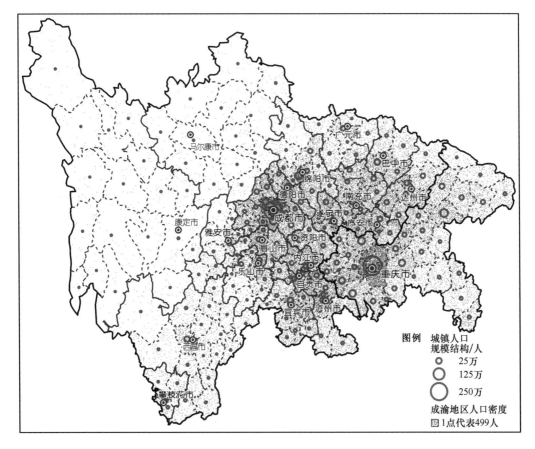

图7.3 成渝地区城镇人口规模和人口密度

资料来源：第六次全国分县（市、区）人口普查数据。

业和公共服务业分别为 704 万人和 194 万人，占成渝地区的 61.5% 和 42.6%。2008~2013 年，成渝地区非农就业规模增长了 39.89%，而成都和重庆分别增长了 40.56% 和 55.1%，见图 7.4 和图 7.5。

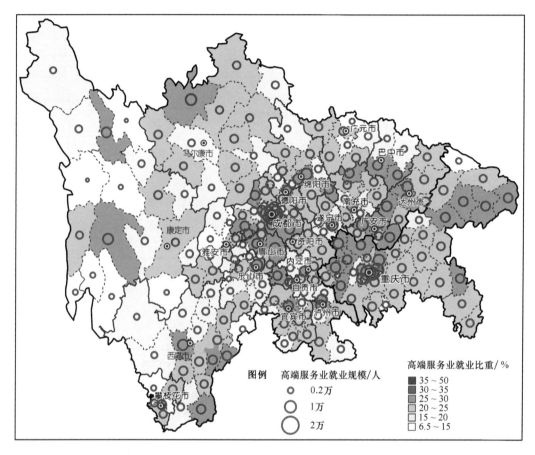

图 7.4 成渝地区高端服务业就业比重和就业规模（2010 年）

资料来源：第六次全国分县（市、区）人口普查数据。

3. 基于重力模型的空间结构

通过重力模型对成渝地区城市间的空间联系强度进行定量计算，模拟成渝地区城市空间联系状态和节点结构，结果显示成渝地区城市体系的结构特征如下：①两个一级城市体系，成都城市群和重庆城市群；②四个二级城市体系，成都都市圈、重庆都市圈、乐山都市圈、川南城市群（内江–自贡–宜宾–泸州城市群）；③两个三级城市体系，南（充）–遂（宁）城市群、绵阳都市圈，达州、万州和雅安虽最大引力连接线数目较高，但与周边城市实际辐射和吸引能力较弱，不成为独立的城市体系；④包括成都和重庆的两个一级中心城市吸引能力突出，其中成都辐射的主要城市包括广元、绵阳、德阳、眉山、雅安、乐山、资阳和遂宁，重庆辐射的主要城市包括达州、万州、巴中、南充、江津、泸州；⑤川南的内江、自贡、宜宾三个城市独立于成都和

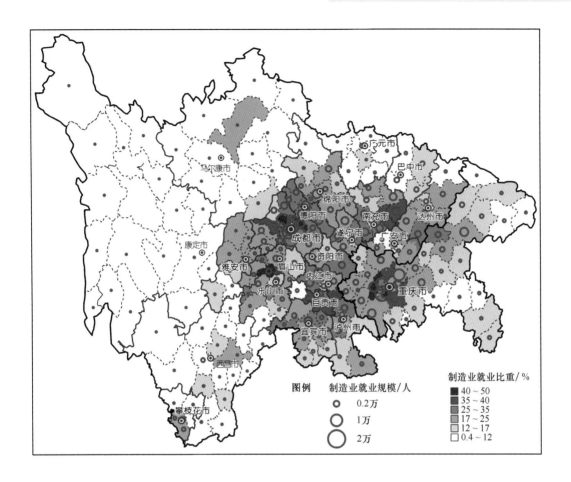

图 7.5 成渝地区制造业就业比重和就业规模（2010 年）

资料来源：第六次全国分县（市、区）人口普查数据。

重庆两个城市体系之外自成系统；⑥自巴中、南充、遂宁至内江、自贡、宜宾一线是成渝两个特大城市的吸引断裂带，这两个城市的吸引力在这个区域较弱；⑦在成都平原城市群内部，德阳、资阳和眉山三市直接受成都辐射和吸引，而绵阳和乐山出现了以其自身为中心的二级或三级城市体系。通过分析，可知成渝地区目前已经形成两条城市密集分布带、六大城市体系。其中，两条城市密集分布带分别是德阳-成都-眉山和江津-重庆市中区沿线；六大城市体系分别是成都都市圈、重庆都市圈、乐山都市圈、绵阳都市圈、川南城市群和南遂城市群。就城市而言，成渝地区符合由重庆和成都两大都市所构成的绝对"双核"模式，而其他城市，如绵阳、攀枝花、乐山等势力影响范围非常小，第二等级城市在该地区的作用相对较弱。

（三）欠发达地区的巨型区社会特征

成渝地区位于西部地区，总的来讲，这种欠发达的区域背景条件给成渝巨型区带来了有别于中东部巨型城市区的地域特征。经济发展水平较低的动力一方面促进了人口稠密的成渝地区人口净流出现象格外严重，进而造成了老龄化等区域问题和社会问题；另一方面，经济发展的总体水平较低也使得成渝巨型区的国家影响力较低，在人口等要素集聚方面仅仅在区域范围内比较有优势。

第一，净流出现象严重。从 2010 年人口普查数据来看，成渝地区人口净流出现象非常严重。除了该地区的市辖区及旅游资源和矿产资源优势条件明显的三个自治州有显著的人口净流入外，其他广大的县市区，尤其是人口稠密的平原地区人口净流出普遍存在。一些县市的人口有一半以上流出。不同等级的城市吸引外来人口的能力与城市规模成正比，成都和重庆两市区净流入人口占常住人口比重为 24.53%，比 2000 年的 17.02% 水平提高了 7.51 个百分点，而 50 万~100 万人的城市流动人口为 -2.93%，为人口净流出地区；50 万人以下的城市流出人口更是显著大于流入人口，要素的集聚能力相对较弱。整体来看，成渝地区属于人口流出地区。另外从人口的来源地来看，成都和重庆的吸引力主要是对本省范围的人口聚集能力，对省外人口的吸引相对偏弱，见表 7.10。

表 7.10 不同等级规模人口聚集能力 　　　　　　（单位：%）

人口	净流入人口占总人口比重	本地人口迁入率	省内人口迁入率	省外人口迁入率
500 万人以上	24.53	8.93	26.79	7.60
50 万~100 万人	−2.93	8.16	10.07	2.17
20 万~50 万人	−22.70	6.64	2.75	0.82
20 万人以下	−21.70	5.36	2.14	0.69
成渝地区	−12.69	6.83	7.00	1.90

资料来源：第六次全国分县（市、区）人口普查数据。

第二，残留型老龄化问题突出。平原地区的流出人口往往都是年轻的劳动力，因此导致成渝地区非常严重的老龄化问题。总的来讲，三个自治州和山区的老龄化水平较低，平原地区较高，许多区县的老龄化水平达到 16.5%，属于极为严重的老龄化地区，远远超过了全国老龄化水平。相对而言，成德绵地区和大重庆巨型城市区的老龄化问题较缓和。

第三，巨型城市区对省内人口转移有较大贡献。从人口迁移角度来看，与长三角、珠三角、京津走廊城市相比，无论是成德绵地区还是大重庆地区，其对劳动力聚集的地区主要集中在成渝地区内部，省外人口迁入非常少，这也反映了成渝巨型区当前的经济发展水平和区域辐射带动能力。

第四，受教育水平和人力资本的空间不均衡性。与西部地区其他巨型城市区一样，成渝巨型区的空间不均衡性非常显著，不仅仅表现在人口的吸引和集聚能力方面，而且反映在人力资本在空间分布的极度不均衡上。总的来讲，成渝地区的人力资本还是高度集中在成德绵地区和大重庆巨型城市区。除其他地级城市的市辖区有一定的优势外，广大的区县都极度落后。

（四）功能专门化结构和空间聚类

1. 职能分工和专门化特征

选择高端服务业、制造业、一般服务业、公共服务业作为分析大类，信息传输和金融业、房地产业在全国有一定优势，但房地产业、商务办公、科学研究和国际组织整体来讲区位商在全国都低于1.0。成都和重庆的高端服务业在全国还有一定的优势，尤其是国际组织、房地产业、科研等方面；成渝地区制造业在全国的区位商仅仅为0.68，远远低于1.0，这说明该地区的工业化水平相对落后，即使成都和重庆两个市辖区的制造业区位商也仅仅为0.71。一般服务业（住宿餐饮、零售批发、交通运输、居民服务等）在全国有一定的优势。公共服务部门（教育、卫生、文体和公共管理和社会组织）相对有一定的优势。

2. 专门化空间聚类

根据全国层面2893个县级单元和20个就业行业门类的就业密度和就业结构数据的主成分分析和聚类结构进行成渝地区巨型城市区的范围和结构界定研究。从专门化水平的空间格局来看，不同于东部地区的长三角、京津冀和珠三角，成渝地区在采掘业主导、农林牧渔业主导方面的数量更多，在所有221个县市区单元中，分别占有22.6%和43.4%。而制造业主导的单元仅仅为44个，不到20%。高端服务业主导的更低，仅为7个，占3.16%。从"核心－外围－边缘"的空间聚类结果来看，在全国范围内，成渝地区221个县级行政单元绝大多数处于边缘区的空间地位和水平上，占52.9%，再加上次边缘区的28.05%，两者超过80.0%。而处于"核心区"位置的县市区单元只有6个，不到3%，即使加上次核心区，也不到17%，外围区更少，也只有6个。根据主成分分析的得分和聚类结果，成渝地区县（市、区）经济结构和空间结构耦合聚类分析见图7.6。15种类型的现实需求实际上构成了都市区的核心地域、外围地域和边缘地域。其中，服务业高度集中于成都（包括武侯区、成华区、青羊区、金牛区、锦江区）和重庆（渝中区），而自贡的自流井区是采掘业相关服务业占有一定比重的核心区。第二产业主导的次核心区域包括重庆的相关县市区、绵阳城区、德阳城区、宜宾城区、内江城区、自贡城区、雅安城区、泸州城区、达州城区和广元中心区等。就局部地域来看，成渝地区西部从北到南密集分布着广元、绵阳、德阳、成都、雅安、乐山，而成渝地区的东部密集分布着重庆、泸州、宜宾等城市。两大城镇密集地区之间是"断裂地带"或者是"阴影区"，在沿区域交通干道地段分布着较为发达的一些城市，如内江、资阳等。

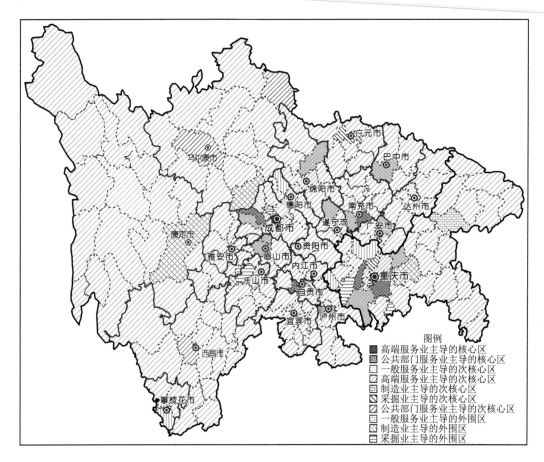

图 7.6　成渝地区经济结构和空间结构耦合聚类分析

资料来源：第六次全国分县（市、区）人口普查数据。

二、成渝巨型区变迁过程

（一）空间结构双核极化强化

2000~2010 年，在整个四川省、重庆市范围内，虽然山区的人口有明显的自然增长态势，但在成渝巨型城市区尺度上，人口增长高度集中在成德绵地区和重庆都市区，其他地区除了地级市市辖区外，都是继续呈现显著的人口减少态势。同样，从不同来源的人口迁入来看，该地区的双核极化问题有增无减。2010 年以来，成都市区和重庆都市区的人口集聚进一步增强，德阳、资阳等城市人口下降比较明显。

（二）经济和功能专门化变迁

根据第二次和第三次全国经济普查分析结果，2008~2013 年成渝地区及其核心城市成都和重庆的制造业发展有较快的发展，除此之外，高端服务业和一般服务业就业也在规模和增长率方面都相对超过平均水平，见表 7.11。

表 7.11　成渝地区就业结构变化（2008~2013 年）　　　　（单位：%）

行业	成渝地区	成都	重庆
所有非农就业增长	39.89	40.56	55.10
高端服务业	47.44	43.04	68.24
一般服务业	73.53	87.82	87.35
公共服务业	24.92	23.40	30.67
制造业	36.40	27.11	46.82

资料来源：第二次、第三次全国经济普查主要数据公报。

1. 高端服务业发展

第一，高端服务业在巨型区核心区快速集聚发展。2000~2010 年，从金融业和房地产业来看，发展最快的是处于成德绵地区和重庆都市区的地区，见图 7.7。其他区县

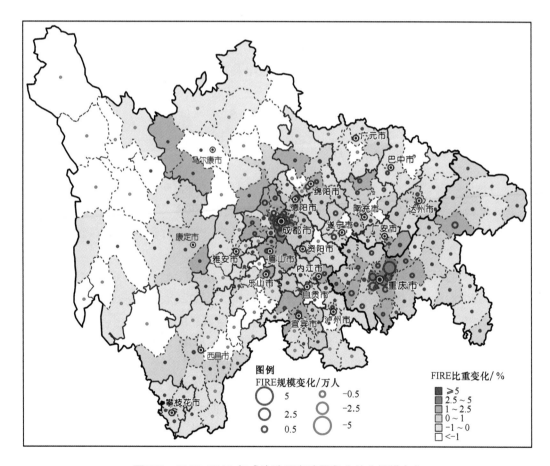

图 7.7　2000~2010 年成渝地区高端服务业就业规模变化

资料来源：第五次、第六次全国分县（市、区）人口普查数据。

237

总体发展缓慢。另外以成都为例，成都有银行、保险、证券等金融机构 230 余家，其中外资金融机构 35 家左右，金融市场规模居中西部城市第一，同时全市人民币存款余额也超过 2.5 万亿，有 10 余家中外资金融机构设立了大型后台服务中心。

第二，成都和重庆在国家和区域中的专门化服务业地位越来越突出。截至 2016 年，在重庆和成都的各国总领事馆数量分别为 10 个和 15 个，在全国仅次于上海和广州，远远领先于中西部和东北的其他城市。在成都的领事馆包括美国、德国、韩国、泰国、新加坡、法国、巴基斯坦、斯里兰卡、澳大利亚、以色列、新西兰、菲律宾、捷克、印度、波兰等，在重庆的包括英国、柬埔寨、日本、菲律宾、匈牙利、埃塞俄比亚、加拿大、丹麦、荷兰、意大利等，两者相互补充，加起来高达 25 个。

2. 制造业发展

在西部，成渝巨型区的制造业发展相对较快，但制造业主要集中在两大巨型城市区之间的地区，自北向南依次是南充、遂宁、内江等城市。另外，成都和重庆经历了工业化－去工业化、城市化－郊区化错综复杂的结构性变化过程。与上海、北京等国家中心城市一样，成都和重庆中心城区的制造业就业都在呈现比较显著的负增长趋势，而近郊区和远郊区的增长和集聚非常显著。在工业化快速发展中，成渝地区高新技术产业也走在中西部前列，如全球 2/3 的 ipad 平板电脑、全球 60% 以上的电脑主板芯片组、全球 50% 的笔记本电脑 CPU 出自成都，软件等业务收入占西部地区总量的 55% 以上。2000~2010 年成渝地区制造业就业规模变化见图 7.8。

（三）社会空间分异变迁

与其他巨型城市区类似，成渝地区的社会变迁一方面表现为总体经济发展落后驱动下的人口外流导致的社会分异，如残留型的老龄化问题等，另一方面表现为以成都和重庆为核心的巨型城市区加速发展带来的社会分异，如人力资本在空间上的增减分异等。

从 2000~2010 年的人口净流入增长格局来看，成德绵地区和大重庆地区人口净流入规模和比率远远高于其他地区。而成都平原绝大多数其他城市都是人口高度净流出地区，包括地级城市的市辖区单元。在这一人口净流出的格局下，其区域社会分异特征很明显地表现为严重的残留型老龄化水平进程，即由于外出人口绝大多数为年轻劳动力，地区的老龄化人口比例相应地提升。同时，平均寿命的提高，也导致了该地区老龄化人口规模和水平显著上升。其结果是人口密度高、人口流出大的成都平原城市地区表现为显著的老龄化增长态势。10 年间，许多地区老龄化水平增长超过 5%，成为全国老龄化进程最为迅速的地区之一。同时，人口净流入显著的成都城区和重庆城区表现为老龄化水平相对下降的趋势，当然和其他巨型城市一样，这些地区的老龄化人口规模还是在显著的上升。若以本科及以上学历人口作为衡量该地区人力资本的指标，2000~2010 年，人力资本增长最为显著的地区依然是成德绵巨型城市

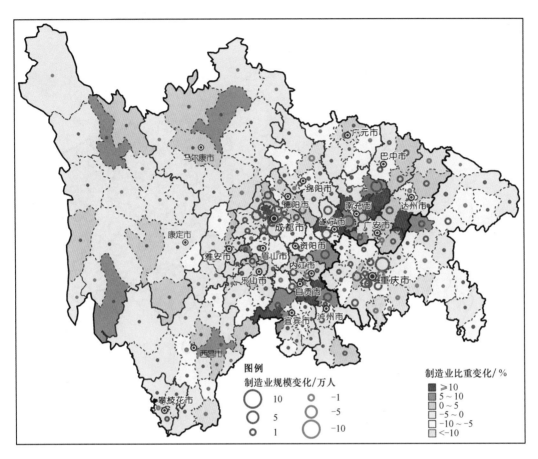

图 7.8　2000~2010 年成渝地区制造业就业规模变化

资料来源：第五次、第六次全国分县（市、区）人口普查数据。

区和大重庆巨型城市区，这与该地区非均衡的经济发展速度紧密相关，这一增长情况不仅表现为巨大的人力资本规模增长，还表现在显著的增长率方面。除了这些地区和地级城市的市辖区单元外，绝大多数的成都平原县市单元都是极为缓慢的人力资本改善，隐含着该地区发展差异的拉大、两极分化的区域现状和趋势。实际上，人力资本作为成渝巨型区的根本还是有一定优势的。例如，成都有各类专业人才约 350 万，居全国大中城市第四位，拥有两院院士 36 人，国家千人计划 102 人，居西部第一，见图 7.9。

（四）流动空间变迁

1. 全国影响和省内影响发展显著

从 2000~2010 年的人口迁移来看，大重庆地区和成德绵地区对省外人口的吸引显著增长，无论从增长率还是从增长规模来看，均是如此，见图 7.10 和图 7.11。

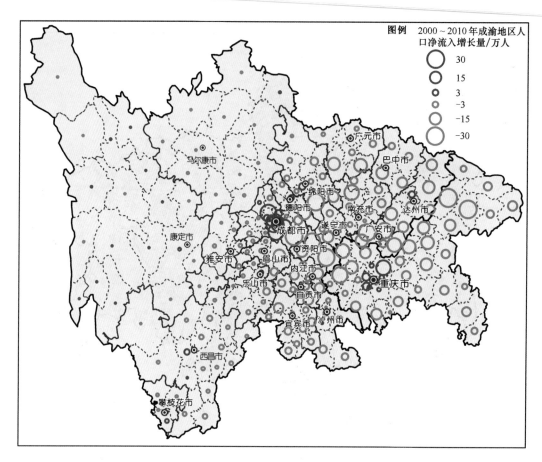

图 7.9　2000~2010 年成渝地区净流入人口规模变化

资料来源：第五次、第六次全国分县（市、区）人口普查数据。

2. 机场和铁路等流动空间平台

当前成都和重庆的机场吞吐量都位居全国前茅。成都的吞吐量是除了北京、上海、广州、深圳之外的第五大城市，流动空间地位突出，而重庆的机场吞吐量也急速上升。2010 年成都和重庆的客运吞吐量还仅仅是 2581 万人次和 1580 万人次，在全国机场吞吐量中位居第 6 位和第 10 位，占前 15 位机场吞吐量总量的 6.9% 和 3.6%。到 2016 年，成都机场的客运吞吐量已经飞速增长到 4604 万人次，位居全国第 4 位，占前 15 位机场客运吞吐量的 7.7%，而重庆也增长到 3589 万人次，位居全国第 9 位，占前 15 位的比重高达 6.0%。

1）机场建设

2010 年以来，成都天府国际机场建设得到批复。成都天府国际机场位于成都和重庆之间的简阳市，距成都市中心 51km，是"十三五"规划中要建设的我国最大的民用运输枢纽机场项目，定位为中国西部区域航空枢纽、丝绸之路经济带中等级别的航空港之一，满足年旅客吞吐量 5000 万人次需求。2016 年 5 月，机场全面开工建设，

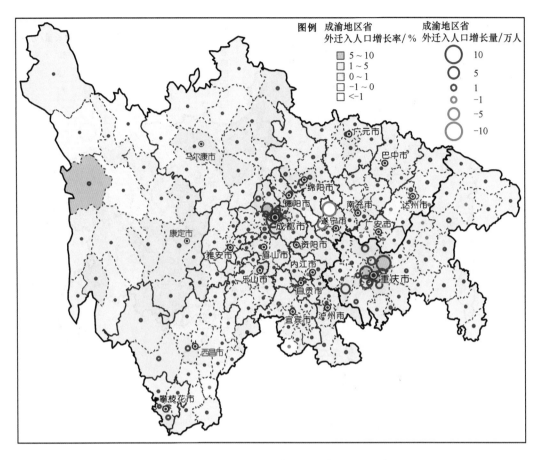

图 7.10　2000~2010 年成渝地区省外迁入人口变化

资料来源：第五次、第六次全国分县（市、区）人口普查数据。

2020 年投入使用。

　　2）"渝新欧""蓉新欧"等国际铁路联运大通道

　　中国城市和区域发展进入高速铁路时代。渝新欧国际铁路联运大通道，是指利用南线欧亚大陆桥这条国际铁路通道，从重庆出发，经西安、兰州、乌鲁木齐，向西过北疆铁路，到达边境口岸阿拉山口，进入哈萨克斯坦，再经俄罗斯、白俄罗斯、波兰，至德国的杜伊斯堡，全长 11179km 的由沿途六个国家铁路、海关部门共同协调建立的铁路运输通道，占据中欧班列主导地位。"渝新欧"的名称由沿线中国、俄罗斯、哈萨克斯坦、白俄罗斯、波兰、德国六个国家铁路、海关部门共同商定。"渝"指重庆，"新"指新疆阿拉山口，"欧"指欧洲，合称"渝新欧"。重庆出发的货物，通过"渝新欧"铁路线运输，沿途通关监管互认，信息共享，运输全程只需一次申报、一次查验、一次放行。"渝新欧"为重庆巨型城市区的发展提供了重要的流动空间平台。2011 年，"渝新欧"共开行 17 个班列、运送 699 个 40 英尺（1 英尺 =0.3048 m）集装箱、97 万台重庆造笔记本电脑、20 万台重庆造显示器。2013 年年末，共开行 96 趟，货物运输总

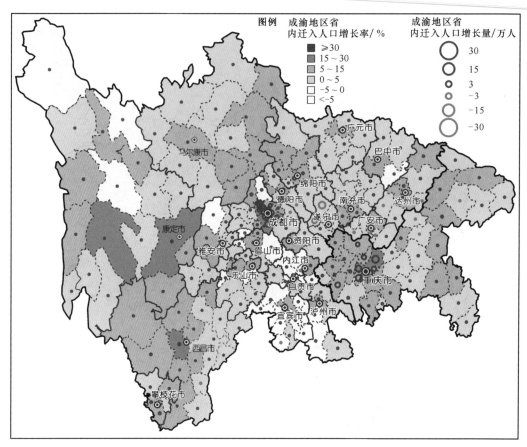

图 7.11 2000~2010 年成渝地区省内迁入人口变化

资料来源：第五次、第六次全国分县（市、区）人口普查数据。

量达 8000 余标准箱，进出口贸易额达 30 亿美元。全程实际运行时间 16 天左右，比水运节约近 30 天，成本为空运的 1/5。2016 年上半年，"渝新欧"开行 164 班，其中去程 112 班，回程 52 班，运输货量约 1.4 万个标准箱，同比增长 74%。另外，至 2016年 6 月，据海关总署统计，重庆市开出的"渝新欧"班列班次数量占全国中欧班列数量的 45% 左右，其货值占所有从新疆阿拉山口出境的中欧班列货值总量的 85%。

3）通信技术网络平台

成都和重庆等拥有中西部地区最好的通信网络平台优势。以成都为例，成都是除北上广外第四个具备国际直达通信能力的城市、第四个国家互联网骨干直联点城市和国家下一代互联网示范城市，拥有出省干线光缆 30 多条，其互联网普及率高出全国平均水平 11.3 个百分点。

4）自贸区等新产业空间

2010 年以后，国家批复设立中国（上海）自由贸易试验区（简称上海自贸区）。此后，东部沿海地区的广东、天津、福建自贸区及上海自贸区扩展区域得以普及发展。2016 年，国家进一步决定在辽宁省、浙江省、河南省、湖北省、重庆市、四川省、陕西省新设立 7 个自贸区。自贸区从东部沿海地区开始进一步拓展到其他地区，包括西部的成渝巨型区。在这新设的 7 个自贸区中，陕西省主要是落实中央关于更好发挥"一带一路"建设对西部大开发带动作用、加大西部地区门户城市开放力度的要求，打造内陆型改革开放新高地，探索内陆与"一带一路"沿线国家经济合作和人文交流新模式。而重庆市主要是落实中央关于发挥重庆战略支点和连接点重要作用、加大西部地区门户城市开放力度的要求，带动西部大开发战略深入实施。四川省主要是落实中央关于加大西部地区门户城市开放力度和建设内陆开放战略支撑带的要求，打造内陆开放型经济高地，实现内陆与沿海沿边沿江协同开放。在成渝地区，以成都为中心的四川自贸区、重庆自贸区的面积大约在 120km^2，这些为城镇化、国际贸易、区域发展提供了重要流动空间平台。

三、成渝巨型区展望

（一）成渝城市空间结构趋势

随着成渝地区的不断发展成熟，城镇的等级规模结构将逐渐趋向于位序 – 规模结构，基于位序 – 规模结构的预测结果是，未来成渝地区内以成德绵地区、大重庆地区为主体的城市空间格局更为突出。

（二）成渝地区未来比较重要的发展轴线

成渝地区正处在加速发展阶段，当前成渝巨型区表现为以成德绵地区和大重庆地区相对独立发展、中间断裂带显著的特征，因此，未来基于巨型城市区的发展还是成渝地区的关键和核心。但同时，从成渝自然地理条件（资源本底条件较为均衡，并不存在绝对的发展门槛）、高铁建设和国家新区建设战略等来看，成渝巨型区在现阶段选择基础条件最好、发展潜力最大、带动作用最强的城镇发展轴线成为该地区发展面临的最为紧迫的任务。

（1）广元 – 成都 – 乐山轴线。以宝成铁路、成昆铁路、成绵高速公路、成乐高速公路为依托的城镇发展轴线，串联起广元、绵阳、德阳、成都、眉山、乐山等大中城市。这条轴线上积聚的人口众多，农业发达，重装、电子、化工等产业已形成规模较大的产业集群，是成渝地区基础条件最好、发展潜力最大、带动作用最强的一条轴线，是四川历来大力发展的"一条线"，也是最具备发展成为城镇连绵带的一条轴线。

（2）万州 – 重庆 – 泸州轴线。以长江、沿江高速、沿江铁路为依托，串联起万州、长寿、重庆市中心区、江津、泸州等大中城市，并可溯江而上延伸至宜宾、乐山等城市。这条轴线航运便捷，装备制造业、化工业等产业发达，是长江经济带的主要组成部分，也是经水路出川的主要通道之一，是主要的城镇发展轴线之一。

（3）成都 – 遂宁 – 达州 – 万州轴线。以成达铁路、成南高速公路等为依托，串联起成都、遂宁、南充、达州、万州等大中城市，是《四川省城镇体系规划（2003—

2020年）》确定的四川省"K"字形城镇发展轴线的成渝北线，是联系成都和川东北城镇群的发展轴线。

（4）成都–内江–重庆轴线。以成渝铁路、成渝高速公路为依托，串联起成都、资阳、内江、成都等大中城市，是《四川省城镇体系规划（2003—2020年）》确定的四川省"K"字形城镇发展轴线的成渝南线，是联系成都都市圈、川南城市群和重庆都市圈的一条重要发展轴线，是成渝间基础设施投入较为集中的一条轴线。但随着近年来内江的发展不力，这条轴线的发展并不理想。

（5）成都–遂宁–重庆轴线。这条轴线以遂渝铁路、遂渝高速等为依托，串联起成都、遂宁和重庆三个城市。由于这条轴线连接成都和重庆的空间距离比成渝南线更近，而且未来的成渝城际铁路也选择这条线路，因此这条轴线的发展潜力巨大。

（6）乐山–宜宾–泸州轴线。这条轴线以长江水道串联起乐山、宜宾和乐山三市。《四川省国民经济和社会发展第十一个五年规划纲要》中提出"十一五"期间将建设乐山–宜宾–泸州的沿长江高速公路和铁路，并与重庆对接，再携长江黄金水道之利，这条轴线将成为长江上游经济发展引擎的重要组成部分。

（7）绵阳–南充–重庆轴线。绵阳作为成渝地区仅次于成都和重庆的第三大城市，和重庆之间缺乏直接的交通联系通道。而《四川省国民经济和社会发展第十一个五年规划纲要》提出了建设绵阳–遂宁–重庆的高速公路和铁路，沿这条便捷交通通道有可能逐步形成城镇发展轴线。

（8）广元–南充–重庆轴线。依托现国道212线，联系广元、南充和重庆，在兰渝铁路（兰渝铁路始于兰州，由广元入川经南充至重庆，是国家铁路网中长期规划中联系西南和西北地区的重大项目）建成后，这条轴线作为西南地区云、贵、川、渝与西北地区的甘、新、青等省（自治区、直辖市）联系的重要通道，形成城镇发展轴线的潜力巨大。

结合成渝地区未来的发展趋势，可以勾勒出成渝巨型城市区一环六片"O"字形空间结构（"1+6"）。"O"字形城市密集环涵盖绵阳、遂宁、重庆、江津、泸州、宜宾、乐山、眉山、成都、德阳10大城市。

（三）构建和强化成渝走廊型巨型城市区

有效推进成渝巨型区的发展，不仅关系相关城市、成渝地区的发展，还关系成渝地区在中国西部地区的区域龙头作用的发挥。从长三角、珠三角等发达城市群演化的基本规律来看，区域核心城市（如上海、广州，甚至是深圳、南京、杭州等）的圈层推动作用、区域交通走廊的轴线延伸带动作用和网络式的城市组合发挥着彼此强化的关键作用。因此，未来成渝地区的发展：①进一步强化区域核心城市——成都和重庆的经济实力和城市功能的提升。②充分发挥区域性交通廊道的带动作用，作为区域单元之间交流和互动的重要脉络，成都–重庆一线的培育直接关乎成渝地区在西部功能的提升和作用的发挥，应该通过完善基础设施，选取重要的增长极来带动这一轴线的发展，从而完善和强化区域城镇格局。此外，重庆经遂宁、绵阳西北直通甘肃的交通走廊也是未来成渝地区一条不可忽视的经济走廊。③选择培育第二层级城市，促进城市体系的完善。选择的依据主要是区位条件、交通条件和资源禀赋条件已经拥有较大腹地这几个方面。根据上述分析，成渝地区范围内，绵阳、宜宾等符合这些条件。在成都、重庆核心城市的圈层推动、区域交通走廊的轴线延伸和第二层级区域中心城市快速发展的共同作用下，未来成渝地区城市空间格局将在现有基础上，进一步形成3个"三角形地区"，即成－渝－绵（阳）三角形、成－渝－南（充）三角形和成－渝－宜（宾）三角形，这将更有效地促进成渝地区区域整合、成渝城市群发育及腹地发展，进一步促进成渝地区离散型结构向等级型结构乃至网络型结构演化。

第八章　中国巨型城市区与巨型区经济社会发展特征

第一节　经济增长与结构变迁

一、地区生产总值增长

（一）巨型城市区人均地区生产总值

除了资源性城市外，2018 年人均 GDP 较高的城市依次为东部的长三角地区、珠三角地区、京津走廊、大青岛地区、大大连地区、长株潭地区和闽东南地区。在较稳定的发展环境和特定的技术条件下，经济相对落后地区的 GDP 增长会快于经济相对发达地区的 GDP 增长，从而实现区域的收敛发展，达到资源配置的区域间动态均衡格局。2003~2018 年，总体上巨型城市区和非巨型城市区的地区生产总值距离开始缩小，但其间也经历了几年的距离拉大。2003~2006 年、2007~2013 年距离在显著缩小，同时由于人口因素，巨型城市区人均 GDP 和非巨型城市区人均 GDP 也在快速地缩小。2014~2018 年，经济发达的巨型城市区占全国比重再一次提高，同时，巨型城市区与非巨型城市区之间再次拉大差距。从不同层级的巨型城市区来看，表现各异。可见 2008 年后，巨型城市区在国家的经济发展中，表现再次超越非巨型城市区，尤其是三大成熟型巨型城市区和五大准巨型城市区，见表 8.1。

表 8.1　典型年份各地区 GDP 占全国的比重变化（2005 年以来）（单位：%）

地区	2005 年	2008 年	2011 年	2013 年	2016 年	2018 年
三大成熟型巨型城市区	31.6	30.4	29.3	28.8	30.5	31.0
五大准巨型城市区	8.8	8.9	9.5	9.8	10.6	11.1
七大雏形巨型城市区	12.4	12.5	12.0	11.9	12.0	12.1
十一大潜在型巨型城市区	8.2	8.4	8.7	8.9	10.2	9.8
各类巨型城市区	61.0	60.2	59.5	59.4	63.3	64.0
其他地级城市	39.0	39.8	40.5	40.6	36.7	35.9

资料来源：2004~2019 年中国城市统计年鉴。

（二）巨型城市区的产业结构变迁分化

从产业结构来看，2003~2018 年全国所有地级城市的产业结构表现为第一产业显著下降、第二产业相对稳中有降、第三产业快速上升。同期各类巨型城市区的产业结构趋势是服务业发展加快、比重加大，第一产业和第二产业比重都相对下降。与之相对应，其他地级城市则呈现快速的工业化进程，第三产业增加值比重在显著下降，见表 8.2。

表 8.2　不同类别巨型城市区产业结构构成及其变化　　（单位：%）

地区	2003 年			2013 年			2018 年		
	第一产业	第二产业	第三产业	第一产业	第二产业	第三产业	第一产业	第二产业	第三产业
三大成熟型巨型城市区	4.73	51.73	43.54	2.39	44.24	53.37	1.76	38.88	59.35
五大准巨型城市区	9.12	48.12	42.76	5.78	50.87	43.35	5.36	44.31	50.33
七大雏形巨型城市区	8.35	51.10	40.55	5.60	49.98	44.42	4.49	42.54	52.98
十一大潜在型巨型城市区	11.75	45.31	42.93	7.49	47.00	45.51	6.58	41.10	52.32
各类巨型城市区	7.17	50.12	42.71	4.36	46.89	48.75	3.64	40.86	55.50
全国地级城市	12.41	48.71	38.88	8.15	49.53	42.32	6.51	42.14	56.92

资料来源：2004~2019 年中国城市统计年鉴。

从巨型城市区内部来看，产业结构产生明显的分化。一方面，表现为不同发育程度和水平的巨型城市区之间的分化。2003~2018 年，京津走廊、长三角和珠三角三大成熟型巨型城市区第二产业比重由 51.73% 下降为 38.88%，而第三产业比重从 43.54% 上升为 59.35%。闽东南地区等五大准巨型城市区和十一大潜在型巨型城市区的工业化速度也表现为一定的第三产业快速发展趋势。另一方面，表现为不同地带巨型城市区之间的分化。东部地区巨型城市区第二产业比重从 51.84% 下降为 40.40%，第三产业 15 年间则相应上升了 14.78%；中部地区、西部地区和东北地区有较快的工业化进程，2003~2013 年其第二产业比重分别增长了 4.73 个百分点、2.23 个百分点和 3.09 个百分点，第三产业则相对变化稳定，分别增长了 -1.49 个百分点、2.14 个百分点和 0.06 个百分点；2013~2018 年，第二产业比重开始下降，第三产业比重急剧提高，见表 8.3。

表 8.3　不同地带的巨型城市区产业结构构成及其变化　　（单位：%）

地区	2003 年增加值比重			2013 年增加值比重			2018 年增加值比重		
	第一产业	第二产业	第三产业	第一产业	第二产业	第三产业	第一产业	第二产业	第三产业
东部地区	6.01	51.84	42.15	3.45	45.58	50.97	2.66	40.40	56.93
中部地区	8.47	48.59	42.95	5.23	53.32	41.46	4.32	43.96	51.72
西部地区	10.76	43.95	45.29	6.39	46.18	47.43	6.15	40.02	53.83
东北地区	10.13	46.33	43.54	6.98	49.42	43.60	6.12	40.95	52.93

资料来源：2004~2019 年中国城市统计年鉴。

第二产业比重下降的包括京津走廊、长三角地区、珠三角地区、大青岛地区、大济南地区、石家庄－太原走廊、温州－台州走廊、滇中地区、呼和浩特－包头走廊、大哈尔滨地区、兰州－西宁走廊和黔中地区等。总的来讲,初始年份的第二产业比重越高,2003~2018年的第二产业比重降低越快,但也有特殊,如京津走廊、黔中地区、大哈尔滨地区等。在所有巨型城市区中,第二产业比重下降超过5%的分别是黔中地区(–9.7%)、温州－台州走廊(–8.24%)、京津走廊(–7.58%)、长三角(–7.07%)、呼和浩特－包头走廊(–6.93%)、珠三角(–6.78%),有4个位于东部沿海地区;而比重增长超过5%的地区分别是北部湾地区(13.34%)、长株潭地区(12.93%)、大重庆地区(7.13%)、大长春地区(5.7%)、大合肥地区(5.04%),这些均位于中西部及东北地区。第三产业方面,增长最快(比重超过5%)的地区分别是黔中地区(13.35%)、温州－台州走廊(10.43%)、呼和浩特－包头走廊(10.28%)、京津走廊(10.04%)、珠三角(9.4%)、长三角(9.13%)、大青岛地区(7.73%)、大哈尔滨地区(6.31%)以及石家庄－太原走廊(5.69%)、大济南地区(5.64%)。降低最快(比重超过2%)的地区分别是大合肥地区、关中地区、大武汉地区、北部湾地区、大乌鲁木齐地区、长株潭地区。前者在东部沿海地区高度集中,后者则基本上位于中西部地区。

从巨型城市区内部不同县(市、区)单元尺度来看,2003~2013年,其分化过程也极为多样和复杂。从2013年的情况来看,第一产业增加值比重在中心城市的比重相对较低,非农化水平高,北京、上海、深圳、厦门等城市更为显著,此外,天津、苏州、无锡、广州等城市也都低于2%;第二产业总体而言沿海城市的比重更高,其中,长三角、珠三角的广大区县尤为明显,相对而言中西部和辽宁省省会城市的第二产业比重较高,其他城市较低;第三产业北京、上海、乌鲁木齐等城市比重较高,超过50%,其次是各个省份的省会城市以及大连、深圳、无锡、东莞等经济中心城市。另外,2003~2013年除个别城市外,绝大多数县(市、区)单元第一产业比重均显著下降;中西部地区、东北地区的绝大多数巨型城市区构成单元第二产业增长显著,而东部沿海地区除了闽东南地区、徐州－济宁走廊及珠三角和长三角的外围地区外,绝大多数县市区第二产业下降明显,以北京、广州、上海等城市最为显著。第三产业则与第二产业相反,东部沿海地区的京津走廊、长三角、温州－台州走廊、大青岛地区、珠三角乃至大济南地区和徐州－济宁走廊都有显著的比重上升的态势。而中西部地区除个别的省会城市,如呼和浩特、太原、成都、昆明、西宁、兰州等外,其他城市第三产业比重都显著下降,包括武汉等区域中心城市。

二、增长与收缩:人口与就业视角

(一)人口增长与收缩

人口增长是经济增长的重要表现,尤其是在推拉机制下,经济落后地区人口向经济发达地区的人口迁移更为重要。

1. 1990~2000 年人口增长与收缩

20 世纪 90 年代开始，随着市场化进程（表现在国有企业改革、住房改革、土地使用制度改革等若干方面）加快，中国的城市化开始表现为与 1990 年之前截然不同的态势。市场化推动了资本、劳动力等生产要素的空间配置优化进程，人口跨区域流动开始加快。这些都深刻地影响着中国巨型城市区的发育和发展。

1990~2000 年，人口增长最快的地区是珠三角。人口增长速度和增长规模前两位的都是该地区的深圳市辖区和东莞市辖区。1990~2000 年，深圳市人口增长了 534 万，年增长率高达 32% 以上，东莞市辖区人口增长了 470 万。此外，广州和中山的人口增长量也都在全国前 10 位，增长量超过 100 万人。1990 年浦东开发开放后，带动了上海和长三角的发展。上海、苏州等成为除珠三角以外增长最快的城市，上海人口增长305 万，年均增长率为 2.5%；苏州人口增长 159 万，年均增长率超过 18%；广州市辖区增长 251 万。除长三角和珠三角外，其他巨型城市区也有较为显著的增长，其中北京和天津的人口分别增长 256 万和 87 万，见图 8.1。

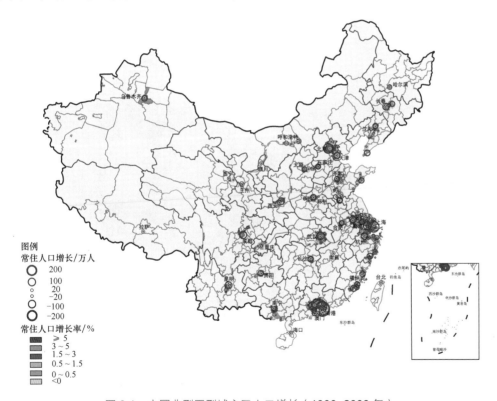

图 8.1　中国典型巨型城市区人口增长（1990~2000 年）

资料来源：第四次、第五次全国分县（市、区）人口普查数据，港澳台数据暂缺。

2. 2000~2010 年人口增长与收缩

如果说 1990~2000 年中国巨型城市区发展的重要推动力量是中国市场化进程带来

的结构性调整，那么 2000 年以后，则是全球化进程的加速带来巨型城市区的要素流动等的深入发展，在这一过程中，出口和全球资本涌入成为关键动力。根据第五次全国人口普查和第六次全国人口普查的人口数据，进行 2000~2010 年的人口增长分析。

第一，巨型城市区的人口增长要远远快于非巨型城市区的人口增长。2000~2010年，全国人口增长 7390 万，增长率为 5.84%。其中，各类巨型城市区人口增长合计为 7503 万，增长率为 23.7%。而非巨型城市区人口减少 113 万，人口负增长。同时，一些单元则有显著的人口流出和减少。三大成熟型巨型城市区也不例外，如京津走廊的天津蓟州区，沪宁杭地区的长江北岸南通、扬州、泰州相当多的县市区，珠三角地区江门市的一些县市。其他的巨型城市区也非常普遍，尤其是核心城市之间的县市区往往有较明显的人口减少，如福州和泉州之间、包头和呼和浩特之间、沈阳和营口之间、西宁和兰州之间、石家庄和太原之间、徐州和济宁之间。而在中西部的大武汉外围地区、大重庆地区外围区县都有显著的人口减少，见图 8.2。

图 8.2　中国典型巨型城市区人口增长（2000~2010 年）

资料来源：第五次、第六次全国分县（市、区）人口普查数据，港澳台地区暂缺。

第二，总体而言，巨型城市区越成熟，人口集聚增长的速度越快。2000~2010 年的 10 年间，京津走廊巨型城市区、珠三角巨型城市区和长三角巨型城市区总人口总计增长 4129 万，增长率高达 29.29%；大重庆地区、成德绵地区、大武汉地区、闽东南地区、辽中地区等五大准巨型城市区人口增长 1111 万，增长率 17.66%；关中地区等七大雏形巨型城市区人口增长 1253 万，增长率为 20.18%；西宁 – 兰州走廊等十一大潜在型巨型城市区人口增长 1009 万，增长率为 19.80%，见表 8.4。

表 8.4　中国各层级巨型城市区的人口增长情况

地区	人口增长规模 / 万人	人口增长率 /%	人口净流入增长 / 万人
三大成熟型巨型城市区	4129	29.29	3114
五大准巨型城市区	1111	17.66	516
七大雏形巨型城市区	1253	20.18	555
十一大潜在型巨型城市区	1009	19.80	361
所有巨型城市区	7502	23.671	4546
全国平均水平	7390	5.84	—
非巨型城市区	–113	–0.122	–4546

资料来源：第五次、第六次全国分县（市、区）人口普查数据。

第三，人口增长的空间分异。①地域差异。从东中西及东北四大地带来看，东部地区的巨型城市区人口集聚遥遥领先，10 年间人口增长了 5110 万，人口增长率超过25.5%，净流入人口增长了 3557 万；其次是西部地区，再次是中部地区，最后是东北地区，见表 8.5。②核心外围不同类型的空间单元人口集聚和增长。可见，26 个各类巨型城市区的 48 个核心区人口增长最快，2000~2010 年人口增长 4875 万，平均每个单元增长 100 多万。人口增长率高达 37.57%，净流入人口将近 3000 万；其次是次核心区、外围区和次外围区，88 个次核心区单元人口增长 1908 万，每个增长了 20 多万，183 个外围区每个增长了不到 4 万人。这反映了当前中国城市的发展还是以集聚增长为显著特点，见表 8.6 和表 8.7。③各级省会城市人口增长更为显著。2000~2010 年，省会城市（市辖区）合计人口增长 4135 万，年均增长率为 3.5%，而其他地区人口增长率年均仅仅为 0.43%。

表 8.5　四大地带巨型城市区人口增长

地区	人口增长规模 / 万人	人口增长率 /%	净流入流动人口增长规模 / 万人
东部巨型城市区	5110	25.58	3557
中部巨型城市区	818	21.50	316
西部巨型城市区	1129	22.40	472
东北巨型城市区	443	16.85	203
所有巨型城市区	7500	23.67	4546
全国平均水平	7390	5.84	—

资料来源：第五次、第六次全国分县（市、区）人口普查数据。

表 8.6　构成巨型城市区的不同单元人口增长

地区	常住人口增长量 / 万人	人口增长率 /%	净流入人口规模 / 万人	净流入人口规模占常住人口比例 /%
核心区	4875	37.57	2995.3	16.78
次核心区	1908	26.31	1182.3	12.91
外围区	665	15.52	422.2	8.52
次外围区	52	0.75	0	0

资料来源：第五次、第六次全国分县（市、区）人口普查数据。

表 8.7　人口规模增长前 20 位的巨型城市区核心单元（2000~2010 年）

城市地区	人口增长规模 / 万人	人口增长率 /%	净流入人口 / 万人	城市地区	人口增长规模 / 万人	人口增长率 /%	净流入人口 / 万人
上海市辖区	610	40.3	525	苏州市辖区	160	64.7	125
北京市辖区	516	44.9	388	厦门市辖区	148	72.0	102
深圳市辖区	335	47.8	206	武汉市辖区	147	17.7	76
天津市辖区	279	37.2	219	南宁市辖区	141	79.7	53
广州市辖区	187	19.8	157	重庆市辖区	130	20.1	54
成都市辖区	185	42.7	104	温州市辖区	112	58.7	88
南京市辖区	182	34.0	91	杭州市辖区	111	45.2	66
东莞市辖区	177	27.5	146	哈尔滨市辖区	104	29.8	58
郑州市辖区	166	64.3	86	青岛市辖区	100	36.7	58
合肥市辖区	165	99.5	81	惠州市辖区	99	167.0	48

资料来源：第五次、第六次全国分县（市、区）人口普查数据。

第四，与 1990~2000 年相比，该时期人口增长较快的巨型城市区逐步从南向北转移，长三角、京津走廊成为人口增长最快的地区。虽然总体而言，1990~2000 年人口增长较快的地区，在 2000~2010 年仍然显现出极快速的人口增长，但增长幅度相对放缓。

（二）就业增长与收缩

1. 1990~2000 年就业增长与收缩

与人口增长类似，就业增长在巨型城市区层面也表现出一定的空间分异过程特征。20 世纪 90 年代，邓小平南方谈话和浦东开放等事件，使中国城市发展的市场化进程加快。东部沿海地区尤其是珠三角、闽东南地区、江浙沪地区和山东半岛地区，经济发展突飞猛进，非农就业远远高于全国平均水平。与此同时，受市场化影响，在国有企业主导的地区，尤其是东北地区、中西部地区，就业下降明显，见图 8.3 和图 8.4。

图 8.3　中国城市非农就业规模增长（1990~2000 年）

资料来源：第四次、第五次全国分县（市、区）人口普查数据，港澳台数据暂缺。

2. 2000~2010 年就业增长与收缩

2000 年以来，中国加入 WTO，进出口贸易以及全球资本成为影响巨型城市区发展的关键要素。巨型城市和巨型城市区在这个阶段得到前所未有的发展。

2000~2010 年，由于农村剩余劳动力的转移，绝大多数城市的非农就业规模显著增长，尤其是东部沿海地区，见图 8.4。但从增长速度来看，并没有很明显的增长收敛趋势，一些地区在不断的集聚（总体而言，就业增长和就业密度之间有微弱的负相关关系，相关系数仅仅为 –0.026，且 R^2 仅为 0.0047，非常不显著）。

（1）四大地带地域差异。从东中西及东北四大地带来看，不同地带的城市就业增长又呈现不一样的格局。总体而言，东部城市、中部城市和西部城市就业增长呈现一定的负相关，即就业密度大的地方，就业增长率开始下降，就业密度较小的地方，就业增长率开始上升，可以说就业增长呈现一定的区域收敛趋势，东部地区和中部地区更为显著些（R^2 为 0.0122 和 0.0461，西部地区仅为 0.0006）。东北地区则相反，就业增长继续呈现集聚的态势，哈尔滨、沈阳等城市的就业增长比较显著，而另有很多地区出现显著的就业负增长，城市收缩现象严重。

（2）从巨型城市区层面来看，就业增长仍然呈现显著的集聚性。东部地区的巨

图 8.4　中国城市非农就业规模增长（2000~2010 年）

资料来源：第五次、第六次全国分县（市、区）人口普查数据，港澳台数据暂缺。

型城市区非农就业增长了 4065 万人，就业增长率超过 55%；西部地区增长了 813 万人，就业增长率为 55.6%；中部地区增长了 576 万人，增长率为 50%；东北地区仅仅为 212 万人，增长率为 28.5%。

（3）巨型城市区核心地区就业增长速度相对开始放缓，外围地区加速，扩散趋势显著。虽然 2000~2010 年各种巨型城市区核心单元的就业增长规模仍然高达 4417 万人，外围地区仅仅为 1670 万人，但增长率方面，核心区增长速度为 51.9%，低于巨型城市区和全国平均水平，外围区高达 57.8%。不同城市仍有不同的表现，上海、厦门、成都、重庆、苏州等的非农就业增长率远远超过 65%，北京、广州、东莞、武汉、天津等城市则显著低于 50%。

（4）三大成熟型巨型城市区就业集聚力仍然高居不下。一方面，长三角、京津走廊和珠三角三大成熟型巨型城市区 10 年间非农就业增长了 3437.70 万人，增长率超过 56%，高于全国的平均水平（55.22%），也高于所有类型的巨型城市区（53.35%）；闽东南等五大准巨型城市区就业增长规模超过 1083 万人，增长率高达 57.69%；其次是七大雏形巨型城市区；而十一大潜在型巨型城市区非农就业仅仅增长了近 590 万人，增长率远远低于全国平均水平。另一方面，三大成熟型巨型城市区 2000~2010 年非农就业增长中，核心区增长 3437.70 万人，增长率仍然高达 56.03%，外围区增长

818 万人，增长率高达 60%，但其他层级巨型城市区核心区就业增长率仅仅为 48%，外围区为 55.8%。这进一步反映了三大巨型城市区在就业方面的集聚力，见表 8.8 和表 8.9。

表 8.8　中国各层级巨型城市区的非农就业增长情况

城市地区	就业增长量 / 万人	就业增长率 /%	就业增长占全国增长比重 /%
三大成熟型巨型城市区	3437.70	56.03	26.17
五大准巨型城市区	1083.06	57.69	8.24
七大雏形巨型城市区	997.06	51.26	7.59
十一大潜在型巨型城市区	589.70	39.57	4.49
所有巨型城市区	6107.52	53.35	46.49
全国	13137.66	55.22	100

资料来源：第五次、第六次全国分县（市、区）人口普查数据。

表 8.9　非农就业规模增长前 20 位的巨型城市区单元

城市地区	非农就业增长规模 / 万人	非农就业增长率 /%	城市地区	非农就业增长规模 / 万人	非农就业增长率 /%
上海市辖区	454	67.3	厦门市辖区	103	115.5
北京市辖区	264	49.4	天津市辖区	94	34.2
深圳市辖区	256	51.7	郑州市辖区	91	100.3
广州市辖区	177	42.1	温州市辖区	88	92
东莞市辖区	161	35.3	西安市辖区	81	58.1
成都市辖区	123	73.9	沈阳市辖区	76	39
重庆市辖区	122	66	昆山市	71	197.3
南京市辖区	115	57.4	中山市辖区	71	57.4
苏州市辖区	114	92.7	无锡市辖区	70	54.4
武汉市辖区	107	42.7	合肥市辖区	68	96.7

资料来源：第五次、第六次全国分县（市、区）人口普查数据。

（三）GDP 与人口和就业增长或收缩弹性分析

传统的新古典经济理论认为经济增长与就业、人口增长是正相关的。在工业化早期，相对劳动来说，资本更加稀缺，资本价格相对更高，因此，市场经济中利润最大化的企业会选择更多地使用劳动力，经济增长的就业弹性也相对较高。随着经济发展水平的不断提高，资本的稀缺程度逐渐得到缓解，而劳动力价格日渐提高，于是利润最大化的企业会选择更多地使用资本、技术，就业弹性也逐步降低（陆铭和欧海军，2011）。

本书将 GDP 和人口弹性定义为城市 GDP 增长与人口增长之比，同理，GDP 和就业弹性定义为城市 GDP 增长与就业增长之比。就业和人口弹性反映了经济增长的就业和人口吸纳能力，较高的就业和人口弹性意味着一单位的经济增长能够带来更多的就业机会和城镇化人口。给定其他条件，较高的就业弹性还意味着经济增长更多地依赖劳动力的增加，经济增长的成果也更多为劳动者所分享。中国自改革开放以来，一直在经济上保持较高的增长态势，城镇化水平（包括人口城镇化、就业城镇化等方面）也在不断提升，但从 20 世纪 90 年代以来，经济的快速增长并没有带来就业的相应增长。那么，中国经济增长的人口和就业弹性在空间上又具有怎样的特征？巨型城市区发展的就业和人口弹性又如何？据此，进行中国城市的 GDP 增长与人口增长、就业增长的弹性分析，结果见图 8.5 和图 8.6。从结果来看，人口弹性和就业弹性都与人口密度比较相关。

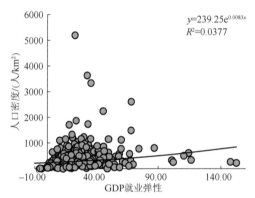

图 8.5　GDP 的就业弹性与人口密度的关系

资料来源：第五次、第六次全国分县（市、区）人口普查数据；中国城市统计年鉴。

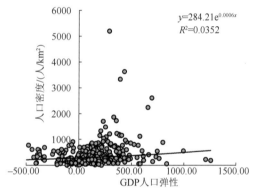

图 8.6　GDP 的人口弹性与人口密度的关系

资料来源：第五次、第六次全国分县（市、区）人口普查数据；中国城市统计年鉴。

对巨型城市区进行分析，见表 8.10。可见，与一般城市相比，巨型城市区的经济增长对人口城镇化、就业增长都有更显著的贡献。2003~2013 年，各类巨型城市区经济增长的人口弹性为 251.38，即 GDP 每增长 1 亿元，新增的人口约为 251 人，经济增长的就业弹性为 235.4，即 GDP 每增长 1 亿元，非农就业平均增长 235，这都远远高于全国城市的平均水平（分别约为 97 和 138）。可见过去十几年里，巨型城市区的发展对中国城镇化和产业升级的重要引擎意义。从不同类别的巨型城市区来看，就业弹性和人口弹性水平差异很大。长三角、京津走廊、珠三角三个成熟型巨型城市区 GDP 增长的人口弹性和就业弹性都相对高于其他类型和发展水平的巨型城市区，而发展水平较高的五大准巨型城市区总体上仅次于三大成熟型巨型城市区；再次是七大雏形巨型城市区和十一大潜在型巨型城市区。

表 8.10 GDP 与人口和就业弹性分析

地区	人口弹性	就业弹性
三大成熟型巨型城市区	291.2	250.1
五大准巨型城市区	209.19	249.1
七大雏形巨型城市区	231.3	239.0
十一大潜在型巨型城市区	195.0	169.8
各类巨型城市区	251.38	235.4
全国地级城市	96.9	138.0

资料来源：第五次、第六次全国分县（市、区）人口普查数据；中国城市统计年鉴。

　　具体到每一个不同发展水平的巨型城市区，经济增长的就业弹性和人口弹性表现不一。总体而言，东部沿海地区发达的巨型城市区人口弹性和就业弹性相对较高。而东北地区、西部地区的就业弹性明显很低。至于为什么有些巨型城市区 GDP 增长的就业弹性和人口弹性高，有些低，原因有很多，有些地区 GDP 对人口城镇化的贡献主要是解决了本地区的农民转化为市民的过程，因此，总体上人口增长不会很迅速，甚至可能还是负增长，有些地区可能是以投资密集型和资本密集型的重工业为主导的 GDP 增长，GDP 增长对就业的拉动相对偏低，见表 8.11 和表 8.12。

表 8.11 主要的巨型城市区 GDP 与人口弹性和就业弹性分析

地区	人口弹性	就业弹性	地区	人口弹性	就业弹性
京津走廊	331.06	170.4	大青岛地区	172.49	212.2
长三角地区	269.95	287.5	大济南地区	156.74	175.3
珠三角地区	300.48	240.8	石家庄 – 太原走廊	319.52	196.3
辽中地区	121.60	127.9	长株潭地区	140.27	162.4
闽东南地区	274.47	369.0	温州 – 台州走廊	482.11	551.0
成德绵地区	406.06	353.8	郑汴洛走廊地区	303.49	247.1
大武汉地区	165.46	161.5	关中地区	254.39	301.5
大重庆地区	90.67	214.2	各类巨型城市区	251.38	235.4

资料来源：第五次、第六次全国分县（市、区）人口普查数据；中国城市统计年鉴。

表 8.12 11 个潜在型巨型城市区的 GDP 增长与人口弹性和就业弹性分析

地区	人口弹性	就业弹性	地区	人口弹性	就业弹性
徐州 – 济宁走廊	24.80	285.6	呼和浩特 – 包头走廊	162.34	98.5
北部湾地区	258.43	247.5	大哈尔滨地区	339.40	131.5
大长春地区	82.12	78.3	兰州 – 西宁走廊	383.72	285.4
大合肥地区	294.91	199.7	黔中地区	354.45	193.4
大大连地区	132.39	94.8	大乌鲁木齐地区	473.60	260.3
滇中地区	250.03	77.4	各类巨型城市区	251.38	235.4

资料来源：第五次、第六次全国分县（市、区）人口普查数据。

第二节　高端服务业和制造业专门化发展

1949 年后中国的就业增长显现出一定的波动演替特性。改革开放后，制造业替代公共服务业部门成为中国就业增长的主要部门。这种快速增长趋势一直持续到 2000 年左右，随后制造业就业出现规模波动，2006~2010 年经历下降和短期增长后，2010 年后制造业就业迅速下降。2013 年一般服务业的新增就业超过了制造业就业。与此同时，高端服务业成为新增就业仅次于制造业和一般服务业的部门，而且稳步增长。公共服务业和采掘业基本增长趋于缓慢。

一、功能专门化与巨型城市区增长的回归分析

本书分别采用人口增长和就业增长两个指标来反映巨型城市区的增长和发育过程，并分别对 19 个非农就业行业门类的专门化水平进行回归分析，从而判断不同的巨型城市区在发展和变化过程中，不同的功能专门化所扮演的角色和贡献。

人口增长与专门化线性回归标准化后相关系数见表 8.13。①对于长三角、京津走廊和珠三角三个成熟型巨型城市区而言，制造业、房地产业对人口增长的拉动尤为显著，其相关系数高达 0.41 和 0.50；其次是信息传输、计算机服务和软件业（0.16）、租赁和商务服务业（0.11）、教育（0.09）、卫生社会保障和社会福利业（0.21）、公共管理和社会组织（0.12），可见高端服务业对于三大地区人口增长的重要意义，以及公共服务设施的拉动作用，其中金融业与人口增长有负相关关系，这是由于金融业在这三个成熟型巨型城市区主要集中分布在中心城区，由于中心城区的人口疏散和金融业的相向发展，因此呈现负相关。②对于五大准巨型城市区而言，制造业和房地产业的发展也对人口增长有较为显著的影响，虽然相关性不如三大成熟型巨型城市区那样显著。除此之外，采掘业和一般服务业（如批发和零售业、居民服务和其他服务业、文化体育和娱乐业等）也有一定的正向拉动作用。③对于七大雏形巨型城市区而言，除制造业和房地产业的重要贡献外，金融业、科学研究技术服务和地质勘查业、文化体育和娱乐业及国际组织等高端服务业与人口增长有显著的正向相关性，而信息传输、计算机服务和软件业相对落后。④对于十一大潜在型巨型城市区而言，一个特殊的情况是人口增长和制造业的负相关性，而与高端服务业和一般服务业关系密切，批发和零售业的拉动程度高达 0.69；同时公共管理和社会组织与人口增长的相关系数在所有巨型城市区类型中最高，相关系数高达 0.45。总的来讲，对巨型城市区来说，制造业和房地产业与人口增长的相关系数最高，其次是一般服务业（批发和零售业等）和政府角色。就业增长与不同巨型城市区专门化回归分析发现，就业增长之于巨型城市区的功能专门化关系与人口增长之于巨型城市区功能专门化关系相类似，见表 8.13 和表 8.14。

表 8.13　人口增长与专门化线性回归标准化后相关系数

行业	模型 1 成熟型巨型城市区	模型 2 准巨型城市区	模型 3 雏形巨型城市区	模型 4 潜在型巨型城市区	模型 5 所有巨型城市区	模型 6 全国所有城市
采掘业	−0.04	0.17	0.33	0.25	0.08	0.08
制造业	0.41	0.37	0.36	−0.11	0.33	0.15
电力燃气及水的生产和供应业	−0.06	−0.75	−0.29	−0.28	−0.16	−0.02
建筑业	−0.08	−0.03	0.02	0.14	−0.04	−0.11
交通运输仓储和邮政业	−0.10	−0.01	−0.21	−0.24	−0.03	0.00
信息传输、计算机服务和软件业	0.16	0.02	−0.92	−0.45	−0.10	0.00
批发和零售业	−0.02	0.01	−0.28	0.69	0.11	0.12
住宿和餐饮	−0.13	−0.01	0.23	0.10	0.03	0.00
金融业	−0.15	0.12	0.58	0.66	−0.03	0.03
房地产业	0.50	0.38	1.03	1.09	0.60	0.32
租赁和商务服务业	0.11	0.05	−0.02	−0.45	0.08	0.04
科学研究技术服务和地质勘查业	−0.05	−0.20	0.18	0.03	0.06	0.07
水利环境和公共设施管理业	−0.05	0.90	0.11	0.23	0.04	0.08
居民服务和其他服务业	−0.15	0.13	−0.34	0.12	−0.12	−0.12
教育	0.09	−0.09	0.20	0.04	0.12	0.00
卫生社会保障和社会福利业	0.21	−0.57	−0.14	−0.88	−0.01	−0.11
文化体育和娱乐业	−0.01	0.10	0.34	−0.19	−0.05	−0.01
公共管理和社会组织	0.12	0.25	−0.09	0.45	0.03	0.13
国际组织	−0.15	0.03	0.09	−0.17	−0.09	0.00
调整后的 R^2	0.36	0.66	0.58	0.59	0.45	0.25

资料来源：第五次、第六次全国分县（市、区）人口普查数据。

表 8.14　就业增长与专门化线性回归标准化后相关系数

行业	模型 1 成熟型巨型城市区	模型 2 准巨型城市区	模型 3 雏形巨型城市区	模型 4 潜在型巨型城市区	模型 5 所有巨型城市区	模型 6 全国所有城市
采掘业	−0.04	0.23	0.40	0.06	0.15	0.06
制造业	0.01	0.06	0.29	−0.21	0.06	0.04
电力燃气及水的生产和供应业	−0.11	−0.68	−0.37	−0.05	−0.21	−0.02
建筑业	0.08	0.20	0.08	0.69	0.19	0.29
交通运输仓储和邮政业	−0.08	−0.43	−0.38	0.01	−0.20	−0.12
信息传输、计算机服务和软件业	−0.01	0.00	−0.08	0.20	−0.01	0.07

行业	模型 1 成熟型巨型 城市区	模型 2 准巨型城市 区	模型 3 雏形巨型城 市区	模型 4 潜在型巨型 城市区	模型 5 所有巨型城 市区	模型 6 全国所有 城市
批发和零售业	0.18	0.49	−0.56	0.91	0.24	0.24
住宿和餐饮	0.02	−0.02	0.61	0.11	0.17	0.06
金融业	−0.42	−0.60	−0.71	0.12	−0.50	−0.25
房地产业	0.38	0.17	0.78	0.32	0.47	0.11
租赁和商务服务业	0.29	0.07	−0.02	−0.58	0.07	0.00
科学研究技术服务和地质勘查业	−0.18	−0.10	0.55	−0.77	−0.04	0.12
水利环境和公共设施管理业	0.25	0.94	−0.04	0.38	0.12	−0.04
居民服务和其他服务业	−0.21	−0.03	−0.11	−0.36	−0.05	−0.04
教育	0.11	−0.24	0.06	0.05	−0.04	−0.28
卫生社会保障和社会福利业	−0.05	−0.74	−0.02	−0.61	0.08	−0.16
文化体育和娱乐业	−0.04	0.08	−0.31	0.31	−0.13	−0.21
公共管理和社会组织	−0.22	0.84	0.22	0.00	0.01	0.45
国际组织	−0.05	−0.04	0.07	−0.17	−0.07	0.01
调整后的 R^2	0.12	0.48	0.52	0.17	0.27	0.31

资料来源：第五次、第六次全国分县（市、区）人口普查数据。

二、制造业和高端服务业发展

（一）制造业

制造业的发展一方面对城镇化、服务业的发展有积极的推动作用；另一方面，对中国而言，在新国际劳动分工中，制造业对中国城市化和巨型城市区的发展有更加独特的作用。东部沿海发达地区的城市制造业就业比重和区位商都相对下降，中部地区开始呈现快速的发展，除成渝等地区外，广大的东北地区和西部地区则相对发展缓慢。

就巨型城市区而言，从 2000~2010 年制造业就业的变化来看，一个总趋势是中国巨型城市区的去工业化转向，即制造业在保持增加值不变或者增长的情况下，制造业就业比重的下降。2000~2010 年所有类型的巨型城市区制造业区位商下降 0.07，比重下降 5.19%。但从制造业规模来看，巨型城市区 10 年间仍然增长 2107.89 万人，占全国制造业增长近 60%。虽然全国层面制造业区位商增长和初始年份的制造业区位商增长呈现一定的负相关，即制造业在空间分布上有一定的扩散倾向，但从所有巨型城市区本身来看，制造业的发展有进一步的集中倾向。在长三角、京津走廊、珠三角的外围区及其他巨型城市区，制造业发展进一步强化。2000~2010 年巨型城市区所有单元的区位商增长和 2000 年初始年份的区位商水平呈现较为明显的正相关关系，相关系数为 0.1917，R^2 高达 0.1203。尤其是东南沿海地区的长三角地区、闽东南地区、珠三角地区、温州 – 台州走廊，制造业规模和制造业区位商仍然维系在一个较高的水平上，见表 8.15。

表 8.15　不同类型巨型城市区制造业就业变化（2000~2010 年）

城市地区	制造业规模变化 / 万人	制造业区位商变化	制造业比重变化 /%
三大成熟型巨型城市区	1312.58	−0.02	−4.21
五大准巨型城市区	232.81	−0.09	−5.40
七大雏形巨型城市区	223.67	−0.10	−6.04
十一大潜在型巨型城市区	338.83	−0.12	−6.52
所有巨型城市区	2107.89	−0.07	−5.19
其他地区	1607.99	0.11	2.04
全国合计	3715.88	0	−2.38

资料来源：第五次、第六次全国分县（市、区）人口普查数据。

另外，不同地区的巨型城市区制造业发展非常不同。除上述所说东部地区仍然有一定的制造业快速发展外，东北地区的辽中地区、大长春地区及大哈尔滨地区制造业快速萎缩，而西部除北部湾地区、大重庆地区和成德绵地区外，所有其他巨型城市区也都呈现制造业就业规模和就业比重快速下降趋势，见表 8.16。

表 8.16　不同巨型城市区制造业就业变化（2000~2010 年）

地区	规模变化 / 万人	比重变化 /%	区位商增长	地区	规模变化 / 万人	比重变化 /%	区位商增长
京津走廊	36.4	−7.7	−0.17	大青岛地区	46.2	−6.3	−0.10
珠三角	454.3	−4.2	0.00	长株潭地区	1.9	−10.5	−0.25
长三角	821.8	−3.1	0.01	兰州 – 西宁走廊	−6.2	−11.6	−0.30
大重庆地区	19.8	−8	−0.17	徐州 – 济宁走廊	21.7	−3.4	−0.04
成德绵地区	37.1	−8.4	−0.19	黔中地区	−5.2	−11.1	−0.28
大武汉地区	23.76	−4.35	−0.07	大乌鲁木齐	−3.4	−9.5	−0.24
闽东南地区	164.1	−0.5	0.08	呼和浩特 – 包头走廊	−6.8	−11.1	−0.29
辽中地区	−12	−10.6	−0.25	北部湾地区	2.2	−6.9	−0.17
关中地区	−3.3	−13.1	−0.33	大哈尔滨地区	−10	−12.4	−0.31
大济南地区	11.8	−7.4	−0.15	大长春地区	−10.6	−11.9	−0.29
郑汴洛走廊	21.3	−8.1	−0.18	滇中地区	−7.1	−7.8	−0.18
石家庄 – 太原走廊	−11.7	−10.3	−0.25	大合肥地区	15	−4.4	−0.08
温州 – 台州走廊	157.6	2.7	0.20	大大连地区	7.3	−6.3	−0.11

资料来源：第五次、第六次全国分县（市、区）人口普查数据。

2016 年全国工业总产值为 1147256 亿元，是 2008 年的 920637 亿元的 1.24 倍多，其中巨型城市区的贡献量巨大，其间增长了 362812 亿元，2016 年是 2008 年的 2.07 倍。在工业总产值的投资类型结构中，2016 年内其企业工业总产值占 77.96%，港澳台和外商投资企业工业总产值占 22.04%。其中，巨型城市区的地级城市内资企业比重为 69.20%，外商和港澳台企业比重为 30.80%。可见，在中国巨型城市区的工业发展中，外商和港澳台投资企业的作用要远远高于非巨型城市区的城市。然而，对比 2008~2016 年，2008 年全国工业总产值中，内资企业工业总产值比重为 70.66%，外商和港澳台投资工业总产值比重为 29.34%。2008~2016 年，内资企业上升，港澳台和外商投资企业比重相应下降。对于巨型城市区而言，2008 年内资工业企业从 61.62% 上升到 2016 年的 69.20%，外资和港澳台企业总产值比重下降，见表 8.17 和图 8.7。

表 8.17　中国巨型城市区不同投资类型工业企业总产值变化（2008~2016 年）（单位：%）

地区	2016 年内资企业占工业总产值比重	2016 年港澳台和外商投资企业占工业总产值比重	2008~2016 年内资企业占工业总产值比重增长	2008~2016 年港澳台和外商投资企业占工业总产值增长率
三大成熟型巨型城市区	59.07	40.93	9.12	86.45
五大准巨型城市区	69.78	30.22	1.49	141.34
七大雏形巨型城市区	82.95	17.05	1.28	123.92
十一大潜在型巨型城市区	85.75	14.25	7.22	143.34
所有巨型城市区	69.20	30.80	7.58	107.32
所有地级城市合计	77.96	22.04	7.30	24.62
东部巨型城市区	63.67	36.33	8.65	92.93
中部巨型城市区	83.31	16.69	−1.00	208.25
西部巨型城市区	81.56	18.44	−1.45	205.59
东北巨型城市区	78.59	21.41	2.79	29.41

资料来源：中国城市统计年鉴。

（二）高端服务业

高端服务业变化是衡量巨型城市区发育和发展的重要方面。采取高端服务业部门数据来进行巨型城市区的高端服务业发展分析。从结果来看，巨型城市和巨型城市区的高端服务业转向比较显著：

（1）高端服务业在巨型城市区地区规模和专门化水平（区位商和比重）上都有显著的上升。就巨型城市区而言，26 个各层级的巨型城市区高端服务业经历了较明显的增长。2000~2010 年，增长了 453 万个就业岗位，占全国高端服务业增长量（512 万）的 88.5%，占总就业行业门类的比重增长了 1.24%，是全国的 2 倍多。其中，长三角、

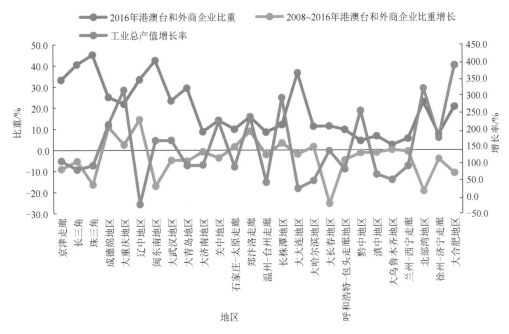

图 8.7 2008~2016 年不同投资类型工业企业总产值比重变化

资料来源：中国城市统计年鉴。

京津走廊和珠三角增长 200 多万，占全国 40%。非巨型城市区的单元 10 年间高端服务业仅仅增长不到 60 万，比重增长为负。具体到每个巨型城市区，2000~2010 年，长三角的高端服务业增长规模最高，年均 10 万人，其次是珠三角和京津走廊；从增长率来看，增长率超过 2.0% 的除京津走廊外，其他都在中西部地区，如大重庆地区、成德绵地区、长株潭地区、滇中地区、大乌鲁木齐地区和大合肥地区。而从区位商来看，各种巨型城市区金融业和房地产业的区位商上升 0.23，其中，越趋于成熟的巨型城市区增长越显著，其他非巨型城市区的城市下降 0.32，见表 8.18 和表 8.19。

表 8.18 不同层级巨型城市区高端服务业部门发展

城市地区	就业规模变化 / 万人	就业区位商变化	就业比重变化 /%
三大成熟型巨型城市区	202.02	0.24	1.27
五大准巨型城市区	69.17	0.26	1.39
七大雏形巨型城市区	55.24	0.19	1.10
十一大潜在型巨型城市区	127.02	0.20	1.20
所有巨型城市区	453.45	0.23	1.24
其他地区	59.14	−0.32	−0.40
全国合计	512.59	0	0.57

资料来源：第五次、第六次全国分县（市、区）人口普查数据。

表 8.19　不同层级巨型城市高端服务业规模、区位商和增长率变化

城市地区	规模 / 万人	区位商	增长率 /%	城市地区	规模 / 万人	区位商	增长率 /%
京津走廊	48.97	0.46	2.19	大青岛地区	7.15	0.11	0.92
珠三角	49.04	0.14	0.95	长株潭地区	7.30	0.45	2.06
长三角	104.01	0.25	1.22	兰州 – 西宁走廊	4.10	0.20	1.40
大重庆地区	13.10	0.69	2.59	徐州 – 济宁走廊	3.50	−0.03	0.39
成德绵地区	19.38	0.47	2.06	黔中地区	3.02	0.33	1.64
大武汉地区	9.84	0.13	1.04	大乌鲁木齐地区	4.01	0.45	2.02
闽东南地区	14.15	0.10	0.75	呼和浩特 – 包头走廊	2.98	0.06	0.89
辽中地区	12.70	0.23	1.43	北部湾地区	5.51	0.27	1.58
关中地区	9.28	0.28	1.50	大哈尔滨地区	3.62	0.25	1.62
大济南地区	8.14	0.18	1.09	大长春地区	3.95	0.13	1.20
郑汴洛走廊	8.00	0.00	0.75	滇中地区	4.56	0.57	2.29
石家庄 – 太原走廊	8.63	0.36	1.67	大合肥地区	7.49	0.78	2.82
温州 – 台州走廊	6.74	0.11	0.59	大大连地区	5.48	0.28	1.76

资料来源：第五次、第六次全国分县（市、区）人口普查数据。

（2）规模越大、密度越高的城市，高端服务业增长越快。2000~2010 年人口规模超过 1000 万的超大城市，高端服务业增长 92 万人，增长率年均超过 15.2%；500 万~1000 万人的城市高端服务业部门就业增长 80 万人，年均增长率为 14.4%；其次是 250 万~500 万人的城市，年均增长率为 14.2%；100 万~250 万人的年均增长率为 9.3%，50 万~100 万人的年均增长率为 9.4%，25 万~50 万人的年均增长率为 7.1%，25 万人以下的年均增长率为 3.0%。从线性回归来看，高端服务业增长和人口密度、就业密度也是正相关关系，反映了高端服务业与集聚经济之间的紧密关系，见图 8.8 和图 8.9。

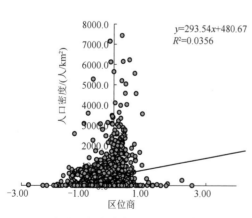

图 8.8　金融业和房地产业就业区位商变化与人口密度的回归分析（2000~2010 年）

资料来源：第五次、第六次全国分县（市、区）人口普查数据。

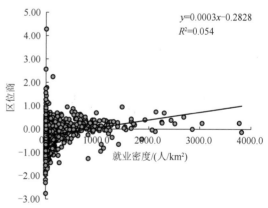

图 8.9　金融业和房地产业就业区位商变化与就业密度的回归分析（2000~2010 年）

资料来源：第五次、第六次全国分县（市、区）人口普查数据。

（3）省会城市有更为显著的增长，北京和上海的高端服务业增长遥遥领先。2000~2010年，各省会城市（市辖区部分）金融业和房地产业增长了230万人，年均增长率为14.4%，远远超过全国平均水平（9.3%）。其中，北京市辖区"FIRE"（金融业和房地产业）就业增长35万人，上海增长39万人，两者增长占全国增长量的15%。高端服务业增长超过10万人的城市还包括深圳市辖区（17.3万人）、广州市辖区（13.2万人）、成都市辖区（12.9万人）、重庆市辖区（12.0万人）和南京市辖区（10.9万人）。

金融业的发展是巨型城市区的重要推动力，也是其发育程度的一个重要指标。改革开放初期，金融业的快速发展为深圳等经济特区建设、长三角地区发展等提供重要的保障。但从就业上来看，20世纪90年代之前，金融业在城市中扮演的角色并非是市场和资本控制、引导的角色，更多的是"公共服务设施"，因此在空间分布上，金融业相对来讲比较均质，不论是东中西部，还是大中小城市，其城市的金融业就业比例都相差无几。但1990年市场化和2000年全球化进程加速后，金融业的角色开始转向市场调节的功能。金融业就业开始呈现明显的空间再调整态势。一方面，金融业在东部地区、大城市地区规模增长更为显著；另一方面，很多城市，尤其是经济相对落后、人口规模比较小的城市，金融业增长相对缓慢，甚至出现普遍的就业规模负增长和就业比重降低的态势。金融业就业的空间集中性迅速提高。

第三节　流动性与流动空间发展

一、交通发展与中国巨型城市区变迁

从总体交通结构来看，公路和铁路还是主要的区域性交通出行方式，其次是民航和水运，所占比重相对较低。但从结构变化来看，越来越快速的铁路和航空出行方式比重在显著上升，而公路交通的比重由于高铁的建设等在快速下降。

第一，机场建设、航空流与巨型城市区GDP的关系。由表8.20可见，单位机场吞吐量的增长对GDP的贡献存在巨型城市区层面的分化，巨型城市区越发达的地区，其弹性系数越高，如三大成熟型巨型城市区的弹性系数高达2.09，远远高于其他巨型城市区。京津走廊、长三角、珠三角相对较高。

表8.20　单位机场吞吐量增长的GDP增长弹性系数比较（2004~2016年）

巨型城市区	弹性系数	巨型城市区	弹性系数	巨型城市区	弹性系数
京津走廊	2.49	大济南地区	1.12	大合肥地区	2.44
长三角	1.92	郑汴洛走廊	0.72	大乌鲁木齐地区	1.42
珠三角	2.16	长株潭地区	1.89	黔中地区	1.31
闽东南地区	1.18	石家庄-太原走廊	0.57	滇中地区	1.54

续表

巨型城市区	弹性系数	巨型城市区	弹性系数	巨型城市区	弹性系数
辽中地区	1.86	关中地区	1.24	呼和浩特－包头走廊	1.05
大重庆地区	1.06	北部湾地区	1.03	兰州－西宁走廊	0.64
成德绵地区	1.69	大大连地区	2.17	三大成熟型巨型城市区	2.09
大武汉地区	1.60	大长春地区	0.71	五大准巨型城市区	1.28
大青岛地区	1.51	大哈尔滨地区	0.77	七大雏形巨型城市区	1.04
温州－台州走廊	1.22	徐州－济宁走廊	0.47	十一大潜在型巨型城市区	1.33

资料来源：中国城市统计年鉴；历年《从统计看民航》。

第二，铁路和高速铁路发展。从 2008 年京津城际通车运营开始，高速铁路在 2008~2016 的 8 年内快速发展，并在国民经济和巨型城市区发展中扮演着日益重要的角色。其中到 2016 年年底，全国高速铁路运营里程超过 2.2 万 km，在铁路运营中的占比已达 18.50%。高速铁路的发展不但促进了巨型城市区内部通勤流、要素流动和空间关系，而且促进了不同巨型城市区之间的互动，致使一部分地区走向"巨型区"。根据《中长期铁路网规划（2008 年调整）》等，除长三角、珠三角、京津冀等巨型城市区会进一步重构和扩张外，中西部地区和东北地区的巨型城市区也必然会随之相应发展和演化[①]。"十二五"期间，2011 年和 2012 年中国铁路建设投资进入低谷期，但是 2013 年后在国务院有关会议精神的指导下，铁路建设投资力度加大，建设效率提高，路网规模和质量显著提升。2014 年和 2015 年连续完成固定资产投资超过 8000 亿元，2013~2015 年年均投产新线 7661km。另外，与同样投资规模 8000 亿元以上的 2010 年相比，近两年的新开工项目数明显减少。据此推断，近年来新建铁路，尤其是投资额较大的高铁，在新开工项目中的占比有所提升。

二、信息技术与巨型城市区变迁

通信技术的发展在很多方面重塑世界主要的巨型城市区。例如，在大东京地区，日本政府通过"东京泛在计划"构筑高度普及的信息基础设施；利用智能交通系统，建立起完善的交通体系；全面普及智慧医疗，使得信息化真正惠及民生；多举措开展节能环保，促进都市圈绿色可持续发展。政府从都市圈大局出发，出台交通、环境、信息共享平台建设、产业一体化等区域政策。这些区域政策的实施不受行政区划的限制，不划分具体的城市等级，适用于整个都市圈内的所有城市。泛在信息基础设施，奠定信息和通信技术（ICT）深入应用基础。东京正式实施"东京泛在计划"，在大

[①]根据 2008 年版的《中长期铁路网规划（2008 年调整）》，"四纵四横"分别是京沪、京广深、哈大、沪杭深（"四纵"）和徐州到兰州、上海到昆明、上海到成都、青岛到太原（"四横"）。而根据国家"十三五"规划纲要显示的中长期高铁网示意图（到 2030 年），"八横"是指北京到包头，青岛到银川，连云港到乌鲁木齐，上海到成都，上海到昆明，厦门到重庆，广州到昆明，牡丹江到齐齐哈尔 8 条高速铁路通道。

规模信息基础设施建设的基础上，推动信息技术广泛深入应用，目前无线互联已在银座、新宿等商业区开展推广应用；先进的智能交通系统，打造了快捷通勤圈。东京区域的交通运行由智能交通信息系统负责管控，该系统包括交通控制中心和车辆信息沟通系统。交通控制中心通过收集、处理、发布道路交通信息，进行交通信号控制、交通信息交流等，并将信息显示在控制中心中央显示板上，同时将这些交通信息通过不同的方式向社会进行发布。电子病历全面普及，提升区域医疗信息化水平。东京大都市圈的电子病历系统在各类医院基本普及，基本实现诊疗过程的数字化、无纸化和无胶片化。电子病历系统整合各种临床信息系统和知识库，包括病人基本信息、住院信息和护理信息等，为护士提供自动提醒，为医生提供检查、治疗、注射等一切诊疗活动的开单等功能。多项节能环保举措，促进绿色城市发展。东京将信息技术充分运用于写字楼、办公室等办公空间，有效减少 CO_2 排放，造就绿色的办公环境，千叶县采用最新 IT 技术和太阳、生物学发电技术，在彻底利用城市未利用能源的同时，构筑可整合每栋建筑物的能源管理系统，使整个地区的发电量及耗电量状况实现可视化，从而实现全面节能。大纽约地区则在信息基础设施普及、电子政务实现政府职能转变、智能交通优化城市管理、信息化改善公共服务质量等方面取得显著成效。在全球智慧社区论坛每年评选的智慧城市中，纽约地区均有成员城市入选"全球七大智慧城市"，如弗吉尼亚州阿灵顿、布里斯托尔、纽约州威彻斯特等。大伦敦地区在利用信息化推动城市群发展方面，虽然统筹机构不尽相同，但是均采用战略规划先行、专门机构统筹的统一模式，并且在开放政府数据、构建智能交通体系、缩小数字鸿沟、大气污染联防联控等方面均开展一定程度的信息化联动。北美五大湖地区在统筹基础设施互连互通的基础上，强化产业分工，利用信息经济促进城市群经济协调发展，通过产业集聚，形成规模经济、范围经济；利用电子政务开展成员城市之间的沟通，提高沟通效率，统筹规划区域发展。大首尔地区通过制定统一的信息化发展战略，在信息基础设施、智能交通、城市管理、政府服务等方面开展信息化大平台式建设与应用，促进整个城市群无障碍、一体化发展。

中国巨型城市区的信息发展非常迅猛，但从万元 GDP 角度来看，全国地区与地区之间、巨型城市区与非巨型城市区之间，其差异不很明显，个体巨型城市区之间，不同地区、不同发育水平的巨型城市区之间也并没有很大的信息技术发展的差异，见表 8.21。但从 2008~2018 年的变化来看，整体巨型城市区单位 GDP 的电信业务收入在显著下降。

表 8.21 不同巨型城市区单位 GDP 的电信业务收入 （单位：万元）

地区	2018 年单位 GDP 电信业务收入	地区	2018 年单位 GDP 电信业务收入
京津走廊	157	黔中地区	184
长三角	124	呼和浩特－包头走廊	209
珠三角	180	滇中地区	176

地区	2018 年单位 GDP 电信业务收入	地区	2018 年单位 GDP 电信业务收入
成德绵地区	145	大乌鲁木齐地区	201
大重庆地区	126	兰州 – 西宁走廊	440
辽中地区	157	北部湾地区	163
闽东南地区	228	徐州 – 济宁走廊	95
大武汉地区	117	大合肥地区	111
大青岛地区	81	成熟巨型城市区	147
大济南地区	87	准巨型城市区	159
关中地区	168	雏形巨型城市区	121
石家庄 – 太原走廊	167	潜在型巨型城市区	145
郑汴洛走廊	129	东部巨型城市区	144
温州 – 台州走廊	175	中部巨型城市区	125
长株潭地区	108	西部巨型城市区	170
大大连地区	110	东北巨型城市区	130
大哈尔滨地区	134	全国城市	158
大长春地区	108		

资料来源：中国城市统计年鉴。

第四节　投资 – 创新与经济发展

一、投资与巨型城市区发展

从巨型城市区的经济和空间增长过程来看，有几个基本的增长机制：第一，初级要素驱动型的增长，如劳动力密集型的产业发展、资源型驱动的经济发展；第二，在当前资本全球化的背景下，来自全球和国家、民间的投资成为推动城市和地区经济及空间增长的主要驱动力，即所谓的投资驱动型；另有一些地方则属于创新驱动型，表现为高新技术产业的发展、高端服务业的发展和知识密集型的研发机构快速增长。

从固定资产投资来看，2000 年以来，20 多个各类巨型城市固定资产投资在绝对规模上快速发展，但与其他城市相比，其占全国投资的比重显著回落。2003 年，各类巨型城市区固定资产投资额占国家固定资产投资额的比重高达 63.4%，其他非巨型城市区仅占 36.6%，到 2016 年，前者降到 54.0%，降了近 10 个百分点。从不同巨型城市区层级来看，长三角、京津冀和珠三角的固定资产投资从 2003 年占全国的 33.0% 降到

2016 年的 18.8%，五大准巨型城市区则从占全国的 9.2% 上升到 10.6%，潜在型巨型城市区从 8.6% 增长到 11.2%，雏形巨型城市区则基本维系在 13% 的水平上，见表 8.22。

表 8.22　典型年份各类别城市地区固定资产投资占全国比重（2003 年以来）（单位：%）

地区	2003 年	2005 年	2008 年	2011 年	2013 年	2016 年
三大成熟型巨型城市区	33.0	29.1	23.9	20.8	19.0	18.8
五大准巨型城市区	9.2	9.7	11.0	11.1	11.0	10.6
七大雏形巨型城市区	12.7	13.6	12.6	12.3	12.3	13.4
十一大潜在型巨型城市区	8.6	9.1	10.2	10.6	10.7	11.2
各类巨型城市区	63.4	61.4	57.7	54.9	53.1	54.0
其他地级城市	36.6	38.6	42.3	45.1	46.9	46.0

资料来源：中国城市统计年鉴。

虽然固定资产投资的比重显著下降，但从固定资产投资的地区生产总值弹性系数来看，不同类别的城市有不同的表现。总体而言，全国地级城市在 2008 年前，投资的 GDP 弹性还维系在比较稳定的水平，2006 年最高，为 1.87，2008 年最低，为 1.61。但由于金融危机所引发的全球经济危机，投资、出口和内需所驱动的 GDP 有所失衡，因此 2008 年后，GDP 弹性剧烈波动，在国家宏观调控的作用下，2008~2011 年，投资的 GDP 弹性显著上升，随后，由于边际收益递减等效应，投资的 GDP 弹性又开始快速下降。因此，国家及时采取市场性导向的供给侧结构性改革，见表 8.23 和表 8.24。

在这个过程中，各类巨型城市区的投资 GDP 弹性也表现出相类似的特征，即 2008 年之前的相对稳定运行的态势，到 2008 年后的先增后减再升的过程。但不难发现，从纵向比较来看，绝大多数年份的巨型城市区的投资 GDP 弹性系数都要远远高于非巨型城市区的投资 GDP 弹性系数。

具体到每个巨型城市区，固定资产投资的 GDP 弹性系数变化千差万别。但这些巨型城市区 2004~2011 年大多数经历了投资的 GDP 弹性增加的过程，而 2011 年以来，弹性系数下降。这也与上述结论吻合。另外，总体而言，京津走廊、珠三角和长三角三个成熟型巨型城市区的投资回报率更高，这进一步说明了在经济危机等非常时期，巨型城市和巨型城市区的巨大"弹性或者柔性"能力，也基本上说明了集聚经济的市场规律和作用机制。

二、创新与巨型城市区发展

（一）人力资本

关于经济增长与初始年份人力资本水平的关系，研究发现其正相关性主要源于受

表 8.23　投资与地区生产总值增长的弹性系数比较（2003~2016 年）

地区	2004 年	2005 年	2006 年	2007 年	2008 年	2009 年	2010 年
三大成熟型巨型城市区	2.04	3.38	2.65	2.68	2.77	1.29	2.38
五大准巨型城市区	1.46	0.65	1.15	1.2	1.29	0.92	1.24
七大雏形巨型城市区	1.5	1.34	2.45	1.87	1.67	0.77	1.3
十一大潜在型巨型城市区	1.7	1.08	1.28	1.34	1.25	0.76	1
各类巨型城市区	1.75	1.91	1.99	1.88	1.81	0.98	1.56
全国地级城市合计	1.76	1.68	1.87	1.7	1.61	0.73	1.33
地区	2011 年	2012 年	2013 年	2014 年	2015 年	2016 年	
三大成熟型巨型城市区	4.84	1.66	1.59	1.82	2.05	3.20	
五大准巨型城市区	2.28	0.97	0.9	1.03	1.15	1.16	
七大雏形巨型城市区	2.74	0.91	0.74	0.92	1.10	1.08	
十一大潜在型巨型城市区	2.45	0.79	0.84	1.00	1.16	1.06	
各类巨型城市区	3.19	1.11	1.06	1.25	1.44	2.31	
全国地级城市合计	3.65	0.97	0.85	0.70	0.55	0.70	

资料来源：中国城市统计年鉴。

表 8.24　不同巨型城市区典型年份固定资产投资 GDP 弹性变化

地区	2004 年	2008 年	2011 年	2013 年	2016 年
京津走廊	1.89	2.29	3.03	1.26	4.32
长三角	1.87	2.38	5.71	1.39	2.95
珠三角	2.81	4.77	5.78	2.63	1.99
辽中地区	1.25	1.08	2.42	0.76	0.62
闽东南地区	2.44	1.97	1.88	0.93	1.32
成德绵地区	1.06	0.96	1.89	1.59	0.99
大重庆地区	1.18	1.1	3.24	0.69	1.08
大武汉地区	1.74	1.57	2.33	0.94	2.14
大青岛地区	1.45	1.83	2.51	0.86	0.75
大济南地区	1.52	1.91	3.17	0.91	0.78
石家庄－太原走廊	1.25	1.46	5.13	0.47	0.99
长株潭地区	1.35	1.89	4.24	0.81	1.34
温州－台州走廊	2.34	9.54	0.93	0.75	1.14
郑汴洛走廊	2.01	1.26	3.92	0.72	1.02

续表

地区	2004 年	2008 年	2011 年	2013 年	2016 年
关中地区	0.99	0.94	3.32	0.59	1.17
徐州 – 济宁走廊	1.78	1.54	5.52	0.88	0.82
北部湾地区	1.32	1.38	0.96	0.4	0.92
大长春地区	2.75	1	2.3	3.4	0.87
大合肥地区	0.98	0.63	3.02	0.72	0.90
大大连地区	1.57	1.25	1.86	0.76	0.30
滇中地区	1.77	0.45	3.39	0.69	0.62
呼和浩特 – 包头走廊	0.96	1.99	1.68	0.5	0.38
大哈尔滨地区	2.75	1.39	1.6	0.47	0.06
兰州 – 西宁走廊	2.75	2.63	1.39	4.38	0.96
黔中地区	1.23	1.16	0.45	0.34	0.49
大乌鲁木齐地区	3.62	2.94	2.45	0.74	1.12

资料来源：中国城市统计年鉴。

教育水平的生产外部性效应。Glaeser 研究发现，受教育水平对都市区的人口增长、城市就业和城市收入增长等都有积极的推进作用。城市人均 GDP 增长与人力资本之间的正相关性较弱，经济发展速度越高的城市，其平均受教育年限越少，与初中、高中等低学历相关性较高；但从影响城市人口增长的正相关因素看，人口增长与平均教育年限呈正相关性；东部城市研究生、平均受教育年限与城市人口增长正向相关，与东部类似，中部城市人口增长与人力资本也呈正相关性，但西部地区呈弱相关。对经济发达城市来讲，人口增长的正相关要素一方面与平均受教育年限显著正相关，另一方面也与高中等文化水平正相关，也许是经济发达城市在所吸引的流动人口中，有相当一部分是高中文化水平。在中等收入城市，经济的增长速度与人力资本更显著正相关，而经济落后的城市主要表现在与高中学历的高度正相关，见表 8.25 和表 8.26。

表 8.25　中国主要巨型城市区经济增长与初始年份人力资本区位商比较

地区	本科以上区位商	GDP 增长率 /%	人口增长率 /%	就业增长率 /%	高端服务业增长率 /%
三大成熟型巨型城市区	2.4	34.8	27.4	5.6	14.0
五大准巨型城市区	1.6	35.8	7.9	5.8	14.1
七大雏形巨型城市区	1.7	34.1	12.7	5.2	11.4
十一大潜在型巨型城市区	1.9	38.5	10.3	4.2	9.8
各类巨型城市区	2.0	35.4	16.3	5.4	12.8
其他城市	0.4	37.4	2.2	5.9	5.2
全国城市	1.0	36.2	7.4	5.6	9.6

资料来源：中国城市统计年鉴；第五次、第六次全国分县（市、区）人口普查数据。

表 8.26　中国主要巨型城市区增长与人力资本增长比较　　　（单位：%）

地区	本科以上比例增长	GDP 增长率	人口增长率	就业增长率	高端服务业增长率
三大成熟型巨型城市区	5.1	34.8	27.4	5.6	14.0
五大准巨型城市区	3.9	35.8	7.9	5.8	14.1
七大雏形巨型城市区	3.6	34.1	12.7	5.2	11.4
十一大潜在型巨型城市区	4.0	38.5	10.3	4.2	9.8
各类巨型城市区	4.3	35.4	16.3	5.4	12.8
其他城市	1.4	37.4	2.2	5.9	5.2
全国城市	2.6	36.2	7.4	5.6	9.6

资料来源：中国城市统计年鉴；第五次、第六次全国分县（市、区）人口普查数据。

（二）研发投入

从"投资–创新"驱动出发，将巨型城市区进行发展模式的聚类分析。总体而言，三大成熟型巨型城市区大多属于高创新驱动，上海、北京和广州等城市最为突出。而东北地区和西部地区相当一部分属于高投资驱动的类型。其他地区则介于两者之间，但省会城市往往更加倾向于创新驱动。

三、环境可持续发展

"如果你热爱大自然，那么请到城市来"，这句话背后的意思反映了城市的集聚经济特性，即单位 GDP 产出的低能耗、低污染排放等。据此进行中国巨型城市区的单位 GDP 产出的污染排放和能耗等分析。2003~2017 年中国巨型城市区经济发展的能耗和污染排放都有巨大改善，但总体而言，经济越发达的巨型城市区，其单位 GDP 的能耗和污染排放水平越低，如长三角、珠三角和京津走廊，中西部的巨型城市区能耗和排放水平较高。中国生态环境敏感，城镇化任重道远。由于巨型城市区的这种特性，未来城镇化还是要走巨型城市区重点发展的道路，见表 8.27。

表 8.27　2003~2017 年单位 GDP 的环境友好化水平（弹性系数）比较

地区	二氧化硫排放量弹性系数	废水排放量弹性系数	烟尘排放量弹性系数
京津走廊	−0.24	−0.03	−0.09
长三角	−1.50	−0.09	0.03
珠三角	−0.57	0.05	0.20
三大成熟型巨型城市区	−0.98	−0.04	0.05
辽中地区	2.07	0.02	1.38
闽东南地区	1.08	0.07	−0.36

续表

地区	二氧化硫排放量弹性系数	废水排放量弹性系数	烟尘排放量弹性系数
成德绵地区	−1.19	−0.31	−2.48
大重庆地区	−1.01	−0.47	0.58
大武汉地区	0.51	−0.28	−0.21
五大准巨型城市区	0.38	−0.18	−0.11
大青岛地区	−0.13	0.18	0.40
大济南地区	0.27	0.14	0.47
石家庄 – 太原走廊	−2.42	0.13	−1.37
长株潭地区	−0.67	−0.13	−1.45
温州 – 台州走廊	−0.98	0.49	−0.37
郑汴洛走廊	0.05	0.08	−1.44
关中地区	−1.33	−0.05	−0.44
七大雏形巨型城市区	−0.60	0.10	−0.60
徐州 – 济宁走廊	−1.92	0.13	0.49
北部湾地区	−0.90	−0.20	−1.50
大长春地区	1.21	−0.01	0.53
大合肥地区	0.41	−0.02	−0.30
大大连地区	0.68	−0.10	0.27
滇中地区	0.94	−0.01	0.86
呼和浩特 – 包头走廊	2.55	0.01	1.02
大哈尔滨地区	−0.91	−0.04	0.74
兰州 – 西宁走廊	1.86	0.02	1.85
黔中地区	−7.93	−0.21	−1.54
大乌鲁木齐地区	0.21	0.05	0.73
十一大潜在型巨型城市区	−0.03	−0.02	0.34
各类巨型城市区	−0.53	−0.03	−0.05
全国地级城市	0.01	0.00	0.69
非巨型城市区的地级城市	0.74	0.05	1.69

资料来源：中国城市统计年鉴。

第五节　全球化和地方化

一、全球化 – 地方化差异

（一）FDI

巨型城市区吸引全球资本规模巨大，占绝对优势，2018 年所有巨型城市区的 FDI 集聚量占全国的 73.4%。从 2005~2018 年变化来看，这一数字总体呈现下降态势。尤其是三大成熟型巨型城市区，2005 年 FDI 占全国的比重高达 49.3%，而到 2018 年下降到 37.7%，与此同时，其他类型的巨型城市区在吸引 FDI 方面进步显著（表 8.28 和表 8.29）。但 FDI 对巨型城市区的贡献度有所下降。从 FDI 对 GDP 的贡献度来看，空间性并不显著，除了大济南地区、徐州 – 济宁走廊、石家庄 – 太原走廊、兰州 – 西宁走廊、大乌鲁木齐地区外，无论是东部地区还是东北地区、西部地区、中部地区的巨型城市区，FDI 占 GDP 的比重都相差无几。但从变化趋势来看，FDI 对巨型城市区的贡献度有所下降。三大成熟型巨型城市区下降的幅度更为显著，从 2003 年的 100% 多下降到 2018 年的 38% 左右（图 8.10）。其他巨型城市区总体也呈下降趋势，但个别阶段有起伏。

就单个巨型城市区而言，2005~2018 年，单位 GDP 的 FDI 投入下降最明显的是东部地区的长三角、珠三角和闽东南地区，上升最快的是西部的成德绵地区和大重庆地区，而大济南地区、徐州 – 济宁走廊、兰州 – 西宁走廊、大乌鲁木齐地区等一直保持极低水平，反映了这些巨型城市区在全球化方面的落后，见表 8.29。

表 8.28　典型年份各巨型城市区 FDI 占全国的比重变化（2005~2018 年）（单位：%）

地区	2005 年	2008 年	2011 年	2013 年	2016 年	2018 年
三大成熟型巨型城市区	49.3	47.9	41.1	38.6	43.8	37.7
五大准巨型城市区	11.1	13.6	16.3	15.7	12.5	14.4
七大雏形巨型城市区	11	8.8	9.1	9.8	12.4	14.0
十一大潜在型巨型城市区	7.9	8.8	10.1	11.6	9.5	7.3
各类巨型城市区	79.3	79.1	76.6	75.7	78.2	73.4
其他城市	20.7	20.9	23.4	24.3	21.8	26.6

资料来源：中国城市统计年鉴。

表 8.29　典型年份不同地区单位 GDP 的 FDI 投入变化（2005 年以来）（单位：元 / 百元）

地区	2005 年	2008 年	2011 年	2013 年	2016 年	2018 年
京津走廊	0.64	0.78	0.71	0.73	0.97	0.44
长三角	0.79	0.8	0.63	0.61	0.47	0.38
珠三角	0.59	0.58	0.43	0.42	0.33	0.33
辽中地区	0.61	1.05	0.78	0.73	0.10	0.15
闽东南地区	0.68	0.66	0.43	0.36	0.34	0.15
成德绵地区	0.61	0.58	0.96	1.23	0.40	0.64
大重庆地区	0.17	0.54	1.05	0.84	0.64	0.50
大武汉地区	0.73	0.62	0.52	0.55	0.56	0.56
大青岛地区	0.69	0.37	0.33	0.38	0.49	0.37
大济南地区	0.28	0.23	0.19	0.19	0.20	0.26
石家庄 – 太原走廊	0.21	0.17	0.18	0.28	0.22	0.15
长株潭地区	0.51	0.52	0.43	0.45	0.50	0.54
温州 – 台州走廊	0.24	0.11	0.04	0.13	0.06	0.07
郑汴洛走廊	0.16	0.47	0.63	0.59	0.50	0.47
关中地区	0.34	0.44	0.4	0.48	0.52	0.60
徐州 – 济宁走廊	0.2	0.22	0.29	0.25	0.17	0.16
北部湾地区	0.15	0.25	0.18	0.28	0.07	0.10
大长春地区	0.54	0.61	0.22	0.69	0.91	0.03
大合肥地区	0.48	0.72	0.5	0.41	0.60	0.55
大大连地区	1.4	1.3	1.79	1.78	0.44	0.35
滇中地区	0.08	0.4	0.51	0.53	0.13	0.13
呼和浩特 – 包头走廊	0.51	0.49	0.41	0.36	0.27	0.06
大哈尔滨地区	0.2	0.2	0.19	0.45	0.37	0.45
兰州 – 西宁走廊	0.15	0.08	0.03	0.02	0.09	0.07
黔中地区	0.16	0.12	0.2	0.3	0.33	0.36
大乌鲁木齐地区	0.04	0.1	0.09	0.1	0.10	0.00
全国地级城市	0.45	0.46	0.42	0.43	0.37	0.31

资料来源：中国城市统计年鉴。

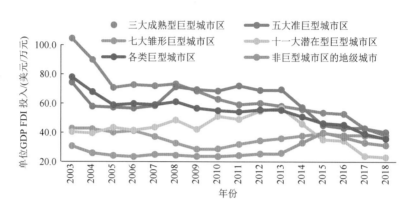

图例：
- 三大成熟型巨型城市区
- 七大雏形巨型城市区
- 各类巨型城市区
- 五大准巨型城市区
- 十一大潜在型巨型城市区
- 非巨型城市区的地级城市

图 8.10　2003~2018 年单位 GDP 的 FDI 投入

资料来源：中国城市统计年鉴。

（二）全球化和地方化

从全球化（单位 GDP 的 FDI 投入）和区域化（人口迁移等指标）两个方面对中国典型的巨型城市区进行聚类。可以看出，2010 年，区域化程度和经济外向化程度较高的地区除了长三角、京津走廊等外，还包括成德绵地区和大重庆地区；区域化程度和经济外向化程度均较低的地区包括徐州 – 济宁走廊、大济南地区、关中地区和辽中地区；有一定的经济外向化程度，然而区域化水平较低的则是北部湾地区和郑汴洛走廊，其他地区属于区域化程度较高、全球化水平较低的象限。值得关注的是，2010 年珠三角 FDI 在 GDP 中的角色并不突出，相反，其在全国不同层次地区的区域集聚等水平最高，与之相类似的地区还包括闽东南地区和温州 – 台州走廊；与 2000 年相比，2000~2010 年，区域化程度和全球化程度均提升较快的巨型城市区包括成德绵地区、大重庆地区、京津走廊、关中地区、郑汴洛走廊、大大连地区、长株潭地区、辽中地区、大乌鲁木齐地区、大长春地区以及黔中地区；区域化和全球化水平相对下降的则包括珠三角、北部湾地区和徐州 – 济宁走廊、滇中地区、石家庄 – 太原走廊及大哈尔滨地区，相对而言有一定的全球化提升和区域化下降的过程，其他地区属于全球化下降、区域化上升的类型，其中长三角虽在全球化方面有所下降，但是其在全国和地方的区域化水平在显著提升，与之相类似的东部地区巨型城市区还包括温州 – 台州走廊、闽东南地区、大青岛地区、大济南地区等。

二、近域化和广域化影响差异

巨型城市区由于其不断增长的聚集能力和辐射能力，而呈现不同的空间影响程度。一些巨型城市区是全球范围控制命令的载体，掌握全球政治经济文化等的命脉，在全球范围内的生产要素配置中发挥着举足轻重的作用，如大伦敦地区和大纽约地区等；

一些巨型城市区则发挥洲际作用，如中国大香港等；一些巨型城市区在国家层面发挥作用。作为中国城镇化的主要形态，中国巨型城市区在国家、区域人口转移和空间流动中发挥着枢纽作用。根据人口流动的空间范围，进行中国巨型城市区的城镇化空间影响变化分析。其中，以吸引省外人口进入的规模和比重来衡量巨型城市区在全国或者广域范围内城镇化贡献或影响，以省内人口进入的规模和比重来衡量在省内或者区域范围内的贡献或影响，见表 8.30。

表 8.30　不同巨型城市区国家层面和区域层面的人口迁移比较　　　（单位：%）

城市地区	2000 年省内迁入人口比例	2000 年省外迁入人口比例	2010 年省内人口迁入比例	2010 年省外迁入人口比例	省内人口迁入比例增长	省外迁入人口比例增长
三大成熟型巨型城市区	14.5	17.3	17.6	28.6	3.1	11.3
五大准巨型城市区	17.3	4.7	25.7	8.7	8.4	4.0
七大雏形巨型城市区	13.8	4.3	22.2	8.7	8.4	4.4
十一大潜在型巨型城市区	18.4	4.4	26.3	6.4	7.9	2.0
所有巨型城市区	15.5	10.2	21.4	17.6	5.9	7.4
其他类型城市	5.7	1.1	9.7	1.8	4.0	0.7

资料来源：第五次、第六次全国分县（市、区）人口普查数据。

越发达的巨型城市区，国家层面的影响力越大。从省外迁入人口占总人口的比值角度来看，2010 年三大成熟型巨型城市区省外迁入人口比例高达 28.6%，占常住人口的比例近 1/3，其他依次是五大准巨型城市区（8.7%）、七大雏形巨型城市区（8.7%）和十一大潜在型巨型城市区（6.4%），都远远高于其他类型城市（1.8%）。从发展变化来看，也是如此，越发达的巨型城市区，国家层面的影响力提升越快。不同类型的巨型城市区均在省内或者区域层面上有较高的带动能力和辐射能力，所有巨型城市区的省内人口迁入率在 21.4%，远远高于其他类型城市（9.7%），2000~2010 年的变化是 5.9%，也高于其他城市（4.0%）。

东部沿海地区国家层面的城镇化贡献更为显著。2010 年，全国范围内城镇化贡献最大的是珠三角，省外迁入人口占常住人口的比例高达 40.1%，其次是京津走廊、温州－台州走廊、长三角、大乌鲁木齐地区、闽东南地区和大大连地区，其他地区都低于 10% 的水平。除了大乌鲁木齐地区外，其他都位于沿海地区，可见这一情况和流动人口向沿海地区集聚的结论相吻合，这些巨型城市区国家尺度的影响力和作用更加显著。从 2000~2010 年的变化来看，京津走廊、长三角、温州－台州走廊全国影响力提高的水平更加显著，省外迁入人口的比例增长超过 10%，其次是闽东南地区、大大连地区、大青岛地区等沿海巨型城市区。同时，珠三角的省外人口迁入比例增长开始放缓，仅仅增长了 2.8%。西部地区的大重庆地区、大乌鲁木齐地区、呼和浩特－包头走廊等在全国的影响力开始上升，东部的徐州－济宁走廊、大济南地区，中部地区的大武汉地区、郑汴洛走廊、石家庄 – 太原走廊，以及西部的黔中地区、滇中地区，东北的大哈尔滨地区、大长春地区、辽中地区变化非常缓慢，见表8.31。

表 8.31　所有巨型城市区国家层面和区域层面的人口迁移比较　（单位：%）

城市地区	2010年省内人口迁入比例	2010年省外迁入人口比例	2000~2010年省内人口迁入比例增长	2000~2010年省外迁入人口比例增长
京津走廊	16.2	29.3	1.6	16.5
珠三角	21.3	40.1	2.1	2.8
长三角	16.3	22.6	4.1	13.4
大重庆地区	26.5	7.3	12.0	4.1
成德绵地区	32.4	4.6	12.2	2.8
大武汉地区	27.5	4.0	9.4	1.8
闽东南地区	21.0	18.8	6.3	7.7
辽中地区	23.0	4.6	4.1	1.7
关中地区	18.9	5.9	10.5	3.1
大济南地区	20.3	2.7	9.2	1.4
郑汴洛走廊	26.3	2.5	11.2	0.6
石家庄 – 太原走廊	25.9	5.2	6.9	1.2
温州 – 台州走廊	13.8	27.9	2.4	15.3
大青岛地区	23.6	7.3	8.9	4.3
长株潭地区	34.3	4.8	10.9	2.1
兰州 – 西宁走廊	29.1	8.5	8.2	3.5
徐州 – 济宁走廊	12.2	1.3	3.5	0.3
黔中地区	30.1	6.8	7.7	1.8
大乌鲁木齐地区	26.1	22.1	7.3	4.3
呼和浩特 – 包头走廊	43.0	7.7	11.7	4.2
北部湾地区	25.0	4.6	9.7	2.6
大哈尔滨地区	30.2	3.4	5.8	1.2
大长春地区	26.2	3.7	8.5	1.6
滇中地区	33.0	9.3	3.7	−5.3
大合肥地区	30.8	3.4	14.6	2.5
大大连地区	25.1	14.4	6.0	5.6

资料来源：第五次、第六次全国分县（市、区）人口普查数据。

中西部地区巨型城市区对省内或者区域层面的城镇化贡献水平加速。2000~2010年，省内人口迁入占总人口比重增长最快的巨型城市区包括西部地区的大重庆地区、成德绵地区、呼和浩特－包头走廊、关中地区及中部地区的郑汴洛走廊、长株潭地区和大合肥地区。

第六节　经济发展中的政府角色

一、中央政府和地方政府的角色

"中央－地方""市场－政府"是巨型城市区发展治理分析的重要维度。实际上，在中国巨型城市区发育过程中，这两组维度也贯穿了不同地区、不同阶段。中华人民共和国成立后，中国巨型城市区真正开始快速发展起始于20世纪80年代中国东部沿海改革开放城市、经济特区的国家政策的提出，中央政府的主导政策推动了珠三角巨型城市区的萌芽和发展。然后是90年代上海浦东开发开放战略实施，上海作为沿海和沿江开发龙头被赋予历史使命，长三角巨型城市区成为第二个快速发展的地区。2000年后，西部大开发、中部崛起、东北振兴老工业基地战略等相继出台，不同程度地影响了巨型城市区在全国范围内的发展。中央政府从市场化推进、全球化推进和地方政府的激励机制等角度，为中国巨型城市区提供了关键性的自上而下的框架范畴，如分税体制等。在这种框架下，地方政府从早期的集体经济等逐步演变到多元的土地政策、融资政策、政府－企业关系、城市运营与竞争力政策、城市合作与联盟政策、基础设施引导的巨型城市区发展、巨型工程和大事件政策等。各个时期批准的各类开发区数量比较如图8.11所示。

二、财政支出中的教育科学技术研发支出

公共品投入是地方政府干预经济发展，促进空间资源优化配置，促进巨型城市和巨型城市区发展的一个重要方式。最早推进城市化发展的机制是加快工业化进程，此后是加快服务业、房地产的发展，当前，地方政府的财政支出相当一部分开始向科学技术研发投入，即所谓的第三个资本循环模式。这一支出在投资驱动边际效益不断下降的巨型城市区更为显著。一般地，在固定资产投资、FDI的作用下，中国东部沿海地区的巨型城市区得到了快速的发展，随着投资的边际效率递减的效应，创新驱动的战略不断得到强化，企业的创新、区域的创新得到了快速的发展。

从政府的角度，为了顺应这一生产力的发展，财政支出开始明显地向科研倾斜。从2018年的数据，可以看出中国不同巨型城市区在这一转向上的空间差异。京津走廊、长三角和珠三角的地方政府主导的创新驱动模式转型最为明显，2018年科研支出占财政支出的比重分别高达4.8%、5.2%和8.9%，三大成熟型巨型城市区高达6.0%，而五

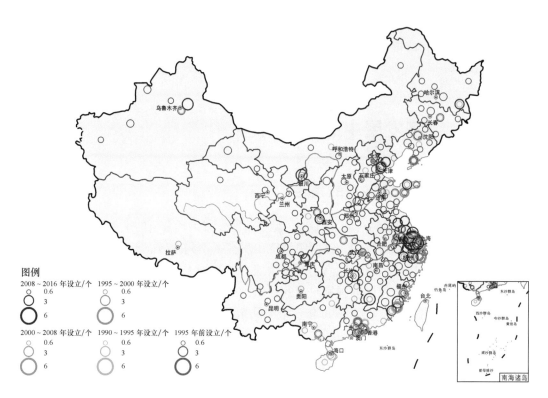

图 8.11　各个时期批准的各类开发区数量比较（截至 2016 年 5 月）

注：港澳台数据暂缺。

大准巨型城市区仅仅为 2.9%，七大雏形巨型城市区和十一大潜在型巨型城市区也分别为 2.6% 和 2.7%。然而，通过不同年份科学技术和教育支出在全国的变化进行分析发现，巨型城市区尤其是成熟型巨型城市区的创新和公共品投入比例相对来讲仍显不足，成熟型巨型城市区和准巨型城市区的区位商远远小于 1.0，见表 8.32。

表 8.32　典型年份科学技术和教育支出占财政支出的全国区位商比较变迁（2005 年以来）

地区	2005 年	2008 年	2011 年	2013 年	2016 年	2018 年
三大成熟型巨型城市区	0.68	0.77	0.83	0.87	0.72	0.71
五大准巨型城市区	0.65	0.6	0.52	0.4	0.82	0.82
七大雏形巨型城市区	1.42	1.51	1.46	1.32	0.85	0.84
十一大潜在型巨型城市区	2.12	2.16	2.1	2	0.97	0.97
各类巨型城市区	0.96	1.06	1.07	1.01	0.79	0.78
其他城市	1.02	0.97	0.97	0.99	1.57	1.56

资料来源：第五次、第六次全国分县（市、区）人口普查数据。

第七节　社会发展特征

改革开放 40 多年来，中国城市社会结构发生了重大变迁。基于此，诸多社会学学者从不同的理论角度出发，选取现实生活中的经验资料，对转型期中国城市的社会分异和分层现象加以论述（Bian，1994；顾朝林和克斯特洛德，1997；Zhou，2004；冯健和周一星，2003；李志刚等，2007；周春山等，2016）。在国家视角，越来越多的学者开始关注整体层面的城市社会经济空间格局、变迁和人文地理区划（刘涛等，2015）。

一、受教育水平视角的中国巨型城市区社会分异

受教育水平也是一个巨型城市区内部社会分层和差异的重要指标。从第五次全国人口普查和第六次全国人口普查数据来看，受教育水平分为"未上过学""小学""初中""高中""大学专科""本科及研究生"。本节将前三者归并为"低受教育水平人力资本"，"高中""大学专科"归并为"中受教育水平人力资本"，"本科及研究生"为"高受教育水平人力资本"，以此进行社会分异和变迁的分析，见表 8.33。

表 8.33　不同类型城市的人力资本构成及其变化（2010 年）　（单位：%）

人力成本	巨型城市区城市	非巨型城市区城市	全国城市合计
低受教育水平人力资本	62.43	74.75	70.34
中受教育水平人力资本	29.00	13.66	19.15
高受教育水平人力资本	8.58	1.03	3.74

资料来源：第六次全国分县（市、区）人口普查数据。

从表 8.34 可以看出，巨型城市区和非巨型城市区及全国城市的比较，总体上，各类城市的人力资本都在发生显著的改进，巨型城市的高受教育水平人力资本从 2000 年的 3.44% 增长到 2010 年的 8.58%，非巨型城市区从 0.2% 增长到 1.03%，全国平均水平从 1.21% 增长到 3.74%。低受教育水平人力资本比例都在减少。但高受教育水平人力资本总体出现扁平化趋势，低受教育水平人力资本则表现为较明显的集中化趋势。从区位商的角度构建集中系数可进一步反映这一趋势。2000 年高受教育水平人力资本的集中化系数为 33.71，中受教育水平人力资本为 11.7，低受教育水平人力资本为 2.2，绝对水平上来看，高受教育水平人力资本空间分布最为集中，低受教育水平人力资本分布最为均质。但从 2000~2010 年的集中化系数变化来看，高受教育水平人力资本集中化系数下降了 12.37，中受教育水平人力资本集中化系数下降了 3.59，扁平化趋势显著，但低受教育水平人力资本的集中化系数则增长了 0.53。这些都造成了区域与区域、城市与城市之间的社会阶层分化、发展水平差异等问题。

表 8.34　不同类型城市的人力资本构成及其变化（2000~2010 年）　　（单位：%）

人力资本	巨型城市区城市	非巨型城市区城市	全国城市合计
低受教育水平人力资本	−11.57	−5.66	−8.07
中受教育水平人力资本	6.45	4.31	5.69
高受教育水平人力资本	5.14	0.83	2.53

资料来源：第五次、第六次全国分县（市、区）人口普查数据。

受教育水平在不同巨型城市区和城市的增长和变化，反映了当前中国城乡移民的基本经济规律和制度现实。

无论是从发展机会、工资水平还是从国际化等城市设施来看，巨型城市和巨型城市区人力资本的外部性都极大地吸引着各等级的人力资本集聚。而农村和绝大多数中心城市要薄弱得多。虽然在各种户籍制度、社会保障制度等各方面受到阻碍，但在农村发展机会日益减少的推动下，受教育水平较低的农村人口还是义无反顾地涌入城市，至于去哪些城市务工，有很多影响因素，如距离因素、目标城市的就业机会等，但总的而言，收入提高还是这些群体的最大激励因素。

而对于受教育水平较高的人群，其在哪些城市就业和生活相对因素更为复杂，如收入水平、住房和子女教育可负担性等。虽然大城市仍然吸引了绝大多数的高受教育水平人力资本集聚，但相比低受教育水平人力资本而言，其集中系数要小得多。

到底当前的中国巨型城市区在受教育水平群体的吸引等方面表现出怎样的趋势？这种趋势又对这些城市的社会变迁产生怎样的影响？为此，采用第五次全国人口普查和第六次全国人口普查的受教育水平数据，通过区位商方法，来进行这种变化的分析。

从表 8.35 和表 8.36 可以发现，无论是低受教育水平人力资本还是中受教育水平人力资本、高受教育水平人力资本，三大成熟型巨型城市区都具有极强的集聚性，低受教育水平人力资本向这三大地区集聚的区位商变化高达 2.17，中受教育水平人力资本和高受教育水平人力资本也分别为 1.15 和 1.01，都远远高于其他类型的巨型城市区，但相对而言，农民工等低受教育水平人力资本更倾向于向这三大发达地区集聚，而大学生等高受教育水平人力资本显现出较多的就业选择性，其在准巨型城市区、雏形巨型城市区、潜在型巨型城市区的区位商变化虽不如成熟型巨型城市区高，但差距不大，都在 0.94 及以上，人力资本更为均质。四大类巨型城市区中都有显著的流入人口集聚，当然与城市区的发达水平呈现显著的正相关关系。低受教育水平人力资本不但从非巨型城市区的区域向巨型城市区集聚，而且倾向于更发达的三大成熟型巨型城市区。2000~2010 年，三大成熟型巨型城市区新增低受教育水平人力资本的人口高达 938 万人，虽然低于中受教育水平人力资本（1996 万人）和高受教育水平人力资本（1092 万人）规模，但远远高于五大准巨型城市区（10 年负增长，低受教育水平人力资本降低了 14 万人，其中，大重庆地区降低了 37 万人，大武汉地区降低了 101 万人），也显著高于七大雏形巨型城市区和十一大潜在型巨型城市区。

表 8.35　不同等级人力资本流入指数变化（2000~2010 年）　（单位：%）

城市地区	低受教育水平人力资本	中受教育水平人力资本	高受教育水平人力资本
三大成熟型巨型城市区	2.17	1.15	1.01
五大准巨型城市区	−0.08	1.05	0.95
七大雏形巨型城市区	0.40	1.06	0.94
十一大潜在型巨型城市区	0.47	1.01	0.94

资料来源：第五次、第六次全国分县（市、区）人口普查数据。

表 8.36　不同等级人力资本新增规模（2000~2010 年）（单位：万人）

城市地区	低受教育水平人力资本	中受教育水平人力资本	高受教育水平人力资本
三大成熟型巨型城市区	938	1996	1092
五大准巨型城市区	−14	700	383
七大雏形巨型城市区	70	759	371
十一大潜在型巨型城市区	189	1662	914
所有巨型城市区	1183	5117	2760
全国	−3732	8781	3469

资料来源：第五次、第六次分县（市、区）人口普查数据。

具体到这 26 个巨型城市区，总体状况也各有差异。以北京为核心的京津走廊地区比珠三角、长三角在低受教育水平人力资本吸引方面更具优势，而相对高受教育水平人力资本"望而却步"，其高受教育水平人力资本的区位商变化为 0.97，显著低于珠三角和长三角的 1.04 和 1.03。除了珠三角、长三角对于不同等级人力资本包容性的"兼容并蓄"外，东部沿海地区的温州 – 台州走廊、闽东南地区及中部的大合肥地区都比较突出，在中西部地区、东北地区的许多巨型城市区都显著地表现出对低受教育水平人力资本的"排斥"，大重庆地区、大武汉地区、辽中地区、关中地区、大长春地区 10 年间低受教育水平人力资本规模的增长都为负；但成德绵地区、长株潭地区、兰州 – 西宁走廊、北部湾地区、黔中地区、大乌鲁木齐地区、呼和浩特 – 包头走廊、大哈尔滨地区、滇中地区等则表现出了较强的低受教育水平人力资本集聚的态势，见表 8.37。总体而言，辽中地区、关中地区、大济南地区、徐州 – 济宁走廊、大长春地区和大大连地区在人力资本吸引方面都非常乏力。

表 8.37　不同巨型城市区不同人力资本流入指数变化（2000~2010 年）（单位：%）

城市地区	低受教育水平人力资本	中受教育水平人力资本	高受教育水平人力资本
京津走廊	2.73	1.02	0.97
珠三角	2.52	1.28	1.04
长三角	1.84	1.14	1.03
大重庆地区	−1.54	1.07	0.99
成德绵地区	2.28	1.28	0.98

续表

城市地区	低受教育水平人力资本	中受教育水平人力资本	高受教育水平人力资本
大武汉地区	−3.04	0.90	0.92
闽东南地区	1.19	1.27	1.03
辽中地区	−0.47	0.74	0.88
关中地区	−0.92	0.94	0.83
大济南地区	−0.82	0.91	0.97
郑汴洛走廊	0.27	1.14	0.92
石家庄 – 太原走廊	−0.28	1.04	0.91
温州 – 台州走廊	2.37	1.31	1.17
大青岛地区	−0.07	1.10	1.08
长株潭地区	2.16	1.06	0.88
兰州 – 西宁走廊	2.32	0.79	0.92
徐州 – 济宁走廊	−2.78	0.96	0.99
黔中地区	1.84	0.76	0.93
大乌鲁木齐地区	4.27	0.93	0.95
呼和浩特 – 包头走廊	2.31	0.86	0.98
北部湾地区	1.72	0.98	0.98
大哈尔滨地区	1.51	0.86	0.87
大长春地区	−0.49	0.69	0.87
滇中地区	1.26	0.86	0.89
大合肥地区	1.92	1.48	1.02
大大连地区	0.09	0.83	0.94

资料来源：第五次、第六次全国分县（市、区）人口普查数据。

　　进一步深入各个巨型城市区内部，其也有极大分化。总体上，低受教育水平人力资本在区域中心城市，包括省会城市和绝大多数地级城市的市辖区都表现为较为明显的集聚性，当然武汉市辖区、重庆市辖区等除外。在 250 个左右的县市区单元中，有 104 个县市区对低受教育水平人力资本没有太大的集聚力，呈现负增长。就中受教育水平人力资本和高受教育水平人力资本而言，所有的县市区单元都表现出了极高的增长态势。但对北京、上海、天津、南京、杭州、广州、深圳等区域中心城市市辖区而言，高受教育水平人力资本的相对增长并不突出，而在这些城市的外围区县有显著的增长。

　　总体而言，受教育水平的这种空间收敛趋势缩小了城乡、城市与城市之间的社会差异，但对于创新城市、知识城市的发展而言，如何进一步提高大城市中心城区对高等人力资本的"包容"水平，是一个非常关键的课题。可见，户籍制度是阻碍农村劳动力向就业城市移民的因素，但不是阻碍他们实现就业转移的根本制度障碍，更无法阻碍他们向巨型城市和巨型城市区的就业转移。

二、老龄化视角的中国巨型城市区社会变迁

当前老龄化问题开始困扰着中国的城市发展。日本、美国等国家，老龄化水平较高，但是这些巨型城市区，往往其年龄水平要远远低于全国的平均水平，老龄化水平也要显著低于全国平均水平。不过通过区位商等分析发现，在发展程度最高的长三角，其老龄化水平要远远高于全国平均水平，区位商为 1.14，而大青岛地区、辽中南地区、大重庆地区、成德绵地区等也是如此。相对而言，流动人口高度集聚的珠三角和海峡西岸地区等则老龄化水平较低。总体而言，在较为成熟的巨型城市区中，15~64 岁的劳动力年龄阶层在全国中都占有明显优势，尤其是珠三角。其他巨型城市区也大致如此。

虽然与国外巨型城市区相比，中国的巨型城市区同样相对"年轻"，尤其是巨型城市区的"核心区"，如省会城市的市辖区等，老龄化水平更是相对较低，但还是有一些地区老龄化相对严重，如东北的辽中地区、沈阳市辖区的老龄化水平相对偏高。另外，巨型城市区的外围区，其老龄化水平偏高，有的远远高于全国的平均水平，如长三角的长江以北的南通 – 泰州 – 扬州沿线县市区单元、太湖西岸的宁杭廊道县市区等。

从老龄化变化过程来看，2000~2010 年全国老龄化水平增长了近 2 个百分点，但巨型城市区仅仅增长了不到 1 个百分点。虽然平均寿命显著增长，但越发育的巨型城市区，其老龄化水平变化越缓慢。最主要的原因是，大量的年轻流入人口，稀释了这些巨型城市区的老龄化进程。

从单个巨型城市区来看，这些巨型城市区的老龄化进程开始有不同的分化趋势。东部沿海地区的长三角、京津走廊、珠三角，其老龄化水平增长都不超过 0.35%，温州 – 台州走廊、闽东南地区也都远远低于 0.5%，而这些地区都是人口净流入显著的地区。老龄化水平增长超过 2.0% 的有 8 个巨型城市区，其中有 3 个位于东北地区（分别是大哈尔滨地区、大长春地区、辽中地区），有 3 个位于西北的丝绸之路经济带上（分别是大乌鲁木齐地区、兰州 – 西宁走廊、关中地区），有 1 个是西南的黔中地区，另外 1 个是徐州 – 济宁走廊。

从每个巨型城市区内部来看，与国外巨型城市区一样，越核心的地区老龄化进程越缓慢，一些地区甚至出现"年轻化"趋势，如长三角的上海都市区、珠三角核心区、天津市辖区和北京的一些区县。相对应地，巨型城市区的"外围区"则老龄化水平增长得很快，包括上述长三角的长江以北县区。当然也有一些特殊，如滇中地区的昆明市辖区的老龄化进程加速，而其周边的呈贡区呈现较慢的老龄化进程。

三、人居空间社会分异

不同住房类型和住房设施条件也是反映巨型城市区社会空间分异的一个重要指标。

在人口普查数据中，有两组数据能够很好地反映不同地理单元的住房类型和住房设施条件。一组是将住房按照"租用"、"自建"、"购买"和"其他"进行划分统计，其中在所有巨型城市区，"其他"只占不到5%，最主要的是前三者。一般而言，在人多地少的中心城区，住房往往更多的是"租用""购买"类型，而在外围地区和农村地区，住房类型往往以"自建"为主导，尤其是在集体建设用地基础上的住房。一定程度上，"租用""购买""自建"成为判断"核心－外围"空间类型、判断"半城市化地区""城市化地区"的两个重要指标。另一组指标是进行住房内部的设施完备程度的"抽样"数据统计，包括"住房内有无管道自来水""住房内有无厨房""住房内有无厕所""住房内有无洗澡设施"四大类数据。

（一）巨型城市区的人居空间分异

根据上述两组统计数据，进行中国巨型城市区的居住条件、居住形态的分析。由于"购买"和"租用"两方面的高度相关性，本书将其进行合并处理。2010年来，不同发育程度的巨型城市区有不同的居住模式和人居设施水平。在三大成熟型巨型城市区，2010年人居条件更高（以"四有"设施住房的比例为指标），"四有"设施住房率高达88.17%，远远超过全部巨型城市83.45%的平均水准，其次是五大准巨型城市区、七大雏形巨型城市区和十一大潜在型巨型城市区（表8.38）。从住房类型看，三大成熟型巨型城市区"自建"类型比例最低，不到30%，远远低于其他类型，而"购买和租用"类住房比重高达66.21%。从这两方面来看，可以说，三大成熟型巨型城市区的城镇化程度和城镇化质量最高，见图8.12。

表8.38　不同层级巨型城市区人居条件和住房类型分异比较（2010年）（单位：%）

城市地区	"四有"设施住房	自建	购买和租用
三大成熟型巨型城市区	88.17	29.93	66.21
五大准巨型城市区	84.89	35.14	59.81
七大雏形巨型城市区	81.41	44.24	51.40
十一大潜在型巨型城市区	78.50	41.37	54.09
全部巨型城市区	83.45	36.63	59.03

资料来源：第六次全国分县（市、区）人口普查数据。

从单个巨型城市区比较来看，2010年人居水平最高的是珠三角（"四有"设施住房比例为94.70%）、长株潭地区（90.60%）、长三角（87.01%）、大青岛地区（86.74%）、闽东南地区（86.70%），高于85%的还有大重庆地区、成德绵地区和辽中地区；人居水平最低的分别是黔中地区和呼和浩特－包头走廊；在住房类型中，"购买和租用"比例最高的是大哈尔滨地区、大乌鲁木齐地区和辽中地区等，最低的为东部沿海地区的徐州－济宁走廊、大济南地区、北部湾地区、温州－台州走廊、大青岛地区、闽东南地区，都不足50%，反映了这些巨型城市区目前还存在着大量的"半城市化地区"

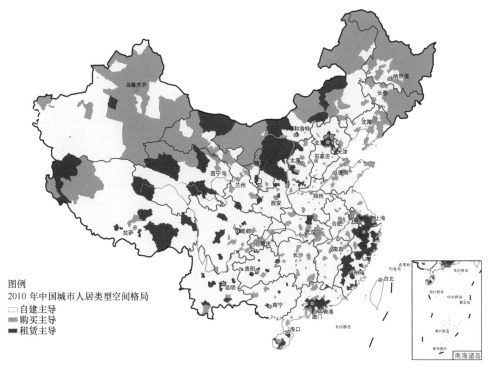

图 8.12　中国城市人居类型聚类：居住类型视角

资料来源：第六次全国分县（市、区）人口普查数据。

甚至"农业地区"。

　　从构成巨型城市区的内部区县单元分异来看，在长三角、京津走廊等发达巨型城市区人居水平比较突出的不是中心城区，而是外围的区县，上海和北京的市辖区人居水平都相对偏低；其他巨型城市区人居水平较高的单元均为区域中心城市的市辖区，尤其是省会城市市辖区，中心和外围的人居条件差异显著。从住宅类型来看，比较一致的是，市辖区范围内（主要是国有土地主导）"购买和租用"类的比例大多在 75%以上，而外围的区县则呈现较强的"自建"型住宅的空间分异特征，见表 8.38 和表 8.39，图 8.12 和图 8.13。

表 8.39　所有巨型城市区人居条件和住房类型分异比较（2010 年）（单位：%）

城市地区	"四有"设施住房	自建	购买和租用
京津走廊	82.97	23.99	70.28
珠三角	94.70	19.55	75.41
长三角	87.01	36.50	60.79
大重庆地区	85.10	33.08	63.34
成德绵地区	85.35	36.36	56.48
大武汉地区	81.37	39.78	56.47
闽东南地区	86.70	45.83	46.58
辽中地区	85.28	19.27	78.42

续表

城市地区	"四有"设施住房	自建	购买和租用
关中地区	73.51	41.40	54.33
大济南地区	80.41	52.65	42.85
郑汴洛走廊	81.91	43.44	53.15
石家庄 – 太原走廊	79.66	30.77	65.02
温州 – 台州走廊	81.68	51.06	43.86
大青岛地区	86.74	49.16	46.33
长株潭地区	90.60	29.15	66.53
兰州 – 西宁走廊	75.47	16.70	79.13
徐州 – 济宁走廊	76.49	67.55	30.14
黔中地区	69.12	31.33	63.46
大乌鲁木齐地区	78.00	18.00	80.00
呼和浩特 – 包头走廊	65.69	22.62	73.27
北部湾地区	74.60	52.62	43.17
大哈尔滨地区	84.47	11.85	84.46
大长春地区	76.76	24.18	72.22
滇中地区	79.01	25.20	70.77
大合肥地区	73.67	38.04	56.39
大大连地区	82.82	21.19	76.27

资料来源：第六次分县（市、区）人口普查数据。

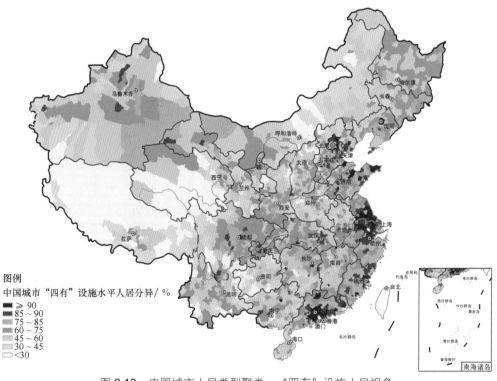

图 8.13　中国城市人居类型聚类："四有"设施人居视角

资料来源：第六次全国分县（市、区）人口普查数据。

（二）2000~2010 年人居空间分异的变化

运用第五次全国人口普查和第六次全国人口普查数据进行中国巨型城市区的人居空间分异变化研究，见表 8.40。2000~2010 年，人居条件（四有设施住房比例）改善没有显著的收敛或者拉大趋势，而在住宅类型方面，相对越发育的巨型城市区，"购买和租用"类型的住房比例增长越快，三大成熟型巨型城市区增长了 21.24%，其次是准巨型城市区和雏形巨型城市区，都超过 13%，最后是潜在型巨型城市区，为 10.64%。

表 8.40　不同层级巨型城市区人居和住房类型比例变化（2000~2010 年）（单位：%）

城市地区	"四有"设施住房	自建	购买和租用
三大成熟型巨型城市区	11.65	−20.43	21.24
五大准巨型城市区	19.69	−13.10	13.30
七大雏形巨型城市区	14.58	−13.97	13.49
十一大潜在型巨型城市区	12.60	−11.21	10.64
全部巨型城市区	13.89	−15.39	15.45

资料来源：第五次、第六次全国分县（市、区）人口普查数据。

从单独 20 多个巨型城市区来看，2000~2010 年，人居条件的改善也没有显现出一定的收敛或者拉大趋势，而从住房类型来看，总体而言，东部沿海地区较为发达的巨型城市区的"购买和租用"比例增长显著，温州－台州走廊增长了 25.94%，珠三角增长了 24.35%，长三角增长了 21.73%，闽东南地区增长了 20.46%，市场化进程波动较大的东北地区和中西部地区则发展相对缓慢，最低的大哈尔滨地区仅仅增长了 2.43%，大长春地区、兰州－西宁走廊、黔中地区、长株潭地区等远远落后于平均水平，见表 8.41。

表 8.41　所有巨型城市区人居和住房类型比率变化（2000~2010 年）（单位：%）

城市地区	"四有"设施住房比率	自建	购买和租用
京津走廊	7.53	−14.91	12.20
珠三角	9.34	−22.29	24.35
长三角	12.73	−19.95	21.73
大重庆地区	26.93	−15.93	17.88
成德绵地区	16.29	−17.38	15.92
大武汉地区	20.58	−8.04	8.86
闽东南地区	26.22	−20.40	20.46
辽中地区	10.40	−7.83	8.58
关中地区	15.81	−11.08	9.69
大济南地区	19.60	−10.59	8.96

续表

城市地区	"四有"设施住房比率	自建	购买和租用
郑汴洛走廊	11.54	−13.72	13.18
石家庄－太原走廊	5.11	−11.21	11.13
温州－台州走廊	10.67	−23.83	25.94
大青岛地区	24.72	−15.44	13.59
长株潭地区	11.15	−4.81	5.03
兰州－西宁走廊	5.97	−5.35	5.81
徐州－济宁走廊	20.62	−6.38	6.17
黔中地区	7.49	−5.04	7.65
大乌鲁木齐地区	10.00	−11.00	11.00
呼和浩特－包头走廊	9.83	−8.55	10.01
北部湾地区	17.06	−8.58	8.86
大哈尔滨地区	7.28	−3.52	2.43
大长春地区	8.05	−5.47	5.82
滇中地区	14.36	−5.43	7.46
大合肥地区	17.12	−20.18	17.92
大大连地区	5.78	−9.89	10.79

资料来源：第五次、第六次全国分县（市、区）人口普查数据。

（三）人居分异与城市增长的互动分析

亚里士多德曾说过："城市，因人类寻求美好生活而诞生"。从当前中国城镇化来看，尤其是巨型城市区的发展来看，人居环境既反映了社会分异和巨型城市区的分异，又成为影响城市和区域增长的重要条件。对 2000~2010 年的巨型城市区所构成单元的常住人口增长率和人居环境的相关参数进行回归分析发现，人口增长与初始年份（2000年）人居环境条件（住房中是否有厕所、浴室、厨房、自来水管等生活设施）具有显著的正相关关系。这印证了城市的美好居住条件对于城市增长的重要贡献意义。同时，人口增长与初始年份（2000年）"租用"和"购买"两类住房类型的比重呈现显著的正相关关系，或者人口增长速度与"自建"类型的住房比重呈显著负相关关系。而从人口增长与人居环境条件改善水平来看，相关关系有所变化。首先在人口增长显著的区县，"租用"和"购买"两类住房类型的比重显著增长，或者说"自建"类型住房比重显著下降。其次是人口增长显著的区县，其居住的"人居条件"则相对有所下降，虽然 R^2 相对不是很强劲。其实这也符合经济学和城市发展的基本规律，即在要素流动的驱动下，人口流出地和人口流入地的"生活水平差距"在不断地缩小或者"收敛"，见图 8.14 至图 8.17。

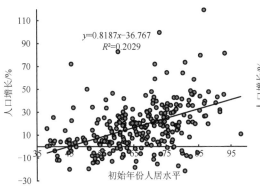

图 8.14　人口增长与初始年份人居条件的回归

资料来源：第五次、第六次全国分县（市、区）人口普查数据。

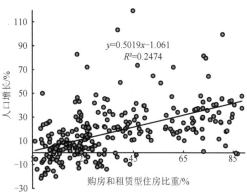

图 8.15　人口增长与初始年份居住类型的回归

资料来源：第五次、第六次全国分县（市、区）人口普查数据。

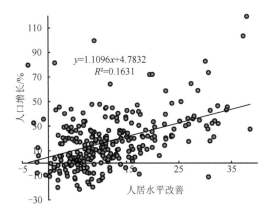

图 8.16　人口增长与人居条件改善的回归

资料来源：第五次、第六次全国分县（市、区）人口普查数据。

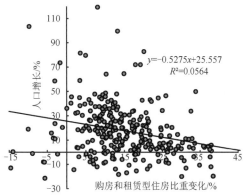

图 8.17　人口增长与居住类型变化的回归

资料来源：第五次、第六次全国分县（市、区）人口普查数据。

四、人口流动视角的中国巨型城市区社会变迁

上述视角的分析，无论是职业分层、受教育水平分化、老龄化进程，还是人居空间分异，其中绕不开的一个关键要素便是中国当前大规模的"人口流动"。人口流动成为当前劳动力空间资源配置优化的一个重要形式，也造成了巨型城市区的社会发展和变迁，也是这种发展和变迁的一个重要表现形式。

（一）2000~2010 年中国巨型城市区的人口流动增长变化

根据第五次全国人口普查和第六次全国人口普查数据中的"常住人口""户籍人口"可以计算出 2000~2010 年不同巨型城市区、不同县市区单元的人口净流动增长变化情况，见表 8.42。

表 8.42　中国巨型城市区净流入人口增长情况（2000~2010 年）

城市地区	净流入人口增长规模 / 万人	净流入人口增长率 /%
京津走廊	711	27.8
珠三角	837	22.5
长三角	1566	20.0
大重庆地区	32	3.6
成德绵地区	186	17.2
大武汉地区	36	2.6
闽东南地区	186	11.4
辽中地区	75	5.8
关中地区	32	3.4
大济南地区	83	6.9
郑汴洛走廊	105	10.8
石家庄 – 太原走廊	17	2.1
温州 – 台州走廊	168	15.4
大青岛地区	76	10.3
长株潭地区	74	16.4
兰州 – 西宁走廊	43	13.0
徐州 – 济宁走廊	−50	−4.6
黔中地区	10	3.0
大乌鲁木齐地区	51	22.4
呼和浩特 – 包头走廊	58	15.4
北部湾地区	43	7.7
大哈尔滨地区	58	16.7
大长春地区	26	4.6
滇中地区	22	5.6
大合肥地区	57	13.1
大大连地区	44	10.6
三大成熟型巨型城市区	3114	22.1
五大准巨型城市区	515	8.2
七大雏形巨型城市区	555	8.9
十一大潜在型巨型城市区	362	5.92
所有巨型城市区	4546	17.23

资料来源：第五次、第六次全国分县（市、区）人口普查数据。

2000 年以来，所有巨型城市区的净流入人口规模又进一步增长了 4596 万人，这些增长量占常住人口的比例高达 13.2%，其中三大成熟型巨型城市区增长了 3114 万人，占常住人口的比例高达 22.1%，其余巨型城市区也都在 8.0% 以上。

对于这 26 个巨型城市区，2000~2010 年，人口净流入增长规模最大的是长三角，其次是珠三角和京津走廊，三者净流入人口规模增长均超过 500 万人，且占常住人口的比例均超过 20%；其次是成德绵地区和闽东南地区、温州 – 台州走廊，净流入人口都超过 150 万人；净流入规模和增长最靠后的巨型城市区包括徐州 – 济宁走廊（人口净流出地区）、石家庄 – 太原走廊、黔中地区、滇中地区、大重庆地区、关中地区、大武汉地区。东北地区的巨型城市区净流入人口开始回升。

（二）人口流动变化

人口流动推进了巨型城市区的发展，也反映了当前巨型城市区的区域影响了要素集聚的竞争力水平，见表 8.43。相比而言，三大成熟型巨型城市区净流入人口增长和增长率相对更高（2000~2010 年的规模增长和增长率分别是 3114 万人和 17.08%），其次是七大雏形巨型城市区（分别为 555 万人和 7.44%），再次是五大准巨型城市区（分别是 515 万人和 6.97%），最后是十一大潜在型巨型城市区（分别为 362 万人和 5.92%）。

从人口来源的区域范围来看，三大成熟型巨型城市区的人口流入主要来自更大的地区外，当然区域内的人口流入也较高，省外和省内迁入人口比重分别是 28.6% 和 17.6%，五大准巨型城市区相对而言更多的来自于区域内部，省内人口迁入比例高达 25.7%，而区域外的比例仅仅为 8.7%，远远低于长三角、珠三角和京津走廊；七大雏形巨型城市区和准巨型城市区类似（省内和省外迁入人口比重分别为 22.2% 和 8.7%）；而潜在型巨型城市区为 26.3% 和 6.4%。

表 8.43　主要巨型城市区人口迁入的区域比较

城市地区	省内迁入人口占总人口比重 /%	省外迁入人口占总人口比重 /%
京津走廊	16.2	29.3
珠三角	21.3	40.1
长三角	16.3	22.6
三大成熟型巨型城市区	17.6	28.6
大重庆地区	26.5	7.3
成德绵地区	32.4	4.6
大武汉地区	27.5	4.0
闽东南地区	21.0	18.8
辽中地区	23.0	4.6
五大准巨型城市区	25.7	8.7

城市地区	省内迁入人口占总人口比重 /%	省外迁入人口占总人口比重 /%
关中地区	18.9	5.9
大济南地区	20.3	2.7
郑汴洛走廊	26.3	2.5
石家庄－太原走廊	25.9	5.2
温州－台州走廊	13.8	27.9
大青岛地区	23.6	7.3
长株潭地区	34.3	4.8
七大雏形巨型城市区	22.2	8.7
兰州－西宁走廊	29.1	8.5
徐州－济宁走廊	12.2	1.3
黔中地区	30.1	6.8
大乌鲁木齐地区	26.1	22.1
呼和浩特－包头走廊	43.0	7.7
北部湾地区	25.0	4.6
大哈尔滨地区	30.2	3.4
大长春地区	26.2	3.7
滇中地区	33.0	9.3
大合肥地区	30.8	3.4
大大连地区	25.1	14.4
十一大潜在型巨型城市区	26.3	6.4
所有巨型城市区	21.4	17.6

资料来源：第六次全国分县（市、区）人口普查数据。

（三）2000~2010 年人口流动对劳动力结构的影响

理论上讲，人口的跨区域流动优化了资源配置效率，收敛了区域发展水平差距。但对流入地和流出地也造成了一定的社会压力。对流入地而言，在中国由于流动人口基本上都是农民工，因此一方面大大提升了流入地的劳动力丰盈程度，但另一方面，也一定程度上造成了流入地的社会融合等问题。而对于流出地，由于户籍制度、医疗保障等制度的阻碍，出现了大量的留守儿童和留守老人，社会问题层出不穷。例如，根据第六次全国人口普查资料推算，全国有农村留守儿童 6102.55 万人，占农村儿童37.7%，占全国儿童 21.88%。与 2005 年全国 1% 人口抽样调查估算数据相比，五年间全国农村留守儿童增加了约 242 万人。其中，单独居住的留守儿童占所有留守儿童的3.37%，虽然这个比例不大，但由于农村留守儿童基数大，由此对应的单独居住的农村留守儿童高达 206 万人。

对于巨型城市区而言，由于净流入人口的增长，巨型城市区核心区 15~59 岁的人口比重较高，大多在 75% 以上。当然也有一些城市例外，如石家庄市辖区、重庆市辖区、贵阳市辖区、西宁市辖区等劳动力比重相对落后，反映了这些城市的人口吸引能力相对较低。

2000~2010 年，劳动力在巨型城市区的增长进一步强化，长三角、京津走廊和珠三角、闽东南一带更为典型。而东北的巨型城市区、中西部的巨型城市区劳动力增长总体偏缓慢。从巨型城市区内部来看，呈现较为典型的"核心－边缘"分异特征，即区域中心城市劳动力丰盈程度不断提升，而外围地区相对缓慢，甚至有些地区出现持续严重的劳动力负增长情况。除了东北、中西部一些巨型城市区外，东部沿海的长三角长江以北地区尤为显著。

第九章　中国巨型城市区与巨型区展望

第一节　城镇化趋势下的总体展望

一、较快速的城镇化还将维系较长时间

2018 年我国城镇常住人口为 83137 万，城镇化率为 59.58%，2000~2018 年年均增长大于 1.0 个百分点。2020 年，中国城镇化率略高于世界平均水平，但在 G20 国家中还处于较为落后的位置。美、英、德、法等发达国家的城镇化率都已在 80% 左右，日本甚至高达 90% 以上。从世界主要国家发展规律来看，中国城镇化率的提升是必然趋势。未来可能还有 10%~20% 的发展空间，每年新增城镇人口将较长时间维持在 1500 万 ~ 2000 万。

二、城镇化将更复杂

在不同的"效应"驱动下，中国未来的城镇化将更加复杂，除了城镇化、郊区化外，还会有半城镇化、逆城镇化等不断深化发展。然而，这些复杂的城镇化进程不可避免地将继续在巨型城市和巨型城市区发展的带动下，在各地区、各领域、各时期、各群体中进行。

纵向城镇化向水平城镇化发展。如果说把乡村人口进程称为纵向城镇化形态，这种形态在过去 40 年中是中国城镇化的重要力量，那么，城镇人口由一个地区向另外一个地区转移的形态可以称为水平城镇化。水平城镇化在日本、美国等国家占据了主导的地位。而当前中国，城镇化一方面表现为乡村人口向城市地区的转移过程，另一方面在北京、上海、深圳等为主导的巨型城市区中，来自欠发达地区的城镇人口也开始逐步集聚。而随着中国城镇化逐步进入城市化的后期，经济发达地区城市化水平已经接近发达国家水平，这种水平城镇化（城市之间的人口迁移，城市之间的结构优化阶段）将越来越突出[1]。

---

[1] 2035 年如果按照 15 亿的全国总人口、70% 的城镇化水平来计算，届时新增城镇化人口规模将在 2 亿左右，也就是农村向城市地区的转移部分。

第二节　经济绩效仍是当前中国区域发展的重要评价标准

一、人均 GDP 和城镇化发展的关系

从中国人均 GDP 和城镇化率的回归关系来看，未来每提升 1.0% 的城镇化水平，其所对应的人均 GDP 增长会越来越高，见图 9.1，据此进行未来的推测，从线性回归模型来看，未来达到 75% 的城镇化水平时，中国的人均 GDP 将提升到 72000 元，如果按照指数模型回归，则将提升到 190000 元，如果按照幂指数模型回归，也将提升到 105000 元。如果从对标国家和地区来看，未来中国城镇化水平提高到 70% 或者 75% 以上，那么必须要有更大的发展容量，2016 年中国的人均 GDP 不足 9000 美元，远远落后于美国（6.26 万美元）、德国（4.82 万美元）、日本（3.93 万美元）乃至韩国（3.14 万美元）。从这个意义上来讲，中国的 GDP 增长需求更是巨大。从这么巨大的 GDP 增长需求可以看出，未来相当长一段时间内，发展仍然是主旋律，从集聚效应和规模效应来看，巨型城市和巨型城市区仍然承担着义不容辞的责任和使命。

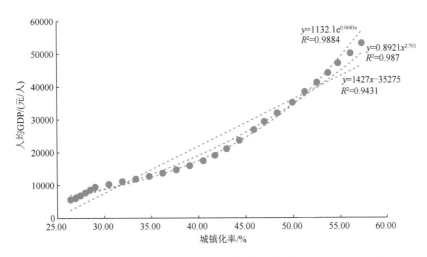

图 9.1　中国城镇化进程与人均 GDP 增长的回归分析（2000~2016 年）

资料来源：中国统计年鉴 2017。

二、全球经济衰退下的巨型城市区与巨型区面临更大挑战

实践不断证明，在经济危机等大环境下，巨型城市和周边邻近地区更加具有经济绩效表现和韧性发展。在当前背景下，巨型城市在要素吸引和绩效产出方面更加具有优势，但同时也对城市设施、生态环境等带来挑战。1985 年以来日本"平成危机"和日本巨型城市区 / 都市圈的显著变化可为我国当前的巨型城市区和首都圈发展战略提供借鉴。

1985 年，美、日等五国签署《广场协定》，日元大幅升值，出口环境恶化；日本进入了长期的"平成大萧条"时期。在备受经济危机冲击和走出低迷过程中，人口与就业的变迁反映出大城市在对抗危机时的某些独特优势。

日本的大城市地区，最有代表性的是三大都市圈：首都圈、近畿圈、中部圈。不同文献对其的划分略有不同，本书考虑数据来源精度，以县级行政区（相当于中国的省级行政区）进行划分。其中，首都圈包括东京都、千叶县、神奈川县、埼玉县、茨城县、栃木县、群马县、山梨县，以东京市为核心城市；近畿圈包括京都府、大阪府、滋贺县、兵库县、奈良县、和歌山县，以京都、大阪、神户为核心城市；中部圈包括长野县、岐阜县、静冈县、爱知县、三重县，以名古屋为核心城市。

日本首都圈可分为三层，中心为东京都，中层为埼玉县、千叶县和神奈川县，外围则为群马县、茨城县、栃木县、山梨县。首都圈外围四县长期处于人口流失状态，人口向东京都和中层移动。1990 年经济危机发生后，东京都较高的生活消费使得人口的居住地选择向外流动，造成东京都人口增长减缓，中层和外围人口增长；而从东京都和外围四县涌入的人口共同造成了中层三县人口的集聚上升，该三县的众多川町达到了 10% 以上的人口增长率。此外，东京都郊区的地价相对便宜，勉强匹配大部分购房者的支付能力，因而公寓式住宅大量建设，也带来了居住人口的暴涨（富田和晓·藤井正，2015）。2000 年后，随着东京都逐步从"失去的 10 年"中走出，重新迎来了人口集聚，成为人口增长最快的地区，形成了"都心回归"现象，见表 9.1 和表 9.2。

表 9.1　日本三大都市圈人口占全国比重变化（1980~2015 年）　（单位：%）

地区	1980 年	1985 年	1990 年	1995 年	2000 年	2005 年	2010 年	2015 年
首都圈	30.5	31.1	31.9	32.2	32.6	33.2	33.9	34.5
近畿圈	16.7	16.5	16.5	16.4	16.4	16.3	16.3	16.3
中部圈	13.2	13.1	13.3	13.2	13.5	13.5	13.5	13.5
其他地区	39.6	38.3	38.3	38.2	37.5	37.0	36.3	35.7

资料来源：日本国势调查：1980~2015 年，下同。

表 9.2　日本三大都市圈非农就业占全国比重变化（1980~2010 年）　（单位：%）

地区	1980 年	1985 年	1990 年	1995 年	2000 年	2005 年	2010 年	趋势
首都圈	31.7	33.0	34.0	34.0	34.1	34.4	34.8	增长
近畿圈	17.0	16.8	16.6	16.4	16.1	15.9	15.9	下降
中部圈	14.0	14.0	14.1	14.1	14.2	14.4	14.4	增长
其他地区	37.3	36.2	35.3	35.5	35.6	34.3	34.9	下降

在危机来临时，三大都市圈总体上依旧保持了人口、就业聚集的趋势，表明其活力高于其他地区。而且，作为创新要素的集聚，三大都市圈在减少制造业从业者比重、

增加服务业比重方面比其他地区更早地出现。首都圈作为最大的都市圈，在转型过程中，从业者比重变动明显比其他两都市圈温和，引起的经济、社会波动小。在首都圈1980~2010年的调整过程中，东京都产业集聚，而中层的三县因其地价便宜则承担了居住功能的地区分工，确实实现了区域间协同应对经济危机。一系列首都圈规划，建立网络结构的布局，逐步疏解了东京都的人口与就业压力，加速了东京的产业调整，避免了其因为经济危机跌出世界城市名单。

三、面向增长和创新转型的东部巨型城市区与巨型区：以京津巨型城市区为例

未来，一方面京津走廊型巨型城市区将在高铁、中心城市带动、稀缺资源拉动等的作用下，空间范围不断扩大、功能区不断演化，形成以北京、天津为核心城市，以唐山、保定、张家口、廊坊、承德乃至秦皇岛等为次区域核心的更大范围、更大规模的巨型城市区；另一方面，作为这个更大范围巨型城市区的核心地区——京津走廊也将面临更进一步的结构性调整和发展。

（一）从京津走廊型巨型城市区走向京津冀北网络型巨型区

京津冀自然禀赋与珠三角、长三角有显著差别，既没有珠三角那样的日照和通风条件以支撑较高的人口密度，又没有长三角那样的水资源条件，允许较大的人口规模。在人口、资源、环境的严重挑战下，京津冀需要在有限的人口、资源、环境条件下，利用特大城市地区在城镇网络、基础设施网络等方面的组织优势，寻求区域城市的发展模式，走出一条优化区域空间结构，促进内涵发展的道路，来避免特大城市规模过大的同时，又能带动区域经济的集聚发展，构建合理的城镇体系。无论从区域比较还是从京津冀地区城市化过程中的各种问题来看，京津冀地区城市化压力巨大。在广大的河北，城市化水平与北京、天津的巨大落差是京津冀协同发展的难点之一。从全国城市化量大、速度快的现实情况和发展趋势来看，京津冀北及长三角、珠三角等我国城镇群发展最为成熟的地区将面对全国层面上更为长期和严峻的挑战。与珠三角、长三角等不同，京津冀地区无论从环境容量还是从产业基础来看，城市化更具复杂性。但毋庸置疑的是，从特大城市迅速增长的全球趋势看，京津特大城市走廊的人口增长将依然明显。但面对现实条件，京津冀首先需要利用特大城市和大城市的扩散优势，有重点地在特定地区内，利用区域基础设施网络的引导作用，有序组织相对集中的城镇体系网络，适应城市化发展的需要，同时要减少农业化地区的人口密度，减缓人口压力，以便城乡协同，共同应对人口、资源、环境的压力。在京津走廊型巨型城市区基础上，由于国家巨型工程的带动（雄安新区建设、区域高铁、区域机场、港口、新区及冬奥会等），周边的城市越来越快速地融于该地区。据模拟，未来网络化的京津冀北巨型区将逐渐发育、成熟。该地区的区域面积大约 8 万 km^2，城镇人口大概可高

达 8000 万，常住人口在 1 亿以上，是一个人口密度较高的城镇化地区。

在未来发展过程中，国家以"以水定城，以水定地，以水定人，以水定产"的基本原理来指导北京和京津冀地区的发展，说明水资源等是该地区的关键制约因素。以水定城，实际上高度概括了水、水资源、水环境、水生态与城镇化的关系。反过来，为更好地协调城镇化、水资源的自然环境容量支架的关系，在合适的地区积极推进城镇化进程，同样能够促进资源生态环境的健康有序发展，"以城治水""以产治水"也成为京津冀北巨型区城镇布局的重要思想。一定意义上来讲，雄安新区的战略便有此示范。以大清河流域来讲，白洋淀是九河下梢，其治理需要整个流域的联动，其中，贯彻"以城治水""以产治水"的基本原则，可以在北部的拒马河流域，积极促进涿州 – 高碑店 – 定兴城镇联合体的发展，发挥城镇的集聚效应，引导山区和欠发达乡村地区的城镇化进程，在中间的瀑河、萍河、漕河、唐河流域，积极推进保定市区的发展也具有重要的生态治理意义；在南端的潴龙河流域，可积极地促进定州和安国的发展，使其成为区域城镇化和经济增长的增长极以及区域生态治理的空间抓手和依托。

（二）从京津冀北到环渤海大湾区

当前粤港澳大湾区吹响了新一轮沿海地区的发展号角。沿海大湾区在成为城镇化和人居重要形态的同时，也成为中国走向海洋文明的重要载体。历史上我国的昌盛时期，往往有内生化黄土文明和外生化海洋文明主导的两种城市共存。秦汉时期，有黄土文明的内陆首都长安代表和对应着海洋文明的齐地临淄；隋唐时期，首都长安城对应着长江口的扬州；北宋时期，首都开封对应着东南部的港口城市泉州。以上几个时代，都是国家历史中非常强盛的时期"双城记"的一些表达形式。当前，随着我国深度参与国际竞争，与珠三角和长三角所代表的海洋文明相对应，以北京为中心的首都地区以怎样的文明形态发展，她到底面临怎样的发展阶段和状态，未来路径和愿景又如何，值得城市地理学界预先研究甚至畅想。

环渤海大湾区涉及更多的自然地理单元、经济区单元，比粤港澳要复杂得多。2008 年以后，环渤海地区的发展更是面临一些新的挑战。辽宁经济负增长，河北地区经济增长（速度）迅速下降，这些新挑战形成结构化的调整需求，包括失业和剩余劳动力下一步往哪里去等一系列问题。环渤海大湾区的发展，首要的是厘清首都地区和沿海地区的发展关系。环渤海大湾区，包括辽宁、河北、天津、山东，而不仅仅是海岸带的问题。环渤海湾地区经历了很多的发展时期和阶段，从早期计划经济时期的经济区战略，到沿海开放城市阶段，之后还有一系列开发区的设置。在 2000 年以来的区域规划下，又出现了辽宁的五点一线、山东的蓝色经济区，河北的新区建设和沿海经济带的建设，以及天津的滨海新区建设。这个过程中，环渤海大湾区经历了一轮又一轮空间筑巢累积。基础设施从港口、高速公路、高速铁路、机场到新城市空间（如新区建设、住房提供）再到区域创新体系等的公共品供给，从二次资本循环到三次资本循环，都有持续的积累和提供。

环渤海大湾区的发展和基础设施的建设高度关联。环渤海大湾区不同的基础设施建设阶段，对应着恢复发展、枢纽发展、提速发展、层级发展和协同发展的不同阶段，也对应着不同时期的国内外形势变化及交通的绩效。以基础设施为代表的空间载体变化，带来了怎样的区域效应？计量分析结论显示：基础设施与新区建设、与建成区的建设、与土地利用的建设之间有一些吻合。基础设施建设和区域经济发展过程中，有长期的一致性较强的库兹涅茨周期。不同地区，如在河北、天津、山东，库兹涅茨周期存在明显的模式化的一致。环渤海大湾区基础设施的建设和区域经济建设的空间关系也有一些分化，总体可归纳为效用不足、建设滞后约束、相互影响制约、良性发展互动四种类型；定量地看，在天津二者有良性发展的关系；对山东、辽宁、河北而言，二者有一些不同的表现。

环渤海大湾区是非常特殊的湾区，它是一个环渤海湾，但从经济上来讲，它并不是像珠三角或者杭州湾一样，城市内部呈现紧密的关联。一方面，总体上该地区发展呈现显著的集聚发展阶段，同时用一个"拼贴"的概念来理解，辽中南地区、京津走廊和山东半岛的青岛、烟台、威海、日照等地区，形成了相对独立的单元，内部还存在一些经济低谷地区。另一方面，环渤海大湾区城市化的形态有很大的差异，东北地区从经济发展上看是衰落区域；但从住房的角度看，这是一个非常正规化的住房（商品化）区域。而河北、山东更广大的地区，表现的是半城市化的地区，自建住房占主导。环渤海地区内部的分化还表现在很多方面，包括制造业发展、高端服务业发展等。

环渤海大湾区制造业与珠三角和长三角相比，存在巨大差异，差异不仅表现为比重和规模、驱动力，更表现为民营经济、国有企业和外向型经济的差异问题，还表现为产业附加值的差异问题。此外，在高端服务业、国际组织分布和资源依赖程度等方方面面，三大湾区都存在较大差异。

与粤港澳大湾区的问题不同，粤港澳是一国两制的问题，是窗口、桥梁，也是一种姿态。但环渤海大湾区的发展，在首都地区或者首都经济圈地区也是很重要的一个方面。环渤海大湾区未来的发展，不仅事关地区经济发展，还承担着以内陆省会城市为主导的都市圈共同拱卫首都地区下一步经济复兴的重任。当然，与粤港澳大湾区比较，"拼贴化"的环渤海大湾区地域更广、内部差异性更广、问题更复杂，相应地，其发展之路还需要更好的战略路径设计和更精细化的要素资源的配置规划。

第三节　国家巨型城市区与巨型区空间框架需遵循"以水定区"理念

一、中国的水资源供需矛盾突出

中国水资源总量为 2.8 万亿 m^3，按照国际公认的标准，人均水资源低于 $3000m^3$

为轻度缺水；人均水资源低于 2000m³ 为中度缺水；人均水资源低于 1000m³ 为重度缺水；人均水资源低于 500m³ 为极度缺水。中国目前有 16 个省（自治区、直辖市）人均水资源量（不包括过境水）低于重度缺水线，有 6 个省（自治区）（宁夏、河北、山东、河南、山西、江苏）人均水资源量低于 500m³，为极度缺水地区。

由于降水量的地区分布很不均匀，造成了全国水土资源不平衡现象，长江流域和长江以南耕地面积只占全国耕地面积的 36%，而水资源量占全国的 80%；黄淮海三大流域，水资源量只占全国的 8%，而耕地面积占全国的 40%，水土资源相差悬殊。

根据水利部预测[①]，2030 年中国人均水资源量将仅有 1750m³。在充分考虑节水情况下，预计用水总量为 7000 亿~8000 亿 m³，要求供水能力比当前增长 1300 亿~2300 亿 m³，但全国实际可利用水资源量接近合理利用水量上限，水资源开发难度极大。

二、水资源和巨型区发展

2018 年 11 月，中共中央、国务院发布的《中共中央国务院关于建立更加有效的区域协调发展新机制的意见》明确指出，以京津冀城市群、长三角城市群、粤港澳大湾区、成渝城市群、长江中游城市群、中原城市群、关中平原城市群等推动国家重大区域战略融合发展，建立以中心城市引领城市群发展、城市群带动区域发展新模式，推动区域板块之间融合互动发展。截至 2019 年 2 月 18 日，国务院先后批复了 10 个国家级城市群，分别是长江中游城市群、哈长城市群、成渝城市群、长江三角洲城市群、中原城市群、北部湾城市群、关中平原城市群、呼包鄂榆城市群、兰西城市群、粤港澳大湾区。这些城市群一定意义上也构成了中国未来的巨型城市区国家框架。虽然，在审批和规划方面有一定的路径依赖等色彩，但还是可以看出，这些巨型城市区一方面无论在历史上还是当前，其经济、政治、文化等地位非常突出，具有聚集效应；另一方面，这些地区基本上都处于沿海地区、大江大河地区，包括长江、黄河、珠江、黑龙江等地区。

中国 657 个城市中有 300 多个属于联合国人类居住区规划署评价标准的"严重缺水"和"缺水"城市。未来随着经济社会快速发展，城市用水需求呈刚性增长，水资源面临更加严峻的形势。2014 年 3 月，在中央财经领导小组第五次会议上，习近平就保障国家水安全问题提出以水定城、以水定地、以水定人、以水定产的发展思路。因此，水资源可利用量、水环境容量是城市发展的刚性约束，需要重塑我国城市和水的和谐平衡关系。

从这个意义上来讲，未来的巨型区发展可以解决水资源利用的效率，另外，未来巨型区规划除了要考虑国家政治、经济、社会、环境等效益发挥外，还要高度着力在水资源相对丰富的地区，着力布局和培育巨型。从表 9.3 可见，长江流域和珠江流域、松花江流域、淮河流域、闽江流域及黄河流域在水资源方面有一定的优势，这也与当

---

① https://zhidao.baidu.com/question/51996590.html

前的巨型区分布情况相一致。

表 9.3　中国主要流域及其相关的巨型区

流域名称	径流量 / 亿 m³	流经地区	相关的巨型区
长江流域	9755	干流经青、川、藏、滇、渝、鄂、湘、赣、皖、苏、沪	长三角、温台走廊、皖江地区、长江中游地区、成渝地区、滇中流域、黔中地区
珠江流域	3360	云南、贵州、广西、广东、湖南、江西六个省（自治区）	珠三角、北部湾地区
黄河流域	534.8	青海、四川、甘肃、宁夏、内蒙古、陕西、山西、河南、山东	山东半岛地区、郑汴洛走廊、关中地区、呼和浩特 – 包头走廊地区、大太原地区、大银川地区、兰州 – 西宁走廊等
松花江流域	780	主要在黑龙江和吉林	大哈尔滨地区、大长春地区
辽河流域	126	主要在辽宁	辽中南地区
海河流域	264	北京、天津两市和河北省	京津冀地区
淮河流域	622	河南、安徽、江苏等	淮海经济区、皖北地区
闽江流域	620	福建	闽东南地区

三、基于流域视野的中部巨型城市区与巨型区展望

（一）中部地区未来城镇化进程任重道远

①将要新增的城镇化人口规模巨大。中部地区人口增长比较显著，如果未来按照 1%~1.5% 的城镇化速度进行的话，未来中部地区的城镇化水平将由 2015 年的 51.1% 上升到 2020 年前后的 60%，城镇人口增长在 1500 万 ~2500 万。另外，由于东西向的地形坡降，长江、黄河等的横穿和南北向交通走廊的纵穿等自然因素和人为因素，中部地区区域差异非常明显。从城镇化角度来看，中部地区城镇化水平只有河南省低于 50%，仅仅为 46.8%，不仅远远落后于全国平均水平，也远远落后于中部 51.2% 的水平，而最高的湖北省城镇化水平高达 57%，比河南省高出 10 个百分点。根据 1% 人口抽样调查，2015 年全国城镇化水平为 58.8%，而中部地区城镇化水平为 51.1%，从城镇化进程一般规律来看，中部地区也进入到了快速变化的时期。2000~2010 年的城镇化进程也反映了这一点。2000~2010 年，中部地区城镇化水平增长了 7.5%，年均增长 1.5%，城镇人口增长了 2695 万，年均增长 500 多万人，规模大、速度快。其中，人口众多的河南省城镇化人口增长了 790 万，湖南省和安徽省都在 500 万人以上。②城镇化的健康发展需要经济发展水平的快速提高。2015 年中部地区人均 GDP 为 4.3 万元左右，远远落后于 5.03 万元的国家平均水平。从 2000~2010 年的经济发展水平和城镇化水平速度来看，就整个中部地区而言，每提升一个百分点的城镇化水平，人均 GDP 需要增长 2000~3000 元。这意味着如果按照这一关系，2020 年中部地区的人均 GDP 水平至少要提高 2 万 ~3 万元，即达到 6 万元以上；若城镇化水平进一步发展到 70% 左右，则届时人均 GDP 至少要再提高 2 万 ~3 万元，将接近 10 万元水平，即在当前的基础上翻一倍。

③省会城市的人口增长压力将继续存在。如果按照 2010~2015 年的大概趋势，2020 年中部地区新增城镇人口的相当一部分会向这些省会城市集中，六个省会城市的新增量在 300 万人左右。这是因为中部地区绝大多数城市工业化进程和高端服务业发展相对缓慢，对人口增长有吸引力的城市基本还是以省会城市为主。

（二）以省会城市为依托的巨型城市区

第一，借势"两横三纵"城镇化战略格局。2016 年中央城镇化工作会议提出推进城镇化的六项主要任务，对城镇化总体布局做了安排，提出了"两横三纵"的城市化战略格局。中部地区有长江经济带、丝绸之路经济带、京广经济走廊穿越其中，形成两个大的十字交叉，除了大合肥巨型城市区、大太原巨型城市区外，其他巨型城市区均位于"十字"中。

第二，积极融入三大成熟型巨型城市区。在中部地区，大合肥巨型城市区直接成为长三角的影响区内，甚至有进一步被纳入该地区的另一个亚巨型城市区的趋势。大石家庄 – 太原走廊则直接是京津冀巨型城市区的影响区内。其他巨型城市区中，郑汴洛走廊深受京津冀巨型城市区和长三角巨型城市区的交叉辐射带动，成为丝绸之路经济带上的重要枢纽地区。大武汉地区、长株潭地区连同南昌都市区所构成的中三角巨型区将作为承接长三角巨型城市区和珠三角巨型城市的辐射带动，成为长江经济带上的重要枢纽地区。

第三，中部横向之间的巨型区战略任重道远，近期还是要突出巨型城市区增长极作用。以长江中游城市群为例，与长三角巨型区相比[①]，①规模体量不大。2017 年，长江中游城市群的土地面积是长三角城市群土地面积的 1.5 倍左右，人口数量占长三角城市群的 82% 左右，但地区生产总值只占 48% 左右，固定资产投资额只占 75% 左右，社会消费品零售总额只占 51% 左右，一般公共预算总收入只占 52% 左右，进出口总额占比不到 8%。长江中游城市群 GDP "万亿俱乐部"城市只有武汉和长沙，比长三角城市群的 5 个还少 3 个。②发展质量不高。2017 年，长江中游城市群多项指标的人均水平低于长三角城市群。其中，人均地区生产总值为 63205 元，只占长三角城市群的 58% 左右；人均固定资产投资额为 54743 元，占 92% 左右；人均社会消费品零售总额为 26106 元，占 62% 左右；人均一般公共预算总收入 8282 元，占 64% 左右；城镇居民人均可支配收入为 33064 元，占长三角城市群 44987 元的 73.5%；农村居民人均可支配收入 16100 元，占长江三角洲城市群 22696 元的 70.9%。③经济结构不优。2017 年，长江中游城市群三次产业增加值之比与长三角城市群的 3.2：43.4：53.4 相比，第三产业增加值占 GDP 的比重低 9.6 个百分点，总量不到长三角城市群的 40%。在武汉城市圈、环长株潭城市群和环鄱阳湖城市群中，武汉、长沙和南昌的 GDP 首位度（第一大城市经济指标占整个区域的比重）分别是 59.3%、37.6% 和 29.7%。一方面，

①武汉统计 http://tjj.wuhan.gov.cn/details.aspx?id=4021

武汉的首位度过高，城市圈中其他 8 个城市的 GDP 均少于 2000 亿元，存在结构失衡、过度集中的趋势，对武汉的进一步发展形成制约。另一方面，南昌的首位度过低，经济集中度不够，资源优化配置的规模效益不明显。

（三）以长江流域和黄河流域为依托的中部巨型区制造业发展

中部地区根本上制造业和专门化的服务业是其比较优势，欧洲瑞士、德国鲁尔地区等专门化的服务业和高科技制造业经验都证明了这一点。另外，在当前美国相对比较成熟的巨型城市区中，以纽约、华盛顿等为中心的东北海岸巨型城市区以金融、信息、健康产业为专门化分工特点（分布摩根大通以及威瑞森电信、美国银行等总部），以洛杉矶、旧金山等为核心的巨型城市区则主要是以高科技创新产业为专门化特点（分布着苹果公司、惠普公司等总部），以西雅图为中心的地区则是电商和高科技创新专门化为主导（有亚马逊、微软等总部），而广大中部地区主要是汽车制造业、装备制造业、能源、健康产业为主导，如底特律和芝加哥为中心的五大湖巨型城市区就分布着通用汽车、福特汽车总部，也有美源伯根公司等总部，近几年来，更是吸引了波音公司总部落户于此。

第一，长江流域的巨型区突出智能装备制造业。武汉、长沙、合肥在高科技研发和制造业等方面都有一定的优势。依托地级城市市辖区的多中心塑造，依托空港、高铁的流动空间和新产业空间塑造 / 物流业。

第二，黄河流域的巨型区突出能源装备制造业。黄河上游到下游地区都是煤炭、石油和天然气富集的地区，包括大银川地区、呼和浩特 – 包头走廊地区、关中地区、大太原地区、郑汴洛走廊、济南 – 徐州走廊等，其中山西被称为"煤铁之乡""能源重化工基地"。黄河流域主要矿藏有煤、铁、铝、铜、耐火黏土、石灰岩、石膏等。现已探明的煤矿储量为 2000 亿 t，占全国 1/3；铁矿储量为 30.5 亿 t。由于煤炭储量丰富，煤炭工业在山西工业中占有头等重要的地位。中部地区工业分类别就业规模增长率和区位商比较见表 9.4 和表 9.5。

表 9.4　中部地区工业分类别就业规模增长率（2004~2013 年）　（单位：%）

行业	全国	中部地区	黄河流域地区	长江流域地区
所有工业就业	45.4	61.9	35.9	85.2
采掘业	16.4	10.9	7.7	16.2
轻工业	41.1	96.0	72.5	111.9
原材料加工业	33.9	36.6	14.3	56.6
装备制造业	81.2	133.9	95.8	162.2
其他水电生产等	−5.1	13.1	−13.6	33.8

资料来源：第一次至第三次全国经济普查主要数据公报。

表 9.5　中部地区及各个组成单元在全国的工业区位商比较（2013 年）

行业	中部地区从业人员	黄河流域地区从业人员	长江流域地区从业人员
采掘业	1.68	2.57	1.10
轻工业	0.96	0.85	1.02
原材料加工业	1.21	1.21	1.21
装备制造业	0.74	0.66	0.79
其他水电生产等	1.14	0.96	1.26

资料来源：第一次至第三次全国经济普查主要数据公报。

第三，高端服务业方面，加强物流业和专门化生产者服务业发展，并依托中部地区的文化历史绝对优势，打造中华文化精华和中枢区。中部地区是中华民族与华夏文明的发源地，至今仍保留着众多文物古迹，其文化遗产（如全国重点文物保护单位）数量、密度都显著高于东部地区、西部地区和东北地区。其中，河南和山西南部是沿黄河流域"中原"文化的主要地区，湖南、湖北、江西和安徽则是长江流域的"楚"文化核心区。

第四节　流动空间推动巨型城市区走向巨型区

无论是长三角还是京津冀北地区、粤港澳大湾区，还是"中三角""哈长地区"，与其说是巨型城市区战略，从区域协调、通勤等交通布局等规划意义上来看，更是接近于"巨型区"范畴。当前，在信息技术、高铁和机场等交通技术条件下，一方面基于"物质空间"的逻辑，巨型城市在高附加值、"面对面导向"的功能集聚方面更具有优势，巨型城市和巨型城市区在区域加快集聚和拓展；另一方面，高端服务业、资本流、信息流可以摆脱"实体距离"的约束，而在高层级的节点枢纽城市地区之间流动，从而促进了以巨型城市区为基础的巨型城市区流动空间链。

在实体空间和流动空间逻辑下，巨型城市和巨型城市区在不断地演化发展，不仅发达的国家和地区（如通过大北京、大天津、大大连、大沈阳、大青岛、烟台－威海等巨型城市区进行环渤海湾巨型区的国家战略安排）如此，不发达的国家和地区依然如此。同时，通过加强"流动空间"的"基础设施"投入，可以更好地促进巨型城市区的发展，并且可以更好地促进相对落后地区乃至水土条件零散地区的巨型城市区发展。这些流动空间的基础设施领域得到国家高度重视，如当前的高铁、机场、自贸区、自贸港乃至 5G 等。

一、西部地区流动空间巨型城市区与巨型区发展

西部地区是我国区域发展的短板，也是全面建成小康社会的重点和难点。面对当

前严峻复杂的国内外经济形势，西部地区的巨型城市区既要着眼于自身比较优势的发挥和空间资源配置的优化，更要立足当前"西部大开发"战略和"一带一路"倡议，以放眼世界、互连互通的大视野，加强巨型城市区在全球、区域网络体系中的定位和优势。反过来讲，西部巨型城市区的作用发挥好坏，将直接决定"一带一路"倡议的目标实现，决定重塑和优化我国经济地理格局的良性效应。

流动空间视角，从"沿边门户-内陆枢纽"来看，西部不同类型的巨型城市区大致可以分为三大类：①沿边"门户型"巨型城市区，如呼和浩特-包头走廊是面向蒙古国、俄罗斯方向的门户地区，也是以"北京-天津"为桥头堡的天津-北京-呼和浩特-银川-兰州-西宁-乌鲁木齐经济带上的重要节点；大乌鲁木齐地区则是丝绸之路经济带上中国西北地区面向中亚、西亚等地区的门户型巨型城市区；滇中地区则是面向东南亚国家的重要门户型地区，也是以"香港-广州"为桥头堡的香港-深圳-广州-湛江-南宁-昆明走廊的重要节点地区。北部湾地区也是面向南海、东南亚国家的国家战略性门户地区。②内陆"综合枢纽型"巨型城市区，包括成渝巨型区，是长江经济带上的重要城镇化基地和高端服务业集聚地，也是中国自然地理第一阶梯向第二阶梯过渡的前沿地，与西藏、云南和丝绸之路地区接壤，自古军事、政治和经济地位举足轻重。关中巨型城市区，以西安为核心的关中巨型城市区也是二级阶梯中的重要地区，是丝绸之路的重要节点，历史上以西安为首都的相当长的时期内其都是丝绸之路的起点。当前，其仍然在文化、科研、政治、物流等方面发挥着重要的承东启西、连南通北的区域作用。其中，成都-重庆和西安又呈三角相互补充之势，从秦汉、隋唐到明清、民国，这种相互衔接在中国历史上曾经扮演着重要的角色。当前，加强三个巨型城市区之间的快速交通联系是战略重点。③内陆专门化巨型城市区，包括兰州-西宁走廊。兰州-西宁巨型城市区是"兰州-西宁经济区"的重要组成部分，兰西经济区是指以兰州市、西宁市为中心，主要包括兰州市、西宁市、白银市、定西市、临夏回族自治州、海东市等地州市的经济地区（地带）。兰州和西宁是全国距离最近的省会城市，相距仅220km。兰西巨型城市区地理位置优越，处于青藏高原、黄土高原、内蒙古高原的交汇地带，位于西藏、新疆、内蒙古、宁夏四个民族自治区连接部的核心，处于西北地区的中心，是西北地区物流中心、战略物资储备之地，是事关西北地区国计民生的重大企业布局之地。

西部地区水资源分配不均（如新疆、宁夏、内蒙古等）、地形条件复杂（如西南地区等），以流动空间为载体可以促进西部巨型城市区的新产业空间增长极打造和区域联系。具体手段包括：依托国际枢纽机场的空港城新产业空间；从机场到高铁的新流动空间角色的凸显；口岸和自由贸易区等新产业空间；在此基础上，进一步强化西部巨型城市区专门化的高端服务业功能和新型工业化进程；发挥比较优势，强化资源导向的制造业发展；发挥地缘政治和经济优势，强化国际贸易导向的生产者服务业发展；发挥国家的扶持优势和省会城市的优质资源集聚基础，强化科技、文化等公共服务业发展。

二、东北地区基于流动空间的"巨型城市区链"重构

从欧美区域和城市收缩的过程来看，东北的区域收缩还将持续一段较长的时间，顺应这一过程，许多城市和地区一方面采取了"精明收缩"的空间和规划策略，促进精明收缩城市的功能专门化，如坐落于五大湖地区和美国东北海岸之间的匹兹堡地区；另一方面则是更积极地在中心城市进行城市营销策略，如芝加哥等。我国东北地区，由于物流成本、经济复苏等深层次问题，吉林省、黑龙江乃至辽宁省的相当一部分城市未来需要采取精明收缩的政策，如辽宁的阜新、本溪等资源枯竭型城市。在适当的时候，这些地区还是可以发展培育一些专门化的功能，如节能等产业的。在这种背景下，巨型城市区、地级城市核心区倾斜的非均衡增长极策略成为必要。复兴辽中南巨型区的战略需加快浮出水面。

从 1990~2010 年的分区县人口和就业规模增长来看，东北地区收缩和增长的一个显著规律是，虽然 20 世纪 90 年代国有企业改革导致重工业集聚的巨型城市人口和就业受到极大的冲击而规模锐减，但 2000 年后，巨型城市区的人口和就业增长开始呈现显著的集聚态势，尤其是省会城市地区和沿海地区。但其他地区，尤其是采掘业曾经较为发达和中小规模的城市，其收缩现象非常显著。这充分反映了巨型城市和巨型城市区在经济恢复等方面巨大的弹性。

（一）走向"中心流–中心地结合"的区域战略变迁

中华人民共和国成立后，东北地区的城市化进程一直围绕着省域内区域中心城市、沿边口岸城市展开。从巨型城市区的角度看，早前在该地区包括全国举足轻重的辽中南地区，也包括哈大齐地区等。在各个省的历次五年规划中也是如此。这个思路在 2010 年的"十二五"规划中也沿用："统筹推进全国老工业基地调整改造。重点推进辽宁沿海经济带和沈阳经济区、长吉图经济区、哈大齐和牡绥地区等区域发展"。这其实是传统中心地理论在现实城镇化战略中的主导思想所致。随着要素流动、信息技术和交通技术的进步，传统的基于距离、基于行政关系的中心地理论的主导性被逐步削弱。空港、高速铁路、信息技术弱化了城市与城市的近邻辐射模式，而强化了中心城市与中心城市之间的、基于高端服务业的网络联系。在东北地区，随着北京–沈阳–哈尔滨等地高速铁路的开通及中心城市机场的作用，传统的城市群和巨型城市区组织模式被逐步打破，区域中心城市之间的互动作用成为主导。于是，国家区域和城镇化战略开始随之调整。2016 年 2 月 23 日，国务院印发了《关于哈长城市群发展规划的批复》，指出这有利于探索粮食主产区新型城镇化道路、培育区域经济发展的重要增长极，对于推进"一带一路"建设和扩大国际产能合作、进一步提升东北地区对外开放水平等具有重要意义。该规划将哈尔滨和长春作为哈长城市群的核心城市，传统的哈大齐等地区则作为二级轴带。可以看出，哈长城市群实际上是以大哈尔滨巨型城市区和大长春巨型城市区为基础的跨区域空间战略。

（二）以巨型城市区为基本单元的"巨型区"发展

在传统的中心地理论和当前的中心流理论基础上，未来东北地区的城镇化战略一方面要继续发挥跨国通道和国家边境口岸城市（如绥芬河、延边等）优势；另一方面，更为重要的是，要进一步发挥区域中心城市与中心城市之间的联动效应，发挥巨型城市区与巨型城市区之间的集聚效应。在当前国家战略中的"哈长"城市群基础上，可进一步通过机场区流动空间、高铁流动空间、高新技术产业和高端服务业新功能空间来促进哈尔滨－长春－沈阳走廊乃至哈尔滨－长春－沈阳－大连走廊的发展，促进哈尔滨－长春－沈阳到北京和天津走廊的建设，更好地纳入未来整个东北亚地区的"巨型城市区链条"中。

强化沈阳在东北地区高端服务业的综合中心地位。沈阳位居东北核心地带，区域位置好。在东北地区，沈阳不但城市人口规模最大，而且就业规模也颇为雄厚，制造业基础强大。我国自己制造的第一架飞机从这里起飞，第一台程控车床、各种成套设备等都从这里造出。沈阳的高端服务业也相对比较突出。沈阳在东北亚地区具有地缘政治经济优势。其中，位于沈阳的总领事馆数目，在全国排第 5 位，仅仅落后于上海、广州、成都、重庆，总领事馆国家包括美国、日本、朝鲜、俄罗斯、韩国、法国、德国。加强大连作为东北巨型区链及沿海区"T"字形龙头。大连作为整个东北地区的港口城市曾经发挥了极大的作用。但由于腹地经济的相对缓慢发展和竞争性港口——营口的替代作用，大连在东北地区的龙头地位相对削弱。随着整个环渤海湾地区湾区经济的崛起，沿海港口城市，尤其是大连、天津、青岛等城市完全有条件进一步领先再度成为区域经济的龙头，而大连和营口的竞合发展下，也能更好地发挥东北振兴的区域龙头和牵动引擎的作用。

三、流动空间等重大工程建设需中央政府大力扶持

以东北地区巨型城市区为例，其未来的发展路径还很长，不确定性因素还很多。但基本可以确定的方面包括：第一，这些巨型城市区需要正视某些领域和某些城市的"收缩"趋势，从而采取精明收缩的城市政策，如抚顺、鞍山等资源型城市，而且这个过程可能要坚持相当长的一段时期。第二，这些巨型城市区的工业化转轨任务还很重，除传统国有工业企业的进一步改革外，还需要加大工业化进程，当前除大连等城市外，该地区的巨型城市区制造业增加值、制造业就业规模等都远远落后于长三角、珠三角乃至闽东南等地区。第三，这些巨型城市区的市场化进程需大力推进，包括民营企业、小微企业的发展促进等，以及政府在城市经济发展中角色的调整等。第四，这些巨型城市区的高端服务业发展还相当落后。沈阳和大连的高端服务业规模相对较高，但全市域不到 50 万人，哈尔滨更低。在高端服务业中，金融业就业最高的大连市也仅仅是 6 万人，科学研究最高的是沈阳，不到 10 万人，这些均远远低于东部沿海城市，其中，杭州 2013 年的金融业就业接近 12 万人，科学研究的就业人数超过 15 万

人。第五，东北亚地区的不稳定因素可能还会持续相当长的时间，这些极大影响着东北巨型城市区的全球化作用的发挥和国际要素集聚、扩散中的重要基地角色。当前东北地区巨型城市区的新格局和新趋势受到中央政府的制度调整和国际的地缘政治、经济关系的影响。可以说，长远来讲，市场化进程的不断深化、降低政府的不合理干预是决定未来东北巨型城市区走向的关键要素，但当前东北地区巨型城市区的发展仍然需要中央政府的大力扶持，包括在研发、机场和港口建设、国际通道合作突破等关键领域。

第五节　中国巨型城市区与巨型区空间战略展望

以上海、北京、香港等为中心的长三角、环渤海大湾区、珠三角地区不但发挥着全球化过程中的中枢角色，而且也是促进中国东中西、南中北区域协调发展的核心地区。除此之外，中西部地区的成渝等地区在促进全国的统筹发展，乃至沟通和处理东南亚、中亚等国际化事务中有战略性意义。处于"瑷珲－腾冲"线上的成渝地区不仅仅是中西部发展的龙头区域之一，也是以北京－天津为核心的"北中国区"、以上海为核心的"中中国区"、以香港－广州为核心的"南中国区"汇集的区域。

在"3+1"巨型城市区和巨型区（"3"即是上述的长三角地区、环渤海大湾区、珠三角地区，"1"即是上述的成渝地区）基础上，东部地区着重推进辽中南地区、山东半岛地区、闽中南地区乃至以南宁－北海、海口－三亚为中心的地区发展；黄河中游地区，在以太原、郑州、西安为核心的巨型城市区（山西汾河谷地地区、中原地区、关中地区）基础上，形成北京和上海、成渝的共同腹地下的经济次区域；以武汉、南昌、长沙为核心的长江中游地区，形成上海、香港、成渝共同腹地下的经济次区域；以昆明、贵阳、拉萨为核心的西南地区则形成香港－广州巨型城市区、成渝地区共同腹地下的经济次区域；以哈尔滨、沈阳、长春和呼和浩特、银川等省会经济中心城市为核心的周边地区，基本上处于以北京、天津为核心的影响腹地范围内；以乌鲁木齐、兰州、西宁为核心的具有极强战略意义的西北地区则可能与环渤海湾地区、长三角有更强的经济联系、政治文化联系。虽然大多数中西部巨型城市区在综合实力上处于"3+1"的辐射和影响之下，但在很多专门化领域和不同国际地缘政治经济面向有不可替代的作用，如哈尔滨地区面向东北亚的作用，乌鲁木齐地区等面向中亚的作用，南宁、昆明等地区面向南亚和东南亚的作用，见图9.2。

整体上来看，成渝地区为代表的中西部巨型区或者巨型城市区是促进区域协调发展，寻求两个循环背景下内陆模式城市化的重要空间依托。

但无论从当前的经济发展国家龙头作用发挥，还是从长远国家参与全球竞争的重要角色扮演来看，东部地区以北京、天津、上海、香港、广州等为中心的巨型城市区

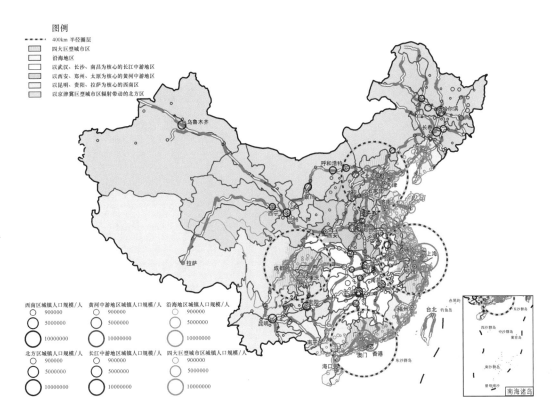

图 9.2 中国巨型城市区与巨型区空间战略安排展望示意图

注：港澳台数据暂缺。

仍然是无可取代的战略核心，在此基础上，进一步拓展到京津冀地区乃至环渤海大湾区、拓展到大长三角地区乃至长江口大湾区、拓展到大珠三角地区乃至粤港澳大湾区，形成层层嵌套、紧密互动的巨型区链带将更进一步提升其规模效应和集聚效应，全方位发挥功能性影响。此外，以台北、福州、厦门乃至温州和汕头为中心的海峡两岸地区以及以南宁、海口等为中心的北部湾和琼州海峡地区也将得到显著的发展。为此，近期仍需不遗余力的加强关键的软硬件投入。

主要参考文献

爱德华·格莱泽. 2012. 城市的胜利. 上海: 上海社会科学院出版社.

白联磊. 2013. 人力资本对城市增长的影响: 文献回顾与最新进展. 城市发展研究, (4): 55-59.

白杨. 2002. 社会分层理论与中国城市的类中间阶层. 东方论坛: 青岛大学学报, (3): 47-52.

保罗·诺克斯, 琳达. 2009. 城市化. 顾朝林等译. 北京: 科学出版社.

彼得·霍尔. 2002. 长江范例. 城市规划, 26(12): 6-17.

彼得·霍尔, 钱雯. 2017. 多中心大都市: 西欧巨型城市区透视. 城市与区域规划研究, 9(1): 1-17.

柴彦威, 塔娜. 2013. 中国时空间行为研究进展. 地理科学进展, 32(9): 1362-1373.

陈美玲. 2011. 城市群相关概念的研究探讨. 城市发展研究, 18(3): 5-8.

代合治. 1998. 中国城市群的界定及其分布研究. 地域研究与开发, (2): 41-44.

丁沃沃. 2009. 探索巨型城市区域的认知方法. 国际城市规划, 24(3): 103-111.

方创琳. 2020. 中国城市群地图集. 北京: 科学出版社.

方创琳. 2018. 改革开放40年来中国城镇化与城市群取得的重要进展与展望. 经济地理, 38(9): 1-9.

方创琳, 刘海猛, 罗奎, 等. 2017. 中国人文地理综合区划. 地理学报, (2): 179-196.

冯健, 周一星. 2003. 北京都市区社会空间结构及其演化(1982—2000). 地理研究, 22(4): 465-483.

弗里德曼·J. 2014. 城市超级有机体对规划的挑战——USOs需要动员社会能量, 共同进行创造性思维. 中国经济报告, (3): 20-23.

傅志勇. 2002. 三线建设及对西部大开发的历史启示. 中共中央党校.

富田和晓, 藤井正. 2015. 图说大都市圈. 王雷译. 北京: 中国建筑工业出版社.

格尔哈斯·伦斯基. 1988. 权力与特权: 社会分层的理论. 吴信平等译. 杭州: 浙江人民出版社.

顾朝林. 1991. 中国城市经济区划分的初步研究. 地理学报, 46(2): 129-141.

顾朝林. 2009. 巨型城市区域研究的沿革和新进展. 城市问题, (8): 2-10.

顾朝林, 克里斯特洛德·C. 1997. 北京社会空间结构影响因素及其演化研究. 城市规划, (4): 2-15

顾朝林, 庞海峰. 2008. 基于重力模型的中国城市体系空间联系与层域划分. 地理研究, 27(1): 1-12.

顾朝林, 庞海峰. 2009. 建国以来国家城市化空间过程研究. 地理科学, 29(1): 10-14.

顾朝林, 于涛方, 陈金永. 2002. 大都市伸展区: 全球化时代中国大都市地区发展新特征. 规划师, (2): 16-20.

顾朝林, 张勤, 蔡建明, 等. 1999. 经济全球化与中国城市发展——跨世纪中国城市发展战略研究. 北京: 商务印书馆.

何春阳, 史培军, 李景刚. 2006. 基于DMSP/OLS夜间灯光数据和统计数据的中国大陆20世纪90年代城市化空间过程重建研究. 科学通报, (7): 856-861.

胡序威, 周一星, 顾朝林, 等. 2000. 中国沿海城镇密集地区空间集聚与扩散研究. 北京: 科学出版社.

考蒂·佩因, 董铁群. 2008. 全球化巨型城市区域中功能性多中心的政策挑战: 以英格兰东南部为例. 国际城市规划, (1): 58-64.

克里斯蒂安·诺尔夫, 谢雨婷. 2020. 区域设计在中国国土空间规划中的定位: 长江三角洲巨型城市区的项目探索. 景观设计学, 8(1): 92-107.

李国平, 席强敏. 2015. 京津冀协同发展下北京人口有序疏解的对策研究. 人口与发展, 2: 28-33.

李红卫, 吴志强, 易晓峰, 等. 2006. Global-Region: 全球化背景下的城市区域现象. 城市规划, (8): 31-37.

李仙德, 宁越敏. 2012. 城市群研究述评与展望. 地理科学, 32(3): 282-288.

李郇, 周金苗, 黄耀福, 等. 2018. 从巨型城市区域视角审视粤港澳大湾区空间结构. 地理科学进展, 37(12): 1609-1622.

李哲睿, 甄峰, 傅行行. 2019. 基于企业股权关联的城市网络研究——以长三角地区为例. 地理科学, 39(11): 1763-1770.

李志刚, 吴缚龙, 高向东. 2007. "全球城市"极化与上海社会空间分异研究. 地理科学, 27(3): 304-311.

琳达·麦卡锡, 陈梦燚. 2017. 美国和西欧巨型城市区区域合作对比研究. 城市与区域规划研究, 9(1): 39-60.

刘慧, 樊杰, 李扬. 2013. "美国2050"空间战略规划及启示. 地理研究, (1): 90-98.

刘涛, 齐元静, 曹广忠. 2015. 中国流动人口空间格局演变机制及城镇化效应——基于2000和2010年人口普查分县数据的分析. 地理学报, 70(4): 567-581.

陆大道. 2015. 京津冀城市群功能定位及协同发展. 地理科学进展, 34(3): 265-270.

陆铭, 欧海军. 2011. 高增长与低就业: 政府干预与就业弹性的经验研究. 世界经济, (12);3-31.

罗震东. 2010. 长江三角洲功能多中心程度初探. 国际城市规划, 25(1): 60-65.

马科斯·特罗约, 王爱松. 2017. 深度全球化、去全球化、再全球化——正在塑造"再崛起市场"未来的大趋势. 国际社会科学杂志(中文版), (1): 119-130.

倪(VictorNee). 2001. 市场社会的兴起: 中国社会分层机制的变迁. 张燕, 译. 外国社会学, (5).

宁越敏, 施倩, 查志强. 1998. 长江三角洲都市连绵区形成机制与跨区域规划研究. 城市规划, (1): 16-20.

萨斯基娅·萨森, 许玫. 2011. 新型空间形式: 巨型区域和全球城市. 国际城市规划, 26(2): 34-43.

史育龙, 周一星. 1997. 关于大都市带(都市连绵区)研究的论争及近今进展述评. 国际城市规划, 24(S1): 2-11.

世界银行. 2009. 2009年世界发展报告: 重塑世界经济地理. 胡光宇, 等译. 北京: 清华大学出版社.

孙立平. 2004. 转型与断裂: 改革以来中国社会结构的变迁. 北京: 清华大学出版社.

孙一飞. 1995. 城镇密集区的界定: 以江苏省为例. 经济地理, 15(3): 36-40.

塔娜, 柴彦威. 2017. 基于收入群体差异的北京典型郊区低收入居民的行为空间困境. 地理学报, 72(10): 1776-1786.

王德, 郭洁. 2003. 沪宁杭地区城市影响腹地的划分及其动态变化研究. 城市规划汇刊, 6: 6-11.

王凯. 2006. 50年来我国城镇空间结构的四次转变. 城市规划, (12): 9-14.

王凯. 2007. 大城市连绵区规划研究的再认识. 国际城市规划, (5): 1.

王凯. 2016. 京津冀空间协同发展规划的创新思维. 城市规划学刊, (2): 50-59.

王凯, 李浩. 2012. 环首都圈面向区域整体发展的城镇群次区域规划探索. 城市与区域规划研究, 5(1): 81-88.

魏立华, 丛艳国, 李志刚, 等. 2007. 20世纪90年代广州市从业人员的社会空间分异. 地理学报, (4): 407-417.

吴良镛. 2003. 城市地区理论与中国沿海城市密集地区发展. 城市规划, 2: 12-16.

吴良镛等. 2014. 京津冀地区城乡空间发展规划研究三期报告. 北京: 清华大学出版社.

吴唯佳. 2009. 中国特大城市地区发展现状、问题与展望. 城市与区域规划研究, (6): 84-103.

吴唯佳, 于涛方, 赵亮, 等. 2012. 北京城市空间趋势和布局战略思考——《北京城市总体规划(2004~2020年)》实施评估研究. 北京规划建设, (1): 15-19.

吴志强. 1998a. "扩展模型": 全球化理论的城市发展模型. 城市规划汇刊, (5): 1-8.

吴志强. 1998b. "全球化理论"提出的背景及其理论框架. 城市规划汇刊, 2: 1-6.

吴志强, 陆天赞. 2015. 引力和网络: 长三角创新城市群落的空间组织特征分析. 城市规划学刊, (2): 31-39.

许德友. 2019-09-09. 以中心城市和城市群带动优化区域经济布局. http://views.ce.cn/view/ent/201909/09/t20190909_33110336.shtml.

许学强, 周春山. 1994. 论珠三角大都会区的形成. 城市问题, 3: 3-6.

许学强, 周一星, 宁越敏. 2009. 城市地理学. 2版. 北京: 高等教育出版社.

徐佳慧, 于涛方. 2021. 巨型城市工业空间到产业空间的转型: 基于多源数据的北京实证分析. 规划师, 37(20): 5-12.

闫小培, 毛蒋兴, 普军. 2006. 巨型城市区域土地利用变化的人文因素分析——以珠江三角洲地区为例. 地理学报, (6): 613-623.

阎小培, 郭建国, 胡宇冰. 1997. 穗港澳都市连绵区的形成机制研究. 地理研究, 16(2): 22-29.

姚士谋, 陈振光, 朱英明, 等. 2006. 中国城市群. 合肥: 中国科学技术大学出版社.

杨烁, 于涛方. 2017. 1985-2015年期间日本首都圈地区空间结构变迁及启示[C]//. 持续发展 理性规划——2017中国城市规划年会论文集(11城市总体规划), 633-648.

杨烁, 于涛方. 2018. 特大城市功能格局和集聚扩散研究: 以北京为例. 规划师, 34(09): 5-10.

于长明. 2014. 基于可持续视角的特大城市地区土地使用模式测度研究. 清华大学博士学位论文.

于涛方. 2006. 从功能溢出到制度平衡: 长三角区域整合辨析. 城市规划, (1): 55-60.

于涛方. 2012a. 京津走廊地区人口空间增长趋势情景分析: 集聚与扩散视角, 北京规划建设, (4): 14-20

于涛方. 2012b. 中国城市增长: 2000—2010. 城市与区域规划研究, 2: 62-79.

于涛方. 2015. 中国巨型城市地区: 发展变化与规划思考. 城市与区域规划研究, 7(1): 16-67.

于涛方. 2016. "十三五"时期中国城市发展和规划变革思考——基于经济危机与新自由主义视角的审视. 规划师, (3): 5-12.

于涛方, 吴志强. 2005. 1990年代以来长三角地区世界500强投资研究. 城市规划学刊, (3): 13-20.

于涛方, 吴志强. 2006a. "Global Regions" 结构与重构研究. 城市规划学刊, (2): 4-12.

于涛方, 吴志强. 2006b. 京津冀地区区域结构与重构. 城市规划, (9): 36-42.

于涛方, 顾朝林. 2008. 1995年以来中国城市体系格局与演变: 基于航空流视角. 地理研究, (6): 1407-1418.

于涛方, 文超祥. 2014. 2000年以来首都经济圈区域结构与变迁研究. 经济地理, 34(3): 30-37

于涛方, 吴唯佳. 2016. 单中心还是多中心? 北京就业次中心研究. 城市规划学刊, (3): 21-29.

于涛方, 顾朝林, 吴泓. 2006. 中国城市功能格局与转型. 城市规划学刊, (5): 13-22.

于涛方, 丁睿, 潘振, 等. 2008. 成渝地区城市化格局与过程. 城市与区域规划研究, 1(2): 65-93.

于涛方, 张译匀, 杨烁. 2020. 中国巨型城市区长远空间战略展望及 "十四五" 思考规划师, 36(19): 5-13.

于涛方. 2018. 崛起的中国特大城市: 空间趋势与社会经济分异. 人类居住, (04): 34-47.

于涛方, 王吉力. 2016. 公共经济学视角下的京津冀区域协同研究. 中国名城, (04): 25-28+43.

张晓明. 2006. 长江三角洲巨型城市区特征分析. 地理学报, (10): 1025-1036.

张晓明, 张成. 2006. 长江三角洲巨型城市区初步研究. 长江流域资源与环境, (6): 781-786.

张译匀, 于涛方. 2021. 包容性、韧性与舒适性:《新城市议程》对我国城市发展的启示. 规划师, 37(07): 5-12.

赵渺希, 朵朵. 2013. 巨型城市区域的复杂网络特征. 华南理工大学学报(自然科学版), 41(6): 108-115.

赵渺希, 李海燕. 2019. 基于企业网络的长三角多中心巨型城市区域演化研究. 城乡规划, (4): 65-75.

甄峰, 王波, 陈映雪. 2012. 基于网络社会空间的中国城市网络特征——以新浪微博为例. 地理学报, 67(8): 1031-1043.

中国民用航空局发展计划司. 2011. 2011从统计看民航. 北京: 中国民航出版社.

中国民用航空局发展计划司. 2018. 2018从统计看民航. 北京: 中国民航出版社.

周春山, 叶昌东. 2013. 中国城市空间结构研究评述. 地理科学进展, 32(7): 1030-1038.

周春山, 边艳, 张国俊, 等. 2016. 广州市中产阶层聚居区空间分异及形成机制. 地理学报, 71(12): 2089-2102.

周春山, 王宇渠, 徐期莹, 等. 2019. 珠三角城镇化新进程. 地理研究, 38(1): 45-63.

邹德慈. 2008. 我国城镇化发展的特征及发展方向. 城乡建设, (9): 54-56.

Amin A, Thrift N. 1992. Neo-Marshallian nodes in global networks. International Journal of Urban and Regional Research, 16: 571-587.

Amin A, Thrift N. 1994. Globalization, Institutions and Regional Development in Europe. Oxford: Oxford University Press.

Audretsch D, Feldman M. 2004. Knowledge spillovers and the geography of innovation// Henderson J, Thisse J. Handbook of Urban and Regional Economics, 4: 2713-2739.

Bendix R, Lipset S M. 1966. Class, Status, and Power: a Reader in Social Stratification. Revised edition. New York: Free Press of Glencoe.

Beyers W B, Lindahl D P. 1996. Lone eagles and high fliers in rural producer services. Rural Development

Perspectives, 11: 2-10.

Bian Y J. 1994 . Work and Inequality in Urban China. Albany: State University of New York Press.

Boschma R A, Frenken K. 2005. Why is Economic Geography Not an Evolutionary Science? Towards an Evolutionary Economic Geography. Utrecht: Utrecht University.

Braczyk H, Cooke P, Heidenreich M. 1998. Regional Innovation Systems. London: UCL Press.

Beeson P E, Dejong D N, Troesken W. 2001. Population growth in U.S. counties, 1840-1990. Regional Science & Urban Economics, 31(6): 669-699.

Au C C, Henderson J V. 2006. How migration restrictions limit agglomeration and productivity in China. Journal of Development Economics, 80(2): 350-388.

Mata D D, Deichmann U, Henderson J V, et al. 2007. Determinants of city growth in Brazil. Journal of Urban Economics, 62(2): 252-272.

Bryson J R, Daniels P W, Warf B. 2004. Service Worlds: People, Organizations, and Technologies. London: Routledge.

Castells M. 1996. The Rise of the Network Society. Oxford: Blackwell.

Castells M. 1999. Grassrooting the space of flows [J]. Urban Geography, 20(4): 294-302.

Coffey W J. 2000. The geographies of producer services. Urban Geography , 21(2): 170-183.

Daniels P W . 1985. Service Industries: a Geographical Appraisal. London: Methuen.

Davoudi S. 2008. Conceptions of the city-region: a critical review. Urban Design and Planning, 161: 51-60.

Derudder B, Taylor P J, Ni P, et al. 2010. Pathways of change: shifting connectivities in the world city network, 2000-08. Urban Studies, 47: 1862-1878.

Douglass M. 2000. Mega-urban regions and world city formation: globalisation, the economic crisis and urban policy issues in Pacific Asia. Urban Studies, 37(12): 2315-2335.

Faludi A. 2006. From European spatial development to territorial cohesion policy. Regional Studies, 40: 667-678.

Florida R . 2007. Mega-Regions and High-Speed Rail, The Atlantic Ricky Burdett, Deyan Sudjic. The Endless City . London: Phaidon Press.

Friedmann J. 1986. The world city hypothesis. Development and Change, 17: 69-83.

Friedmann J , Wolff G . 1982. World city formation: an agenda for research and action. International Journal of Urban and Regional Research, 6(3): 309-344.

Fujita M, Krugman P, Venables A. 1999. The Spatial Economy: Cities, Regions and International Trade. Cambridge: MIT Press.

Gottmann J. 1957. Megalopolis or the urbanization of the north-eastern seaboard. Economic Geography, 33(7): 189-200.

Halbert L. 2008. Examining the Mega-City-Region hypothesis: evidence from the Paris City-Region/Bassin parisien. Regional Studies, 42(8): 1147-1160.

Halbert L, Convery F J, Thierstein A. 2006. Reflections on the polycentric metropolis. Built Environment,

32(2): 110-113.

Illeris S. 2005. The role of services in regional and urban development: a reappraisal of our understanding. The Service Industries Journal, 25(4): 447-460.

Innes J, Booher D, Di Vittorio S. 2011. Strategies for megaregion governance. Journal of the American Planning Association, 77(1): 55-67.

John P, Tickell A, Musson S. 2005. Governing the mega-region: governance and networks across London and the south east of England. New Political Economy, 10(1): 91-106.

Kloosterman R C, Musterd S. 2001. The polycentric urban region: towards a research agenda. Urban Studies, 38(4): 623-633.

Knox P L, Taylor P J. 1995. World Cities in a World-System. Cambridge: Cambridge University Press.

Krugman P. 1991a. Increasing returns and economic geography. Journal of Political Economy, 99: 483-499.

Krugman P. 1991b. Geography and Trade. Cambridge: MIT Press.

Kwon W Y. 1997. Changing roles of planning profession in the age of urban restructuring. International Journal of Urban Science, 1: 157-166.

Lang R, Nelson A. 2007. The Rise of the Megapolitans. http: //www. des. ucdavis. edu/faculty/handy/ESP171/Readings2/Megapolitans. pdf.

Lang R, Knox P. 2009. The new metropolis: Rethinking megalopolis. Regional Studies, 43(6): 789-802.

Li Y, Monzur T. 2018. The spatial structure of employment in the metropolitan region of Tokyo: a scale-view. Urban Geography, 39(2): 232-262.

Lin G C, Ma L J. 1994. The role of towns in Chinese regional development: the case of Guangdong Province. International Regional Science Review, 17(1): 75-97.

Lucas R E. 2004. Life earnings and rural-urban migration. Journal of Political Economy, 112(S1): S29-S59.

Lüthi S, Thierstein A, Goebel V. 2010. Intra-firm and extra-firm linkages in the knowledge economy: the case of the emerging mega-city region of Munich. Global Networks, 10: 114-137.

Mata D D, Deichmann U, Henderson J V, et al. 2007. Deter minants of city growth in Brazil. Journal of Urban Economics, 62(2): 252-272.

Markusen A. 1996. Sticky places in slippery space: a typology of industrial districts. Economic Geography, 72: 293-313.

Meijers E. 2007. From central place to network model: theory and evidence of a paradigm change [J]. Tijdschrift voor Economische en Sociale Geografie, 98: 245-259.

Mogridge M , Parr J B . 1997. Metropolis or region: on the development and structure of London. Regional Studies, 31(2): 97-115.

Moulaert F, Todtling F, Schamp E. 1995. The role of transnational corporation. Progress in Planning, 43: 107-121.

Moyart L. 2005 . The role of producer services in regional development: what opportunities for medium-sized cities in Belgium. The Service Industries Journal, 25(2): 213-228.

Parr J B. 2005. Perspectives on the city-region. Regional Studies, 39: 555-566.

Peter W. 2002. Knowledge-intensive Services and Urban Innovativeness. Urban Studies, 39(5-6): 993-1002.

Pike A, Rodriguez-Pose A, Tomaney J. 2006. Local and Regional Development. London: Routledge.

Porteous D. 1999. The Development of Financial Centres: Location, Information, Externalities and Path Dependence//Martin R. Money and the Space Economy. Chichester: Wiley.

Pryke M. 1991. An international city going global. Environment and Planning D: Society and Space, 9: 197-222.

Pryke M, Lee R. 1995. Place your bets: towards an understanding of globalisation, socio-financial engineering and competition within a financial centre. Urban Studies, 32: 329-344.

Reades J, Smith D A. 2014. Mapping the "space of flows": the geography of global business telecommunications and employment specialization in the London Mega-City-Region. Regional Studies, 48(1): 105-126.

Rice P, Venables A, Patacchini E. 2006. Spatial determinants of productivity: analysis for the regions of Great Britain. Regional Science and Urban Economics, 36: 727-752.

Robert C K, Sako M. 2001. The polycentric urban region: toward a research Agenda . Urban Studies, 38(4): 623-633.

Rodríguez-Pose A. 2008. The rise of the "city-region" concept and its development policy implications. European Planning Studies, 16: 1025-1046.

Roger S, Gary H. 2000. The Global City Regions: their Emerging Forms. London: Spon Press.

Sassen S. 2001. The Global City. New York, London, Tokyo. Princeton: Princeton University Press.

Scott A J. 1998. Regions and the Global Economy. Oxford: Oxford University Press.

Scott A J. 2001. Global City Regions: Trends, Theory, Policy. Oxford: Oxford University Press.

Scott A J, Storper M. 2003. Regions, globalisation, development. Regional Studies, 37: 579-593.

Short J R, Kim Y, Kuus M, et al. 1996. The dirty little secret of world cities research: data problems in comparative analysis. International Journal of Urban and Regional Research, 20: 697-717.

Sit V F, Yang C. 1997. Foreign-investment-induced exo-urbanisation in the Pearl River Delta, China. Urban Studies, 34(4): 647-677.

Storper M. 1995. The resurgence of regional economies. Ten years later: the region as a nexus of untraded interdependencies. European Urban and Regional Studies, 2: 191-221.

Storper M. 1997. Territories, Flows and Hierarchies in the Global Economy//Kevin C. Space of Globalization: Reasserting the Power of the Local. New York: The Guilford Press.

Storper M, Harrison B. 1991. Flexibility hierarchy and regional development: the changing structure of industrial production systems and their forms of governance in the 1990's. Research Policy, (20): 407-422.

Storper M, Allen S. 1995. The wealth of regions: market forces and policy imperatives in local and global context. Future, 27(5): 505-526.

Taylor P J. 2004. World City Network: A Global Urban Analysis. London: Routledge.

Taylor P J, Catalano G, Walker D R F. 2002. Measurement of the world city network. Urban Studies, 39: 2367-2376.

Taylor P J, Evans D M, Pain K. 2008. Application of the interlocking network model to mega-city regions: measuring polycentricity within and beyond city-regions. Regional Studies, 42: 1079-1093.

Thong L B, Mcgee T G, Robinson I M. 1995. The Mega-urban Regions of Southeast Asia. Vancouver: The University of British Columbia Press.

Thrift N, Leyshon A. 1994. A phantom state? The de-traditionalisation of money, the international financial system and international financial centres. Political Geography, 13: 299-327.

Treasury H M. 2006. The Importance of Cities to Regional Growth. Devolving Decision Making: 3 – Meeting the Regional Economic Challenge. London: H. M. Treasury.

Turok I. 2009. Limits to the Mega-City region: conflicting local and regional needs. Regional Studies, 43(6): 845-862.

Wheeler S M. 2009. Regions, megaregions and sustainability. Regional Studies, 43(6): 863-876.

Wood P. 2002. Knowledge-intensive services and urban innovativeness, Urban Studies, 39: 993-1002.

Wu F L. 2000. The Global and local dimension of place making: remaking Shanghai as a world city. Urban Studies, 37 (8): 1359-1377.

Yeh A G, Xu X Q, Hu H Y. 1995. The social place of Guangzhou city, China. Urban Geography, 16: 595-621.

Yeh A G, Yang F F, Wang J J. 2015. Producer service linkages and city connectivity in the mega-city region of China: A case study of the Pearl River Delta. Urban Studies, 52(13): 2458-2482.

Yoav H. 2009. Defining U. S. Megaregions. New York: Regional Plan Association.

Yu T F. 2006a. Structure and restructuring of the Beijing- TianJin -Hebei megalopolis in China. Chinese Geographical Science, (1): 1-8.

Yu T F. 2006b. Structure and restructuring of the Yangtze Delta Global City Region in China.//Wang C Y, Sheng Q, Sezer C. Modernization and Regionalism-Reinventing Urban Identity. Published by Berlageweg 1, the Netherlands.

Zhou X G. 2004. The State and Life Chances in Urban China: Redistribution and Stratification 1949 ~ 1994 . Cambridge: Cambridge University Press.

Zhou Y X. 1991. The Metropolitan Interlocking Regions in China: a Preliminary Hypothesis//Ginsburg N, Koppel B, McGee T G. The Extended Metropolis: Settlement Transition in Asia. Honolulu: University of Hawaii Press.

索　引